U0585475

China Agriculture
Research System
现代农业产业技术体系

中国现代农业产业
可持续发展战略研究

水稻分册

国家水稻产业技术体系　编著

中国农业出版社

内容简介

　　本书系统地阐述了中国和世界水稻产业发展现状，提出了中国水稻育种、水稻病虫害防控、水稻栽培与水肥管理、水稻生产机械化和稻米加工产业的发展战略构想，指明了华南、西南、华中、华东和北方稻区水稻产业可持续发展战略，最后分析了中国水稻产业政策，提出了中国水稻产业可持续发展的战略选择。

　　本书共4篇14章，各章节既独立又前后呼应，内容翔实、丰富、实用，集专业性、科学性和知识性于一体，可供从事水稻科学研究、技术推广、加工贸易、生产经营及相关管理人员和高等院校师生阅读参考。

编 委 会

主　　编　程式华
编　　委　（按姓名笔画排序）
　　　　　王才林　王建龙　卢淑雯　朱德峰
　　　　　刘朝东　李　革　杨万江　胡培松
　　　　　隋国民　彭友良　程式华　谢树果

出 版 说 明

　　为贯彻落实党中央、国务院对农业农村工作的总体要求和实施创新驱动发展战略的总体部署，系统总结"十二五"时期现代农业产业发展的现状、存在的问题和政策措施，进一步推进现代农业建设步伐，促进农业增产、农民增收和农业发展方式的转变，在农业部科技教育司的大力支持下，中国农业出版社组织现代农业产业技术体系对"十二五"时期农业科技发展带来的变化及科技支撑产业发展概况进行系统总结，研究存在问题，谋划发展方向，寻求发展对策，编写出版《中国现代农业产业可持续发展战略研究》。本书每个分册由各体系专家共同研究编撰，充分发挥了现代农业产业技术体系多学科联合、与生产实践衔接紧密、熟悉和了解世界农业产业科技发展现状与前沿等优势，是一部理论与实践、科技与生产紧密结合、特色突出、很有价值的参考书。

　　本书出版将致力于社会效益的最大化，将服务农业科技支撑产业发展和传承农业技术文化作为其基本目标。通过编撰出版本书，希望使之成为政府管理部门的政策决策参考书、农业科技人员的技术工具书及农业大专院校师生了解与跟踪国内外科技前沿的教科书，成为农业技术与农业文化得以延续和传承的重要馆藏图书，实现其应有的出版价值。

序

中国是水稻文明古国和水稻科技强国，也是水稻生产和消费的大国。水稻生产事关国家粮食安全，事关国计民生。2013年的中央农村工作会议上，习近平总书记强调："我国13亿多张嘴要吃饭，不吃饭就不能生存，悠悠万事，吃饭为大……要牢记历史，在吃饭问题上不能得健忘症，不能好了伤疤忘了疼。"

近年来，随着城市化的发展，可耕地越来越少，如何保护好、利用好这宝贵的耕地，如何科学把握世界粮食供求变化趋势，保障水稻产业持续、稳定、健康发展，对于充分保障我国粮食安全具有十分重要的战略意义。这要求立足自给自足，强化科技支撑作用。

本书从国内外水稻产业的发展演变出发，在全面分析我国水稻产业科技进步的基础上，重点从水稻品种、病虫害、栽培、生产机械化和稻米加工及产业经济等方面进行阐述，提出了可持续发展的战略，指明了我国各大稻区水稻产业可持续发展的前进方向。同时在回顾中国稻米产业政策演变的基础上，指出了中国稻米产业政策存在的主要问题，并提出了水稻产业科技支撑可持续发展的战略。

本书在撰写过程中，得到了方方面面专家的大力支持，在此表示衷心感谢。另外，由于水平所限，错漏之处难免，欢迎读者指正。

编委会
2015年12月

目 录

出版说明

序

导言 ……………………………………………………… 1

第一节 研究意义 ……………………………………… 1

第二节 研究框架 ……………………………………… 2

一、研究目标 ………………………………………… 2

二、研究思路 ………………………………………… 3

三、研究框架 ………………………………………… 3

发展概况篇

第一章 中国水稻产业发展 ………………………………… 9

第一节 中国水稻种植区域分布 ……………………… 9

一、水稻种植区域变迁 ……………………………… 9

二、中国南北地区稻作生产变化 …………………… 10

三、全国六大区域水稻种植变化 …………………… 11

第二节 中国水稻生产轨迹变迁 ……………………… 13

一、早稻生产重心变迁轨迹 ………………………… 13

二、晚稻生产重心变迁轨迹 ………………………… 16

三、中稻生产重心变迁轨迹 ………………………… 19

第三节 中国水稻生产发展历程及现状 ……………… 22

一、新中国成立后的水稻生产发展 ………………… 22

二、改革开放后的水稻生产发展 …………………… 22

三、战略性结构调整的影响 ………………………… 23

四、十六大以来的水稻生产现状 …………………… 23

第四节 中国水稻科技发展历程及现状 ·········· 24
一、创新现代水稻科技研发组织体系 ·········· 24
二、建立水稻科技创新体系 ·········· 25
三、国家水稻产业技术体系 ·········· 25
第五节 中国稻米消费发展历程及现状 ·········· 27
一、稻米消费变化趋势 ·········· 28
二、农村稻谷消费变化 ·········· 28
三、居民大米消费变化 ·········· 30
四、稻米价格变化 ·········· 32
第六节 中国大米国际贸易现状及特点 ·········· 36
一、大米进出口数量变化 ·········· 36
二、中国大米国际贸易与进出口分布 ·········· 38

第二章 世界水稻产业发展与借鉴 ·········· 42

第一节 世界水稻种植区域变化 ·········· 42
一、世界各地水稻产量变化 ·········· 42
二、世界各地水稻种植区域变化 ·········· 43
三、世界各地水稻单产变化 ·········· 44
第二节 主要国家水稻生产发展 ·········· 45
一、越南水稻生产变化 ·········· 45
二、菲律宾水稻生产变化 ·········· 47
三、孟加拉国水稻生产变化 ·········· 48
四、印度水稻生产变化 ·········· 50
五、美国水稻生产变化 ·········· 52
六、泰国水稻生产变化 ·········· 53
七、印度尼西亚水稻生产变化 ·········· 54
八、巴西水稻生产变化 ·········· 56
九、日本水稻生产变化 ·········· 58
第三节 世界水稻科技发展现状及特点 ·········· 60
第四节 世界大米消费发展历程及现状 ·········· 61
一、世界大米消费历程 ·········· 61
二、主要国家大米消费变化 ·········· 63
第五节 世界大米进出口贸易现状及特点 ·········· 76
一、世界大米市场概述 ·········· 76

二、主要国家大米进口状况 ……………………………………… 79

三、主要国家大米出口现状 ……………………………………… 80

战 略 研 究 篇

第三章　中国水稻育种发展战略研究 ……………………………… 85

第一节　水稻育种重要种质发掘与研究 ……………………………… 85

一、野生稻有利基因发掘与利用 ……………………………… 85

二、有利基因聚合与调控研究成为种质创新研究重点 ………… 86

第二节　水稻育种理论与技术研究 …………………………………… 90

一、超高产育种理论体系建立 ………………………………… 90

二、分子设计育种已成为水稻育种主流技术 ………………… 92

三、杂交稻机械化制种技术 …………………………………… 94

第三节　水稻新品种培育现状与发展趋势 ………………………… 95

一、我国水稻育种基本情况 …………………………………… 95

二、科研单位依然是水稻育种主体 …………………………… 100

三、以超级稻为代表育种进展显著 …………………………… 101

第四节　战略思考及政策建议 ………………………………………… 102

一、战略思考 …………………………………………………… 102

二、政策建议 …………………………………………………… 103

第四章　水稻病虫害的可持续防控 ………………………………… 104

第一节　重要病虫害发生种类及危害 ………………………………… 104

一、水稻主要病害 ……………………………………………… 105

二、水稻重要害虫 ……………………………………………… 109

第二节　次要病虫害的潜在风险及防治技术 ……………………… 113

一、次要病害的种类及危害 …………………………………… 113

二、次要病害的防控策略 ……………………………………… 115

三、几种水稻次要害虫的潜在风险及防治技术 ……………… 115

第三节　我国检疫性病虫害种类及危害 …………………………… 119

一、稻水象甲 …………………………………………………… 119

二、水稻茎线虫 ………………………………………………… 120

三、水稻细菌性谷枯病 ………………………………………… 121

第四节　水稻植物保护状况 ………………………………………… 121

一、我国水稻病虫害发生及植保策略 ………………………………………………… 121

二、我国水稻病虫害区域防控重点及主要技术 ……………………………………… 122

第五节 我国水稻病虫害未来防控技术策略 …………………………………………… 122

第五章 水稻栽培与土肥管理的可持续发展 ………………………………………… 125

第一节 我国稻作技术发展 ……………………………………………………………… 125

一、稻作技术的发展历程 ……………………………………………………………… 125

二、主要稻区水稻栽培技术模式的发展 ……………………………………………… 126

三、水稻种植方式的发展 ……………………………………………………………… 131

四、水稻定量化和信息化栽培技术的发展 …………………………………………… 133

第二节 水稻肥水高效利用技术 ………………………………………………………… 135

一、氮肥高效施用技术 ………………………………………………………………… 135

二、磷肥高效施用技术 ………………………………………………………………… 137

三、钾肥高效施用技术 ………………………………………………………………… 138

四、微量元素高效施用技术 …………………………………………………………… 138

五、水分高效管理技术 ………………………………………………………………… 139

第三节 水稻自然灾害防控技术 ………………………………………………………… 139

一、水稻自然灾害的特点 ……………………………………………………………… 139

二、灾害防控技术 ……………………………………………………………………… 140

第四节 水稻栽培与肥水管理发展战略 ………………………………………………… 144

一、栽培与肥水管理发展趋势 ………………………………………………………… 144

二、栽培与肥水管理发展方向 ………………………………………………………… 145

第六章 水稻生产机械化的发展战略 ………………………………………………… 147

第一节 水稻全程机械化生产技术的内涵 ……………………………………………… 147

第二节 国内外水稻生产机械化的发展 ………………………………………………… 147

一、国外水稻生产机械的发展 ………………………………………………………… 147

二、国内水稻生产机械的发展 ………………………………………………………… 148

第三节 我国水稻生产机械存在的问题 ………………………………………………… 149

一、高性能插秧机的设计和制造水平亟须提高 ……………………………………… 149

二、缺乏适应机插秧作业要求的稻田耕整机械及技术 ……………………………… 149

三、缺少与双季稻机械移栽技术配套的机具 ………………………………………… 149

四、育秧播种机械对我国杂交稻的适应性较差 ……………………………………… 150

五、水稻的田间管理机械落后，不能适应目前大规模农业生产的需要 …………… 150

六、水田的基础建设缺乏对农业机械的适应性 ································· 150

七、农艺与农机融合不够，影响水稻生产机械化的发展 ···················· 150

第四节　我国水稻生产机械化的发展战略思考 ······························ 151

一、立足我国农机工业，加快自主品牌水稻生产机械的发展 ·············· 151

二、农艺农机融合，推动水稻生产机械的健康发展 ························· 152

三、我国水稻生产机械重点发展方向 ··· 152

第七章　稻米加工产业的可持续发展 ·································· 155

第一节　中国稻米加工产业现状 ··· 155

一、稻米加工产业发展概述 ··· 155

二、米制品的研究与开发现状 ··· 159

三、稻米副产品综合利用的发展现状 ··· 161

第二节　稻米加工产业存在的问题 ··· 166

一、大米加工产业存在的问题 ··· 166

二、稻米精深加工存在的问题 ··· 170

第三节　稻米加工产业发展趋势 ··· 176

一、国内稻米加工发展前景 ··· 176

二、稻米精深加工重点发展方向 ··· 177

第四节　稻米加工产业可持续发展战略思考 ·································· 183

一、实施全产业链发展战略，做强做大稻米加工产业 ···················· 183

二、立足自主创新，增强核心竞争力 ··· 184

三、实施品牌战略，打造米业航母 ··· 185

四、建立"稻米信息追溯系统"，不断完善食品安全机制 ·················· 185

五、推进成果转化，提高综合生产力 ··· 186

六、加强储运设施建设，发展稻米物流产业 ································· 186

七、建设循环经济，促进可持续发展 ··· 187

区域发展篇

第八章　华南稻区水稻产业可持续发展战略 ························· 191

第一节　水稻产业发展概况 ··· 191

一、水稻种植面积与产量情况 ··· 192

二、重要病虫害发生情况 ··· 200

三、重大突发事件概况 ··· 201

第二节　限制水稻产业发展因素 ································· 201

一、生产成本影响 ································· 201

二、品种结构 ································· 202

三、栽培技术 ································· 203

四、自然灾害影响 ································· 206

第三节　水稻产业发展潜力 ································· 207

一、华南地区独特的气候及区位优势 ································· 207

二、运用农业科技增产潜力巨大 ································· 208

三、进一步提升土地利用率，扩大种植面积 ································· 210

第四节　水稻产业可持续发展前景 ································· 211

一、加快优质水稻新品种的繁育推广 ································· 211

二、水稻栽培、管理技术的研究和应用 ································· 212

三、加快水稻产业化经营，促进民营企业加速发展 ································· 212

第九章　西南稻区水稻产业可持续发展战略 ································· 214

第一节　水稻产业发展概况 ································· 214

一、生态气候特点与稻田种植制度 ································· 214

二、生产水平现状 ································· 218

三、水稻产业地位 ································· 219

四、水稻生产主体技术普及程度 ································· 220

五、水稻种植效益 ································· 220

六、水稻高产创建效果 ································· 221

七、水稻种业现状 ································· 222

第二节　限制水稻产业发展因素 ································· 223

一、生态环境复杂，稻田基础条件差 ································· 223

二、异常气候频发，自然灾害频繁 ································· 224

三、品种多而杂乱，主推品种不突出 ································· 224

四、稻田占用和弃耕严重 ································· 224

五、耕种粗放，技术到位差 ································· 224

六、种植规模小，产业化进程缓慢 ································· 225

第三节　水稻产业发展潜力 ································· 225

一、单产水平潜力具较大空间 ································· 225

二、种植面积有扩大的余地 ································· 226

三、非物化成本有降低的潜力 ································· 227

第四节　水稻产业可持续发展前景 ………………………………………………… 227

　　一、加大标准农田和水利设施的建设力度 …………………………………… 227

　　二、加强广适性和特殊生态水稻新品种选育 ………………………………… 227

　　三、注重轻简高效和防灾减灾技术的集成创新与推广 ……………………… 228

　　四、加快稻作机械的改进与推广 ……………………………………………… 228

　　五、加大政策扶持力度，促进水稻生产适度规模化 ………………………… 228

第十章　华中稻区水稻产业可持续发展战略 ………………………………… 229

　第一节　水稻产业发展概况 ……………………………………………………… 229

　　一、综合生产能力明显提高 …………………………………………………… 229

　　二、新品种与品质结合发展 …………………………………………………… 231

　　三、产业化开发逐步增强 ……………………………………………………… 233

　　四、机械化生产发展迅速 ……………………………………………………… 234

　　五、质量安全水平不断提高 …………………………………………………… 234

　　六、基础设施和社会化服务条件不断改善 …………………………………… 234

　第二节　限制水稻产业发展因素 ………………………………………………… 235

　　一、政策因素 …………………………………………………………………… 235

　　二、资源因素 …………………………………………………………………… 235

　　三、品种因素 …………………………………………………………………… 236

　　四、技术因素 …………………………………………………………………… 236

　　五、机械化因素 ………………………………………………………………… 236

　　六、自然及环境因素 …………………………………………………………… 237

　　七、成本因素 …………………………………………………………………… 237

　　八、产业化开发 ………………………………………………………………… 237

　第三节　水稻产业发展潜力 ……………………………………………………… 238

　　一、面积潜力较大 ……………………………………………………………… 238

　　二、单产潜力较大 ……………………………………………………………… 238

　　三、品质提高的潜力较大 ……………………………………………………… 239

　　四、机械化生产增收的潜力较大 ……………………………………………… 239

　　五、精深加工提高产品附加值潜力大 ………………………………………… 239

　第四节　水稻产业可持续发展前景 ……………………………………………… 240

　　一、进一步强化水稻生产扶持政策 …………………………………………… 240

　　二、加大项目资金投入 ………………………………………………………… 240

　　三、切实保护基本农田，积极推进土地流转，培养种田大户，提高种植效益 …… 241

四、依靠科技进步，进一步促进水稻产业发展 ………………………… 241

五、发挥地域优势，加速优质稻商品基地建设 ………………………… 241

六、发展水稻高产生态栽培，保护稻田生态环境，促进水稻产业可持续发展 …… 242

七、切实加强宏观调控 ……………………………………………………… 242

第十一章　华东稻区水稻产业可持续发展战略 ……………… 243

第一节　水稻产业发展概况 ……………………………………………… 243

一、气候生态特点 ………………………………………………………… 243

二、稻作历史 ……………………………………………………………… 245

三、水稻种植面积与产量 ………………………………………………… 246

四、水稻品种与稻作制度类型 …………………………………………… 249

五、水稻产业发展概况 …………………………………………………… 251

第二节　限制水稻产业发展的因素 ……………………………………… 259

一、自然灾害频发 ………………………………………………………… 259

二、农业基础设施薄弱，耕地水资源约束加剧 ………………………… 259

三、中低产田比重高，耕地质量下降 …………………………………… 260

四、主导品种不突出，广适性超高产品种缺乏 ………………………… 261

五、良种良法不配套，高产主流技术推广到位率不高 ………………… 261

六、机械化程度较低 ……………………………………………………… 263

七、水稻生产效益低，种稻积极性不高 ………………………………… 263

八、规模化经营程度低，水稻生产效率低 ……………………………… 264

第三节　华东水稻产业发展潜力分析 …………………………………… 264

一、水稻种植面积潜力分析 ……………………………………………… 264

二、水稻种植单产潜力分析 ……………………………………………… 265

三、水稻种植效益潜力分析 ……………………………………………… 267

第四节　水稻产业可持续发展前景 ……………………………………… 269

一、调整水稻育种目标，加快选育广适性高产优质新品种 …………… 269

二、优化品种区域布局，推进水稻规模化和集约化生产 ……………… 270

三、强化良种良法配套，不断挖掘水稻品种的增产潜力 ……………… 270

四、健全现代种业体系，大力促进水稻良种服务业发展 ……………… 271

第十二章　北方稻区水稻产业可持续发展战略 ……………… 272

第一节　水稻产业发展概况 ……………………………………………… 272

一、北方稻区种植区划及自然资源 ……………………………………… 272

二、北方水稻的地位 …………………………………………… 275

三、21 世纪以来北方水稻发展概况 ………………………………… 275

第二节　限制水稻产业发展因素 ………………………………………… 277

一、种植面积发展空间小，靠扩大面积来增加总产量的潜力有限 …… 277

二、水资源短缺，限制水稻生产的发展 ………………………… 278

三、不良天气频繁发生 ………………………………………… 278

四、水稻病虫害危害日趋严重化、多样化 ……………………… 279

五、生产技术发展不平衡，现实产量与生产潜力差距过大 ……… 280

第三节　水稻产业发展潜力 …………………………………………… 280

一、加强粳稻生产意义 ………………………………………… 280

二、发展潜力分析 ……………………………………………… 281

第四节　水稻产业可持续发展前景 …………………………………… 293

一、发展优质粳稻的有利条件 ………………………………… 293

二、优质粳稻发展策略 ………………………………………… 294

政 策 选 择 篇

第十三章　中国水稻产业政策研究 ……………………………………… 299

第一节　产业政策演变 ………………………………………………… 299

一、统购统销的计划经济政策 ………………………………… 299

二、放开搞活的有计划发展政策 ……………………………… 300

三、市场化导向的体制改革政策 ……………………………… 301

四、基本自给自足的国家粮食安全政策 ……………………… 302

第二节　产业政策存在的问题 ………………………………………… 302

一、缺乏全产业链设计的顶层政策 …………………………… 303

二、产业发展的资源保护不力 ………………………………… 303

三、水稻产业新型主体培育发展不快 ………………………… 304

四、水稻产业科技支持力度不够 ……………………………… 304

五、农业生产社会化服务机制缺位 …………………………… 305

六、两种资源与两个市场未能有效结合利用 ………………… 305

第三节　产业政策发展趋势 …………………………………………… 306

一、着力提高全产业整体效益 ………………………………… 306

二、充分发挥现代科技潜力 …………………………………… 306

三、加强农业企业经营管理 …………………………………… 307

四、形成市场主导价格决定机制 ···························· 307

五、强化粮食安全预警调控政策 ···························· 308

第四节 战略思考及政策建议 ······························· 309

一、从粮食安全到主食口粮安全的战略转变 ··············· 309

二、坚持保障农民根本利益的战略思想 ··················· 309

三、坚持科技进步，提升产业升级 ······················· 310

四、推进全产业企业化经营管理 ························· 310

五、建立开放高效的现代水稻产业 ······················· 311

第十四章 中国水稻产业可持续发展的战略选择 ·············· 312

第一节 战略意义 ····································· 312

一、产量适度增长是粮食安全之基础 ····················· 312

二、稻农增收是建设和谐社会之根本 ····················· 313

三、科技进步是现代产业竞争力之关键 ··················· 313

四、建设市场体系是产业持续发展之手段 ················· 313

五、健康消费是产业持续发展之前提 ····················· 314

六、开放发展是产业持续发展之源泉 ····················· 314

第二节 战略目标 ····································· 314

一、水稻产量稳定增长 ······························· 315

二、单产水平持续提高 ······························· 315

三、必要的进口调剂 ································· 316

四、保持充足的库存水平 ····························· 316

第三节 战略重点 ····································· 317

一、保持稳定的种植面积 ····························· 317

二、加强公益性科技支持能力建设 ······················· 317

三、培育现代水稻产业经营主体 ························· 318

四、完善市场机制建设 ······························· 318

第四节 战略选择 ····································· 319

一、实施稳定增产的现代化生产战略 ····················· 319

二、全面实施科教进步提升产业竞争力战略 ··············· 321

三、实施现代水稻产业新型主体培育战略 ················· 321

四、推进公益性支持发展的产业保护战略 ················· 322

参考文献 ··· 325

导　言

第一节　研究意义

民为国之根本，食为民之依存，民以食为天，过去未来，天下诸国，概无例外。

中国是一个大国，也是世界上人均耕地面积最少的国家之一，水稻是中国60％以上人口的主食。水稻生产对于中国粮食安全，具有十分重要的现实意义，这是中国的国情。

过去，中国一直面临耕地资源紧缺和人口增长的压力，人地矛盾一直存在，水稻生产也出现过一些问题，为此，也接受过教训。改革开放以来，由于水稻生产的特殊重要性，党和国家十分重视发展水稻生产、保障供给，使水稻自给率保持在一个高水平上。

近年来，中国已经成为发展最快的发展中国家，城镇化和工业化已经从多方面影响到水稻生产发展。在快速发展过程中，中国经济社会开始全面转型，水稻生产随之面临许多新情况、新问题、新矛盾。为此，党的十六大以来，党中央提出将"三农"工作作为全党工作的重中之重，积极发展粮食生产，确保粮食基本自给，水稻生产出现了"九连增"的大好局面，为保障我国粮食安全发挥了重要作用。

随着中国现代化步伐不断加快和与世界经济联系越来越紧密，中国粮食安全形势也将变得更为复杂。如何正确认识中国现代化建设形势，如何科学把握世界粮食供求变化趋势，促进水稻产业持续、稳定、健康发展，对于充分保障我国粮食安全具有国家战略意义。具体讲，深入研究水稻产业发展，持续推进现代水稻产业建设，重要现实意义体现在以下几个方面：①主食口粮刚性需求。大力发展水稻生产，保持水稻产业可持续发展是我国人民主食口粮日益增长的消费需求所决定的。大米作为口粮，满足这种需求，具有长期持续刚性。虽然人均大米口粮需求已经出现数量下降过程中的相对稳定，但作为中国国民口粮大米的总体需求，会随着人口增加而稳定地持续增长。显然，如果没有水稻产业的持续发展，国民主食口粮刚性需求将很难满足。②生产供给无法替代。虽然全球有120个国家生产水稻，但有水稻出口能力的国家却不足20个。世界稻米市场总规模也只有0.4亿t，中国水稻进口供给只能是必要的补充和品种调剂不同于小麦和玉米，稻米生产供给无法替代，长期的供给主要只能靠国内生产，只能走自力更生为主、进口补充为辅的发展道路。为此，中国水稻生产必须稳定发展、适度增长，也就是必须走可持续发展的路子。③资源利用与效率。中国是水稻生产自然条件较为优越的国家之一，但中国也是世界上土地资源垦殖程度最高的国家之一。中国的土地资源，尤其是能种植水稻或有着较好生产能力的良田，占耕地面积的比重不高，这部分耕地已利用得差不多了，很难有良田转作水稻种植。另外，除耕地这类基础资源以外，还有水资源利用问题、气候（光热）资源利用问题。通过深入研究，逐步解决不可再生和可再生资源的利用，提高资源利用效率，通过挖掘资源潜力和提高资源利用效率，提高水稻产业稳定性，对于开展水稻产业可持续发展具有重要意义。④生产主体转型升级。在几波工业化和城镇化浪潮剧烈冲击下，一部分水稻生产农户离开赖以生存的水稻生产领域，部分继续留下来的水稻生产农户因社会获利水平迅速提高而难以在原有生产规模基础上延续水稻生产，因此在单个微观意义上必须扩大水稻生产规模，进而促进水稻生产经营主体转型升级，在总体宏观意义上才能使水稻生产持续发展。⑤全面依靠科技进步。已有经验证明，水稻产业发展的科技贡献率是突出的，但也有波折，也有认识上的误区，如何全面依靠科学技术，不断挖掘水稻产业科技潜力，必须走水稻产业可持续发展之路。全面依靠科技进步走水稻产业持续发展的路子，其意义表现在水稻生产科技增加产量，依靠加工科技改善和提高加工效率，依靠科技手段改善稻米储藏、流通与分配效率，依靠科技手段实现全产业技术经济效率，依靠科技手段制定全产业更有效率的经济政策。⑥市场机制发挥主导作用。中国国际化和市场化都在不断走向深入，农产品市场不断拓宽，作为"国粮"的水稻必然会殊途同归，充分发挥市场机制的主导作用亦成必然趋势。如何更好地适应和应用市场机制引导中国水稻产业发展，是中国水稻产业可持续发展的必然选择。运用市场机制引导水稻产业发展，其意义在于：用外部资金改造传统水稻生产，用企业理念和方法提升水稻产业科技创新和技术推广，发挥民间力量提高稻米流通效益，利用国际市场适当扩大出口的同时扩大进口。⑦科学的政策支持。由于中国稻米将长期处于紧平衡状态，必须始终坚持并扩大对水稻全产业链健康发展的政策支持，这将是水稻产业可持续发展的重要保障。在产业链上，继续坚持并完善水稻生产和稻谷收储政策支持，加强水稻产业的企业化经营政策支持，增强稻米市场流通的政策支持，科学合理的国民大米（口粮）与主食营养政策支持，科学的政策与法规支持也包括全产业各环节稻米浪费的惩罚性制度建设。

第二节　研究框架

一、研究目标

开展水稻产业可持续发展研究，目的在于实现以下4个主要研究目标，为我国水稻产业可持续发展提供智慧，为制定科学的产业发展政策提供决策依据。

目标一：国内外水稻产业在过去是如何发展演变的，明确世界水稻产业，特别是中国水稻产业发展变化轨迹，旨在明确国内外水稻产业历史变迁和客观规律性。

目标二：鉴于中国地域多样性、产业环境变化和水稻产业自身演变，通过全面总结和发展分析，明确我国各大稻区水稻产业可持续发展的前进方向和战略性思考。

目标三：根据水稻产业发展依靠科技进步的准则，在全面分析水稻产业科技进步基础上，按照水稻产业科技研发应用整体优化原则，重点从水稻品种、病虫害、栽培、机械化、加工和产业经济等主要节点，提出水稻产业科技支持可持续发展的前进方向与战略思考。

目标四：统一不同时间、地区差异、科技优先和产业整合 4 个维度，着眼于未来，立足于可持续发展理念，开展具有可操作性的产业发展思考与政策建议。

二、研究思路

研究水稻产业可持续发展，对于国计民生和农业基础产业发展具有重要战略意义。本研究的基本思路是按照《中国现代农业产业可持续发展战略研究》关于农业产业可持续发展理念，在回顾国内外发展历史基础上，深入分析发展现状，揭示发展特点，按照世界、中国、地区 3 个层次，贯通整个产业链，以科技研发与应用为重点，在分析问题和解决问题基础上，展望未来发展方向，基于未来产业可持续发展开展关键科技领域的发展方向与政策建议。

三、研究框架

本书的研究框架，由 4 篇 14 章组成。每章内容分别由产业体系各研究室主任和各综合试验站站长撰稿。

第一篇为发展概况篇。本篇包括中国水稻产业发展和世界水稻产业发展与借鉴两章内容。

第一章中国水稻产业发展（产业经济研究室杨万江）。本章内容包括中国水稻种植区域分布、中国水稻生产轨迹变迁、中国水稻生产发展历程、中国水稻科技发展、中国稻米消费发展与中国稻米进出口贸易变化。

第二章世界水稻产业发展与借鉴（产业经济研究室杨万江）。本章内容描述了世界水稻种植区域分布，阐述了越南、菲律宾、孟加拉国、印度、美国、泰国、印度尼西亚、巴西和日本等 9 个主要国家水稻生产发展状况，概述世界水稻科技发展趋势，分析世界稻米消费发展与世界稻米进出口贸易变化。

第二篇为战略研究篇。本篇包括 5 章，分别是中国水稻育种发展战略研究、水稻病虫害的可持续防控、水稻栽培与土肥管理的可持续发展、水稻生产机械化的发展战略和稻米加工产业的可持续发展。

第三章中国水稻育种战略研究（育种与繁育研究室主任胡培松）。本章总结分析了中国水稻育种战略，重点阐述了水稻育种重要种质的发掘与研究、水稻育种理论与技术，分析了水稻育种现状与发展趋势，对未来中国水稻育种战略提出发展方向与政策建议。

第四章水稻病虫害的可持续防控（病虫害防控研究室主任彭友良）。本章介绍了重要病虫草害发生种类及危害，研究了次要病虫害的潜在风险及防治技术，分析了我国检疫性病虫害种类及危害和水稻植物保护状况，提出了我国水稻病虫害未来防控技术策略。

第五章水稻栽培与土肥管理的可持续发展（栽培与土肥研究室主任朱德峰）。本章阐述了我国稻作技术研究进展，重点分析了我国水稻区域化高产栽培模式，介绍了我国现代水稻种植方式、水稻高效肥水管理技术、水稻定量化和信息化栽培技术和水稻自然灾害预警与防控技术发展。

第六章水稻生产机械化的发展战略（机械化研究室主任李革）。本章分析了水稻全程机械化生产技术的内涵，介绍了国外水稻生产机械化发展状况，提出了我国水稻生产机械化存在的问题，对进一步发展我国水稻生产机械化提出了战略思考。

第七章稻米加工产业的可持续发展（加工研究室主任卢淑雯）。本章分析了中国稻米加工产业现状，指出了我国稻米加工产业存在的问题，分析了我国未来稻米加工产业发展趋势，对进一步加强稻米加工产业可持续发展提出了战略思考。

第三篇为区域发展篇。本篇包括5章，分别是华南稻区水稻产业可持续发展战略、西南稻区水稻产业可持续发展战略、华中稻区水稻产业可持续发展战略、华东稻区水稻产业可持续发展战略和北方稻区水稻产业可持续发展战略。

第八章华南稻区水稻产业可持续发展战略（广东江门综合试验站站长刘朝东）。本章立足华南稻区，回顾了水稻产业发展概况，指出了限制水稻产业发展因素，分析了水稻产业发展潜力，展望了水稻产业可持续发展前景。

第九章西南稻区水稻产业可持续发展战略（四川南充综合试验站站长谢树果）。本章立足长江上游地区，回顾了水稻产业发展概况，指出了限制水稻产业发展因素，分析了水稻产业发展潜力，展望了水稻产业可持续发展前景。

第十章华中稻区水稻产业可持续发展战略（湖南常德综合试验站站长王建龙）。本章立足长江中游地区，回顾了水稻产业发展概况，指出了限制水稻产业发展因素，分析了水稻产业发展潜力，展望了水稻产业可持续发展前景。

第十一章华东稻区水稻产业可持续发展战略（江苏南京综合试验站站长王才林）。本章立足长江下游地区，回顾了水稻产业发展概况，指出了限制水稻产业发展因素，分析了水稻产业发展潜力，展望了水稻产业可持续发展前景。

第十二章北方稻区水稻产业可持续发展战略（辽宁沈阳综合试验站站长隋国民）。本章立足北方地区，回顾了水稻产业发展概况，指出了限制水稻产业发展因素，分析了水稻产业发展潜力，展望了水稻产业可持续发展前景。

第四篇为政策选择篇。本篇由两章组成，分别是中国水稻产业政策研究和中国水稻产业可持续发展的战略选择。

第十三章中国水稻产业政策研究（产业经济研究室主任杨万江）。本章回顾了中国稻米产业政策演变，指出了中国稻米产业政策存在的主要问题，分析了中国稻米产业政策发展的若干趋势，提出了中国稻米产业未来发展的重大战略思考及政策建议。

第十四章中国水稻产业可持续发展的战略选择（产业经济研究室主任杨万江）。本章阐述了中国水稻产业可持续发展的战略意义，提出了中国水稻产业长期和近期发展的战略目标，指出了中国水稻产业可持续发展的几个战略重点，分析了中国水稻产业可持续发展的 4 个方面的重大战略选择。

发展概况篇

FAZHAN GAIKUANG PIAN

第一章　中国水稻产业发展

　　水稻，是中国的国粮。回顾历史，中国水稻产业经历了重大变化，取得了长足发展，有经验也有教训，值得总结，也是探讨中国水稻产业长期可持续发展问题的一项基础性研究工作。本章通过水稻生产区域变化、水稻生产历程、水稻产业科技发展、稻米消费需求与国际贸易等5个方面的历史回顾与分析，比较系统地梳理与描述中国水稻产业发展的总体概貌。

第一节　中国水稻种植区域分布

　　中国适合水稻生长的区域十分广泛，从南到北，从东到西，从单季种植到双季种植，是世界上水稻种植区域分布最为广泛的国家。从历史上看，中国水稻种植区域分布变化较大。

一、水稻种植区域变迁

　　从全国水稻种植区域看，水稻种植地区具有明显变化。概括起来，中国水稻地区变化的主要特征如下：

　　（1）阶段性变化。从全国水稻种植面积总体看，按照"谷—波—谷"的方法计算，1949—2011年，全国水稻种植面积经历了4个阶段，如图1-1所示。

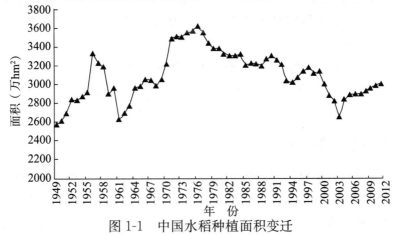

图 1-1　中国水稻种植面积变迁

第一个阶段是 1949—1961 年，1956 年峰值 3 331 万 hm²，1961 年谷底面积跌至 2 627 万 hm²。第二个阶段是 1961—1994 年，1976 年峰值 3 621 万 hm²，1994 年谷底值 3 017 万 hm²。第三个阶段是 1994—2003 年，1997 年峰值 3 176 万 hm²，2003 年谷底值 2 650 万 hm²，接近 1961 年面积水平。第四个阶段是 2003 年以后，到 2011 年上升到 3 005 万 hm²，除个别年份略有减少以外，总体上缓慢增加，2011 年比 2003 年增长 13.4%。

（2）种植制度变化。按照一年内种植的时期划分，中国水稻生产一般可以分为单季稻和双季稻（包括早稻和连作晚稻）。全国单季稻面积和双季稻面积所占比重，1949 年分别为 58.2% 和 41.8%，1974 年分别为 28.5% 和 71.5%，1978 年分别为 29.6% 和 70.4%，1992 年分别为 44.2% 和 55.8%，2003 年分别为 56.1% 和 43.9%，2011 年变为 60.2% 和 39.8%。

二、中国南北地区稻作生产变化

（一）南方地区水稻种植变化

南方稻作区（南方稻区）是中国水稻最重要的地区，是中国双季稻种植区和籼稻种植为主的区域。南方稻区共有 16 个省份，进而分为以单季稻为主的地区（南方单季稻作区）和以双季稻为主的地区。南方单季稻作区，包括西藏、四川、重庆、贵州、上海和江苏共 6 个省份。中国双季稻作区，包括安徽、湖北、湖南、江西、浙江、福建、广东、海南、广西和云南共 10 个省份。与过去相比，南方稻区稻作面积已经发生了重大变化（杨万江等，2011）。

（1）面积减少。南方稻区水稻种植面积总体变化趋势与全国基本一致，但所占比重变化很大。南方稻区水稻种植面积所占比重变化：1949 年为 96.3%，1978 年为 94.1%，1995 年为 90.5%，2005 年为 86.0%，2011 年为 81.4%。在南方稻区，单季稻区水稻面积比重：1949 年 31.8%，1961 年 26.6%，1978 年 28.3%，1992 年 30.3%，2003 年 32.1%，2011 年 32.5%。相反，双季稻区水稻面积所占比重为：1949 年 68.2%，1961 年最高时达到 73.4%，1978 年 71.7%，2003 年 67.9%，2011 年 67.5%。

（2）熟制退化。南方稻区以双季稻为主，但单季稻比重上升。南方稻区双季稻和单季稻比重，1949 年分别为 43.3% 和 56.6%，1976 年分别为 75.7% 和 24.3%，2003 年分别为 50.3% 和 49.7%，2011 年分别为 48.9% 和 51.1%。

（二）北方稻区水稻种植变化

北方稻作区（北方稻区）是中国水稻重要地区之一，是以单季稻种植和粳稻为主的稻作区。近年来，北方稻区已经发生了重大变化。

（1）种植区域分散。北方地区，没有南方地区的水热等气候条件，但在有条件的地方，一般都尽力发展水稻生产。因此，北方地区水稻生产区域比较分散，分布在16个省份。从全国总体态势看，北方地区水稻种植面积有所扩大。北方稻区水稻种植面积占全国的比重，1949年只有3.7%，1978年上升到5.9%，2003年提高到12.8%，2011年增长到18.6%。

（2）东北稻区日益重要。在北方稻区，虽然总体上分布十分分散，但越来越向东北地区集中，东北稻区逐渐成为北方稻区集聚区，甚至成为全国稻区的一个新型重要稻作区。东北稻区包括辽宁、吉林和黑龙江三省，尤其是黑龙江水稻种植面积快速发展十分显著。在北方稻区，东北稻区水稻种植面积占北方稻区和全国水稻面积的比重，1949年分别为33.8%和1.2%，1978年分别上升到43.3%和2.6%，2003年分别变为68.6%和8.8%，2011年分别提高到76.6%和14.3%。

三、全国六大区域水稻种植变化

（1）西北稻区。西北稻区水稻产量自1978年至2011年从57.47万t上升到209.28万t，增加了151.81万t，总增幅262.89%，水稻产量总体呈阶梯式上升态势。与此相对应的是，水稻播种面积也从1978年的16.333万hm²上升到2011年的24.450万hm²，增加了8.117万hm²，总增幅为49.70%，水稻播种面积总体呈波动上升态势。同时，水稻单产水平从1978年的3 518.40kg/hm²上升到2011年的8 559.45kg/hm²，增加了5 041.05kg/hm²，总增幅为143.28%，水稻单产总体呈阶梯式上升态势。

西北稻区水稻生产自改革开放至1991年，呈现出明显的攀升态势，这得益于技术改良带来的巨大单产增长速度，虽然播种面积没有大幅度提高，但水稻产量的提升非常显著。然而受西北气候条件的约束和水资源稀缺的限制，尽管此后单产水平仍有所提高，却幅度不大，播种面积也受到限制，近年来水稻生产以波动态势为主。

（2）东北稻区。东北稻区水稻产量自1978年至2011年从404万t上升到3 190.68万t，增加了2 786.68万t，总增幅为689.77%，水稻产量总体呈平稳上升态势。与此相对应的是，水稻播种面积也从1978年的88.607万hm²上升到2011年的429.64万hm²，增加了341.033万hm²，总增幅为384.88%，水稻播种面积总体呈平稳上升态势。同时，水稻单产水平从1978年的4 559.55kg/hm²上升到2011年的7 426.35kg/hm²，增加了2 866.80kg/hm²，总增幅为62.87%，水稻单产总体呈波动上升态势。

东北稻区水稻生产规模呈逐年上升态势，不论是产量还是播种面积都增长较快，可以说是国内最具水稻增产潜力的地区。随着国家在技术和政策上的不断扶持，以及土壤资源的优势，东北稻区的稻田机械化发展和水利基础设施建设都为水稻生产提供了良好的条件。

（3）华北稻区。华北稻区水稻产量在1978年至2011年从433万t上升到734.51

万 t，增加了 301.51 万 t，总增幅为 69.63%，水稻产量总体表现出动态上升的趋势。与此相对应的是，水稻播种面积也从 1978 年的 95.123 万 hm² 上升到 2011 年的 98.199 万 hm²，增加了 3.076 万 hm²，总增幅为 3.23%，水稻播种面积总体呈波动起伏态势。同时，水稻单产水平从 1978 年的 4 552.05kg/hm² 上升到 2011 年的 7 479.75kg/hm²，增加了 2 927.70kg/hm²，总增幅为 64.32%，水稻单产总体呈波动上升态势。

华北稻区水稻生产总体上波动起伏较大，受自然灾害频繁和水资源匮乏的制约，播种面积自改革开放以来无明显增长趋势，生产布局不大。同时，单产水平因受气候影响较大，波动较多，总体水稻生产水平在起伏中以平稳发展为主。

（4）华中稻区（包括华东地区）。华中稻区（包括上海、江苏、浙江、安徽、湖北、湖南、江西 7 个省份）水稻产量自 1978 年至 2011 年从 7 682.5 万 t 上升到 10 131.56 万 t，增加了 2 449.06 万 t，总增幅为 31.88%，水稻产量总体呈微弱上升态势。与此相对应的是，水稻播种面积则从 1978 年的 1 855.434 万 hm² 下降到 2011 年的 1 490.069 万 hm²，减少了 365.365 万 hm²，总降幅为 19.69%，水稻播种面积总体呈平稳下降态势。同时，水稻单产水平从 1978 年的 4 140.60kg/hm² 上升到 2011 年的 6 799.35kg/hm²，增加了 2 658.75kg/hm²，总增幅为 64.210%，水稻单产总体呈阶梯式上升态势。

华中稻区水稻单产水平自改革开放至 1984 年有显著增长，随后则以平稳态势逐年增长；但播种面积却逐年减少直至 2004 年受政策影响才小幅提高，这与该地区水稻生产比较优势的下降及种植业结构的调整有着密切关系。总体来说，华中稻区水稻产量仍保持平稳态势，是全国水稻主产区之一，但水稻产量占全国总产量的比重出现一定程度的下降。

（5）华南稻区。华南稻区水稻产量自 1978 年至 2011 年从 2 937.50 万 t 下降到 2 840.26 万 t，减少了 97.24 万 t，总降幅为 3.31%，水稻产量总体呈波动下降态势。与此相对应的是，水稻播种面积从 1978 年的 890.663 万 hm² 降低到 2011 年的 518.339 万 hm²，减少了 372.324 万 hm²，总降幅为 41.8%，水稻播种面积总体呈平稳下降态势。同时，水稻单产水平从 1978 年的 3 298.05kg/hm² 上升到 2008 年的 5 479.50kg/hm²，增加了 2 181.45kg/hm²，总增幅为 66.14%，水稻单产总体呈波动上升态势。

华南稻区水稻生产受城镇化发展、自然灾害和粮食流通市场化政策的影响呈现下降态势，其中播种面积逐年下降，降幅明显，水稻产量自 2000 年起也逐年下降，该地区种植业近年来更多地向水果等经济作物倾斜，水稻生产规模显著减小。

（6）西南稻区。西南稻区水稻产量在 1978 年至 2011 年从 2 178 万 t 上升到 2 993.8 万 t，增加了 815.8 万 t，总增幅为 37.46%，水稻产量总体呈波动上升态势。与此相对应的是，水稻播种面积从 1978 年的 495.92 万 hm² 降低到 2011 年的 445.03 万 hm²，减少了 50.89 万 hm²，总降幅为 10.26%，水稻播种面积总体呈微弱下降态势。同时，水稻单产水平从 1978 年的 4 391.85kg/hm² 上升到 2011 年的 6 727.20kg/hm²，增加了 2 335.35kg/hm²，总增幅为 53.17%，水稻单产总体呈波动上升态势。

西南稻区水稻生产新技术新品种的推广效果明显。自改革开放至 1984 年单产水平有了明显上升，随后在波动中保持增长态势。但水稻播种面积近年来却呈微弱下降趋势，总体水稻生产规模平稳，增减较少，这与该地区农业生产以自给自足为主有着密切关系。

第二节　中国水稻生产轨迹变迁

中国地域辽阔，水稻生产类型多样，为深入分析中国水稻生产轨迹变迁，本节以水稻生产类型（早稻、晚稻和单季稻）为经，以地区划分（全国总体、水稻产区和南方产区）为纬，层层深入描述中国水稻生产区域变化特征。在研究方法上，运用区域重心分析法和地理信息系统（GIS），分别测定并绘制连续时间序列的水稻生产重心变迁轨迹图。通过对不同水稻类型生产地理重心移动的方向和距离进行分析，总结中国水稻生产重心变迁的规律。

一、早稻生产重心变迁轨迹

（一）全国范围轨迹变化

根据水稻生产重心计算公式，得到 1978—2011 年全国范围早稻生产重心地理坐标、年度移动距离和移动方向。运用 ArcGIS 9.0 软件绘制出全国范围早稻生产重心变迁轨迹图（图 1-2）。

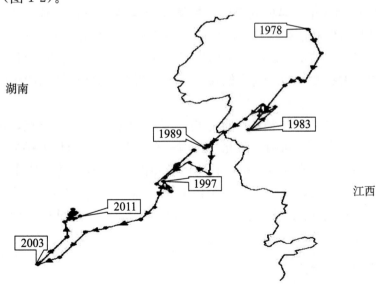

图 1-2　全国范围早稻生产重心轨迹变动

根据计算数据和图 1-2 可知，中国早稻生产重心的地理位置在 1978—2011 年处于东经 $112.734°\sim114.492°$、北纬 $26.050°\sim27.791°$，南北跨度最大距离为 193.451km，东西跨度最大距离为 195.327km。早稻生产重心始终位于中国几何中心（东经 103.50°、北纬 36°）的东南方向，由江西省向湖南省移动，向南偏西方向移动的趋势显著。这说明长期以来东南部地区一直是全国早稻生产的重点地区，但近年来西南部地区的早稻生产发展势头强劲。因此，大致可将中国早稻生产历程分为以下几个阶段：

（1）1978—1983 年。早稻生产重心出现"力量拉扯"，偏移路径为"东南—西南—西北—西南—西南"。在改革开放初期，南北方自然地理条件之间存在的差异使得南方在早稻生产方面具有较为明显的区域比较优势，早稻生产重心明显偏向南方。在这一阶段的"力量拉扯"中，西南方向的力量要大于其他方向，致使 6 年间早稻重心向西偏移了 0.420°，向南偏移了 0.765°。

（2）1983—1989 年。早稻生产重心在出现短期回旋后，持续稳定向西南方向偏移。这一阶段前期，早稻生产重心出现了"东北—西南—东北"的短期回旋，自 1986 年起，开始持续稳定向西南方向偏移。南方地理条件优越，土壤肥沃，水热资源丰富，非常适合早稻生产发展，使得 20 世纪 80 年代早稻生产布局主要集中于中国的东南部。

（3）1989—1997 年。早稻生产重心出现较大程度的回旋转移，偏移路径为"东北—西南—西北—西南—东北—西南—东南—西北"，总体表现为"西进"的特点。在这一阶段，南方地区产业结构的调整使得农业生产开始向经济作物倾斜，水稻种植面积日益减少。早稻生产重心开始向西部转移，特别是 1995 年，仅这一年，早稻生产重心就向西偏移 0.228°，向南偏移 0.257°，直接偏移距离为 38.160km。

（4）1997—2003 年。早稻生产重心持续稳定向西南方向偏移。在这一阶段，地区间运输条件日益便利使得粮食市场化改革不断深入，而南方随着工业化和城镇化持续推进以及自然灾害的不断影响，早稻生产空间布局进一步向西南部扩展。7 年间早稻生产重心向西偏移 0.695°，向南偏移 0.606°，西南部对全国早稻生产的拉动作用越来越明显。

（5）2003—2011 年。早稻生产重心再次受"力量拉扯"的影响，偏移路径表现为"东北—西北—东北—西南—西北—西南—东北"，总体趋势大幅向北推进。在这一阶段初期，国家提出全面放开粮食收购市场和粮食价格，市场化操控使得南方沿海地区更加追求经济效益，减少了早稻种植面积（陈庆根等，2010）。而北方产区对全国早稻的生产贡献则在这一时期得到了有效的提升，9 年间早稻生产重心向东偏移 0.263°，向北偏移 0.376°。

（二）水稻产区变动轨迹

根据水稻生产重心计算公式，得到计算指标，据此计算得到 1978—2011 年我国主要产区早稻生产重心地理坐标、年度移动距离和移动方向等有关数据，运用 Arc-GIS 9.0 软件，绘制全国水稻产区早稻生产重心变迁轨迹图（图 1-3）。

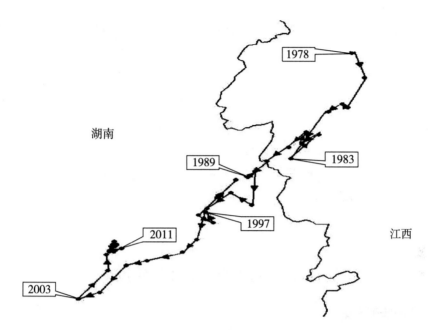

图 1-3　主要产区早稻生产重心变迁轨迹

根据计算数据和图 1-3 路径显示，中国早稻在主要产区地理层次上的生产重心地理位置处于东经 112.734°～114.492°、北纬 26.050°～27.791°，南北跨度最大距离为 193.451km，东西跨度最大距离为 195.327km。对比可见，早稻生产重心变迁轨迹在全国范围和主要产区上完全一样。早稻生产重心的走势完全不发生变化验证了西藏、甘肃、山西、新疆、内蒙古 5 个地区的早稻生产对全国早稻生产毫无贡献。

（三）南方产区变动轨迹

根据水稻生产重心计算公式，得到 1978—2011 年南方产区早稻生产重心地理坐标、年度移动距离和移动方向。运用 ArcGIS 9.0 软件绘制出南方产区早稻生产重心变迁轨迹图（图 1-4）。

根据数据表和图 1-4 可以看出，中国早稻在南方产区地理层次上的生产重心地理位置处于东经 112.886°～114.557°、北纬 26.065°～27.809°，南北跨度最大距离为 193.883km，东西跨度最大距离为 185.710km。对比可见，早稻生产重心变迁轨迹在主要产区和南方产区上非常雷同。事实上，南方产区的重心变迁轨迹向东北方向做部分偏移即可得出主要产区的重心变迁轨迹。早稻生产重心的走势基本不发生变化验证了南方产区是全国早稻生产的最主要地区。

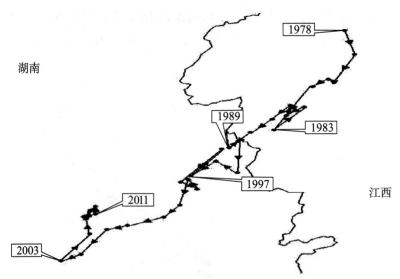

图 1-4　南方产区早稻生产重心变迁轨迹

二、晚稻生产重心变迁轨迹

（一）全国范围变化

根据水稻生产重心计算公式，得到 1978—2011 年全国范围晚稻生产重心地理坐标、年度移动距离和移动方向等有关数据，运用 ArcGIS 9.0 软件绘制全国范围晚稻生产重心变迁轨迹图（图 1-5）。

根据数据和图 1-5，中国晚稻生产重心的地理位置在 1978—2011 年处于东经 112.955°～114.432°、北纬 26.348°～27.413°，南北跨度最大距离为 118.410km，东西跨度最大距离为 164.130km。晚稻生产重心始终位于中国几何中心（东经 103.50°、北纬 36°）的东南方向，由江西省向湖南省移动，向南偏西方向移动的趋势显著。这说明长期以来东南部地区一直是全国晚稻生产的重点地区，但近年来西南部地区的晚稻生产发展势头强劲。

根据图表数据，大致可将中国晚稻生产历程分为以下几个阶段：

（1）1978—1985 年。晚稻生产重心受"力量拉扯"的影响，偏移路径表现为"东南—西南—东北—东北—西北—东北—西北"。1980 年晚稻生产重心大幅朝西南方向偏移，偏移直线距离高达 78.525km，之后几年在总体向北推进的前提下，东西方向出现多次力量拉扯，1985 年晚稻生产重心已达到继 1980 年南移后的最北部。

（2）1985—1995 年。晚稻生产重心继续受不同力量回旋拉扯影响，偏移路径为"西南—东南—西北—西南—西南—东北—西北—东北—西南—东北"。在这一阶段，晚稻生产重心总体趋势为向西南推进；从重心直线移动距离上来看，这次"拉扯"力量在逐渐减弱；从重心移动方向上来看，这次"拉扯"力量受更多因素影响，移动方向更多变。

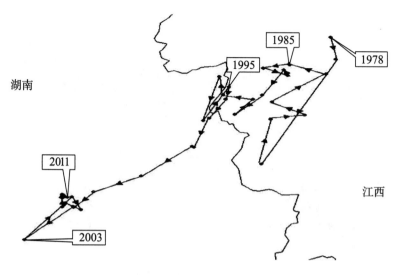

图 1-5　全国范围晚稻生产重心变迁轨迹

（3）1995—2003 年。晚稻生产重心持续稳定向西南方向偏移。在这一阶段，除了 1999 年朝西北方向小幅偏移外，总体一直朝西南方向不断推进，且移动速度和强度不断提高。这表明，中国西南部晚稻生产的重要性得到显著提升。9 年间晚稻生产重心向西偏移 0.968°，向南偏移 0.830°。

（4）2003—2011 年。晚稻生产重心再次出现"回旋拉扯"，偏移路径为"东北—东南—西北—西南—东北—正南—东南"。在这一阶段，受国家当时全面放开粮食收购市场和粮食价格政策的影响，东北、黄淮海地区粮食生产发展迅速，北方产区对全国晚稻的生产贡献也在这一时期得到了有效的提升，尤其是 2004 年晚稻生产重心向东偏移 0.227°，向北偏移 0.241°，直线偏移距离达 36.829km。

（二）水稻主要产区变动轨迹

根据水稻生产重心计算公式，得到 1978—2011 年主要产区晚稻生产重心地理坐标、年度移动距离和移动方向数据，运用 ArcGIS 9.0 软件绘制我国主要产区晚稻生产重心变迁轨迹图（图 1-6）。

根据计算数据和图 1-6，中国晚稻在主要产区地理层次上的生产重心地理位置处于东经 112.955°～114.432°、北纬 26.348°～27.413°，南北跨度最大距离为 118.410km，东西跨度最大距离为 164.130km。对比可见，晚稻生产重心变迁轨迹在全国范围和主要产区上完全一样。晚稻生产重心的走势完全不发生变化验证了西藏、甘肃、山西、新疆、内蒙古 5 个地区的晚稻生产对全国晚稻生产毫无贡献。

（三）南方产区水稻生产移动轨迹

根据水稻生产重心计算公式得到 1978—2011 年南方产区晚稻生产重心地理坐标、

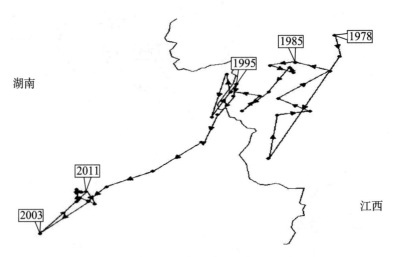

图 1-6　主要产区晚稻生产重心变迁轨迹

年度移动距离和移动方向。运用 ArcGIS 9.0 软件绘制南方产区晚稻生产重心变迁轨迹图（图 1-7）。

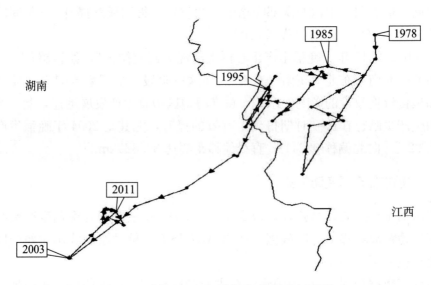

图 1-7　南方产区晚稻生产重心变迁轨迹

　　根据数据和图 1-7，中国晚稻在南方产区地理层次上的生产重心地理位置处于东经 112.990°~114.481°、北纬 26.352°~27.424°，南北跨度最大距离为 119.123km，东西跨度最大距离为 165.622km。对比可见，晚稻生产重心变迁轨迹在主要产区和南方产区上非常雷同。事实上，南方产区的重心变迁轨迹向东北方向做部分偏移即可得出主要产区的重心变迁轨迹。晚稻生产重心的走势基本不发生变化验证了南方产区是全国晚稻生产的最主要地区。

三、中稻生产重心变迁轨迹

(一)全国水稻生产重心变动轨迹

根据水稻生产重心计算公式得到 1978—2011 年全国范围中稻生产重心地理坐标、年度移动距离和移动方向的数据。运用 ArcGIS 9.0 软件绘制全国范围中稻生产重心变迁轨迹图(图 1-8)。

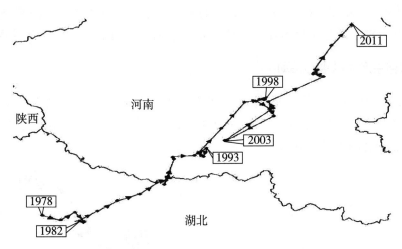

图 1-8　全国范围中稻生产重心变迁轨迹

根据计算数据和图 1-8,中国中稻生产重心的地理位置在 1978—2011 年处于东经 111.345°~115.597°、北纬 31.512°~34.361°,南北跨度最大距离为 316.487km,东西跨度最大距离为 472.394km。中稻生产重心始终位于中国几何中心(东经 103.50°、北纬 36°)的东南方向,由湖北省向河南省移动,向北偏东方向移动的趋势显著。这说明长期以来东南部地区一直是全国中稻生产的重点地区,但近年来东北部地区的中稻生产发展势头强劲。

根据图表数据,大致可将中国中稻生产历程分为以下几个阶段:

(1)1978—1982 年。中稻生产重心出现"力量拉扯",偏移轨迹表现为"东南—东北—东南—西北"。总体来说,这一阶段的生产重心主要以向东偏移为主,但从偏移方向和偏移距离来看,各方向上的力量越来越弱。

(2)1982—1993 年。中稻生产重心持续稳定向东北方向偏移。在这一阶段,生产重心除了 1989 年向西南方向小幅度偏移外,一直向东北方向偏移。11 年间,中稻生产重心向东偏移 0.771°,向北偏移 1.046°。由此可见,20 世纪 80 年代,北方中稻生产迅速发展,对全国中稻生产的重要性也得到显著提高。

(3)1993—1998 年。中稻生产重心在出现短期回旋后,继续持续稳定向东北方向偏移。这一阶段前期,中稻生产重心出现了"西南—西北"的短期回旋,自 1996 年起,继续持续稳定向东北方向偏移。从偏移距离来看,1996 年和 1997 年向东北方向偏移的直线距离分别高达 57.293km 和 59.990km，可见东北中稻生产区在这两年的发展势头远远大于其他地区。

（4）1998—2003 年。中稻生产重心受不同力量拉扯影响，表现出较为复杂的变迁过程，偏移轨迹为"西北—西南—东南—西南—西南"，总体呈现"南移"的趋势。其中 2003 年南移势头明显，重心向西南方向偏移的直线距离达 79.243km。

（5）2003—2011 年。中稻生产重心持续稳定地向北偏移。在这一阶段，除了几次短暂且力量薄弱的西北方向偏移外，中稻生产重心已大力度地向东北方向迈进。8 年间，中稻生产重心向东偏移 1.941°，向北偏移 1.703°。由此可见，2004 年国家粮食体制改革对北方中稻生产起了显著作用，使得东北中稻对全国中稻生产产生明显拉力。

（二）水稻生产地区重心移动

根据水稻生产重心计算公式，得到 1978—2011 年主要产区中稻生产重心地理坐标、年度移动距离和移动方向。运用 ArcGIS 9.0 软件，基于计算数据绘制主要产区中稻生产重心变迁轨迹图（图1-9）。

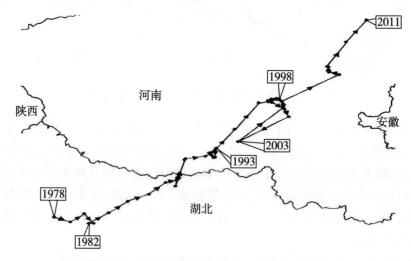

图 1-9　主要产区中稻生产重心变迁轨迹

根据数据和图1-9，中国中稻在主要产区地理层次上的生产重心地理位置处于东经 110.849°～115.351°、北纬 31.293°～34.129°，南北跨度最大距离为 315.116km，东西跨度最大距离为 500.229km。对比可见，中稻生产重心变迁轨迹在全国范围和主要产区上非常雷同。事实上，全国范围的重心变迁轨迹向西南方向做部分偏移即可得出主要产区的重心变迁轨迹。中稻生产重心的走势基本不发生变化验证了西藏、甘肃、山西、新疆、内蒙古这 5 个地区的中稻生产对全国中稻生产贡献甚微。

（三）南方地区水稻重心移动轨迹

根据水稻生产重心计算公式，得到 1978—2011 年南方产区中稻生产重心地理坐标、年度移动距离和移动方向等数据。运用 ArcGIS 9.0 软件，基于计算数据绘制南方产区中稻生产重心变迁轨迹图（图 1-10）。

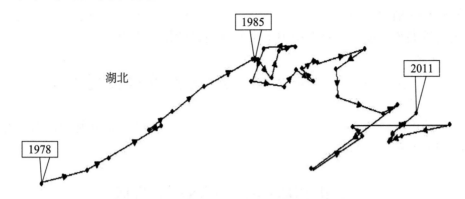

图 1-10　南方产区中稻生产重心变迁轨迹

进一步观察图 1-10 和计算数据可以发现，南方产区中稻生产经历了一系列复杂的变化过程，大致可以分为以下几个阶段：

（1）1978—1985 年。中稻生产重心持续稳定向东北方向偏移。在这一阶段，生产重心除了 1982 年向西南方向小幅度偏移外，一直向东北方向显著偏移。8 年间，中稻生产重心向东偏移 1.435°，向北偏移 0.421°。由此可见，南方产区东北部尤其是东部沿海地区的中稻生产势头远远大于其他地方。

（2）1985—2011 年。中稻生产重心表现出较为复杂的变迁过程，总体呈现向东南方向偏移的趋势。与全国范围、主要产区的中稻生产重心变迁轨迹图相比，南方产区的中稻生产变迁轨迹图在 1985 年后呈现出完全不同的走势，这表明，20 世纪 80 年代后期开始，北方产区中稻生产占全国中稻生产的比重越来越大，其重要性也日趋提升，对全国中稻生产已形成显著拉力，是全国中稻的重要生产区。而在南方产区内部，中稻生产空间布局受多种因素影响，重心轨迹不断受到力量拉扯，总体呈现向东南方向偏移的趋势。

总的来看，通过地理空间模型和运用区域重心分析法和 GIS 技术，计算并绘制早稻、晚稻、中稻生产重心的变迁轨迹，并从 3 个地理层次详细分析比较水稻生产的空间变化规律。

（1）从早稻和晚稻的生产重心变迁轨迹来看，其全国范围和主要产区地理层次上的生产重心变迁轨迹完全一致，而南方产区地理层次上的生产重心变迁轨迹则是在前者的基础上向东北方向做部分偏移。总的来说，早稻和晚稻的生产重心呈现向西南方向偏移的趋势，但在 2003 年后又都逐渐向东北方向偏移。

（2）从中稻的生产重心变迁轨迹来看，其全国范围地理层次上的生产重心变迁轨迹呈现向东北方向偏移的趋势；主要产区地理层次上的生产重心变迁轨迹则是在前者的基础上向西南方向做部分偏移；而南方产区地理层次上的生产重心变迁轨迹与前两者相比有了明显变化，自 1985 年后，受多种因素影响，重心轨迹不断受到力量拉扯，总体呈现向东南方向偏移的趋势。

（3）综合 3 个地理层次上早稻、晚稻和中稻的生产重心变迁轨迹，可以看出南方产区是早稻和晚稻生产的主要地区，北方产区对其影响较小；而中稻恰恰相反，其在北方产区的发展势头强劲，对全国中稻生产有明显的拉力作用。

第三节　中国水稻生产发展历程及现状

中国水稻生产轨迹，具有明显的时代烙印，如前面的阶段划分所示，不同时期中国水稻生产发展有明显的特点。

一、新中国成立后的水稻生产发展

新中国成立后，水稻生产有了长足发展，但在后期的"文化大革命"期间，直到改革开放以前的 28 年，期间经历了新中国成立初期的扩大、大跃进、恢复和"文化大革命" 4 个时期的不同变化，但总的来看，水稻生产表现为面积扩大、产量增加和单产提高。

（1）面积扩大。从 1949 年到 1977 年的 29 年，全国水稻种植面积由 2 570.9 万 hm^2 增加到 3 552.6 万 hm^2，年均 3 074.1 万 hm^2，增长了 38.2%。

（2）产量快速增加。这一时期，随着水稻种植面积的扩大，水稻产量有了大幅度增长。从 1949 年到 1977 年，全国水稻产量由 4 864.5 万 t 增加到 12 856.0 万 t，年均产量 8 742.2 万 t，期间增长了 1.64 倍。

（3）单产迅速提高。这一时期，随着水稻产量大幅度增长，主要取决于单位面积产量水平不断提高。从 1949 年到 1977 年，全国水稻产量由 1.89t/hm^2 提高到 3.64t/hm^2，年均单产 2.84t/hm^2，期间单产水平提高了 91.3%。

这一时期，水稻产量增长，面积扩大和提高单位面积产量水平都有贡献。根据计算，产量增长 7 997 万 t，其中面积增长使产量增加 1 858 万 t，单产增加使产量增加 4 439 万 t，面积和单产同时增加使产量增加 1 695 万 t，根据分解，面积贡献率为 23.2%，单产贡献率为 55.5%，面积增加和单产提高的交互贡献率为 21.2%。

二、改革开放后的水稻生产发展

1978 年以来，水稻生产呈现快速恢复性增长。从 1978 年到 1997 年的 20 年，期间也有小规模短时间波动，但总体上显著地表现为水稻生产扩大。

（1）面积相对稳定。从 1978 年到 1997 年的 20 年，水稻种植面积由 1977 年的 3 552.6 万 hm^2 下降到 3 176.5 万 hm^2，这一时期年平均 3 241.3 万 hm^2，期间种植面积变动了 -10.6%。

（2）产量大幅度提高。虽然种植面积有所下降，但水稻产量却由 12 856.0 万 t 增加到 20 073.5 万 t，这一时期年平均产量 17 157.1 万 t，期间产量增长了 56.1%。

（3）单产水平提高到新水平。在面积下降、产量增长的情况下，这一时期，水稻单位面积产量由 3.62t/hm² 提高到 6.32t/hm²，这一时期年平均产量 5.29t/hm²，期间单位面积产量增长了 74.6%。

这一时期，水稻产量增长，但面积下降。根据计算，产量增长 7 218 万 t，其中面积下降使产量变动为 −1 361 万 t，单产增加使产量增加 9 594 万 t，面积和单产同时增加使产量变量为 −1 016 万 t。通过分解计算，面积贡献率为 −18.9%，单产贡献率为 132.9%，面积变化和单产提高的交互贡献率为 −14.1%。

三、战略性结构调整的影响

进入 21 世纪之前，中国水稻生产发展面临发展模式选择，以 1998 年为标志的农业结构战略性调整，使中国水稻生产出现大幅度下滑，到 2003 年已经下降到谷底。

（1）调减种植面积。1998—2003 年，全国水稻种植面积由 1997 年 3 176.5 万 hm² 基础上减少到 2 650.8 万 hm²，这一时期年平均种植面积 2 933.0 万 hm²，期间种植面积变动为 −16.6%。

（2）产量迅速下降。在种植面积下降的同时，水稻产量也快速下降，全国水稻产量由新中国成立以来最高的 20 073.5 万 t 下降到 16 065.6 万 t，这一时期年平均产量 18 298.1 万 t，期间产量变动为 −20.0%。

（3）单产水平有所下降。在面积下降、产量下降的情况下，这一时期，水稻单位面积产量由 6.32t/hm² 下降到 6.06t/hm²，这一时期年平均单位面积产量为 6.24t/hm²，期间单位面积产量变动为 −4.1%。

这一时期，水稻产量下降是面积和单产双双下降的结果。根据计算，产量变动为 −4 008 万 t，其中面积下降使产量变动为 −3 322 万 t，单产变动引起的产量变动为 −822 万 t，面积和单产同时变动引起的产量增加 136.0 万 t。通过分解计算，面积贡献率为 −82.9%，单产贡献率为 −20.5%，面积变化和单产变动的交互贡献率为 3.4%。

四、十六大以来的水稻生产现状

2004—2011 年，随着党的十六大精神全面贯彻落实，开启了水稻生产新局面。

（1）面积相对稳定。2004—2011 年，水稻种植面积由 2003 年 2 650.8 万 hm² 上升到 3 005.7 万 hm²，这一时期年平均种植面积 2 923.5 万 hm²，期间种植面积增长了 13.4%。

（2）产量大幅度提高。在水稻种植面积增长的同时，水稻产量也明显增长，由

10 605.6 万 t 增加到 20 100.1 万 t，这一时期年平均产量为 18 889.9 万 t，期间产量增长了 25.1%。

（3）单产水平进一步提高。这一时期，水稻单位面积产量在 6.06t/hm² 基础上提高到 6.69t/hm²，这一时期年平均单位面积产量为 6.46t/hm²，期间单位面积产量增长了 10.3%。

这一时期，水稻产量增长，是种植面积扩大和单位面积产量提高的双重结果。根据计算，产量增长 4 034 万 t，其中面积扩大使产量增长了 2 151 万 t，单产提高使产量增加了 1 661 万 t，面积和单产同时增加使产量增加了 222 万 t。通过分解计算，面积贡献率为 53.3%，单产贡献率为 41.2%，面积变化和单产提高的交互贡献率为 5.5%。

第四节　中国水稻科技发展历程及现状

中国水稻发展越来越依靠科技进步。回顾中国水稻科技发展历程，水稻科技创新体系的建立最为突出。新中国成立以来，全国从中央到地方相继建成了一大批从事水稻科研的农业大学、省级农业科学院和地区性农业科学研究所，形成了三级水稻科研队伍。改革开放以后，国家相继建成了中国水稻研究所、国家杂交水稻工程技术研究中心和国家水稻改良中心等一批国家级水稻专业研究机构，成为国家水稻研究主力军。经过数十年的建设，形成了包括由国家到地方，由高校、农业科学院、农业科研所等专业研究机构与稻米企业组成的庞大而又纵横交错的水稻产业研发体系（潘鸿，2009）。集聚了一支由两院院士、国内外知名专家组成的强有力的研究队伍。通过水稻科研协作攻关，在矮化育种、杂交稻和超级稻等研究领域取得了国际领先的丰富成果，强有力地支撑了我国水稻生产持续旺盛的发展。

一、创新现代水稻科技研发组织体系

早在"九五"和"十五"的前期，国家投资建设了一批水稻研究中试基地，涵盖了水稻资源收集、品种改良、良种良法、产品检测等各个领域。例如：①"国家水稻改良中心及分中心"和"国家水稻工程技术中心"。主要从事水稻品种改良及其产业化，它们是国家水稻种质创新技术体系的应用性专门研究机构；②"水稻基因资源库"，主要任务在于进行水稻种质资源的基因型鉴定，基因资源分子检测，从事基因定位与分离、克隆，基因功能研究，作物基因生物信息学研究等，在国家水稻种质创新技术体系中专门从事基础性研究的科研机构；③"国家植物基因研究中心"和"国家转基因水稻检测和监督中心"等，重点开展规模化、系统化植物基因研究，带动全国植物基因研究整体水平不断提高；④"水稻区域技术创新中心"，重点开展全国重要区域水稻生产技术研究，为水稻生产提供强有力的技术支撑；⑤"农业部稻米及制品质量监督检验测试中心"，重点开展国内外稻米品质检测及产后加工研究；⑥另外，还由国家及地方投资，建设了一大批水稻育种和稻种繁育基地。

二、建立水稻科技创新体系

发展水稻科技，不但对我国起到了十分重要的保障作用，而且对农业科技进步发挥了十分重要的领头羊作用。水稻作为禾谷类的典型作物，近年来水稻高新技术研究飞速发展，为开展新一轮农业科技革命奠定了良好的基础（杨万江，2011）。

（1）在生物技术研究方面。通过花药培养、体细胞组织培养及组织培养与辐射诱变相结合的手段，育成了一批水稻新品种新组合，并得到大面积推广应用。通过远缘杂交与花药培养相结合的技术研发，已将野生稻的有利基因导入栽培稻，获得了优异种质材料。水稻重要农艺性状基因定位研究，尤其是在育性基因、抗性基因、产量性状及其他数量性状基因等方面，也取得了重大进展。利用分子标记辅助育种等手段，育成了一些新品种并开始在水稻生产上广泛示范推广。利用分子标记检测杂交水稻种子真伪的研究，也已在水稻生产中试用。应用水稻转基因技术育成的抗除草剂转基因杂交稻、克螟稻等技术突破，已进入到大田释放和环境评价阶段（杨万江，2011）。随着基因组学、生物信息学、蛋白质组学等科学研究的一系列突破，水稻分子育种技术体系已经初步形成。

（2）在水稻产业信息技术方面。随着计算机信息网络技术的发展和推广，信息技术已渗透到水稻研究和生产领域的设计、控制、管理等全过程，实现了现代信息技术与水稻产业的融合发展，水稻信息数据库系统已用于水稻生产技术服务，为水稻生产者提供水稻生长情况、病虫害预防预报、防治技术以及水稻生产资料市场等有价值的信息。遥感（RS）技术、地理信息系统（GIS）与全球定位系统（GPS）在水稻科研与生产领域开始广泛应用，特别是在水稻苗情监测与精准生产中发挥了重要作用。

（3）在水稻相关物化产品研发方面。适用的生物农药、生物肥料和植物生长调节剂等传统化学品或制剂的替代产品，研究与开发进展显著，其中高效、安全和环境友好的新型生物药物的研发在国际上已占有一席之地，为水稻生产发展提供了现代投入品。

（4）在水稻产后加工方面。在稻米产业的产后过程中，稻谷原料处理、加工包装过程、营养和活性物质保持、质构和风味修饰等方面的新型技术不断涌现。如以微生物、酶和基因工程为代表的食品生物技术，以膜分离、超临界流体萃取、纳滤等为代表的新型分离等技术日趋成熟，开始应用到稻米加工与储藏过程，提高了水稻产业技术含量。

三、国家水稻产业技术体系

我国的水稻科技创新体系在保障国家粮食安全中发挥了重要作用，同时，我们也应清晰地看到，目前我国水稻科技创新研究还存在重点不突出、分工不合理的弊端，水稻产业中的基础性和公益性研究得不到特殊的支持。此外，受目前成果评价体系的负面影响，水稻研究课题组越分越小，研究课题越来越细，协作攻关越来越难，急功近利的现象越来越突出，而主要体现公益效应的研究也越来越不为科技人员所重视，造成科技创新后劲严重不足，成为水稻科技创新发展的瓶颈。有鉴于此，农业部和财政部于 2007 年 12 月正式启动了现代农业产业技术体系建设，在首批启动试点建设的 10 个行业中，国家水稻产业技术体系位于其首。

（一）国家水稻产业技术体系建设

国家水稻产业技术体系的建立，是在对全国水稻不同行业充分调研基础上，明确了水稻产业技术发展的重点是解决大面积提高单产、改善品质和提高种稻效益的技术研发和示范推广。因此，国家水稻产业发展的总体思路被确定为："稳面攻产，优化结构，推进可持续发展"。稳面攻产，就是要在稳定水稻种植面积的基础上，依靠科技实现总产量提高，实现水稻增产方式的根本性转变。优化结构，就是要根据市场需求的发展趋势，优化品种结构、品质结构和季节结构。推进可持续发展，就是要提高水稻发展的质量，不单纯追求总产量的提高和品质的高档化，而是追求产需基本平衡、品质不断改善的产量品质协调发展道路。

创新或引入新的研发机制，是建设现代水稻产业技术体系和保障其顺利运行的关键。这些机制，包括稳定支持和适度竞争的投入机制，联合攻关的协作机制，科研与产业良性结合的互动机制，科研分类分级和技术示范指导机制。现代水稻产业技术体系，明确了水稻产业技术体系包括国家水稻产业技术研发中心、功能研究室和综合试验站 3 个层次有机组合，并明确了各自的职责和任务，形成了各层次和各环节的相互联系。

（二）水稻产业技术体系各学科发展的重点

根据水稻学科发展的国内外动态，结合社会对水稻产业发展的需求，未来水稻学科发展的重点应该包括以下几个方面的内容。

（1）在水稻分子生物学研究与遗传育种方面。①水稻种质资源的挖掘、利用与优异育种材料的创新。对我国丰富的水稻种质资源进行广泛研究，发掘水稻重要农艺性状的新基因，创制优异种质材料，进行基因克隆，为我国水稻育种提供基因源。②水稻现代育种新技术、新方法创新。围绕我国水稻育种面临的突出问题，以高效育种技术创新为主要目标，重点开展现代高效水稻分子育种技术研究，解决育种技术瓶颈，为高产、优质、多抗水稻品种选育提供技术支持（杨万江，2013）。③水稻高产、优质、多抗新品种（组合）选育及产业化示范。围绕我国粮食安全问题、"三农"问题和我国水稻新品种选育面临的突出问题，与常规育种技术相结合，建立水稻高技术育种的规模化平台，选育高产、优质、抗病、抗虫、抗逆的广适性新品种，并进行产业化示范。

（2）在稻作技术研究及物化产品开发方面。①稻作技术研究。21世纪以来，我国农业生产正在从单纯追求数量型增长逐步向数量与质量、效益并重和以质量、效益为主转变，发展"优质、高产、高效、安全、生态"的"十字农业"势在必行。稻作技术研究，要根据新形势，围绕新要求，研究新理论，开发新技术，创新种植模式，为水稻可持续生产服务。②物化产品开发。围绕生态安全与食品安全，必须加快开发水稻生物农药、生物肥料和新型植物生长调节剂，为水稻重大病虫害的科学防控及水稻可持续发展提供技术支撑。

（3）在数据的交流、整合和共享方面。①数据的交流、整合和共享。目前已积累了大量与水稻育种相关的数据，包括水稻突变体信息，分子育种有关的基因定位、标记和克隆数据，应将分散的水稻生物信息进行整合，建立水稻生物信息的交流和共享平台，为水稻生物技术和遗传育种服务，并在此基础上进一步开展以应用为主的水稻生物信息学的研究。②信息技术应用。国内外农业信息技术发展得很快，但由于水稻生产的特点，相对于其他主要农作物，信息技术在水稻生产上的应用相对滞后。应以内容建设为重点，信息技术为抓手，技术推广为突破口，提高稻农和农业技术人员科学种田水平（杨万江，2011），加速稻作科研成果的推广应用。

（4）在稻米质量标准、检验与产后加工方面。①稻米品质与质量安全标准。稻米质量标准及检验涉及水稻生产、消费、流通和加工的方方面面，是食品安全的基本点。应加强研究水稻生产、加工的质量安全关键控制点，开展稻米农药残留和污染的风险评估，进一步完善水稻技术标准体系，研发快速、微量的检测技术。②稻米产后精深加工。开展稻米产后精深加工，对有效提升稻米产品的市场品位，提高我国稻米产品在国际市场的信誉度和竞争力具有重要作用。要关注稻米营养及功能特性的机制，研究稻米陈化机理和控制稻米陈化的关键因子。

（5）在稻米产业经济与政策研究方面。水稻产业经济是水稻产业在科技、生产、流通、加工、消费、储藏、信息与咨询等各个环节所发生的经济行为，是水稻产业政策的基础（周慧秋等，2010）。它是一个完整的经济体系与经济链，并与粮食、农业及其他产业形成一个有机的、协调与发展的产业环境，构成一条畅通无阻与充满生机和活力的链条。开展稻米产业经济研究，对水稻产业结构调整和提高水稻生产、消费、流通与加工经济效益，用科技支撑水稻产业发展（杨万江，2011），为水稻产业可持续发展提供政府决策依据，具有积极意义。

第五节　中国稻米消费发展历程及现状

稻米是中国城乡60%以上人口的主食，尤其是南方地区人口城乡家庭的重要食物来源，提供了植物性食物的主要营养。中国统计指标分别按照稻谷（原粮）与大米（成品粮）计算，本节分别从稻米消费变化趋势、农村居民稻谷消费、城镇居民大米消费、中国稻米市场等方面做进一步分析。

一、稻米消费变化趋势

中国稻米消费变化十分明显，总体上，中国稻米消费量与人口关系密切，目前已经进入到稻米消费总量缓慢增长时期，但从城乡居民家庭人均消费量来看，总体上已经进入缓慢下降阶段。

（1）稻米消费总量缓慢增长。中国稻米消费数据，国内多为专业性（专题性）数据，缺乏有序的时间数据，这里用联合国粮农组织（FAO）估计数据分析中国稻米消费变化趋势。从 1961 年到 1978 年，中国稻谷国内用量由 5 665.7 万 t 增长到 13 826.2 万 t，到 1998 年增加到 19 288.1 万 t，到 2009 年增加到 19 667.4 万 t。长期来看，以 1961—1963 年平均和 2007—2009 年平均计算，46 年长期年均增加 275 万 t，长期年递增率为 2.4%。从 1998 年到 2009 年，年均仅增加 35 万 t。

（2）人均大米消费量已经进入下降阶段。由于人口城市化变化，中国人口城乡分布出现快速变化，从全国平均来看，人均大米消费量（使用量）由 1961—1963 年平均的 63.3kg 增长到 2007—2009 年平均的 94.4kg，最高为 1983 年人均消费量 108.7kg。从 1961 年到 2009 年中国人均大米消费量变化过程如图 1-11 所示。

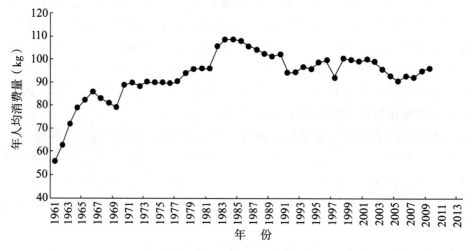

图 1-11　中国年人均大米消费量变化趋势

二、农村稻谷消费变化

中国农村居民稻谷消费变化很大，不同农村地区稻谷消费差异开始拉大。以国家统计局和典型地区统计部门公布的官方统计数据为准，以稻谷食用量（即口粮）为对象，展示中国农村和各农村居民稻谷消费变化。

（1）农村居民消费总体变化。从 1978 年到 2011 年，中国农村居民人均稻谷（原粮）消费量由 248kg 下降到 171kg，其中最高时 1984 年达到 267kg。从 1978 年到 2011 年全国农村居民人均稻谷食品消费量变化趋势如图 1-12 所示。

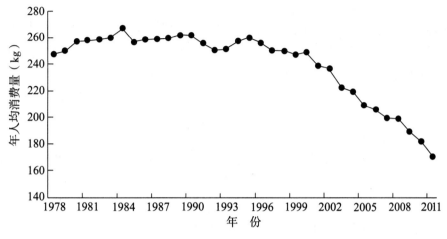

图 1-12 中国农村居民年人均稻谷消费量变化

（2）地区消费差距进一步拉大。仅以 2001 年、2005 年和 2011 年为例，10 余年来，全国各地农村居民人均消费量都有很大变化。例如，人均食品消费量最大的湖南，由 267.5kg 下降到 186.4kg，10 年下降了 30.3%。在这 10 年，全国 31 个省份中，有 17 个省份下降，有 14 个省份增长。全国各地区农村居民家庭人均稻谷食品消费量及其不同年份增长率变化详见表 1-1。

表 1-1   中国各地区农村居民家庭年人均稻谷食品消费量

	年人均稻谷食品消费量（kg）				增长率（%）					
	2001 年 (A)	2005 年 (B)	2010 年 (D)	2011 年 (E)	B/A	D/B	D/A	E/D	E/B	E/A
全国	122.9	113.4	101.9	97.1	−7.7	−10.1	−17.1	−4.7	−14.4	−21.0
北京	36.3	42.2	45.4	42.4	16.3	7.6	25.2	−6.6	0.5	16.9
天津	45.7	51.0	48.1	45.7	11.6	−5.7	5.3	−5.0	−10.4	0.0
河北	12.6	17.5	21.1	21.5	39.4	20.6	68.1	1.9	22.9	71.3
山西	8.1	12.4	11.4	12.7	52.9	−8.1	40.6	11.4	2.4	56.6
内蒙古	31.7	45.9	49.8	44.8	44.9	8.5	57.2	−10.0	−2.4	41.4
辽宁	96.5	96.2	92.6	103.6	−0.3	−3.7	−4.0	11.9	7.7	7.4
吉林	115.5	106.4	103.1	117.4	−7.9	−3.1	−10.7	13.9	10.3	1.7
黑龙江	94.7	93.5	75.5	83.6	−1.3	−19.3	−20.3	10.7	−10.6	−11.7
上海	216.9	134.3	130.5	135.4	−38.1	−2.8	−39.8	3.8	0.8	−37.6
江苏	174.6	147.0	129.4	116.6	−15.8	−12.0	−25.9	−9.9	−20.7	−33.2
浙江	217.3	170.1	148.5	121.9	−21.7	−12.7	−31.7	−17.9	−28.3	−43.9
安徽	158.5	137.9	115.0	110.1	−13.0	−16.6	−27.4	−4.3	−20.2	−30.5

（续）

	年人均稻谷食品消费量（kg）				增长率（%）					
	2001年 (A)	2005年 (B)	2010年 (D)	2011年 (E)	B/A	D/B	D/A	E/D	E/B	E/A
福建	205.7	175.8	162.9	156.5	−14.5	−7.3	−20.8	−3.9	−11.0	−23.9
江西	257.8	235.5	205.0	196.3	−8.7	−13.0	−20.5	−4.2	−16.6	−23.9
山东	4.4	5.7	7.0	7.6	30.1	22.8	59.8	8.6	33.3	73.5
河南	15.9	19.6	20.8	18.2	23.1	6.1	30.7	−12.5	−7.1	14.3
湖北	208.1	171.5	146.1	135.9	−17.6	−14.8	−29.8	−7.0	−20.8	−34.7
湖南	267.5	230.2	199.4	186.4	−13.9	−13.4	−25.4	−6.5	−19.0	−30.3
广东	216.9	220.2	186.3	179.7	1.5	−15.4	−14.1	−3.5	−18.4	−17.2
广西	207.1	176.4	167.0	165.1	−14.8	−5.3	−19.4	−1.1	−6.4	−20.3
海南	226.5	184.7	188.0	138.3	−18.5	1.8	−17.0	−26.4	−25.1	−38.9
重庆	178.0	182.3	156.4	139.3	2.4	−14.2	−12.1	−10.9	−23.6	−21.7
四川	174.2	183.6	146.3	134.4	5.4	−20.3	−16.0	−8.1	−26.8	−22.8
贵州	148.4	140.4	130.3	135.6	−5.4	−7.2	−12.2	4.1	−3.4	−8.6
云南	155.1	146.2	140.7	144.0	−5.7	−3.8	−9.3	2.3	−1.5	−7.2
西藏	42.1	62.4	61.4	58.4	48.3	−1.6	45.9	−4.9	−6.4	38.8
陕西	20.7	23.4	21.5	24.2	12.9	−8.1	3.8	12.6	3.4	16.8
甘肃	3.6	5.5	7.7	9.5	53.6	40.0	115.1	23.4	72.7	165.4
青海	3.1	4.4	5.1	7.4	41.9	15.9	64.5	45.1	68.2	138.7
宁夏	50.3	47.8	50.4	47.5	−5.0	5.4	0.1	−5.8	−0.6	−5.6
新疆	16.5	19.9	23.2	27.0	20.5	16.6	40.4	16.4	35.7	63.4

数据来源：根据国家统计局农村社会经济调查司编《中国农村住户调查年鉴》（历年）整理计算。

三、居民大米消费变化

中国城镇居民大米消费变化很大，目前已经处在一个相对稳定并缓慢下降的过程中。由于缺乏全国各地统一的城镇居民大米消费数据，根据典型地区大米消费统计，地区间消费差距进一步拉大。

（1）全国城镇居民大米消费总体变化。1978—2011年，全国城镇居民大米食品消费量，由130kg下降到81kg，下降了37.9%。近年来，有波动和反复，但总体上处在缓慢下降阶段。1978—2011年全国城镇居民人均大米食品消费量变化趋势如图1-13所示。

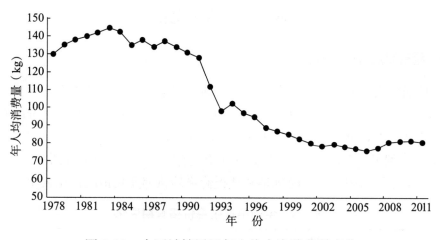

图 1-13　中国城镇居民年人均大米消费量变化

（2）地区居民大米消费变化差距更大。由于缺乏全国各地城镇居民大米食品消费的官方统一数据，这里以江苏和浙江两省为例分析典型地区消费变化。

江苏省是一个以粳米为主的稻米主产省，也是以大米为主要口粮的省份。江苏省城镇居民年人均大米消费量（李建军等，2010）：1978 年 162.6kg，1985 年下降到 128.6kg，1990 年下降到 119.0kg，1995 年下降到 96.3kg，2000 年下降到 75.8kg，2011 年进一步下降到 65.1kg。

浙江省籼稻和粳稻都有分布，以大米为重要口粮（杨万江，2009）。浙江省城镇居民家庭年人均大米食品消费量：1978 年为 95kg，1984 年最高时为 105.3kg，1990 年开始稳定地下降到 100kg 以下，2002 年以后下降到 60kg 以下，2011 年只有 51.2kg，只有全国城镇居民平均水平的 63.4%。1978—2011 年浙江省城镇居民人均大米食品消费量变化趋势如图 1-14 所示。

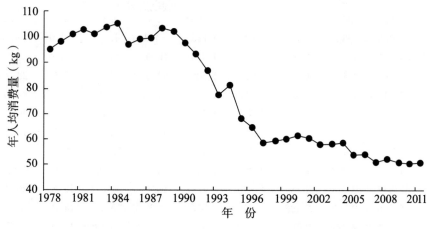

图 1-14　浙江省城镇居民年人均大米消费量变化

四、稻米价格变化

(一)稻谷收购价格变化

(1)长期变化。根据有关数据,得到中国全国平均的各类稻谷销售价格(收购价格)。从稻谷销售价格情况看,中国稻谷价格明显地经历了波动变化,阶段性变化十分突出。长期来看,全国稻谷价格由 1978 年 212 元/t 上升到 1995 年 1 638 元/t,到 2002 年却下降到了 1 022 元/t,此后逐步上升,到 2012 年已经上升到 2 761 元/t。全国稻谷以及早籼稻、中籼稻、晚籼稻和粳稻价格的长期变化情况详见表 1-2。

表 1-2 全国稻谷销售价格长期变化

年份	价格(元/t)					环比变动(%)				
	稻谷	早籼稻	中籼稻	晚籼稻	粳稻	稻谷	早籼稻	中籼稻	晚籼稻	粳稻
1978	212	193	200	206	249					
1985	350	314	324	331	433	65.3	63.1	61.9	60.4	73.7
1988	521	432	454	526	672	48.7	37.5	40.3	59.1	55.3
1990	580	512	522	547	740	11.3	18.4	15.0	3.9	10.2
1991	567	522	489	547	711	−2.3	2.0	−6.3	0.0	−4.0
1992	585	530	503	573	731	3.1	1.6	2.9	4.9	2.8
1993	810	736	725	888	890	38.5	38.8	44.1	54.9	21.7
1994	1 350	1 135	1 227	1 458	1 579	66.7	54.2	69.2	64.1	77.5
1995	1 638	1 435	1 441	1 620	2 057	21.4	26.5	17.4	11.1	30.2
1996	1 605	1 541	1 532	1 548	1 801	−2.0	7.4	6.3	−4.4	−12.4
1997	1 383	1 302	1 354	1 369	1 508	−13.8	−15.5	−11.6	−11.6	−16.2
1998	1 328	1 189	1 284	1 342	1 498	−4.0	−8.7	−5.1	−2.0	−0.7
1999	1 128	1 083	1 031	1 131	1 265	−15.1	−8.9	−19.7	−15.7	−15.6
2000	1 031	858	955	1 104	1 209	−8.5	−20.8	−7.4	−2.4	−4.5
2001	1 065	939	1 008	1 058	1 256	3.3	9.4	5.5	−4.1	4.0
2002	1 022	952	977	1 013	1 145	−4.1	1.4	−3.0	−4.3	−8.8
2003	1 195	1 031	1 109	1 273	1 364	16.9	8.3	13.5	25.7	19.1
2004	1 594	1 522	1 508	1 638	1 709	33.5	47.6	35.9	28.7	25.3
2005	1 547	1 455	1 426	1 538	1 767	−3.0	−4.4	−5.4	−6.1	3.4
2006	1 602	1 504	1 478	1 632	1 795	3.6	3.4	3.7	6.2	1.6
2007	1 704	1 618	1 651	1 806	1 741	6.3	7.6	11.7	10.6	−3.0
2008	1 908	1 933	1 850	1 981	1 868	12.0	19.4	12.1	9.7	7.3
2009	1 978	1 920	1 889	1 985	2 116	3.7	−0.6	2.1	0.2	13.3
2010	2 342	2 048	2 184	2 399	2 737	18.4	6.7	15.6	20.9	29.3
2011	2 556	2 369	2 493	2 509	2 853	9.1	15.7	14.2	4.6	4.2
2012	2 761	2 621	2 768	2 752	2 902	8.0	10.6	11.0	9.7	1.7

数据来源:国家水稻产业技术体系产业经济研究室数据库。

（2）2012年分月度的价格变化。2012年，是我国自2004年以来连续实行稻谷保护价收购国家支持的第9年。这一年，中国稻谷收购价格月度变化的波动性比较大。根据中国稻谷收购价格监测数据，对近3年来中国各类稻谷月度价格分析表明，2012年全国稻谷平均价格达到2 761元/t，比2011年上涨8.0%，其中早籼稻价格达到2 621元/t，比2011年上涨10.6%；中籼稻价格2 768元/t，比2011年上涨11.0%；晚籼稻（中晚籼稻）价格2 752元/t，比2011年上涨9.7%；粳稻价格2 902元/t，比2011年上涨1.7%。2012年中国稻谷收购价格月度变化情况详见表1-3。

表1-3　2012年中国稻谷收购价格月度变化

月份	收购价格（元/t）					同比增幅（%）				
	稻谷	早籼	中籼	晚籼	粳稻	稻谷	早籼	中籼	晚籼	粳稻
全年	2 761	2 621	2 768	2 752	2 902	8.0	10.6	11.0	9.7	1.7
1月	2 693	2 538	2 713	2 679	2 843	11.1	11.8	16.7	16.1	1.6
2月	2 711	2 575	2 721	2 699	2 851	10.1	14.3	11.6	13.8	2.1
3月	2 740	2 590	2 756	2 753	2 863	10.2	14.4	15.2	13.4	0.1
4月	2 769	2 642	2 790	2 779	2 864	11.1	18.0	16.2	12.4	0.2
5月	2 787	2 661	2 814	2 792	2 881	10.6	15.3	15.0	12.6	1.2
6月	2 807	2 662	2 873	2 811	2 881	10.0	12.9	16.8	11.7	0.4
7月	2 809	2 632	2 870	2 822	2 911	9.0	12.7	14.3	11.1	−0.4
8月	2 800	2 666	2 763	2 813	2 959	8.4	10.7	10.2	11.3	2.3
9月	2 782	2 648	2 729	2 747	3 002	6.5	7.2	7.5	7.7	3.7
10月	2 759	2 618	2 749	2 712	2 957	5.3	5.9	6.6	3.8	4.9
11月	2 747	2 613	2 744	2 722	2 910	3.2	3.5	3.6	3.0	2.6
12月	2 723	2 604	2 696	2 696	2 896	1.7	3.1	0.8	1.3	1.7

数据来源：国家水稻产业技术体系产业经济研究室数据库。

（二）大米批发价格变化

（1）长期变化。根据全国农业信息中心大米批发市场监测数据，全国大米批发价格在20世纪90年代中期已经达到较高水平，然后明显下降，自2002年开始连续上涨。根据粳米、籼米和其他大米3种类型简单平均计算，2012年全国大米批发价格达到4 597元/t，比2011年上涨5.0%，其中籼米（晚籼米）批发价格为4 162元/t，比2011年上涨6.8%；粳米批发价格为4 680元/t，比2011年上涨3.0%；其他大米（包括进口大米、功能大米、特色大米等）批发价格为4 950元/t，比2011年上涨5.4%。从1996年到2012年中国国内各类大米批发价格年度变化情况详见表1-4。

表 1-4　全国批发市场大米批发价格变化

年份	价格（元/t）				变化（%）			
	大米	(1) 粳米	(2) 籼米	(3) 其他米	大米	(1) 粳米	(2) 籼米	(3) 其他米
1996	3 153	3 294	3 013					
1997	2 323	2 367	2 280		−26.3	−28.1	−24.3	
1998	2 278	2 218	2 337		−2.0	−6.3	2.5	
1999	1 968	2 023	1 913		−13.6	−8.8	−18.1	
2000	1 703	1 678	1 728		−13.5	−17.0	−9.7	
2001	1 733	1 800	1 666		1.8	7.3	−3.6	
2002	1 654	1 779	1 528		−4.6	−1.2	−8.3	
2003	1 811	1 777	1 672	1 985	9.5	−0.1	9.4	
2004	2 673	2 731	2 517	2 770	47.6	53.7	50.5	39.6
2005	2 678	2 741	2 524	2 770	0.2	0.3	0.3	0.0
2006	2 738	2 883	2 387	2 945	2.2	5.2	−5.4	6.3
2007	2 950	3 128	2 676	3 047	7.7	8.5	12.1	3.5
2008	3 120	3 228	2 910	3 220	5.7	3.2	8.8	5.7
2009	3 302	3 365	3 074	3 466	5.8	4.2	5.6	7.6
2010	3 790	3 907	3 353	4 110	14.8	16.1	9.1	18.6
2011	4 378	4 543	3 897	4 694	15.5	16.3	16.2	14.2
2012	4 597	4 680	4 162	4 950	5.0	3.0	6.8	5.4

数据来源：国家水稻产业技术体系产业经济研究室数据库。

（2）2012 年月度价格变化。近年来，中国大米批发价格波动性增加，但仍然表现出总体向上、价格逐步提升的变化趋势。2012 年大米批发价格同比（比 2011 年）上涨 5.0%，2011 年大米批发价格同比（比 2010 年）上涨 15.5%。价格月度数据表明，2012 年全国大米批发价格在全年 12 个月之内，价格波动性明显高于 2011 年。2012 年各月度价格，仍然高于 2011 年同月份价格，但粳米价格约有 6 个月几乎与 2011 年同月份持平，从 2012 年月度价格同比（比 2011 年同月份）与 2011 年月度价格同比的变化情况来看，两年数据比较表明，月度间价格上涨趋于平缓，涨幅变小。详细比较结果见表 1-5。

表 1-5　2012 年中国大米批发价格月度变化

月份	价格（元/t）				同比变化（%）			
	大米	(1) 粳米	(2) 籼米	(3) 其他米	大米	(1) 粳米	(2) 籼米	(3) 其他米
全年	4 597	4 680	4 162	4 950	5.0	3.0	6.8	5.4
1 月	4 511	4 568	4 062	4 904	8.2	7.5	9.3	7.9
2 月	4 540	4 627	4 081	4 911	7.0	5.4	7.2	8.5
3 月	4 545	4 600	4 133	4 903	5.8	2.0	7.9	7.7

（续）

月份	价格（元/t）				同比变化（%）			
	大米	（1）粳米	（2）籼米	（3）其他米	大米	（1）粳米	（2）籼米	（3）其他米
4 月	4 497	4 558	4 100	4 833	3.1	0.0	5.4	4.4
5 月	4 533	4 569	4 164	4 866	3.8	0.1	6.9	5.0
6 月	4 530	4 625	4 206	4 759	3.4	1.0	7.6	2.2
7 月	4 537	4 629	4 198	4 783	2.3	0.0	6.3	1.3
8 月	4 632	4 684	4 161	5 052	4.8	1.2	5.9	7.3
9 月	4 721	4 791	4 197	5 175	6.2	3.8	6.3	8.3
10 月	4 708	4 874	4 170	5 081	5.5	5.6	5.4	5.5
11 月	4 685	4 801	4 226	5 028	4.4	4.0	6.2	3.3
12 月	4 725	4 832	4 246	5 099	5.7	5.7	7.3	4.3

数据来源：国家水稻产业技术体系产业经济研究室数据库。

（三）大米零售价格变化

从国内大米消费者角度看，主食大米越来越倾向于粳米消费，粳米消费量约占主食大米消费量的 60%，尤其是大中城市家庭多以粳米为主食。

（1）近年零售价格变化比较。据国家统计局数据（国家统计局从 2009 年开始公布调查数据，包括全国 50 个大中城市 29 种与居民生活密切相关的食品价格），据全国 50 个大中城市（简称 50 个城市）调查数据显示，我国城市居民大米零售价格从 1999 年 3.89 元/kg 增长到 2013 年（仅 1～6 月）5.73 元/kg，2012 年与 2009 年相比，3 年价格上涨 1.62 元/kg，涨了 41.6%，年均上涨 13.9%。从 2009 年到 2013 年，中国城市居民大米年度平均零售价格及其与面粉（标准粉）变化比较详见表 1-6。

表 1-6　全国城市粳米零售价格变化

年份	大米			面粉			比价
	年平均价格（元/kg）	环比价格变动（元/kg）	环比变化率（%）	年平均价格（元/kg）	环比价格变动（元/kg）	环比变化率（%）	面粉＝1
2009	3.89	—	—	3.17	—	—	1.23
2010	4.61	0.72	18.54	3.52	0.35	11.12	1.31
2011	5.40	0.79	17.20	4.07	0.55	15.59	1.33
2012	5.51	0.10	1.92	4.06	−0.01	−0.25	1.36
2013	5.73	0.22	4.07	4.37	0.32	7.78	1.31

数据来源：国家水稻产业技术体系产业经济研究室数据库。

（2）2012 年月度价格变化。2012 年粳米零售价格为 5 505 元/t，同比 2011 年上涨 1.9%；2011 年粳米零售价格同比上涨 17.2%，2010 年粳米零售价格同比上涨 18.5%。如表 1-1 所示，在 2012 年内，粳米价格最高是 12 月，为 5 677 元/t，最低是

3月，为5 387元/t，全年各月粳米价格涨幅都很小，表现为十分缓慢的变化。表1-7还给出了面粉（标准粉）零售价格变化情况。

表1-7　2012年中国城市粳米零售价格变化

月份	价格（元/t）		同比变化（%）	
	粳米	标粉	粳米	标粉
全年	5 505	4 056	1.9	−0.3
1月	5 467	4 110	4.6	4.3
2月	5 390	3 980	3.4	0.7
3月	5 387	4 003	0.6	−0.4
4月	5 407	4 000	0.6	−1.6
5月	5 403	4 013	0.4	−0.7
6月	5 443	4 023	1.0	−1.1
7月	5 443	4 027	0.2	−1.6
8月	5 513	4 053	1.1	−1.1
9月	5 620	4 070	3.5	−1.2
10月	5 660	4 107	2.7	−0.8
11月	5 653	4 127	2.4	−0.2
12月	5 677	4 153	2.7	0.9

数据来源：国家水稻产业技术体系产业经济研究室数据库。

第六节　中国大米国际贸易现状及特点

中国是水稻生产和消费大国，也是大米国际贸易的重要国家，曾经是大米出口大国，但目前已经成为世界重要大米进口国。总的来看，中国稻米进出口贸易对世界大米市场而言，仍很重要。

一、大米进出口数量变化

（一）大米出口量变化

改革开放以来，中国大米出口，经历了从少到多再到少的变化过程，总的来看，中国出口大米稳定性不够（马文杰，2010），主要原因可能是在满足国内大米需求的情况下，可供出口量越来越少。

总的来看，大致可以将改革开放以来中国大米出口划分为3个阶段，如图1-15所示。

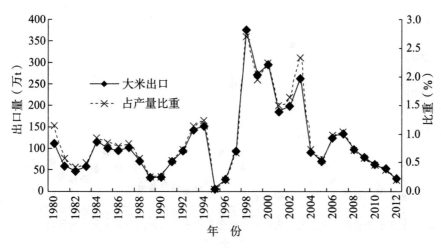

图 1-15　中国大米出口量及占大米产量比重变化

（1）第一个阶段是改革开放初期，从 1980 年到 1997 年，除 1995—1997 年 3 年以外，一般年份每年出口大米 100 万 t 左右，期间年平均 78 万 t，最低是 1995 年，只有 5 万 t。这一时期，大米出口量占中国大米产量的比重平均为 0.64%。

（2）第二个阶段是 1998—2003 年，一般年份出口大米都在 200 万 t 左右，期间年平均 265 万 t，最高是 1998 年 375 万 t。这一时期，大米出口量占中国大米产量的比重平均为 2.07%，其中最高的是 1998 年为 2.70%。

（3）第三个阶段是 2004—2012 年，一般年份不足 100 万 t，期间年平均 82 万 t，只有 2006—2007 年在 100 万 t 以上。这一时期，大米出口量占中国大米产量的比重平均为 0.61%。

（二）大米进口量变化

除重大自然灾害以外，中国大米进口量一般不大，主要是国内消费结构性需求调剂。总的来看，改革开放 30 多年以来，中国大米进口大致可以划分为 3 个阶段，如图 1-16 所示。

（1）第一个阶段是改革开放初期（1980—1993）。1980—1993 年，除 1987—1989 年 3 年以外，一般年份每年进口量在 30 万 t 左右，期间年平均进口大米 24 万 t，最低是 1996 年只有 6 万 t，最高是 1989 年 93 万 t。这一时期，出口量占中国大米产量的比重平均为 0.20%。

（2）第二个阶段是农业结构战略性调整前后（1994—2003）。1994—2003 年，一般年份大米进口量都在 50 万 t 左右，期间年平均 47 万 t，最高是 1995 年的 164 万 t。这一时期，出口量占中国大米产量的比重平均为 0.36%，其中最高的是 1995 年为 1.26%。

（3）第三个阶段是 2004—2012 年，一般年份在 50 万 t 左右，期间年平均 73 万 t，但这一时期的 2012 年进口量却剧增到 232 万 t，创历史新高，占产量比重上升到

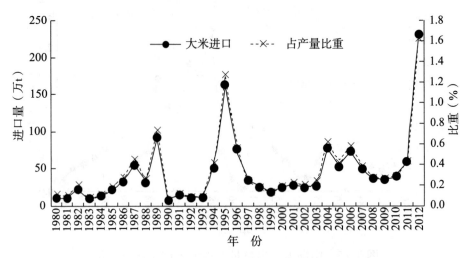

图 1-16　中国大米进口量及占大米产量比重变化

1.62%。这一时期，出口量占中国大米产量的比重平均为 0.54%。

(三) 净出口变化

中国大米进出口状况主要取决于国内生产、国内需求与国际市场。近年中国大米进出口贸易表现出一些值得重视的现象。

（1）出口弱化。上述分析表明，中国大米出口明显走弱，这既有国内市场强于国际市场的大米需求的原因，也有出口市场大米价格在 2008 年中期以后价格走低的原因（马晓河等，2008）。

（2）进口走强。中国大米进口波动很大，在过去 3 个由低到高的变化过程中，进口冲击越来越大，尤其是近期 2012 年进口量成倍增加，这既有国内需求的品种调剂原因，主要还是国际市场较低的大米价格的影响。

（3）净进口格局。从市场角度看，中国大米净出口量盈余越来越少，大体上可以分为 3 个时期。以 1998—2003 年为大量盈余时期，1997 年及以前的第一个时期，有一定盈余，2004 年开始只有少量盈余，而 1989 年、1995 年和 2012 年的入超加剧的现象尤其值得重视。中国大米净出口量变化详见图 1-17。

二、中国大米国际贸易与进出口分布

(一) 中国大米国际贸易量变化

中国是世界重要的大米国际贸易国家之一。在国际大米市场上，中国大米国际贸易的重要地位因大米出口重要国家的地位而有特别的重要性。按照 1986—2010 年全部进出口国家大米实际贸易量分别统计并加以平均，25 年按年度平均计算的大米出口量为 118.6 万 t，年度平均进口大米为 40.4 万 t。总的来看，中国大米出口量年度

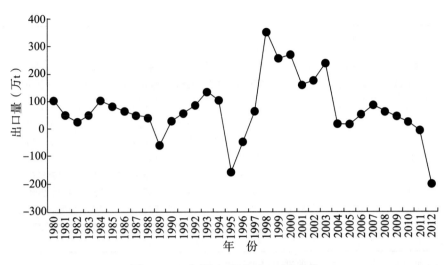

图 1-17　中国大米净出口量变化

波动较大，进口量有所下降。自 1986 年以来，中国年度大米进口量与出口量变化详
见表 1-8。

表 1-8　中国大米进出口贸易变化

年份	出口			进口			净出口		
	数量 （万 t）	金额 （万美元）	单价 （美元/t）	数量 （万 t）	金额 （万美元）	单价 （美元/t）	数量 （万 t）	金额 （万美元）	单价 （美元/t）
1986	12.8	1 427.4	111.6	0.4	94.0	261.0	12.4	1 333.4	−149.4
1987	121.7	21 249.1	174.6	38.9	5 829.6	150.0	82.9	15 419.5	24.5
1988	80.0	20 368.9	254.7	31.4	7 614.4	242.5	48.6	12 754.5	12.2
1989	38.3	11 139.3	290.9	110.9	28 112.9	253.5	−72.6	−16 973.6	37.4
1990	40.5	9 777.6	241.7	5.2	1 033.6	197.7	35.2	8 744.0	43.9
1991	81.7	18 153.8	222.3	7.1	2 415.9	340.3	74.6	15 737.9	−118.0
1992	102.9	23 164.5	225.1	10.5	3 941.3	376.9	92.5	19 223.2	−151.8
1993	145.7	25 583.7	175.6	9.6	3 510.9	366.1	136.1	22 072.8	−190.5
1994	97.0	28 238.7	291.2	48.6	13 735.7	282.5	48.3	14 503.0	8.7
1995	23.4	5 533.4	236.2	157.9	41 925.5	265.5	−134.5	−36 392.1	−29.2
1996	25.1	8 903.7	354.3	70.4	27 195.4	386.2	−45.3	−18 291.7	−31.9
1997	94.3	25 022.4	265.2	30.7	13 618.6	443.2	63.6	11 403.8	−177.9
1998	368.2	89 074.2	241.9	23.7	11 865.6	501.6	344.5	77 208.6	−259.6
1999	265.8	61 958.1	233.1	17.1	7 903.2	461.8	248.7	54 054.9	−228.7
2000	288.4	52 932.9	183.5	24.4	11 448.6	469.3	264.0	41 484.3	−285.7
2001	192.3	31 887.1	165.8	27.2	9 999.1	367.5	165.1	21 888.0	−201.6
2002	195.7	35 249.4	180.2	26.8	9 081.4	338.9	168.9	26 168.0	−158.7

（续）

年份	出口			进口			净出口		
	数量 （万 t）	金额 （万美元）	单价 （美元/t）	数量 （万 t）	金额 （万美元）	单价 （美元/t）	数量 （万 t）	金额 （万美元）	单价 （美元/t）
2003	245.7	44 930.3	182.9	30.7	11 239.3	366.3	215.0	33 691.0	−183.5
2004	77.2	18 157.5	235.1	79.4	26 800.3	337.5	−2.2	−8 642.8	−102.4
2005	55.9	17 550.4	314.0	53.3	20 615.5	386.7	2.6	−3 065.1	−72.7
2006	109.0	34 138.7	313.2	69.2	28 589.4	413.1	39.8	5 549.3	−99.9
2007	115.3	38 446.2	333.4	44.3	20 769.6	468.9	71.0	17 676.6	−135.4
2008	79.9	37 034.9	463.2	27.8	17 736.8	637.6	52.1	19 298.1	−174.4
2009	62.2	36 457.7	586.0	33.4	21 740.5	651.5	28.8	14 717.2	−65.5
2010	47.1	27 347.1	580.2	31.1	22 724.1	731.2	16.1	4 623.0	−151.0
年平均	118.6	28 949.1	244.0	40.4	14 781.6	365.9	78.2	14 167.4	−121.9

注：本表所列年份指各贸易年度的进出口数量和进出口额。

数据来源：联合国粮农组织数据库。

更长期地看，1961 年到 2010 年中国各年度国际贸易的大米总量（包括米制品等全部加总按大米等值计算）数量变化（图 1-18）已经明显地表明，中国大米出口量有两个高峰阶段，大米进口量也有两个大的进口年份（杨万江，2008），但近年来的进口量有所增加，大米进口量和出口量在年度间的波动也有所加大。中国大米国际贸易量长期变化结果详见图 1-18。

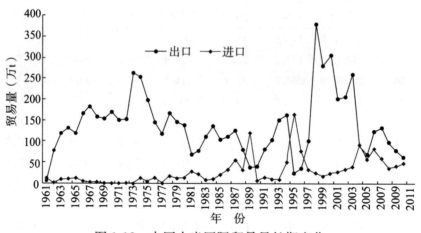

图 1-18　中国大米国际贸易量长期变化

（二）中国大米出口去向变化

（1）长期来源平均分布。与大米进口的国家相比，中国大米出口的国家分布更为广泛。从 1986—2010 年的 25 年长期趋势看，中国共向全球 166 个国家和地区出口大米，年均出口量为 118.6 万 t，每年平均向每个国家出口大米 7 147t。由高到低，这 20 个国家和地区分别是科特迪瓦、印度尼西亚、菲律宾、古巴、俄罗斯、日本、朝

鲜、利比里亚、中国香港、多哥、利比亚、伊拉克、几内亚、毛里求斯、美国、巴布
亚新几内亚、尼日利亚、马来西亚、罗马尼亚和肯尼亚。

（2）近期出口去向平均分布。从近年出口的国家来看，中国每年出口量为 63.1
万 t，共向世界 95 个国家和地区出口大米。出口第一位为科特迪瓦，占 15.22%；第
二位利比里亚，占 13.27%；第三位朝鲜，占 9.67%；第四位日本，占 7.64%；第五
位韩国，占 7.11%。

（三）中国大米进口国家来源分布

（1）长期来源平均分布。1986—2010 年，中国总共从 37 个国家和地区进口大米，
按照 25 年平均，中国每年进口大米 40.4 万 t。长期进口来源的第一位泰国，占
85.86%；第二位越南，占 8.81%；第三位朝鲜，占 1.89%；第四位缅甸，占
1.55%；第五位美国，占 0.70%。

（2）近期来源平均分布。从 2008—2010 年年度平均来看，中国总共从 13 个国家
和地区进口大米，年度平均 30.8 万 t。近期进口来源第一位泰国，占 89.12%；第二
位越南，占 9.37%；第三位美国，占 0.90%；第四位缅甸，占 0.30%；第五位巴基
斯坦，占 0.14%。

第二章 世界水稻产业发展与借鉴

世界水稻生产历史悠久，主要产稻国家的生产状况各异，全球稻米市场不断扩大，在中国稻米产业发展为世界水稻产业发展做出贡献的同时，其他一些国家的水稻产业发展经验也值得中国学习与借鉴。

第一节 世界水稻种植区域变化

世界水稻种植区域分布比较广泛，遍布世界各大地区。一些国家逐步开始加入到水稻生产行列，成为水稻生产新型国家，但动态地考察水稻生产主要国家更能反映世界水稻种植区域的时空变化。

从时间和空间两个维度看，虽然世界水稻种植区域主要集中在亚洲地区，但其他地区水稻种植也或多或少地发生了变化。

以 10 年为一个时期，按照 FAO 统计数据，从 1961 年到 2011 年分为 6 个时期，1961—1963 年为"一期"，1969—1971 年为"二期"，1979—1981 年为"三期"，1989—1991 年为"四期"，1999—2001 年为"五期"，2009—2011 年为"六期"。通过各期年度平均，分析各个时期水稻生产变化。

一、世界各地水稻产量变化

以 10 年为一个时期，按照 FAO 统计数据，从 1961 年到 2011 年分为 6 个时期，世界水稻产量由 1961—1963 年（简称"一期"）水稻年均产量为 22 974 万 t，到 2009—2011 年（即现期，简称"六期"）年均产量为 70 299 万 t。按照每个时期产量计算的环比增长幅度分别为二期增长 34.9%，三期增长 27.2%，四期增长 31.3%，五期增长 16.7%，六期增长 16.5%。每个时期世界各地区稻谷平均产量详见表 2-1。

由表 2-1 可见，亚洲仍然是世界水稻产量最大的地区。亚洲一期的水稻产量为 21 125.0 万 t，到六期上升到 63 539.7 万 t。居第二位的是美洲，由一期的 1 126.6 万 t 到六期增加到 3 762.1 万 t。第三位是非洲，第四位是欧洲，第五位是大洋洲。但各地区水稻产量占世界比重却有一定变化，从一期到六期，亚洲由 91.95% 下降到 90.38%，美洲由 4.90% 上升到 5.35%，非洲由 2.28% 上升到 3.60%，欧洲由

0.80%下降到0.61%，大洋洲由0.07%下降到0.05%。

表 2-1 世界各地区水稻产量

		世界	非洲	美洲	亚洲	欧洲	大洋洲
产量 （万 t）	一期	22 974.1	523.5	1 126.6	21 125.0	183.2	15.7
	二期	30 988.1	726.2	1 496.0	28 436.1	300.3	29.5
	三期	39 406.6	855.7	2 249.9	35 803.1	425.9	72.0
	四期	51 723.1	1 316.7	2 472.5	47 405.8	441.1	86.9
	五期	60 337.7	1 716.6	3 269.4	54 892.8	319.3	139.7
	六期	70 299.4	2 532.5	3 762.1	63 539.7	430.8	34.3
比重 （%）	一期	100.0	2.28	4.90	91.95	0.80	0.07
	二期	100.0	2.34	4.83	91.76	0.97	0.10
	三期	100.0	2.17	5.71	90.86	1.08	0.18
	四期	100.0	2.55	4.78	91.65	0.85	0.17
	五期	100.0	2.84	5.42	90.98	0.53	0.23
	六期	100.0	3.60	5.35	90.38	0.61	0.05

数据来源：联合国粮农组织数据库（FAOSTAT）。

二、世界各地水稻种植区域变化

按照不同时期计算，世界各地水稻种植面积的区域变化更大。总的来看，世界水稻面积由一期 11 832 万 hm² 增加到 16 148 万 hm²，二期平均增长 12.3%，近期增长4.7%。每个时期世界各地区水稻面积变化详见表 2-2。

表 2-2 世界各地区水稻面积变化

		世界	非洲	美洲	亚洲	欧洲	大洋洲
面积 （万 hm²）	一期	11 832.3	297.3	547.7	10 939.1	44.8	3.4
	二期	13 284.2	378.2	715.7	12 110.1	75.1	5.0
	三期	14 352.6	475.7	933.0	12 831.3	100.3	12.4
	四期	14 753.8	637.6	780.4	13 219.7	105.1	11.0
	五期	15 427.0	754.1	762.8	13 835.2	58.9	16.1
	六期	16 148.8	1 042.2	714.7	14 317.7	70.3	3.9
环比 （%）	二期	12.3	27.2	30.7	10.7	67.5	45.8
	三期	8.0	25.8	30.4	6.0	33.5	148.9
	四期	2.8	34.1	−16.4	3.0	4.8	−11.0
	五期	4.6	18.3	−2.3	4.7	−43.9	46.3
	六期	4.7	38.2	−6.3	3.5	19.4	−75.7

（续）

		世界	非洲	美洲	亚洲	欧洲	大洋洲
比重 （%）	一期	100.0	2.51	4.63	92.45	0.38	0.03
	二期	100.0	2.85	5.39	91.16	0.57	0.04
	三期	100.0	3.31	6.50	89.40	0.70	0.09
	四期	100.0	4.32	5.29	89.60	0.71	0.07
	五期	100.0	4.89	4.94	89.68	0.38	0.10
	六期	100.0	6.45	4.43	88.66	0.44	0.02

数据来源：联合国粮农组织数据库（FAOSTAT）。

由表 2-2 可见，亚洲仍然是世界水稻面积最大的地区。亚洲一期的水稻面积为
10 939.1万 hm²，到六期上升到 14 317.7 万 hm²。居第二位的是非洲，由一期的
297.3 万 hm² 增加到六期的 1 042.2 万 hm²。第三位是美洲，由一期 547.7 万 hm² 上升
到六期的 714.7 万 hm²。第四位和第五位分别是欧洲和大洋洲。各地区水稻面积占世
界比重也有一定变化，从一期到六期，亚洲由 92.45% 下降到 88.66%，非洲由
2.51% 上升到 6.45%，美洲由 4.63% 下降到 4.43%，欧洲由 0.38% 上升到 0.44%，
大洋洲由 0.03% 下降到 0.02%。

三、世界各地水稻单产变化

按照不同时期计算，世界各地水稻单位面积产量的区域变化更大。总的来看，世
界水稻单产由一期 1.94t/hm² 增加到 4.35t/hm²，二期平均增长 20.1%，近期增长
11.3%。每个时期世界各地区水稻单产变化详见表 2-3。

表 2-3　世界各地区水稻单位面积产量变化

		世界	非洲	美洲	亚洲	欧洲	大洋洲
单产 （t/hm²）	一期	1.94	1.76	2.06	1.93	4.09	4.59
	二期	2.33	1.92	2.09	2.35	4.00	5.94
	三期	2.75	1.80	2.41	2.79	4.25	5.82
	四期	3.51	2.07	3.17	3.59	4.20	7.90
	五期	3.91	2.28	4.29	3.97	5.42	8.68
	六期	4.35	2.43	5.26	4.44	6.12	8.78
环比 （%）	二期	20.1	9.0	1.6	21.6	−2.2	29.3
	三期	17.7	−6.3	15.4	18.8	6.2	−2.0
	四期	27.7	14.8	31.4	28.5	−1.2	35.6
	五期	11.6	10.2	35.3	10.6	29.1	9.9
	六期	11.3	6.8	22.8	11.9	13.0	1.1

（续）

		世界	非洲	美洲	亚洲	欧洲	大洋洲
	一期	1	0.91	1.06	0.99	2.10	2.37
	二期	1	0.82	0.90	1.01	1.71	2.55
比重	三期	1	0.66	0.88	1.02	1.55	2.12
（世界=1）	四期	1	0.59	0.90	1.02	1.20	2.25
	五期	1	0.58	1.10	1.01	1.39	2.22
	六期	1	0.56	1.21	1.02	1.41	2.02

数据来源：联合国粮农组织数据库（FAOSTAT）。

由表 2-3 可见，大洋洲是世界水稻单产水平最高的地区。分别看，居世界第一的大洋洲，单产水平由一期的 4.59t/hm² 上升到六期的 8.78t/hm²。居第二位的欧洲，从一期到六期由 4.09t/hm² 提高到 6.12t/hm²。居第三位的美洲由 2.06t/hm² 提高到 5.26t/hm²。亚洲居第四位，由 1.93t/hm² 提高到 4.44t/hm²。居第五位的是非洲，由一期 1.76t/hm² 提高到 2.43t/hm²。

第二节 主要国家水稻生产发展

以水稻产量为标准，兼顾水稻生产的地区分布状况，筛选前 10 个主要水稻生产国家，分析世界水稻主产国家水稻生产变化。本节介绍除中国外的 9 个主要国家水稻生产发展变化情况。

一、越南水稻生产变化

综合来看，越南是世界上仅次于中国的水稻产业大国。越南是水稻生产历史悠久、自然资源条件优良的国家之一，越南水稻生产对于该国农民生产与国民生活至关重要，对世界大米产业发展具有重要影响。

（1）水稻面积。稻米是越南国民的大宗口粮，其重要性不言而喻，越南水稻种植面积和收获面积变化较大。1961—2010 年，越南水稻收获面积总体上有明显的增长，如图 2-1 所示，按照 1961—1963 年 3 年平均，越南水稻收获面积初期平均为471 万 hm²，到 2008—2010 年末期平均增加到 745 万 hm²，期间年均增加 5.7 万 hm²，年递增率 0.98%，增长趋势比较明显（冯涛，2007）。

（2）水稻产量。越南是世界上水稻产量最高的国家之一，水稻产量的变化，对于国内稻农，甚至整个世界大米市场都有重要影响。纵观越南水稻产量变化历程，如图2-2 所示，按照 1961—1963 年 3 年平均计算，全国初期平均产量为 946 万 t，按照2008—2010 年 3 年平均计算的水稻产量，末期平均达到 3 922 万 t，年均增加 62 万 t，年递增率为 3.07%。

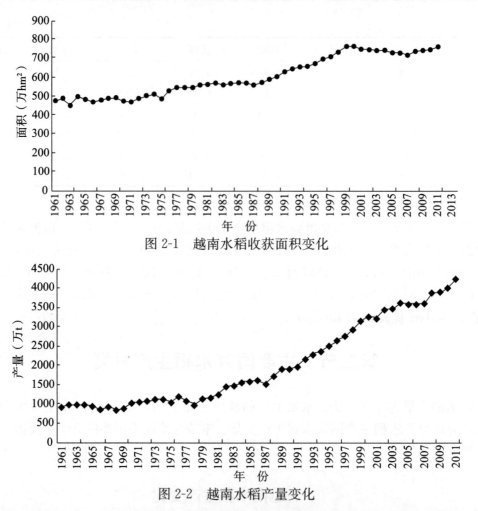

图 2-1　越南水稻收获面积变化

图 2-2　越南水稻产量变化

（3）单产变化。按照单位面积计算水稻产量，越南水稻单产在总体上经历了一个明显的上升过程，单产水平相对较高，但波动性也很大。按照 1961—1963 年计算，如图 2-3 所示，年平均单产为 2 010kg/hm²，按照 2008—2010 年 3 年平均计算单产为

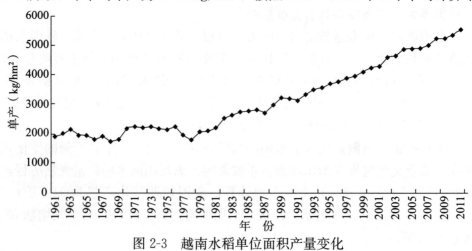

图 2-3　越南水稻单位面积产量变化

5 264kg/hm²，年均提高 67.8kg/hm²，年递增率达到了 2.67％。

二、菲律宾水稻生产变化

菲律宾是世界水稻生产历史悠久的国家之一，自然资源条件相对较好，是世界重要的国际研究机构国际水稻研究所的所在地，水稻生产对于菲律宾农民生产与生活至关重要，是世界水稻产业的重要国家之一（速水佑次郎等，2000）。

（1）水稻面积。水稻是菲律宾的国粮，水稻产业发展的重要性不言而喻，纵观历史，菲律宾水稻种植面积和收获面积变化较大。1961—2010 年，菲律宾水稻收获面积总体上有明显增长，按照 1961—1963 年 3 年平均，如图 2-4 所示，全国水稻收获面积为 314 万 hm²，到 2008—2010 年平均增加到 445 万 hm²，每年平均增加 2.7 万 hm²，年递增率为 0.74％，从近期来看，菲律宾目前仍有一定的波动，但仍处在面积增加的发展阶段。

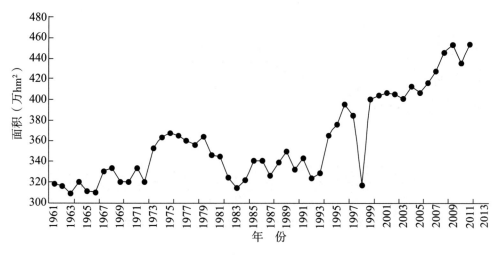

图 2-4　菲律宾水稻收获面积变化

（2）水稻产量。菲律宾是世界上重要的水稻生产国之一，水稻产量的变化，对于该国稻农，甚至整个世界大米市场都有重要影响。纵观菲律宾水稻产量历史变化，按照 1961—1963 年 3 年平均计算，如图 2-5 所示，全国产量为 391 万 t，按照 2008—2010 年 3 年平均的水稻产量达到 1 628 万 t，年均增加 26 万 t，长期年递增率为 3.08％。

（3）单产变化。按照单位面积计算水稻产量，总体来看菲律宾水稻单产在较大波动中呈提高态势，经历了一个明显的上升过程。按照 1961—1963 年计算年度平均单产为 1 243kg/hm²，按照 2008—2010 年 3 年平均计算单产为 3 661kg/hm²，每年平均提高 50kg/hm²，长期年递增率为 2.32％，如图 2-6 所示，是世界上水稻单产提高速度较快的国家之一。

图 2-5　菲律宾水稻产量变化

图 2-6　菲律宾水稻单位面积产量变化

三、孟加拉国水稻生产变化

孟加拉国是世界上水稻生产历史悠久的国家之一，自然资源条件相对较好，为水稻生产发展创造了条件。孟加拉国水稻生产，对于该国农民生产与生活至关重要，也是世界重要的稻米生产国之一。

（1）水稻面积。水稻是孟加拉国最重要的口粮，其重要性不言而喻，纵观历史，孟加拉国水稻种植面积和收获面积变化较大。1961—2010 年，孟加拉国水稻收获面积总体上经历了一个很大的变化过程。按照 1961—1963 年 3 年平均计算，如图 2-7 所示，全国水稻收获面积为 873 万 hm²，到 2008—2010 年平均增加到 1 148 万 hm²，长期年均增加 5.7 万 hm²，长期年递增率为 0.58%，从近期看，虽然目前仍有一定的波动，但仍处在面积增加的发展阶段。

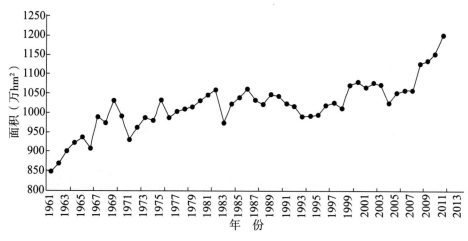

图 2-7　孟加拉国水稻收获面积变化

（2）水稻产量。孟加拉国是世界上重要的水稻生产国家之一，水稻产量的变化，对于国内稻农，甚至整个世界大米市场都有重要影响。从孟加拉国水稻产量变化的历史过程来看，按照 1961—1963 年 3 年平均计算，如图 2-8 所示，全国水稻产量为 1 456 万 t，2008—2010 年 3 年平均水稻产量达到 4 794 万 t，长期年均增加 70 万 t，长期年递增率为 2.57%。

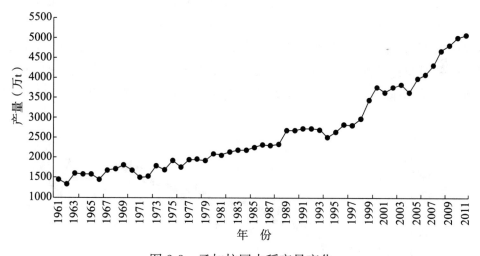

图 2-8　孟加拉国水稻产量变化

（3）单产变化。按照单位面积计算水稻产量，孟加拉国水稻单产在总体上呈较大波动中不断提高的态势，经历了一个明显的上升过程。按照 1961—1963 年计算，如图 2-9 所示，初期平均单产为 1 667kg/hm²，按照 2008—2010 年 3 年平均计算单产为 4 177kg/hm²，长期年均提高 52kg/hm²，长期年递增率为 1.97%，是世界上水稻单产提高速度较快的国家之一。

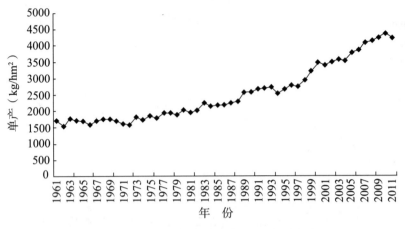

图 2-9　孟加拉国水稻单位面积产量变化

四、印度水稻生产变化

印度是世界上水稻生产历史最悠久的国家之一，也是世界稻作起源地之一。水稻生产对于印度农民生产与国民生活至关重要。

（1）水稻面积。水稻在印度的重要性不言而喻，印度水稻种植面积和收获面积雄居世界第一。1961—2010 年，印度水稻收获面积总体上表现为明显的增长过程。印度水稻面积由初期 3 年平均 3 540 万 hm² 增加到末期 3 年平均 4 078 万 hm²，年均增加量达到 11.2 万 hm²，长期年递增率为 0.3%。如图 2-10 所示，印度水稻收获面积，在长期变化过程中，最高时为 2001 年，达到 4 490 万 hm²，但此后却有所下降，到 2010 年下降到 3 695 万 hm²，这个规模仅相当于印度 20 世纪 60 年代中期的水平。

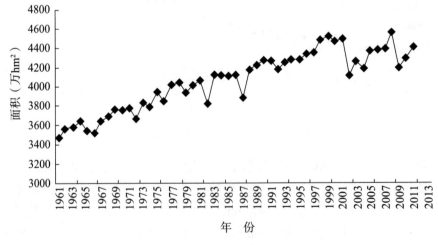

图 2-10　印度水稻收获面积变化

（2）水稻产量。印度水稻产量占世界第二位，仅次于中国。从 1961 年到 2010 年的长期发展过程看，1961—1963 年 3 年平均的水稻产量为 5 294 万 t，2008—2010 年 3 年平均的水稻产量为 13 436 万 t，长期年均增加 169 万 t，长期年递增率为 2.00%。印度水稻产量长期发展轨迹如图 2-11 所示。

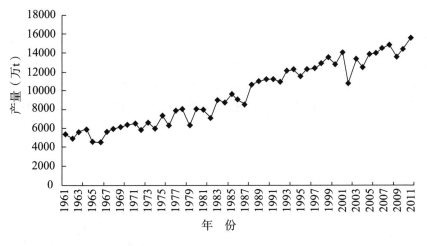

图 2-11 印度水稻产量变化

（3）单产变化。按照单位面积计算水稻产量，印度水稻单产总体上经历了比较明显的上升过程。按照 1961—1963 年计算年度平均，印度水稻单产平均为 1 496kg/hm²，按照 2008—2010 年 3 年平均计算年度单产平均为 3 292kg/hm²，长期水稻单产年均提高 37kg/hm²，长期年递增率为 1.69%。印度长期水稻单产变动轨迹如图 2-12 所示。

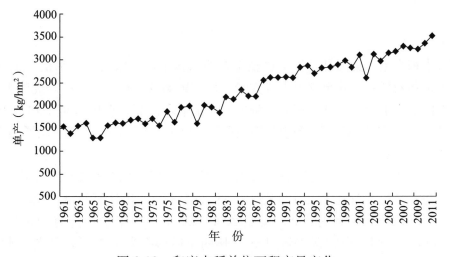

图 2-12 印度水稻单位面积产量变化

五、美国水稻生产变化

美国是世界水稻生产新兴国家之一，自然资源条件较好，国家水稻生产对于美国稻农生产与生活至关重要，同时也是世界重要的稻米出口国家之一。

（1）水稻面积。水稻对于美国农场主和农业产业发展，有不可替代的重要性，美国水稻种植面积和收获面积变化相对较大。1961—2010 年，如图 2-13 所示，美国水稻收获面积总体上有明显增长，按照 1961—1963 年 3 年平均计算，全国水稻收获面积为 69 万 hm²，到 2008—2010 年平均增加到 131 万 hm²，长期年均增加 1.3 万 hm²，长期年递增率为 1.36％，从近期来看，虽然目前仍有一定的年度波动，但仍处在面积增加阶段。

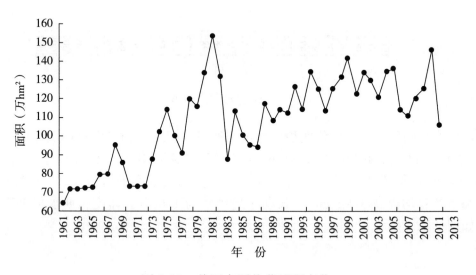

图 2-13　美国水稻收获面积变化

（2）水稻产量。美国是世界上比较重要的水稻生产国家之一，水稻产量的变化，对于国内水稻农场主，甚至整个世界大米市场的影响越来越重要。纵观美国水稻产量变化，如图 2-14 所示，按照 1961—1963 年 3 年平均计算，全国水稻平均产量为 288 万 t，按照 2008—2010 年 3 年平均计算水稻产量达到 1 008 万 t，长期年均增加 15 万 t，长期年递增率为 2.70％。

（3）单产变化。按照单位面积计算水稻产量，美国水稻单产总体上在较大波动中呈上升态势，经历了明显的上升过程。按照 1961—1963 年计算年度平均单产，如图 2-15 所示，平均为 4 149kg/hm²，按照 2008—2010 年 3 年平均计算的水稻单产为 7 717kg/hm²，长期年均提高 74kg/hm²，长期年递增率为 1.33％，是世界水稻单产提高速度较快的国家之一。

图 2-14　美国水稻产量变化

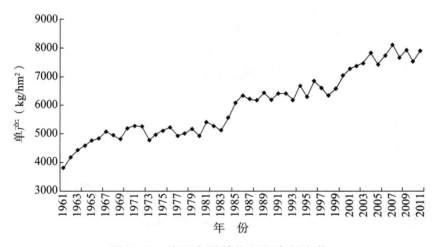

图 2-15　美国水稻单位面积产量变化

六、泰国水稻生产变化

泰国是世界水稻生产历史悠久、自然资源条件良好的水稻产业大国，水稻生产对于泰国农民生产与国民生活至关重要，这些条件为泰国成为世界大米强国奠定了基础。

（1）水稻面积。水稻在泰国是最重要的农业产业和国民主粮，其重要性不言而喻。纵观过去，泰国水稻种植面积和收获面积变化较大。1961—2010 年，泰国水稻收获面积总体上有明显增长，按照 1961—1963 年 3 年平均，如图 2-16 所示，泰国水稻收获面积 638.7 万 hm²，到 2008—2010 年平均增加到 1 093.8 万 hm²，长期年均增加 9.5 万 hm²，长期年递增率 1.15%，增长趋势十分明显。

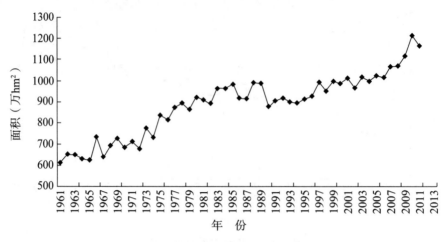

图 2-16　泰国水稻收获面积变化

（2）水稻产量。泰国是世界上重要的水稻生产大国，水稻产量的变化，对于国内稻农，甚至整个世界大米市场都有极为重要的影响。纵观泰国水稻产量变化历史，如图 2-17 所示，按照 1961—1963 年 3 年平均计算，全国水稻产量为 1 119 万 t，按照 2008—2010 年 3 年平均，水稻产量达到 3 179 万 t，长期年均增加 43 万 t，长期年递增率为 2.25%。

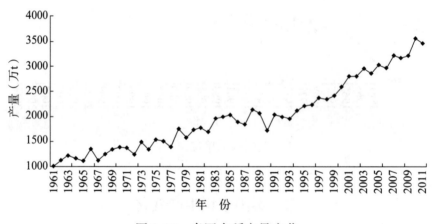

图 2-17　泰国水稻产量变化

（3）单产变化。按照单位面积计算水稻产量，泰国水稻单产在总体上经历了一个明显的上升过程，但波动较大。按照 1961—1963 年计算年度平均单产为 1 750kg/hm²，如图 2-18 所示，按照 2008—2010 年 3 年平均计算年度平均单产 2 907kg/hm²，长期年均提高 24kg/hm²，长期年递增率只有 1.08%。

七、印度尼西亚水稻生产变化

印度尼西亚是世界水稻生产历史悠久的国家之一，地处热带，水热资源条件较

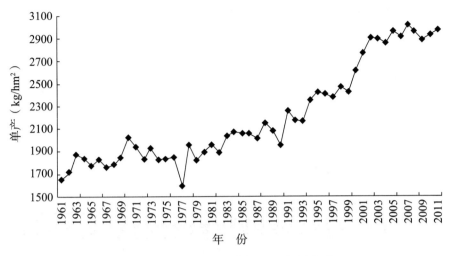

图 2-18　泰国水稻单位面积产量变化

好，国家水稻生产对于全国农民生产与国民生活至关重要，也是世界重要的稻米消费国家之一。

（1）水稻面积。水稻是印度尼西亚的国粮，其重要性不言而喻，印度尼西亚水稻种植面积和收获面积总体上处在不断扩大的过程中。1961—2010 年，印度尼西亚全国水稻收获面积总体上表现为明显的增长过程，按照 1961—1963 年 3 年平均计算，如图 2-19 所示，全国水稻收获面积为 696 万 hm²，2008—2010 年 3 年平均为 1 281 万 hm²，长期年均增加 12.2 万 hm²，长期年递增率为 1.31%，从近期来看，虽然目前仍有一定的年度波动，但仍处在面积迅速扩大的发展阶段。

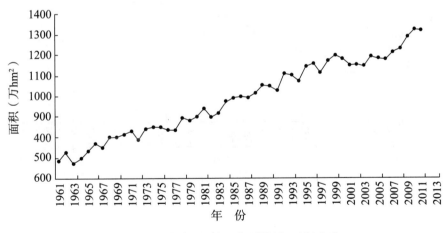

图 2-19　印度尼西亚水稻收获面积变化

（2）水稻产量。印度尼西亚是世界上重要的水稻生产国家之一，水稻产量的变化，对于国内稻农，甚至整个世界大米市场都有极为重要的影响。纵观印度尼西亚水稻产量变化，按照 1961—1963 年 3 年平均计算，如图 2-20 所示，全国水稻产量为

1 223 万 t，2008—2010 年 3 年平均的水稻产量达到 6 369 万 t，长期年均增加 107 万 t，长期年递增率为 3.57%。

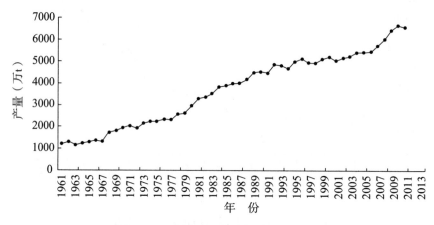

图 2-20　印度尼西亚水稻产量变化

　　(3) 单产变化。按照单位面积计算水稻产量，印度尼西亚水稻单产在总体上呈较大波动，并在波动过程中不断提高，经历了一个明显的上升变化过程。按照 1961—1963 年计算年度平均单产为 1 757kg/hm²，按照 2008—2010 年 3 年平均计算，如图 2-21 所示，目前单产水平为 4 969kg/hm²，长期年均提高 67kg/hm²，长期年递增率为 2.24%，是世界上水稻单产提高速度较快的国家之一。

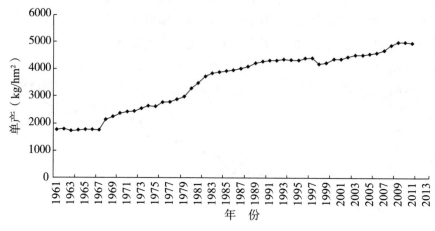

图 2-21　印度尼西亚水稻单位面积产量变化

八、巴西水稻生产变化

　　巴西是世界水稻生产发展的重要国家之一，自然资源条件非常优越，是南美洲水稻生产条件最好的国家，水稻生产对于巴西农民生产与生活均有重要影响。
　　(1) 水稻面积。水稻生产在巴西具有较好的自然条件，但发展滞缓，收获面积已有一定幅度的下降。1961—2010 年，巴西水稻收获面积总体上经历了从上升到下降的显著变化过程。按照 1961—1963 年 3 年平均计算，如图 2-22 所示，全国水稻收获面积为 342 万 hm²，按照 2008—2010 年 3 年平均，全国收获面积下降到 281 万 hm²，长期年均下降 1.3 万 hm²，长期年递增率为 -0.41%。

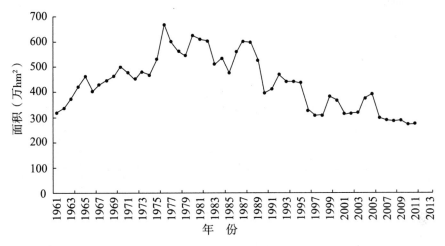

图 2-22　巴西水稻收获面积变化

（2）水稻产量。巴西是世界上重要的水稻生产国家之一，是南美洲最主要的水稻生产国，水稻产量的变化，对于国内稻农，甚至整个世界大米市场都有一定的影响。纵观巴西水稻产量变化过程，按照 1961—1963 年 3 年平均计算，如图 2-23 所示，全国水稻产量为 556 万 t，按照 2008—2010 年 3 年平均计算，水稻产量为 1 201 万 t，期间长期年均增加 13 万 t，长期年递增率为 1.65%。

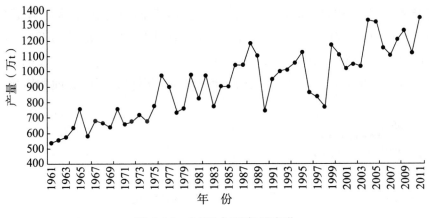

图 2-23　巴西水稻产量变化

（3）单产变化。按照单位面积计算水稻产量，巴西水稻单产总体上在较大的波动和长期停滞中开始逐步提高，经历了一个明显的下降和上升的变化过程。按照 1961—1963 年计算年度平均，如图 2-24 所示，单产为 1 633kg/hm²，按照 2008—

2010 年 3 年平均，单产为 4 270kg/hm²，长期年均提高 55kg/hm²，长期年递增率为 2.07%，在世界上属于中等发展速度的国家。

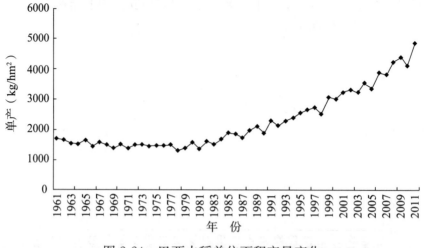

图 2-24　巴西水稻单位面积产量变化

九、日本水稻生产变化

日本是世界水稻生产历史悠久的国家之一，自然资源条件并不优越，但深受国民稻作文化的影响，日本重视水稻的方方面面，是世界其他国家所少有的，日本水稻生产对于该国农民生产与生活至关重要。

（1）水稻面积。水稻是日本的国粮，其重要性不言而喻，日本水稻种植面积和收获面积变化都较大。1961—2010 年，日本水稻收获面积总体上呈下降趋势，按照 1961—1963 年 3 年平均计算，如图 2-25 所示，全国水稻收获面积为 329 万 hm²，到 2008—2010 年平均下降到 163 万 hm²，长期年均增长－3.5 万 hm²，长期年递增率为 －1.49%，从近期来看，虽然仍有一定的年度波动，但仍处在收获面积缓慢下降的变化过程中。

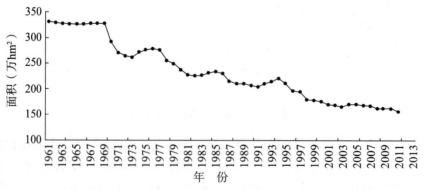

图 2-25　日本水稻收获面积变化

（2）水稻产量。日本是世界上重要的水稻生产国家之一，水稻产量的变化，对于该国稻农，甚至对整个世界大米市场都有一定的影响。纵观日本水稻产量变化过程，按照 1961—1963 年 3 年平均计算，如图 2-26 所示，日本水稻产量为 1 658 万 t，按照 2008—2010 年 3 年平均，水稻产量为 1 074 万 t，长期年均下降 12 万 t，长期年递增率为－0.92%。

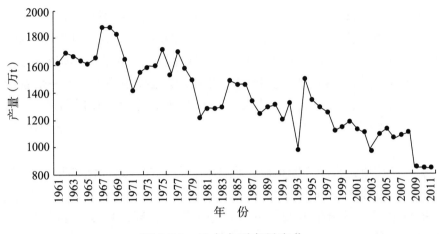

图 2-26　日本水稻产量变化

（3）单产变化。按照单位面积计算水稻产量，日本水稻单产总体上在较大波动中逐步提高，经历了一个明显的上升过程。按照 1961—1963 年计算，如图 2-27 所示，年度平均单产为 5 033kg/hm²，按照 2008—2010 年 3 年年度平均计算的单产为 6 604kg/hm²，长期年均提高 33kg/hm²，长期年递增率只有 0.58%，是世界上水稻单产水平起点较高的国家，但也是单产水平提高速度缓慢的国家之一。

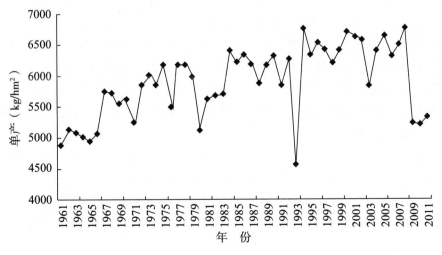

图 2-27　日本水稻单位面积产量变化

第三节　世界水稻科技发展现状及特点

进入 21 世纪以来，世界水稻科技有了新的发展，出现了新的发展趋势。目前，以追求高效高产、营养健康、安全环保、可持续发展为目标的新型现代水稻科学技术体系正在快速形成，具有鲜明特点。

（1）科技革命诱致水稻科技新变化。现代科学技术，特别是生物技术领域中的功能基因组学、生物信息学、蛋白质组学等新学科和新研究领域获得快速发展，从而使人类对生命本质、生物进化与起源的认识不断深化（中国农业科学院农业经济与发展研究所，2007），生物遗传设计、食物营养与人类健康控制等进入了一个崭新的时代。在探索水稻生长奥秘、水稻生命的本质、稻种起源等方面正在向前所未有的深度发展，由此带来了深刻的水稻科技革命，使传统水稻科技的概念、内涵和外延正在发生深刻的历史性变化。

（2）水稻科技研究领域不断拓展。现代水稻科学在不断分化和吸收新营养的基础上，学科之间、专业之间相互渗透、交融，形成了许多新的交叉学科和边缘学科，促进现代水稻技术研究不断拓展新的领域，分子设计、环境修复、生态保护、生态农业、精准农业、食品科学等新领域不断涌现，精彩纷呈，与传统水稻科学相结合，产生了众多的新颖学科并具有深远的经济和社会意义（邹应斌，2011）。生物技术的应用不断拓宽，针对抗逆、优质、高产等问题可以对水稻进行遗传设计和定向改良。在环境修复、食物营养等方面，也显示出水稻科技发展极大的潜能，这些都将产生巨大的潜在商业利益和发展机会，带来了难以估量的经济效益和社会效益，并促进新的水稻产业的生产方式、伦理、观念和文化的产生，进而发生影响深远的社会革命（齐藤修，2005）。

（3）水稻技术组合集成。在解决水稻某一重大问题时，越来越需要不同学科和专业之间多方面联合协作。例如，优质高效高产多抗水稻新品种的选育，需要种质资源、遗传育种、生物技术、生理生化、植物保护、土壤肥料、生态环境、数理统计、信息技术等不同学科领域技术专家的协同与合作。同时，现代水稻技术要求在主要技术环节和总成方面的集成与应用（张广胜等，2010），如水稻病虫害综合防治技术、设施农业技术、农产品加工技术、全程质量控制技术等都是技术集成应用的典型，这种趋势还在继续发展。

（4）水稻科技应用信息化。信息技术特别是数字技术对水稻产业的科研、生产、经营、流通、管理、服务等领域的发展正在产生深刻的影响。数字水稻、精准施肥、精准施药等技术已经成为新的研究热点和发展前沿，水稻科技信息化技术和数字化手段，预期将彻底改变水稻科研的组织方式和传统水稻的生产经营面貌（杨万江，2013）。

（5）科技研究组织方式规模化。现代水稻科技愈来愈呈现出鲜明的大学科特点，功能基因组学、生物信息学、蛋白质组学等前沿学科的发展日新月异，推动了一系列新兴技术领域、技术标准、技术平台、技术专利、知识产权、技术工艺和新兴产业的产生和发展，其工业化、系统化、智能化、网络化、集约化、一体化的研究和组织方式，专业化分工、产业化组织、社会化协作、企业化管理、规模化经营、海量数据处理和计算等特征，带来了水稻科技传统研究方法、技术路线、组织方式的革命，使现代水稻科技不再是科技人员个人的事情（高启杰，2009），而是规模化、社会化、组织化、国家化、国际化、网络化的协作和合作的群体行为。

（6）水资源高效利用。在可持续发展的理念和原则下，实现人类社会的经济发展、文明进步，提高资源的利用率，保护生态环境，保护生物多样性，是经济与社会发展的要求。以耗水著称的水稻生产，也成为现代水稻技术研发必需的约束条件和追求的目标之一，旱稻技术迅猛发展，节水型水稻生产技术成为新宠，水稻生产的水资源高效利用技术广泛应用。

（7）水稻科技产业化。现代水稻科学技术本身正在成为重要的高技术产业。现代种业、食品制造、设施农业、生物肥料、生物农药、数字化农业信息服务、稻作文化产业、稻田旅游观光业等农业新兴产业正在快速崛起，并且出现了研究、开发、产业一体化的新兴经济发展模式（张凤桐等，2008）。

第四节　世界大米消费发展历程及现状

大米是世界 60% 以上人口的主食，在满足人类食物营养方面做出了重要贡献。把握世界大米消费历程，分析主要国家大米消费变化特征，考察世界大米现状特点，对于科学认识世界大米消费趋势，继续为世界粮食安全做贡献具有重要现代意义。

一、世界大米消费历程

大米是世界大多数国家的重要食物来源，从发展历程来看，世界大米消费经历了几个鲜明的发展阶段，消费需求变化十分明显。

（一）需求变化

大米需求总量变化，主要由国内使用量、国际市场出口及使用中的国内损耗所组成，关键是国内功能性使用量的大小所决定的，国内使用量是水稻生产大国的主体。

在大米总需求中，世界各个国家国内大米使用量是主体，如表 2-4 所示，世界大米国内用量已由 1961—1963 年 3 年平均 14 234.8 万 t 增加到 2007—2009 年 3 年平均 41 496.4 万 t，国内用量占总需求量的比重，已由 1961—1963 年 3 年平均 90.71% 下降到 2007—2009 年 3 年平均 87.69%，在其他条件不变的情况下，说明了国内需求的相对重要性有所下降。

表 2-4　世界大米需求量变化

	数量（万 t）				占比（%）			损耗率（%）	
	总需求	国内用量	出口	损耗	用量	出口	损耗	耗产率	耗用率
初期平均	15 694.0	14 234.8	687.3	772.0	90.71	4.37	4.92	5.05	5.42
末期平均	47 315.3	41 496.4	3 238.7	2 580.3	87.69	6.85	5.45	5.73	6.22
年度平均	31 264.7	28 010.2	1 590.0	1 664.5	89.95	4.80	5.25	5.46	5.85
年均增量	672.8	580.0	54.3	38.5	−0.06	0.05	0.01	0.01	0.02
递增率（%）	2.43	2.35	3.43	2.66	−0.07	0.98	0.22	0.27	0.30

注："初期平均"指 1961—1963 年年度平均值，"末期平均"指 2007—2009 年年度平均值。

数据来源：根据 FAO 数据库历年数据整理并计算。

在需求总量中，世界大米对于满足国际需求的出口量则不断增长，对于国际大米市场的发展一直具有十分重要的作用。世界大米出口量由 1961—1963 年 3 年平均687.3 万 t 增加到 2007—2009 年 3 年平均 3 238.7 万 t，大米出口量占总需求量的比重，则由 4.37% 上升到 6.85%，期间年度平均为 4.80%。

在大米需求总量变化过程中的损耗情况，总体来看损耗相对较小。世界大米损耗总量已由 1961—1963 年 3 年平均 772.0 万 t 增加到 2007—2009 年 3 年平均 2 580.3 万 t，损耗占总需求量的比重，也由 4.92% 上升到 5.45%，期间年度平均为 5.25%。大米损耗量占生产量的比重，已由 5.05% 上升到 5.73%，期间平均为 5.46%。损耗量占国内使用量的比重，由 5.42% 上升到 6.22%，期间平均为 5.85%。

（二）食用量变化

从水稻生产的目的性和需求的功能性来看，大米主要在于满足国内日益增长的食用需求，在于为人类生存与发展提供所需要的能量和营养。

（1）食用量比较。1961—2009 年，如表 2-5 所示，按照 1961—1963 年 3 年平均和 2007—2009 年 3 年平均计算，世界大米食用量分别由 12 643.6 万 t 增加到35 119.5 万 t，年度平均为 24 567.1 万 t，长期年均增加 478.2 万 t，长期年递增率为2.25%，表现为总体上不断增长的趋势（顾尧臣，2009）。

表 2-5　世界大米食用量变化

	人口	食用量（万 t）				人均食用量（kg）			
	（万人）	大米	小麦	玉米	其他	大米	小麦	玉米	其他
初期平均	312 429.3	12 643.6	16 974.3	3 444.2	7 493.6	40.5	54.3	11.0	24.0
末期平均	658 312.3	35 119.5	43 380.3	11 166.6	7 044.8	53.3	65.9	17.0	10.7
年度平均	481 543.8	24 567.1	31 197.0	6 849.2	7 113.7	50.3	63.7	13.8	15.8
年均增量	7 359.2	478.2	561.8	164.3	−9.5	0.3	0.2	0.1	−0.3
递增率（%）	1.63	2.25	2.06	2.59	−0.13	0.60	0.42	0.94	−1.74

注："初期平均"指 1961—1963 年年度平均值，"末期平均"指 2007—2009 年年度平均值。

数据来源：根据 FAO 数据库历年数据整理并计算。

剔除人口增加的影响，计算得到人均大米食用量，世界人均大米消费量相对较高，目前仍然处在一个相对稳定的较高水平上。就平均来看，按照 1961—1963 年 3 年平均计算，世界人均大米消费量为 40.6kg，按照 2007—2009 年 3 年平均计算，世界人均大米食用量进一步上升到 53.3kg，长期年度年均为 50.3kg，长期年均增加 0.3kg，长期年递增率为 0.60%。对比来看，与人均大米消费量有所不同，世界人均小麦食用量，由初期人均 54.3kg 上升到末期平均为 65.9kg；玉米食用量，由 11.0kg 上升到 17.0kg；其他谷物食用量由 24.0kg 下降到 10.0kg。

（2）米食营养。世界人民通过食物获取营养，人们食用大米获取营养，对于世界人民来说，也是十分重要的。如表 2-6 所示，按照 1961—1963 年 3 年平均，世界平均每人每日通过食物获得热量 9 313.85kJ，按照 2007—2009 年 3 年平均，世界平均每人每日通过食物获取的热量提高到 11 838.01kJ，长期年均 10 665.93kJ，长期年均增加 54.42kJ，长期年递增率为 0.52%。

就世界平均而言，世界人民虽然以动物性食物为主，但作为植物性食物的大米，所占地位也很重要。按照 1961—1963 年 3 年平均计算，世界人民食用大米获得热量 1 716.26kJ，按照 2007—2009 年 3 年平均计算，大米热量提升到 2 247.88kJ，长期年均增加 11.30kJ，长期年递增率 0.59%。同期，大米提供了 7.7g 和 10.1g 的蛋白质，大米还提供了一定量的植物性脂质。据此计算，大米为世界人民提供的总热量所占比重由 18.4% 上升到 19.0%，占植物性食物热量的比重也由 21.8% 上升到 23.0%。大米为世界人民提供的蛋白质占蛋白质总量的比重由 12.3% 上升到 12.8%，为世界人民提供的蛋白质占植物性蛋白质的比重由 18.2% 上升到 21.1%。

表 2-6　世界人均每日食物营养量年度变化

	营养量（A）		植物性（B）		大米营养		大米热量占比		大米蛋白质占比	
	热量（kJ）	蛋白质（g）	热量（kJ）	蛋白质（g）	热量（kJ）	蛋白质（g）	A（%）	B（%）	A（%）	B（%）
初期平均	9 313.85	62.1	7 873.87	42.1	1 716.26	7.7	18.4	21.8	12.3	18.2
末期平均	11 838.01	79.0	9 761.75	48.0	2 247.88	10.1	19.0	23.0	12.8	21.1
年度平均	10 665.93	69.6	8 958.04	44.8	2 126.49	9.5	19.9	23.8	13.7	21.3
年均增量	53.58	0.4	40.19	0.1	11.30	0.1	0.0	0.0	0.0	0.1
递增率(%)	0.52	0.52	0.47	0.28	0.59	0.61	0.07	0.12	0.08	0.32

注："初期平均"指 1961—1963 年年度平均值，"末期平均"指 2007—2009 年年度平均值。

数据来源：根据 FAO 数据库历年数据整理并计算。

二、主要国家大米消费变化

仍然以前述 9 个主要国家为例，从国家层面深入分析这些国家的大米消费变化情况，并得到不同国家大米消费变化的重要特征。

（一）越南大米需求变化

（1）需求总量变化。大米需求总量变化，主要由国内使用量、国际市场出口以及使用中的国内损耗组成，关键是国内功能性使用所决定的，国内使用量是水稻生产大国的主体。

越南国内大米使用量总量不断增加。从总需求比重来看，越南国内总使用量已由1961—1963年3年平均87.6％下降到2007—2009年3年平均69.5％，如表2-7所示，在其他条件不变的情况下，说明国内需求的相对重要性明显下降。

表2-7　越南大米需求量变化

	数量（万 t）				结构（％）		损耗率（％）		
	总需求	国内用量	出口	损耗	用量	出口	损耗	耗产率	耗用率
初期平均	631.4	552.8	17.1	61.4	87.6	2.7	9.7	9.7	11.1
末期平均	2 471.1	1 716.6	513.4	241.1	69.5	20.8	9.8	9.6	14.0
年均增量	1 284.9	1 014.3	146.2	124.5	82.9	7.5	9.6	9.8	11.7
递增率（％）	3.0	2.5	7.7	3.0	−0.5	4.5	0.0	0.0	0.5

注："初期平均"指1961—1963年年度平均值，"末期平均"指2007—2009年年度平均值。

数据来源：根据FAO数据库历年数据整理并计算。

在需求量中，越南大米对于满足国际需求的出口量是十分重要的。越南大米出口量已经显示出强劲的增长趋势。平均来看，已由1961—1963年3年平均17.1万t上升到2007—2009年3年平均513.4万t，占总需求的结构已由2.7％上升到20.8％，期间平均有7.5％用于出口，出口量的年递增率高达7.7％。尤其是个别年份出口量在500万t以上，在国际市场上具有越来越重要的地位。

在需求量中，使用过程中的损耗量却不小。越南国内大米损耗量由1961—1963年3年平均61.4万t增加到2007—2009年3年平均241.1万t，占总需求量的比重，也由9.7％上升到9.8％，期间年度平均为9.6％。损耗量占生产量的比重由9.7％下降到9.6％，期间平均为9.8％。损耗量占国内使用量的比重，已由11.1％上升到14.0％，期间长期平均为11.7％。

（2）食用量变化。从水稻生产的目的性和需求的功能性来看，大米主要在于满足国内日益增长的食用需求，在于为国内人民提供生存发展所需要的能量和营养。

1961—2009年，按照1961—1963年3年平均和2007—2009年3年平均计算，如表2-8所示，越南大米食用总量分别由515.0万t增加到1 229.9万t，长期年均增加15.2万t，表现为总体上不断增长的过程。

表 2-8　越南大米食用量变化

	总人口	食用量（万 t）			与大米占谷物比重（%）		人均食用量（kg）			与大米占谷物比重（%）	
	（万人）	大米	小麦	玉米	谷物	占比	大米	小麦	玉米	谷物	占比
初期平均	3 698.6	515.0	13.0	29.6	558.7	92.2	139.2	3.5	8.0	151.0	92.2
末期平均	8 595.3	1 229.9	110.5	95.3	1 435.9	85.7	143.1	12.9	11.1	167.1	85.7
年均增量	104.2	15.2	2.1	1.4	18.7	−0.1	0.1	0.2	0.1	0.3	−0.1
递增率（%）	1.85	1.91	4.76	2.57	2.07	−0.16	0.06	2.87	0.71	0.22	−0.16

注："初期平均"指 1961—1963 年年度平均值，"末期平均"指 2007—2009 年年度平均值。

数据来源：根据 FAO 数据库历年数据整理并计算。

　　剔除人口增加的影响，计算得到人均大米食用量。除个别年份以外，越南人均大米消费量仍处在高位水平上。就平均来看，由 1961—1963 年 3 年平均人均 139.2kg上升到 2007—2009 年 3 年平均的 143.1kg，长期年度平均增加 0.1kg，长期年递增率0.06%。与人均大米消费量的变化一致，越南人均小麦和玉米食用量都很低，小麦食用量由初期人均 3.5kg 上升到 12.9kg，年均上升 0.2kg，年递增率为 2.87%；玉米食用量由初期人均 8.0kg 上升到近期 11.1kg，年均上升 0.1kg，年递增率为 0.71%。越南在食用谷物中，除大米、小麦和玉米以外，没有其他谷物食用消费。

（二）菲律宾大米需求变化

　　（1）需求总量变化。大米需求总量变化，主要是由国内使用量、国际市场出口及使用中的国内损耗，关键由国内功能性使用所决定的，国内使用量是水稻生产大国的主体。

　　菲律宾国内大米使用总量相对较大，占总需求量的比重，已由 1961—1963 年 3年平均的 96.8% 上升到 2007—2009 年 3 年平均的 98.6%，在其他条件不变的情况下，说明菲律宾国内大米需求的相对重要性越来越大。菲律宾大米需求量及其结构的长期变化情况详见表 2-9。

　　在大米需求量中，菲律宾大米满足国际需求的出口量十分少。菲律宾大米出口的年份很少，出口量也很小。在需求量中，使用过程中的损耗也相对较小。菲律宾国内大米损耗量由 1961—1963 年 3 年平均 8.9 万 t 增加到 2007—2009 年 3 年平均 17.4 万 t，占大米总需求量的比重，由 3.2% 下降到 1.4%，期间年度平均为 2.4%。损耗量占生产量的比重由 3.4% 下降到 1.6%，期间平均为 2.5%。损耗量占国内使用量的比重，由 3.3% 下降到 1.4%，期间平均仅 2.5%。

表 2-9　菲律宾大米需求量变化

	数量（万 t）				结构（%）			损耗率（%）	
	总需求	国内用量	出口	损耗	用量	出口	损耗	耗产率	耗用率
初期平均	277.8	268.9	0.0	8.9	96.8	0.0	3.2	3.4	3.3

（续）

	数量（万 t）				结构（%）			损耗率（%）	
	总需求	国内用量	出口	损耗	用量	出口	损耗	耗产率	耗用率
末期平均	1 237.1	1 219.6	0.1	17.4	98.6	0.0	1.4	1.6	1.4
年均增量	619.4	604.7	1.8	13.0	97.2	0.3	2.4	2.5	2.5
递增率（%）	3.3	3.3	5.2	1.5	0.0	1.8	−1.8	−1.6	−1.8

注："初期平均"指 1961—1963 年年度平均值，"末期平均"指 2007—2009 年年度平均值。

数据来源：根据 FAO 数据库历年数据整理并计算。

（2）食用量变化。从水稻生产的目的性和需求的功能性来看，主要在于满足国内日益增长的食用需求，关键在于为国内人民提供生存与发展所需要的能量和营养。

1961—2009 年，按照 1961—1963 年 3 年平均和 2007—2009 年 3 年平均计算，菲律宾大米食用总量由 246.5 万 t 增加到 1 152.4 万 t，长期年均增加 19.3 万 t，表现为总体上不断增长的过程。菲律宾大米、小麦、玉米和其他谷物食用总量与人均食用量长期变化情况详见表 2-10。

表 2-10　菲律宾大米食用量变化

	人口（万人）	食用量（万 t）				人均食用量（kg）			
		大米	小麦	玉米	其他	大米	小麦	玉米	其他
初期平均	2 780.7	246.5	38.2	31.6	0.1	88.7	13.7	11.4	0.0
末期平均	9 017.6	1 152.4	202.6	53.4	5.1	127.8	22.5	5.9	0.6
年度平均	5 604.4	559.1	119.9	75.6	2.7	96.8	20.0	14.4	0.4
年均增量	132.7	19.3	3.5	0.5	0.1	0.83	0.19	−0.12	0.01
递增率（%）	2.59	3.41	3.70	1.15	8.24	0.80	1.08	−1.41	5.53

注："初期平均"指 1961—1963 年年度平均值，"末期平均"指 2007—2009 年年度平均值。

数据来源：根据 FAO 数据库历年数据整理并计算。

剔除人口增加的影响，计算人均大米食用量数据，表明菲律宾人均大米消费量仍然处在不断增长的上升阶段。就平均来看，按照 1961—1963 年 3 年年度平均，人均大米消费量为 88.7kg，按照 2007—2009 年 3 年平均，进一步上升到 127.8kg。与人均大米消费量的变化类似，菲律宾小麦食用量次之，由 13.7kg 上升到 22.5kg，玉米食用量较低，由 11.4kg 下降到 5.9kg，其他谷物食用量却不足 1kg。

（三）孟加拉国大米需求变化

（1）需求总量变化。需求总量变化主要是由国内大米使用量、国际市场出口及使用中的国内损耗所构成，关键由国内功能性使用所决定，国内使用量是孟加拉国水稻生产大国的主体。

孟加拉国的国内大米使用量总量较大，占总需求量的比重已由 1961—1963 年 3

年平均的 98.1％下降到 2007—2009 年 3 年平均的 94.9％，在其他条件不变的情况下，说明国内大米需求的相对重要性开始有所下降。孟加拉国大米需求总量与需求结构长期变化情况详见表 2-11。

表 2-11　孟加拉国大米需求量变化

	数量（万 t）				结构（%）			损耗率（%）	
	总需求	国内用量	出口	损耗	用量	出口	损耗	耗产率	耗用率
初期平均	998.0	978.6	0.0	19.4	98.1	0.00	1.9	2.0	2.0
末期平均	2 997.3	2 843.1	1.1	153.2	94.9	0.04	5.1	5.0	5.4
年均增量	1 702.4	1 659.9	0.2	42.4	97.7	0.0	2.3	2.3	2.3
递增率（%）	2.4	2.3	—	4.6	−0.07	—	2.1	2.0	2.2

注："初期平均"指 1961—1963 年年度平均值，"末期平均"指 2007—2009 年年度平均值。

数据来源：根据 FAO 数据库历年数据整理并计算。

在需求总量中，孟加拉国大米对于满足国际需求的出口量则十分少。孟加拉国大米出口年份很少，出口量也很小。在需求量中，使用过程中的损耗也相对较小。孟加拉国国内大米损耗量由 1961—1963 年 3 年平均 19.4 万 t 增加到 2007—2009 年 3 年平均 153.2 万 t，占总需求量的比重，由 1.9％上升到 5.1％，期间年度平均为 2.3％。孟加拉国大米损耗量占生产量的比重，由初期平均 2.0％上升到 5.0％，期间平均为 2.3％。孟加拉国大米损耗量占国内使用量的比重，由初期 2.0％上升到近期平均 5.4％，期间平均为 2.3％。

（2）食用量变化。从水稻生产的目的性和需求的功能性来看，主要在于满足国内日益增长的食用消费需求，在于为人们提供生存与发展所需要的能量和营养物质。

1961—2009 年，按照 1961—1963 年 3 年平均和 2007—2009 年 3 年平均计算，孟加拉国大米食用量分别由 899.3 万 t 增加到 2 497.9 万 t，长期年均增加 34.0 万 t，表现为总体上不断增长的过程。孟加拉国全国大米、小麦、玉米和其他谷物食用总量与人均食用量长期变化情况详见表 2-12。

表 2-12　孟加拉国大米食用量变化

	人口（万人）	食用量（万 t）				人均食用量（kg）			
		大米	小麦	玉米	其他	大米	小麦	玉米	其他
初期平均	5 299.4	899.3	46.5	0.7	5.0	169.7	8.8	0.1	0.9
末期平均	14 548.8	2 497.9	226.6	116.4	1.6	171.7	15.6	8.0	0.1
年度平均	9 596.8	1 530.3	198.0	13.2	5.2	158.1	19.9	1.0	0.6
年均增量	196.8	34.0	3.8	2.5	−0.1	0.0	0.1	0.2	0.0
递增率（%）	2.22	2.25	3.50	11.88	−2.48	0.03	1.26	9.46	−4.59

注："初期平均"指 1961—1963 年年度平均值，"末期平均"指 2007—2009 年年度平均值。

数据来源：根据 FAO 数据库历年数据整理并计算。

剔除人口增加的影响，计算人均大米食用量数据，表明孟加拉国人均大米消费量仍然处在不断增长的上升阶段。平均来看，按照 1961—1963 年 3 年年度平均，人均大米消费量为 169.7kg，按照 2007—2009 年 3 年平均，进一步上升到 171.7kg。与人均大米消费量的变化相适应，小麦食用量次之，由 8.8kg 上升到 15.6kg，玉米食用量较大，由 0.1kg 上升到 8.0kg，其他谷物食用量则不足 1kg。

（四）印度稻米需求变化

（1）需求总量变化。稻米需求总量变化，主要是由国内使用量、国际市场出口以及使用中的国内损耗所构成，关键则由国内功能性使用决定，国内使用量是水稻生产大国的主体。

印度国内大米使用量，已由 1961—1963 年 3 年平均 96.2% 下降到 2007—2009 年 3 年平均 93.0%，在其他条件不变的情况下，说明国内需求明显下降。印度大米需求总量与需求结构的长期变化情况详见表 2-13。

表 2-13　印度大米需求量变化

	数量（万 t）				结构（%）			损耗率（%）	
	总需求	国内用量	出口	损耗	用量	出口	损耗	耗产率	耗用率
初期平均	3 539.0	3 404.9	0.1	134.1	96.2	0.00	3.79	3.80	3.94
末期平均	9 397.0	8 739.3	372.8	284.8	93.0	3.97	3.03	3.00	3.26
年均增量	127.3	116.0	8.1	3.3	91.1	6.36	2.57	2.53	2.83
递增率（%）	2.19	2.12	20.01	1.69	—	—	—	—	—

注："初期平均"指 1961—1963 年年度平均值，"末期平均"指 2007—2009 年年度平均值。

数据来源：根据 FAO 数据库历年数据整理并计算。

在需求总量中，国际需求的出口量必要补充。印度大米出口量已经显示出明显的增长，自 20 世纪 90 年代中期以来，印度出口大米已经上升到百万吨级的水平。平均来看（祁春节等，2008），大米出口量已由 1961—1963 年 3 年平均 0.1 万 t 上升到 2007—2009 年 3 年平均 372.8 万 t，占总需求的结构已由几乎为零上升到 3.97%，期间年度平均为 6.36%。

在需求总量中，大米使用过程中的损耗量相对较小。印度国内大米损耗由 1961—1963 年 3 年平均 134.1 万 t 增加到 2007—2009 年 3 年平均 284.8 万 t，占总需求量的比重已由 3.79% 下降到 3.03%，期间年度平均为 2.57%。大米损耗量占生产量的比重由 3.80% 下降到 3.00%，期间平均为 2.53%。大米损耗量占国内使用量的比重，由 3.94% 下降到 3.26%，期间平均为 2.83%。

（2）食用量变化。从水稻生产的目的性和需求的功能性来看，印度水稻生产主要在于满足国内日益增长的大米食用需求，在于为国民提供生存与发展所需要的能量和营养。

1961—2009 年，按照 1961—1963 年 3 年平均和 2007—2009 年 3 年平均计算，印度国内大米食用总量已由 3 337.8 万 t 增加到 10 336.2 万 t，长期年均 7 987.1 万 t，

长期年均增加 148.9 万 t，长期年递增率为 2.49%。从 1961 年到 2009 年印度大米与
其他 3 种谷物相比的食用量变化情况详见表 2-14。

剔除人口增加的影响之后，计算人均大米食用量，印度人均大米消费量还处在上
升阶段，由初期平均 67.8kg 上升到末期平均 69.8kg，期间虽有波动，但波动幅度不
大。印度小麦食用量水平较低，但增长趋势明显。印度玉米食用量很低，其他谷物食
用量较低，均有明显下降。

表 2-14　印度大米食用量变化

	人口	食用量（万 t）				人均食用量（kg）			
	（万人）	大米	小麦	玉米	其他	大米	小麦	玉米	其他
初期平均	69 069.7	3 337.8	1 599.5	164.2	17 83.5	48.3	23.1	2.4	25.8
末期平均	135 873.3	10 336.2	9 060.0	914.1	237.0	76.1	66.7	6.7	1.7
年度平均	106 650.4	7 987.1	6 564.4	542.8	1 184.2	73.6	58.1	4.8	12.8
年均增量	1 421.4	148.9	158.7	16.0	−32.9	0.6	0.9	0.1	−0.5
递增率（%）	1.48	2.49	3.84	3.80	−4.29	0.99	2.33	2.29	−5.69

注："初期平均"指 1961—1963 年年度平均值，"末期平均"指 2007—2009 年年度平均值。

数据来源：根据 FAO 数据库历年数据整理并计算。

（五）美国大米需求变化

（1）需求总量变化。需求总量变化，主要是由国内使用量、国际市场出口及使用
中的国内损耗，关键是由国内功能性使用所决定的，国内使用量是水稻生产大国的主
体。美国国内大米使用量不大，由 1961—1963 年 3 年平均 84.9 万 t 增加到 2007—
2009 年 3 年平均 326.6 万 t，国内用量占总需求量的比重，已由 1961—1963 年 3 年平
均 46.7% 下降到 2007—2009 年 3 年平均 44.5%，在其他条件不变的情况下，说明美
国国内大米需求的相对重要性有所下降。美国全国大米需求量及其结构长期变化情况
详见表 2-15。

表 2-15　美国大米需求量变化

	数量（万 t）				结构（%）			损耗率（%）	
	总需求	国内用量	出口	损耗	用量	出口	损耗	耗产率	耗用率
初期平均	182.0	84.9	96.1	1.0	46.7	52.80	0.5	0.5	1.1
末期平均	733.4	326.6	356.3	50.4	44.5	48.59	6.9	8.0	15.4
年均增量	469.2	203.1	234.4	31.8	42.6	51.8	5.6	6.1	13.0
递增率（%）	3.1	3.0	2.9	9.0	−0.10	−0.2	5.7	6.2	5.8

注："初期平均"指 1961—1963 年年度平均值，"末期平均"指 2007—2009 年年度平均值。

数据来源：根据 FAO 数据库历年数据整理并计算。

在需求总量中，美国大米对于满足国际需求的出口量则不断增长，对于国际大米
市场一直具有十分重要的作用。美国大米出口量由 1961—1963 年 3 年平均 96.1 万 t
增加到 2007—2009 年 3 年平均 356.3 万 t，占总需求量的比重由 52.80% 下降到

48.59%，期间长期年度平均为 51.8%。

在需求总量中，大米使用过程中的损耗则相对较小。美国国内大米损耗量由 1961—1963 年 3 年平均 1.0 万 t 增加到 2007—2009 年 3 年平均 50.4 万 t，占总需求量的比重由 0.5% 上升到 6.9%，期间年度平均为 5.6%。损耗量占生产量的比重由 0.5% 上升到 8.0%，期间平均为 6.1%。损耗量占国内使用量的比重，由 1.1% 上升到 15.4%，期间平均为 13.0%。

（2）食用量变化。从水稻生产的目的性和需求的功能性来看，主要在于满足国内日益增长的食用需求，在于为人们提供生存与发展所需要的能量和营养。1961—2009年，按照 1961—1963 年 3 年平均和 2007—2009 年 3 年平均计算，美国大米食用量由 52.4 万 t 增加到 255.6 万 t，年均增量为 4.3 万 t，表现为总体上不断增长的过程。美国大米、小麦、玉米和其他其谷物食用总量及其人均食用量长期变化情况详见表 2-16。

表 2-16　美国大米食用量变化

	人口（万人）	食用量（万 t）				人均食用量（kg）			
		大米	小麦	玉米	其他	大米	小麦	玉米	其他
初期平均	19 191.3	52.4	1 335.8	149.8	93.7	2.7	69.6	7.8	4.9
末期平均	30 498.7	255.6	2 535.1	389.5	184.7	8.4	83.1	12.8	6.1
年度平均	24 456.4	140.0	1 888.9	262.7	133.7	5.4	76.2	10.4	5.4
年均增量	240.6	4.3	25.5	5.1	1.9	0.1	0.3	0.1	0.0
递增率（%）	1.01	3.50	1.40	2.10	1.49	2.47	0.39	1.08	0.47

注："初期平均"指 1961—1963 年年度平均值，"末期平均"指 2007—2009 年年度平均值。

数据来源：根据 FAO 数据库历年数据整理并计算。

剔除人口增加因素，计算人均大米食用量，美国人均大米消费量虽然很低，但仍然处在不断增长的上升阶段。就平均来看，按照 1961—1963 年 3 年年度平均，人均大米消费量为 2.7kg，按照 2007—2009 年 3 年平均，进一步上升到 8.4kg，年递增率为 2.47%。与人均大米消费量不同，美国人均小麦食用量由 69.6kg 上升到 83.1kg，玉米人均食用量由 7.8kg 上升到 12.8kg，其他谷物食用量由 4.6kg 上升到 6.1kg。

（六）泰国大米需求变化

（1）需求总量变化。需求总量变化，主要是由国内使用量、国际市场出口以及使用中的国内损耗，关键是由国内功能性使用所决定的，国内使用量是水稻生产大国的主体。泰国国内大米使用量总量很小，占总需求量的比重，已由 1961—1963 年 3 年平均 72.2% 下降到 2007—2009 年 3 年平均 47.3%，在其他条件不变的情况下，说明国内需求的相对重要性明显下降。泰国全国大米需求总量与需求结构的长期变化情况详见表 2-17。

表 2-17　泰国大米需求量变化

	数量（万 t）				结构（%）			损耗率（%）	
	总需求	国内用量	出口	损耗	用量	出口	损耗	耗产率	耗用率
初期平均	712.7	514.7	143.3	54.7	72.2	20.1	7.7	7.3	10.6
末期平均	2 187.1	1 033.8	951.7	201.5	47.3	43.5	9.2	9.5	19.5
年均增量	1 297.6	752.4	435.5	109.8	61.4	30.4	8.2	8.2	14.1
递增率（%）	2.47	1.53	4.20	2.87	−0.92	1.69	0.40	0.55	1.33

注："初期平均"指 1961—1963 年年度平均值，"末期平均"指 2007—2009 年年度平均值。

数据来源：根据 FAO 数据库历年数据整理并计算。

在需求总量中，泰国大米对于满足国际需求的出口量是十分重要的，大米出口量已经显示出强劲的增长趋势。平均来看，已由 1961—1963 年 3 年平均 143.3 万 t 上升到 2007—2009 年 3 年平均 951.7 万 t，占总需求的结构已由 20.1% 上升到 43.5%，期间长期平均有 30.4% 是用于出口的，出口量长期年递增率高达 4.20%。尤其是在 2004 年和 2008 年的出口量均超过 1 000 万 t，在国际市场具有统治地位。

在需求总量中，使用过程中的损耗量却不小。泰国国内大米损耗量由 1961—1963 年 3 年平均 54.7 万 t 增加到 2007—2009 年 3 年平均 201.5 万 t，占总需求量的比重，由 7.7% 上升到 9.2%，期间年度平均为 8.2%。损耗量占生产量的比重由 7.3% 上升到 9.5%，期间平均为 8.2%。损耗量占国内使用量的比重，由 10.6% 上升到 19.5%，期间平均为 14.1%。

（2）食用量变化。从水稻生产的目的性和需求的功能性来看，主要在于满足国内日益增长的食用需求，在于为人们提供生存与发展所需要的能量和营养。1961—2009 年，按照 1961—1963 年 3 年平均和 2007—2009 年 3 年平均计算，泰国大米食用量由 427.6 万 t 增加到 55.9 万 t，长期年均增加 9.1 万 t，表现为总体上不断增长的变化过程。1961—2009 年泰国大米食用量总量长期变化及人均主要谷物食用量的长期变化情况详见表 2-18。

表 2-18　泰国大米及主要谷物食用量变化

	总人口（万人）	食用量					人均				
		大米（万 t）	小麦（万 t）	玉米（万 t）	谷物（万 t）	占比（%）	大米（kg）	小麦（kg）	玉米（kg）	谷物（kg）	占比（%）
初期平均	2 902.7	427.6	2.6	0.1	430.3	99.4	147.1	0.9	0.0	148.1	99.4
末期平均	6 825.7	855.9	95.7	31.4	983.0	87.1	125.4	14.0	4.6	144.0	87.1
年均增量	83.5	9.1	2.0	0.7	11.8	−0.3	−0.5	0.3	0.1	−0.1	−0.3
递增率（%）	1.88	1.52	8.18	14.32	1.81	−0.29	−0.35	6.20	12.21	−0.06	−0.29

注："初期平均"指 1961—1963 年年度平均值，"末期平均"指 2007—2009 年年度平均值。

数据来源：根据 FAO 数据库历年数据整理并计算。

剔除人口增加的影响，计算得到人均大米食用量数据。从实证数据看，泰国人均大米消费量处在高位下降后波动和恢复性上升阶段，就平均来看，由初期人均147.1kg下降到近期平均125.4kg，但在 20 世纪 90 年代初期下降到谷底后开始上升。与人均大米消费量的变化相适应，泰国小麦和玉米食用量都很低，分别为15kg 和 5kg 左右，但近年来增长趋势都比较明显，泰国在总体上不存在其他谷物食用消费。

（七）印度尼西亚大米需求变化

（1）需求总量与需求结构变化。需求总量变化，主要是由国内使用量、国际市场出口以及使用中的国内损耗，关键是由国内功能性使用所决定的，国内使用量是水稻生产大国的主体。印度尼西亚国内大米使用量总量较大，占总需求量的比重，已由1961—1963 年 3 年平均的 93.3% 下降到 2007—2009 年 3 年平均 92.2%，在其他条件不变的情况下，说明国内需求的相对重要性略有下降。印度尼西亚全国大米需求总量与需求结构长期变化情况详见表 2-19。

在需求总量中，印度尼西亚大米对于满足国际需求的出口量则十分少。印度尼西亚大米出口年份很少，出口量也很少。在需求总量中，使用过程中的损耗较大，比重较高。印度尼西亚国内大米损耗量由 1961—1963 年 3 年平均 57.6 万 t 增加到 2007—2009 年 3 年平均 315.2 万 t，占总需求量的比重，由 6.7% 上升到 7.8%，期间年度平均为 7.3%。损耗量占生产量的比重由 7.1% 上升到 7.8%，期间平均为 7.6%。损耗量占国内使用量的比重，由 7.2% 上升到 8.5%，期间平均为 7.9%。

表 2-19　印度尼西亚大米需求量变化

	数量（万 t）				结构（%）			损耗率（%）	
	总需求	国内用量	出口	损耗	用量	出口	损耗	耗产率	耗用率
初期平均	854.4	796.8	0.0	57.6	93.3	0.00	6.7	7.1	7.2
末期平均	4 040.4	3 724.3	0.9	315.2	92.2	0.02	7.8	7.8	8.5
年均增量	2 467.4	2 279.2	2.6	185.5	92.6	0.1	7.3	7.6	7.9
递增率（%）	3.4	3.4	—	3.8	−0.03	—	0.3	0.2	0.3

注："初期平均"指 1961—1963 年年度平均值，"末期平均"指 2007—2009 年年度平均值。
数据来源：根据 FAO 数据库历年数据整理并计算。

（2）食用量变化。从水稻生产的目的性和需求的功能性来看，主要在于满足国内日益增长的大米食用需求，在于为人们提供生存与发展所需要的能量和营养。1961—2009 年，按照 1961—1963 年 3 年平均和 2007—2009 年 3 年平均计算，印度尼西亚大米食用量分别由 767.0 万 t 增加到 2 976.6 万 t，年均增加 47.0 万 t，表现为总体上不断增长的过程。印度尼西亚全国大米、小麦、玉米和其他谷物食用总量与人均食用量长期变化情况详见表 2-20。

表 2-20　印度尼西亚大米食用量变化

	人口（万人）	食用量（万 t）				人均食用量（kg/人）			
		大米	小麦	玉米	其他	大米	小麦	玉米	其他
初期平均	9 660.9	767.0	11.2	219.9	−0.1	79.4	1.2	22.7	0.0
末期平均	23 494.2	2 976.6	486.9	853.4	1.4	126.7	20.7	36.3	0.1
年度平均	16 659.6	2 000.2	190.2	463.1	0.3	116.3	9.8	26.6	0.0
年均增量	294.3	47.0	10.1	13.5	0.0	1.0	0.4	0.3	0.0
递增率（%）	1.95	2.99	8.55	2.99	—	1.02	6.47	1.02	—

注："初期平均"指 1961—1963 年年度平均值，"末期平均"指 2007—2009 年年度平均值。

数据来源：根据 FAO 数据库历年数据整理并计算。

剔除人口增加的影响因素，计算人均大米食用量，印度尼西亚人均大米消费量仍然处在不断上升的阶段。就平均来看，按照 1961—1963 年 3 年平均计算，人均大米消费量为 79.4kg，按照 2007—2009 年 3 年平均计算，进一步上升到 126.7kg。与人均大米消费量的变化相适应，小麦食用量次之，由 1.2kg 上升到 20.7kg，玉米食用量较低，由 22.7kg 增加到 36.3kg，其他谷物食用量几乎为零。

（八）巴西大米需求变化

（1）需求总量与需求结构变化。需求总量变化，主要是由国内使用量、国际市场出口以及使用中的国内损耗，关键是由国内功能性使用所决定的，国内使用量是水稻生产大国的主体。巴西国内大米使用量总量不大，占总需求量的比重，已由 1961—1963 年 3 年平均 86.8% 下降到 2007—2009 年 3 年平均 83.8%，在其他条件不变的情况下，说明国内需求的相对重要性有所下降。巴西全国大米需求总量与需求结构长期变化情况详见表 2-21。

表 2-21　巴西大米需求量变化

	数量（万 t）				结构（%）			损耗率（%）	
	总需求	国内用量	出口	损耗	用量	出口	损耗	耗产率	耗用率
初期平均	371.1	322.2	5.5	43.3	86.8	1.49	11.7	11.7	13.4
末期平均	858.0	718.8	44.3	94.9	83.8	5.16	11.1	11.9	13.2
年均增量	635.8	555.3	8.6	72.0	87.3	1.4	11.4	12.0	13.1
递增率（%）	1.8	1.8	4.6	1.7	−0.08	2.7	−0.1	0.0	0.0

注："初期平均"指 1961—1963 年年度平均值，"末期平均"指 2007—2009 年年度平均值。

数据来源：根据 FAO 数据库历年数据整理并计算。

在需求总量中，巴西大米对于满足国际需求的出口量则有所增加，目前每年出口大米在 50 万 t 以上，现实结果表明，巴西对于国际大米市场而言越来越重要。在需求总量中，使用过程中的损耗相对较高。巴西国内大米损耗量由 1961—1963 年 3 年平均 43.3 万 t 增加到 2007—2009 年 3 年平均为 94.9 万 t，占总需求量的比重，由 11.7％下降到 11.1％，期间年度平均为 11.4％。损耗量占生产量的比重，由初期平均 11.7％上升到近期平均 11.9％，期间平均为 12.0％。损耗量占国内使用量的比重，由初期 13.4％下降到 13.2％，平均为 13.1％。

（2）食用量变化。从水稻生产的目的性和需求的功能性来看，主要在于满足国内日益增长的大米食用需求，在于为人们提供生存与发展所需要的能量和营养。1961—2009 年，按照 1961—1963 年 3 年平均和 2007—2009 年 3 年平均计算，巴西大米食用量由 301.8 万 t 增加到 646.2 万 t，年均增加 7.3 万 t，表现为总体上不断增长的过程。巴西全国大米、小麦、玉米和其他谷物食用总量与人均食用量长期变化情况详见表 2-22。

表 2-22　巴西大米食用量变化

人口	食用量（万 t）				人均食用量（kg）			
（万人）	大米	小麦	玉米	其他	大米	小麦	玉米	其他
初期平均	7 729.9	301.8	244.3	188.7	4.2	39.0	31.6	24.5	0.5
末期平均	19 152.9	646.2	1 026.3	476.2	43.6	33.7	53.6	24.9	2.3
年度平均	13 528.9	519.2	613.8	297.9	20.0	38.7	43.8	22.2	1.3
年均增量	243.0	7.3	16.6	6.1	0.8	−0.1	0.5	0.0	0.0
递增率（％）	1.99	1.67	3.17	2.03	5.22	−0.32	1.16	0.03	3.16

注："初期平均"指 1961—1963 年年度平均值，"末期平均"指 2007—2009 年年度平均值。
数据来源：根据 FAO 数据库历年数据整理并计算。

剔除人口增加的影响因素，计算人均大米食用量，与巴西人均大米消费量相反，已经处于缓慢下降阶段。就平均来看，按照 1961—1963 年 3 年平均，人均大米消费量为 39.0kg，按照 2007—2009 年 3 年平均，已经下降到 33.7kg。与人均大米消费量的变化相反，小麦食用量却由人均 31.6kg 上升到 53.6kg。玉米食用量由人均 24.5kg 上升到 24.9kg，其他谷物食用量由 0.5kg 上升到 2.3kg。

（九）日本大米需求变化

（1）需求总量与需求结构变化。需求总量变化，主要是由国内使用量、国际市场出口以及使用中的国内损耗，关键是由国内功能性使用量所决定的，国内使用量是水稻生产大国的主体。日本国内大米使用量总量较大，占总需求量的比重，已由 1961—1963 年 3 年平均的 98.1％下降到 2007—2009 年 3 年平均的 97.8％，在其他条件不变的情况下，说明国内需求的相对重要性有所降低。日本全国大米需求总量与需求结构长期变化情况详见表 2-23。

表 2-23　日本大米需求量变化

	数量（万 t）				结构（%）			损耗率（%）	
	总需求	国内用量	出口	损耗	用量	出口	损耗	耗产率	耗用率
初期平均	1 148.7	1 127.1	0.0	21.6	98.1	0.0	1.9	2.0	1.9
末期平均	759.9	743.3	2.4	14.2	97.8	0.3	1.9	2.0	1.9
年均增量	953.1	922.7	13.1	17.3	96.9	1.3	1.8	1.9	1.9
递增率（%）	−0.9	−0.9	11.0	−0.9	−0.01	12.0	0.0	0.0	0.0

注："初期平均"指 1961—1963 年年度平均值，"末期平均"指 2007—2009 年年度平均值。

数据来源：根据 FAO 数据库历年数据整理并计算。

在需求总量中，日本大米对于满足国际需求的出口作用则十分微弱。日本大米出口量，按照初期年均计算为每年 0.02 万 t，按照近期计算年均为 2.39 万 t。在需求量中，使用过程中的损耗也相对较小。日本国内大米损耗量由 1961—1963 年 3 年平均 21.6 万 t 下降到 2007—2009 年 3 年平均 14.2 万 t。日本大米损耗量占总需求量的比重，一般在 1.9% 左右，而损耗量占生产量的比重，一般在 2.0% 左右，损耗量占国内使用量的比重一般在 1.9% 左右。

（2）食用量变化。从水稻生产的目的性和需求的功能性来看，主要在于满足国内日益增长的大米食用需求，在于为人们提供生存与发展所需要的能量和营养。1961—2009 年，按照 1961—1963 年 3 年平均和 2007—2009 年 3 年平均计算，日本全国每年平均大米食用量由 1 068.2 万 t 下降到 696.9 万 t，年均下降 7.9 万 t，表现为总体上不断下降的变化过程。日本全国大米、小麦、玉米和其他谷物食用总量变化与人均食用量长期变化情况详见表 2-24。

表 2-24　日本大米食用量变化

	人口（万人）	食用量（万 t）				人均食用量（kg）			
		大米	小麦	玉米	其他	大米	小麦	玉米	其他
初期平均	9 428.3	1 068.2	330.5	9.3	87.8	113.3	35.0	1.0	9.3
末期平均	12 653.7	696.9	596.9	148.0	20.5	55.1	47.2	11.7	1.6
年度平均	11 577.3	852.0	498.0	151.6	34.1	75.2	42.8	12.7	3.1
年均增量	68.6	−7.9	5.7	3.0	−1.4	−1.2	0.3	0.2	−0.2
递增率（%）	0.64	−0.92	1.29	6.21	−3.12	−1.56	0.65	5.54	−3.74

注："初期平均"指 1961—1963 年年度平均值，"末期平均"指 2007—2009 年年度平均值。

数据来源：根据 FAO 数据库历年数据整理并计算。

剔除人口增加的影响因素之后，计算人均大米食用量，日本人均大米消费量已经稳定地处在不断下降的过程中。就平均来看，按照 1961—1963 年 3 年平均，每年人均大米消费量 113.3kg，按照 2007—2009 年 3 年平均，已经下降到 55.1kg。与人均大米消费量的变化相反，小麦食用量由 35.0kg 上升到 47.2kg，玉米食用量由 1.0kg 上升到 11.7kg，而其他谷物食用量则由 9.3kg 下降到 1.6kg。

第五节　世界大米进出口贸易现状及特点

世界大米贸易，主要是食用，显著地不同于饲用为主的粗粮（玉米等），也不同于小麦的食用和饲用兼用特色，而且市场容量明显不同于小麦等其他食用谷物。

一、世界大米市场概述

世界大米进出口状况总体表现为总量不断增长的过程，有一些特点仍然需要重视。

（一）世界大米进口基本特点

（1）稳定增长。从全球角度看，大米在国际粮食市场上很有特色。世界国家，有出口也有进口。世界大米贸易，一般经历了进口大于出口，再到出口大于进口的变化过程。按照 1961—1963 年 3 年平均与 2008—2010 年 3 年平均计算，世界大米进口量由 700.8 万 t 增加到 3 054.8 万 t，同期世界大米出口量平均由 699.9 万 t 增加到 3 074.6 万 t，净出口量由 −0.9 万 t 扩大到 19.7 万 t，平均大米价格由出口略低于进口价格变为进口价格高于出口价格 42.7 美元/t。从 1961 年到 2010 年世界大米国际贸易长期变化情况详见表 2-25。

表 2-25　世界大米进出口贸易变化

	进口			出口		
	进口量（万 t）	进口额（万美元）	进口价格（美元/t）	出口量（万 t）	出口额（万美元）	出口价格（美元/t）
初期平均	700.8	88 847	126.7	699.9	84 334	120.0
末期平均	3 054.8	2 077 206	680.1	3 074.6	1 955 375	637.4
年度平均	1 587.5	594 314	334.3	1 624.5	549 722	301.5
年均增量	49.0	41 424	11.5	49.5	38 980	10.8
递增率（%）	3.18	6.94	3.64	3.20	6.92	3.62

注："初期平均"指 1961—1963 年的年度平均值，"末期平均"指 2008—2010 年的年度平均值。
数据来源：根据 FAO 数据库历年数据整理并计算。

（2）世界稻米产量与出口量占比变化。从全球角度来看，在谷物生产系统中，世界大米生产相当重要，在谷物国际贸易中，大米国际贸易规模很小，市场容量有限。按照 1961—1963 年 3 年平均与 2008—2010 年 3 年平均计算，世界大米产量占谷物产量的比重从 24.96% 上升到 27.67%，期间平均为 26.48%，年均提高 0.06 个百分点，年递增率为 0.22%。在谷物国际市场上，大米出口量占谷物出口总量的比重由 8.15% 提高到 9.33%，期间平均为 7.45%，年均提高 0.02 个百分点，长期年递增率为 0.29%。与稻米相比，小麦、玉米和其他谷物占谷物产量比重变化，小麦、玉米和其他谷物占谷物国际贸易量比重变化却大不相同。从 1961 年到 2010 年世界大米产量与出口量占谷物总产量与谷物出口总量比重的长期变化情况详见表 2-26。

表 2-26　世界大米产量与出口量占比变化

	产量占比（%）				出口量占比（%）			
	水稻	小麦	玉米	其他	大米	小麦	玉米	其他
初期平均	24.96	25.59	22.84	26.61	8.15	46.97	21.27	23.61
末期平均	27.67	26.98	33.34	12.01	9.33	42.81	31.44	16.43
年度平均	26.48	27.71	26.54	19.27	7.45	43.23	30.04	19.28
年均增量	0.06	0.03	0.22	−0.30	0.02	−0.09	0.21	−0.15
递增率（%）	0.22	0.11	0.81	−1.68	0.29	−0.20	0.83	−0.77

注："初期平均"指 1961—1963 年的年度平均值，"末期平均"指 2008—2010 年的年度平均值。

数据来源：根据 FAO 数据库历年数据整理并计算。

（二）世界大米市场价格变化

（1）大米出口价格国际比较。在国际市场上，大米出口价格一直处在所有粮食品种的高端。从 2000 年到 2012 年，按照国际市场几种主要粮食品种的港口离岸价格（FOB 价格）计算，出口大米以泰国全碎米和整精米两个出口品种为准计算大米出口价格，结果表明，出口大米价格由 175.2 美元/t 提高到 563.8 美元/t，2012 年比 2011 年价格上涨 49.2 美元/t，上涨 9.6%。同期，玉米出口价格由 87.3 美元/t 上涨到 284.2 美元/t，2012 年玉米价格下跌 6.5 美元/t，下降 2.2%。同期，小麦出口价格由每 111.6 美元/t 上涨到 305.5 美元/t，2012 年下跌 3.2 美元/t，下降 1.0%。同期，美国大豆出口价格由 192.8 美元/t 上涨到 566.6 美元/t，2012 年上涨 58.7 美元/t，上涨 11.6%。从 2000 年到 2012 年国际市场 4 种主要粮食品种的出口价格变化情况详见表 2-27。

表 2-27 中数据表明，在国际贸易格局中，各类粮食出口价格都在变化，不同的变化改变了粮食出口价格关系，出现了不同的大米比价结果。总体来看，大米比价有提升的趋势。例如，与玉米出口价格相比，大米相对于玉米的比价最高是 2008 年的 2.79，最低是 2003 年 1.70；大米相对于小麦的比价，最高是 2009 年的 2.15，最低是 2007 年的 1.22；大米相对于美国大豆的比价，最高是 2008 年的 1.27，最低是 2003 年的 0.73。

（2）大米分类出口价格长期变化比较。联合国粮农组织（FAO）编制了一套价格指数（即 FAO 大米价格指数）用来揭示国际大米市场出口大米的相对价格变化情况。FAO 根据大米主要出口国家 16 种出口大米的价格，按照 2002—2004 年平均价格为 100 计算，并将出口大米划分为 4 种类型，得到分类大米出口价格分类指数。从 FAO 大米出口价格指数来看，2004 年综合指数为 118，其中高品质籼米和低品质籼米均为 120，而粳米和香米分别为 117 和 110。到 2012 年，综合指数上升到 238，但比 2011

年下降了12.6%。其中，2012年高品质籼米和低品质籼米分别上升到230和242，比2011年分别下降10.3%和10.5%；2012年出口粳米指数上升到248，但比2011年下降16.7%；2012年香米出口价格指数上升到217，但比2011年下降了12.4%。从2004年到2012年FAO大米出口价格指数及分类变化情况详见表2-28。

表2-27　4种粮食出口价格变化

年份	大米 （2种平均）	玉米 （2种平均）	小麦 （3种平均）	大豆 （美国）	大米比价		
					玉米=1	小麦=1	大豆=1
2000	175.2	87.3	111.6	192.8	2.01	1.57	0.91
2005	254.9	94.2	141.3	237.7	2.71	1.80	1.07
2006	264.2	120.1	171.6	235.9	2.20	1.54	1.12
2007	304.8	161.3	250.2	326.3	1.89	1.22	0.93
2008	600.6	215.1	299.7	472.3	2.79	2.00	1.27
2009	458.3	167.5	213.2	402.7	2.74	2.15	1.14
2010	452.1	189.2	239.7	407.4	2.39	1.89	1.11
2011	514.6	290.7	308.7	507.9	1.77	1.67	1.01
2012	563.8	284.2	305.5	566.6	1.98	1.85	1.00
2012年比2011年	49.2	-6.5	-3.2	58.7	0.21	0.18	-0.02
2012年增幅（%）	9.6	-2.2	-1.0	11.6	12.1	10.7	-1.8

数据来源：国家水稻产业经济研究室"水稻经济数据库"，本表单位为"美元/t"，各年价格按照每周价格计算月度平均价格，再计算全年平均价格。大米价格：按照泰国曼谷口岸出口（FOB）的整精米和全碎米2种价格计算；玉米价格：按照阿根廷上河口岸（FOB）和美国港湾口岸2号黄玉米（FOB）2种价格平均计算；小麦价格：按照阿根廷上河口岸阿根廷小麦（FOB）、美国港湾口岸2号硬黄冬小麦（FOB）和美国2号软红冬小麦3个品种平均计算；大豆价格：指美国1号黄大豆港湾口岸价格（FOB）。

表2-28　世界大米市场FAO价格指数

年份	指数（2002—2004=100）					环比变动率（%）				
	大米	(1)籼米 （高质）	(2)籼米 （低质）	(3)粳米	(4)香米	大米	(1)籼米 （高质）	(2)籼米 （低质）	(3)粳米	(4)香米
2004	118	120	120	117	110	—	—	—	—	—
2005	125	124	128	127	108	5.9	3.3	6.7	8.5	-1.8
2006	137	135	129	153	117	9.6	8.9	0.8	20.5	8.3
2007	161	156	159	168	157	17.5	15.6	23.3	9.8	34.2
2008	295	296	289	315	251	83.2	89.7	81.8	87.5	59.9
2009	253	229	197	341	232	-14.2	-22.6	-31.8	8.3	-7.6
2010	229	211	213	264	231	-9.5	-7.9	8.1	-22.6	-0.4
2011	272	257	270	298	248	18.9	21.6	26.9	12.9	7.3
2012	238	230	242	248	217	-12.6	-10.3	-10.5	-16.7	-12.4

注："高质"是指碎米率小于或等于20%的大米，"低质"是碎米率大于20%的大米。

数据来源：国家水稻产业经济研究室"水稻经济数据库"。

（3）近期大米月度价格变化。经过 2008 年粮食价格危机后，世界粮食价格虽然有所回落，但国际社会仍然对国际市场粮食价格居高不下心存疑虑，普遍认为粮价仍将上涨。如前面从不同角度对以大米为主的国际市场价格变化的展示可以看出，国际市场各类粮食价格及其变化态势虽然有所不同，但总体上仍然符合波浪式前进、螺旋式上升的价格变化轨迹。即使是在价格恢复式上升过程中的最近两年，国际市场大米价格月度变化，也基本如此。以我们收集到的国际大米市场最详细的 6 个国家 14 种主要出口大米在近两年的月度价格变化为例，最近两年国际市场大米价格变化轨迹，6 国 14 种大米综合价格经历了波浪式变化过程。从 6 国 14 种大米平均出口价格计算，2011 年经历了从下降到上升的过程，2012 年经历了从上升到下降的变化过程。

二、主要国家大米进口状况

近年来，世界大米进口情况有新的变化。从 2008—2010 年近 3 年年度平均来看，世界各国总计进口大米 3 054.8 万 t，大米进口国家包括 200 个国家和地区。按照 2008—2010 年平均，年度进口来源国家，第一位是菲律宾，大米年均进口量 219.5 万 t，占世界大米进口总量的 7.19%；第二位是尼日利亚，进口大米 134.0 万 t，占 4.39%；第三位是沙特阿拉伯，年均大米进口量 118.2 万 t，占 3.87%；第四位是阿拉伯联合酋长国，年均进口大米 111.9 万 t，占 3.67%；第五位是伊拉克，年均进口大米 109.1 万 t，占 3.57%。前 5 位大米进口国家累计占 22.68%。2008—2010 年年度平均进口大米前 20 个国家进口量及其占比情况详见表 2-29。

表 2-29　近年世界前 20 个国家进口大米数量分布

位次	国家	进口（t）	占比（%）	累计占比（%）
1	菲律宾	2 195 104	7.19	7.19
2	尼日利亚	1 340 495	4.39	11.57
3	沙特阿拉伯	1 182 393	3.87	15.44
4	阿拉伯联合酋长国	1 119 699	3.67	19.11
5	伊拉克	1 091 547	3.57	22.68
6	马来西亚	1 046 035	3.42	26.11
7	伊朗	1 044 788	3.42	29.53
8	科特迪瓦	907 072	2.97	32.50
9	塞内加尔	830 007	2.72	35.21
10	南非	709 458	2.32	37.54
11	贝宁	657 021	2.15	39.69
12	日本	644 001	2.11	41.80
13	英国	622 777	2.04	43.83

（续）

位次	国家	进口（t）	占比（%）	累计占比（%）
14	巴西	613 235	2.01	45.84
15	美国	613 064	2.01	47.85
16	墨西哥	560 806	1.84	49.68
17	孟加拉国	487 715	1.60	51.28
18	法国	484 639	1.59	52.87
19	古巴	480 661	1.57	54.44
20	中国	422 575	1.38	55.82

注：本表所列年份指各贸易年度的进出口数量和进出口额。

数据来源：联合国粮农组织数据库。

三、主要国家大米出口现状

世界大米出口的国家分布已经发生了明显变化。从 2008—2010 年近 3 年年度平均大米出口数据来看，世界大米出口共有 146 个国家和地区，大米年均出口总量为 3 074.5 万 t。大米出口量最大的是泰国，年均出口大米 925.8 万 t，占世界大米出口总量为 30.11%。第二位越南，出口大米 586.3 万 t，占 19.07%。第三位美国，出口大米 334.8 万 t，占 10.89%。第四位巴基斯坦，出口大米 324.7 万 t，占 10.56%。第五位印度，出口大米 228.6 万 t，占 7.43%。前 5 位大米出口大国累计占世界大米出口总量 78.07%。按照 2008—2010 年 3 年平均出口大米前 20 位的国家大米出口量及其占比情况详见表 2-30。

表 2-30　世界近期年均大米出口量前 20 位的国家分布

位次	国家	出口（t）	占比（%）	累计占比（%）
1	泰国	9 258 513	30.11	30.11
2	越南	5 863 370	19.07	49.18
3	美国	3 348 425	10.89	60.07
4	巴基斯坦	3 246 926	10.56	70.64
5	印度	2 285 902	7.43	78.07
6	中国	789 917	2.57	80.64
7	乌拉圭	787 769	2.56	83.20
8	意大利	779 480	2.54	85.74
9	阿拉伯联合酋长国	619 344	2.01	87.75
10	巴西	508 692	1.65	89.41
11	阿根廷	503 174	1.64	91.04
12	埃及	405 633	1.32	92.36

（续）

位次	国家	出口（t）	占比（%）	累计占比（%）
13	贝宁	240 707	0.78	93.14
14	比利时	226 228	0.74	93.88
15	缅甸	198 030	0.64	94.52
16	圭亚那	196 651	0.64	95.16
17	西班牙	185 285	0.60	95.77
18	荷兰	126 823	0.41	96.18
19	巴拉圭	109 174	0.36	96.53
20	希腊	91 970	0.30	96.83

注：本表所列年份指各贸易年度的进出口数量和进出口额。

数据来源：联合国粮农组织数据库。

战略研究篇

ZHANLÜE YANJIU PIAN

第三章　中国水稻育种发展战略研究

近年来，我国水稻遗传育种学研究进展显著。在野生稻有利基因发掘利用、重要种质创新与功能基因研究、超级稻育种研究等领先国际。2012年，重要功能基因克隆的论文达160多篇（IF＞2），其中中国科学家发表81篇；IF＞6的论文46篇，中国占25篇，已超过半数；20篇国际顶尖论文（IF＞9），中国占16篇，达80％；1篇与品质、产量密切相关GW8基因的克隆的论文发表在 *Nature Genetics*，位居IF最高。在超级稻育种研究中，新确认了13个超级稻品种。各稻区高产示范成效显著，其中湖南杂交水稻研究中心选育的Y58S/R8188在湖南溆浦县横板桥乡6.91hm²示范片，验收平均每667m²产量达到917.7kg；籼粳杂交稻甬优12在浙江省水稻主产区宁波百亩①片验收每667m²产量达到963.65kg，最高田块每667m²产量达到1 014.13kg，使超级稻每667m²产量1 000kg目标成为可能；通过杂交育种和分子育种技术创制出了一大批各具优点和特色的杂交水稻亲本材料、优特水稻。

第一节　水稻育种重要种质发掘与研究

回顾水稻育种的发展历史，每一次水稻育种的重大突破都与水稻优异种质发掘和利用密切相关。20世纪50～60年代矮脚南特等矮秆种质在水稻矮化育种中有效利用，使中国水稻单产提高20％左右；70年代水稻野败细胞质不育种质发掘利用，为杂交稻大面积应用奠定基础，使中国水稻单产又提高20％左右；80～90年代光温敏核不育和新株型种质资源在水稻育种中的应用，又为水稻超高产育种带来新的突破。水稻育种重要种质发掘与研究已成为水稻遗传育种学研究核心。

一、野生稻有利基因发掘与利用

野生稻由于长期在野生状态下生长，抵御病虫害的侵袭和不良环境的自然选择，蕴含了大量抗生物胁迫和耐非生物胁迫的优良基因，被誉为"植物大熊猫"。目前，世界上共有20种野生稻种，其中中国有3种，即药用野生稻、普通野生稻和疣粒野生稻。在野生

---

① 亩为非法定计量单位，1亩≈667m²。——编者注

稻有利基因发掘研究中，有关白叶枯病、褐飞虱、稻瘟病抗性基因发掘研究最具代表性。

目前经国际注册确认和期刊报道的水稻白叶枯病抗性基因有 35 个，其中 9 个源自野生稻，即 *Xa21*、*Xa23*、*Xa27*、*Xa29*（t）、*Xa30*（t）、*Xa32*（t）、*xa32*（t）、*Xa35*（t）和 *Xa36*（t）。其中，从西非长雄野生稻（*Oryza longistaminata*）中发现的水稻白叶枯病抗性基因 *Xa21* 最早被克隆，具有广谱白叶枯病抗性。该抗性基因已在水稻育种中得到广泛应用。如中国水稻研究所利用分子标记选择技术，培育中恢 8006、中恢 128 等强优势恢复系，并配组国稻 6 号等优势组合。在普通野生稻中发掘的抗水稻白叶枯病基因 *Xa23* 是从我国普通野生稻中筛选出来的，其高抗强毒性菲律宾小种 6（P6），对现有国内外白叶枯病鉴别菌系都表现完全显性、全生育期抗性。目前该抗性基因也是我国育种家优先利用的基因。

在药用野生稻中鉴定出的抗褐飞虱基因有 5 个，即 *bph11*、*bph12*、*Bph13*、*Bph14* 和 *Bph15*；抗白背飞虱基因 2 个，即 *Wbph7*（t）和 *Wbph8*（t）。其中武汉大学朱英国团队成功克隆 *Bph14*，其编码 1 个 CC-NB-LRR 蛋白，它独特的 LRR 区域可能特异识别褐飞虱的侵入并激活防御反应。

目前被定位的稻瘟病抗性基因有近 90 个，其中 *Pi9* 和 *Pi40* 分别来自小粒野生稻和澳洲野生稻。源自小粒野生稻的抗稻瘟病基因 *Pi9* 对来自不同国家的 43 个稻瘟病菌株均表现出很强的抗性，利用澳洲野生稻建立基因渗入系，从中鉴定出抗稻瘟病基因 *Pi40*，该基因抗韩国和菲律宾强致病稻瘟菌小种。

除了抗性基因外，在马来西亚普通野生稻中找到 2 个产量相关 QTL，即 *yld1.1* 和 *yld2.1*，分别增产 18％ 和 17％。目前，国家杂交水稻工程技术研究中心以超级稻亲本 9311 为受体和轮回亲本，与马来西亚普通野生稻杂交和连续回交，利用分子标记辅助选择，培育出带有野生稻增产 QTL（*yld1.1* 和 *yld2.1*）的新亲本 R163，与自选广适性光温敏不育系 Y58S 配组，育成的两系杂交中稻新组合 Y 两优 7 号具有株叶形态优良、抗逆性强、米质优良、丰产性好、适应性广等特点。对东乡野生稻研究表明，在 2 号和 11 号染色体上发现有两个高产 QTL（*qGY2-1* 和 *qGY11-2*），其中 *qGY2-1* 能使栽培稻桂朝 2 号单株产量增加 25.9％，*qGY11-2* 能使产量增加 23.2％。

二、有利基因聚合与调控研究成为种质创新研究重点

半矮秆基因 *sd1* 和恢复基因 *Rf* 发掘利用成就了水稻矮化育种和杂种优势利用，分别使用水稻单产增产 20％。近 40 年来，育种家一直追寻下一个突破性基因，尤其试图从提高光合效率途径入手，但从现有研究基础分析，进展缓慢。庆幸的是近年来水稻分子生物学飞速发展，特别是水稻重要功能基因解析及遗传网络调控研究不断深入，为有利基因聚合和突破性种质创新提供了基础。

（一）重要功能基因研究取得显著进展

近年来，水稻功能基因组学研究进展显著，特别是与产量密切相关的粒重、粒

型、株型等重要性状功能基因研究进展最具代表性，为利用分子设计创造优异种质奠定基础。

1. 水稻粒重粒型研究

2006 年，华中农业大学的研究人员以大粒型水稻明恢 63 和小粒型水稻川 7 为杂交亲本，以明恢 63 为回交亲本，通过回交构建近等基因系策略和图位克隆方法，将 GS3 成功定位于 7.9 kb 的染色体区域。GS3 基因由 5 个外显子组成，编码产物包含 232 个氨基酸（Fan et al.，2006）。研究结果显示在所有大粒型的水稻中，位于 GS3 基因的第二个外显子处存在一个无义突变，导致其后的 178 个氨基酸编码产物发生变化，表明 GS3 是一个与水稻粒形相关的负调控因子。

2007 年 *Nature Genetics* 报道了中国科学院上海植物生理生态研究所的研究成果。研究人员以大粒型粳稻材料 WY3 和小粒型籼稻材料丰矮占-1 为杂交亲本，采用图位克隆法克隆了控制水稻粒重的数量性状基因 GW2，并深入阐明了 GW2 的生物学功能和作用机理。GW2 是一个新的 E3 泛素连接酶，可能通过参与降解促进细胞分裂的蛋白质从而调控水稻颖壳大小、控制粒重和产量。当 GW2 的功能发生缺失或降低时，该基因参与降解的能力明显下降，使得细胞分裂速度加快，颖壳细胞数目增加，进而明显增加水稻谷粒的宽度、加快籽粒灌浆速度、增加谷粒重量和产量。该研究小组对 GW2 做了育种应用的产量品质两方面的深入研究，结果发现 NIL（GW2）相比丰矮占 1（FAZ1），虽然主穗粒数减少 29.9%，但单株谷粒产量提高 19.7%。

南京农业大学万建民研究组分离和鉴定了一个控制粒宽和粒重的基因 GW5。Wan 等（2008）应用粳稻品种 Asominori 和籼稻品种 IR24 产生的重组自交系定位到了 6 个 QTL 和 11 对互作，其中一个 QTL（qGW5）在重组自交系和染色体片段代换系中都能稳定地检测到，增效等位基因来自 Asominori。最终将 qGW5 精细定位于水稻第 5 染色体上的一个 49.7kb 的基因组区域，同时这也是一个交换热点区域。随后，Weng 等（2008）发现 Asominori 等位基因存在一个 1 212bp 的大片段缺失，并且通过对 46 个栽培品种等位基因的序列比较，发现片段缺失与粒重性状高度相关。GW5 编码一个 144 个氨基酸组成的核蛋白，酵母双杂交实验显示 GW5 与多聚泛素有作用。研究表明，GW5 可能与 GW2 具有相似的作用，GW5 功能的缺失将导致泛素不能转移到靶蛋白上，使得本应降解的底物不能被特异识别，从而激活外颖细胞的分裂，增加颖壳的宽度，最终提高粒宽、粒重和产量。

Shomura 等（2008）克隆了一个控制粒宽的 QTL——qSW5。qSW5 位于水稻第 5 染色体 2 263 bp 的基因组区域。相较于 Kasalath，宽粒品种日本晴的等位基因具有 1 212bp 的大片段缺失。对亚洲各地 142 个地方品种的等位基因序列分析表明，qSW5 是一个驯化相关的基因，在水稻的人工选择过程中具有重要的作用。研究结果表明，qSW5 通过控制外颖的细胞数量，从而控制粒宽，进而提高粒重。

华中农业大学作物遗传改良国家重点实验室克隆了一个控制粒宽、结实率和千粒重的 QTL：GS5（Li et al.，2011）。GS5 位于第 5 染色体上，编码一个丝氨酸羧肽酶。*GS5* 是籽粒大小的正向调控因子，其表达量高则籽粒大。*GS5* 能够上调细胞周期基因的表达，促进细胞分裂而增加细胞数目以及增加横向的生长。研究还表明，*GS5* 的启动子变异导致了籽粒大小的差异。

中国科学院遗传与发育生物学研究所、华南农业大学和中国水稻研究所等单位合作克隆了一个调控水稻粒形的基因 *GW8*（*OsSPL16*）（Wang et al.，2012）。*GW8* 位于水稻第 8 染色体，编码蛋白正调控细胞的增殖。*GW8* 高表达可以促进细胞分裂和增加籽粒充实度，从而增加粒宽，提高产量。相反地，印度香米中由于缺失突变导致谷粒更为细长，外观品质更好。关联分析表明启动子区域上的突变很可能在水稻育种中被人工选择。结合应用分子标记选择 *GS3* 和 *OsSPL16*，能提高水稻的米质和产量。

中国科学院上海生命科学研究院植物生理生态研究所、南京农业大学和复旦大学分别鉴定和克隆了一个控制粒长的 QTL：*GL3.1/qGL3/qGL3-1*（Hu et al.，2012）。*GL3.1* 编码一个属于蛋白磷酸酶 PPKL 家族的丝氨酸/苏氨酸磷酸酶。*GL3.1-WY3* 影响小穗中的蛋白磷酸化而加速细胞分裂，从而使籽粒更长、产量增加。*GL3.1* 能直接去磷酸化底物细胞周期蛋白 T1；3，其表达下调会导致籽粒变短。*qGL3* 编码一个具有 Kelch 重复域的蛋白磷酸酶 OsPPKL1。OsPPKL1 第二个 Kelch 结构域的保守 AVLDT 基序上的一个氨基酸置换（天冬氨酸置换成谷氨酸），可导致谷粒变长。此外，在水稻基因组中还存在另外两个 *OsPPKL1* 的同源基因：*OsPPKL2* 和 *OsPPKL3*。转基因研究表明 *OsPPKL1* 和 *OsPPKL3* 的功能是负调控粒长，而 *OsPPKL2* 则是正调控粒长。Kelch 结构域是 OsPPKL1 发挥生物功能的重要因子。

2. 水稻株型、穗型研究

日本名古屋大学的 Matsuoka 研究组利用 Habataki/Koshihikari 克隆了控制粒数的 QTL——*Gn1a*，即与细胞分裂素氧化酶/脱氢酶高度同源的 *OsCKX2* 基因。*OsCKX2*（*Gn1a*）基因编码一种降解细胞分裂素的酶，该基因表达减弱，使得细胞分裂素在花序分生组织中累积，增加繁殖器官的数目，穗粒数就越多，最终提高水稻的产量。

华中农业大学张启发研究组成功克隆了一个同时控制水稻每穗粒数、抽穗期和株高的基因 *Ghd7*（Xue et al.，2008）。研究表明，*Ghd7* 基因位于水稻第 7 染色体着丝粒附近，编码的蛋白质为含 CCT 结构域蛋白的家族成员，其表达和功能受光周期调控。在长日照条件下，该基因的表达增强，从而推迟抽穗，植株增高，穗子变大，穗粒数增多。因此，该基因不仅参与了开花的调控，而且对植株的生长、分化及生物学产量有普遍的促进效应。研究还表明，该基因与水稻品种的生态地理适应性有密切的关系。在低纬度地区，野生型 *Ghd7* 等位基因可使水稻品种充分利用光温条件，大穗高产，因此产于热带、亚热带地区的高产品种、杂交稻以及野生稻都含有野生型 *Ghd7* 等位基因。而该基因功能的丧失，则可允许水稻在生长期较短的高纬度地区种植，产于我国东北的水稻品种都带有功能丧失或突变型的 *Ghd7* 等位基因。因此，这个基因对水稻增产和生态适应性具有重要作用。

中国科学院遗传与发育生物学研究所和中国水稻研究所等单位合作克隆了一个控制水稻理想株型的QTL：*IPA1*（Jiao et al.，2010）。研究表明，*IPA1* 位于第8染色体上，编码类Squamosa启动子结合蛋白OsSPL14，并受microRNA OsmiR156的调控。在营养生长期，*OsSPL14* 控制水稻分蘖；在生殖生长期，*OsSPL14* 的高表达促进了穗分支。研究表明 *OsSPL14* 的一个点突变扰乱了OsmiR156对 *OsSPL14* 的调控，从而使得水稻分蘖减少、穗粒数和千粒重增加，同时茎秆变得粗壮，抗倒伏能力增强，进而提高产量。

南京农业大学作物遗传与种质创新国家重点实验室和华中农业大学作物遗传改良国家重点实验室先后独立克隆了同一个控制产量、抽穗期和株高的QTL：*DTH8*（*Ghd8*）（Wei et al.，2010）。*DTH8* 位于第8染色体上，编码一个含有CCAAT-box-binding转录因子的HAP3亚基。将具有功能的 *DTH8-Asominori* 等位基因导入携带功能缺失的 *DTH8* 等位基因的染色体片段置换系后，在长日条件下，其抽穗期显著延长，同时株高和每穗实粒数也显著增加。*DTH8* 在许多组织中表达，而DTH8蛋白主要定位在细胞核内。荧光实时定量PCR分析表明，*DTH8* 在长日照条件下能够下调抽穗期基因 *Ehd1* 和 *Hd3a* 的转录水平。虽然 *Ehd1* 和 *Hd3a* 也能够被其他光周期开花基因 *Ghd7* 和 *Hd1* 下调表达，但 *DTH8* 的表达独立于 *Ghd7* 和 *Hd1*，同时，*DTH8* 的自然突变导致了光周期不敏感及株高的降低。研究表明，*DTH8* 基因通过抑制开花影响水稻植株高度和产量潜力。

华中农业大学作物遗传改良国家重点实验室克隆了一个控制产量、抽穗期和株高的QTL：*Ghd8*（Yan et al.，2011）。*Ghd8* 位于第8染色体上，编码一个CCAAT-box-binding转录因子的HAP3亚基。互补实验证明了 *OsHAP3* 就是 *Ghd8*，并且具有一因多效。研究表明，*Ghd8* 的遗传效应依赖于它的遗传背景。通过调节 *Ehd1*、*RFT1* 和 *Hd3a*，*Ghd8* 在长日照条件下延迟水稻开花，但是在短日照条件下促进水稻开花。此外，*Ghd8* 还能上调控制水稻分蘖和侧枝发生的基因 *MOC1* 的表达，从而增加了水稻的分蘖数、一级枝梗和二级枝梗数，最终能使单株产量增加50%。

（二）重要功能基因分子聚合与调控研究

重要功能基因分子聚合已有大量报道，如中国水稻研究所白叶枯病、稻瘟病抗性基因分子聚合培育的中恢8012等显示其优越性。如何使已知重要功能基因发挥更大作用，相关基因互作等调控研究亟待加强。

针对水稻籼粳亚种间杂种优势利用的障碍。水稻籼粳亚种间杂种优势强大，一般比亚种内杂交水稻产量潜力高10%～30%，但籼粳亚种间杂种存在半不育、超亲晚熟和株高超亲等问题。中国农业科学院作物科学研究所万建民课题组通过表观遗传调控研究发现了1个显性矮秆突变体Epi-df，具有较强的降秆能力，有望在水稻籼粳杂种优势利用中解决F[1]代株高偏高问题。有关水稻株高表观遗传调控的研究结果2012年被国际知名刊物《植物细胞》（*The Plant Cell*）期刊接受。该研究首次报道了表观遗传修饰对水稻株高和花器官发育的重要作用，揭示了DNA甲基化和组蛋白修饰之间的关联，为进一步研究表观遗传修饰对水稻生长发育的调控机制奠定了基础。结合该课题组继2011年在*The Plant Cell*报道水稻育性相关研究成果，通过基因聚合可有效解决水稻籼粳杂种优势利用存在的瓶颈问题。

浙江省农业科学院在转录水平上对已克隆的4个粒形相关基因GS3、GW2、*qSW5*/*GW5*和*GIF1*的相互关系进行了探讨（Yan et al.，2011）。研究表明，*GW2*和*qSW5*正调控*GS3*的表达，而*qSW5*的表达则受*GW2*的抑制。此外，*GIF1*的表达同时受*qSW5*的正调控和*GS3*、*GW2*的负调控。研究还表明，*qSW5*和*GS3*存在明显的互作。

第二节 水稻育种理论与技术研究

我国高产育种一直居国际领先地位，在水稻矮化育种和杂种优势取得跨越发展后，如何突破水稻产量瓶颈和提高育种效率，需要水稻育种理论和技术支撑。从20世纪80年代开始，以沈阳农业大学为代表，开创性地提出了"籼粳稻杂交、理想株型和超高产育种"技术路线，创立了较为系统、完整的超级稻育种理论与技术体系。进入90年代，特别是进入21世纪后，分子设计育种理论与技术进展显著。

一、超高产育种理论体系建立

水稻超高产育种（rice breeding for super high yield），最早由日本科学家提出。1981年，日本农林水产省组织实施"水稻超高产育种计划"，简称"逆7·5·3计划"。该计划拟分3个阶段实施，分别用7年、5年和3年时间，育成比对照品种秋光（Akihikari）增产10%、30%和50%或产量达到$10t/hm^2$（糙米）以上的超高产品种。计划进行到第二阶段结束时，已经育成了晨星、北陆129、北陆130等7个超高产品种，小面积试种基本上达到了预期增产30%的目标。但由于米质和适应性太差，又不符合日本国情等原因，未能推广应用。至此，日本这项轰轰烈烈又名噪一时的水稻超高产育种计划半途而废。

1989年，国际水稻研究所（IRRI）也正式启动了新株型（new plant type）超级稻育种计划，目标是通过塑造新株型，培育产量潜力$13\sim15t/hm^2$的超级稻。1994年，该所在国际农业研究磋商小组（CGIAR）召开的会议上宣布，他们已经育成了在热带旱季小面积试种产量可达$12.5t/hm^2$的"新株型稻"。新闻媒体则以"新的超级稻将有助于多养活5亿人口"为题进行大肆宣传报道，由此引起世界各水稻主产国政府和科学家的广泛关注。"超级稻"也成为"水稻超高产育种"和"新株型稻"的代名词被广泛传播。遗憾的是IRRI的新株型超级稻同样存在米质、抗性和适应性问题，与日本的超级稻一样，也未能推广应用。

　　中国的超级稻育种研究最早可追溯到 20 世纪 80 年代中期。当时沈阳农业大学率先开始从理论和方法上探讨水稻超高产育种问题，并于 1987 年在国际水稻研究大会和《沈阳农业大学学报》上发表了题为"水稻超高产育种新动向——理想株型与有利优势相结合"（trends in breeding rice for super high yield）论文。"七五"和"八五"期间，水稻超高产育种研究被列入国家重点科技攻关计划。1996 年，农业部在沈阳召开"中国超级稻研讨论证会"，正式确立并启动了"中国超级稻育种及栽培技术体系研究"重大科技计划，组织全国性大型协作攻关。

　　围绕水稻产量主要目标，各地相继提出了适合不同稻区的超高产育种理论技术体系。总的来说，粳稻掺籼、籼稻掺粳、亚种间杂种优势利用成为我国杂交水稻发展的重要方向和超级稻育种的突破口。

　　沈阳农业大学通过对株型深入研究，明确了水稻叶片直立比玉米更重要，最适叶面积指数也大于玉米，因而产量不低于而且可能高于 C_4 作物的生理基础。进一步加强对直立穗型水稻品种辽粳 5 号研究，发现穗型是影响群体光垂直分布的重要因素，半直立和弯曲穗型穗遮光面积相当于 LAI 的 1～1.5 倍，直立穗型群体光照、温度、湿度、气体扩散等生态条件优越，因此结实期群体生长率和物质生产量高，生物产量明显高于另外两种穗型。由此推论，直立穗型将是北方粳型超级稻的理想株型。在上述理论与方法研究基础上，创制筛选出矮壮秆、长叶大穗型的沈农 89366 等种质，率先育成了直立大穗型超级稻沈农 265。而后又相继育成了沈农 606、沈农 9741、沈农 016 等，吉林省农业科学院水稻研究所也育成了吉粳 88 等。

　　湖南杂交水稻研究中心袁隆平院士（2000，2008）在培矮 64S/E32 育种实践中通过不断的验证和总结，形成了"有效增源、畅流、中大库"的超级杂交稻育种体系，强调功能叶的挺与长，主要通过建立高冠层、矮穗层、中大穗、高度抗倒的理想株型、利用或部分利用亚种间杂种优势、挖掘野生稻或其他远缘物种中有利基因如 C_4 植物中的高光效基因来达到有效增源目的。

　　四川农业大学周开达院士等（1997，2002）针对四川省地方品种穗大粒多、有效穗较少的特点，从单位功能叶面积的光合生产率和穗重关系分析入手，确定四川盆地超高产育种的重点是选育亚种间重穗型杂交稻，其主要特点是单穗 5g 以上。

　　广东省农业科学院陈友订等（2003）在对华南超级稻品种研究的基础上，提出了"半矮秆、早长根深"和"动态株型结构"模式，重视早长、根深，强调整个生育期有效增源，根据水稻生长发育基本规律，确定每一阶段都应具有最佳的群体形态构型与相应的生理性状。

　　中国水稻研究所程式华等（2005）在研究超级稻组合协优 9308 过程中提出了"后期功能型超级杂交稻"模式，其核心在于强调水稻生育后期有效增源的重要性，要求同时在干物质生产、光合速率、根系生长等生理特性上表现出明显优势。

　　华中农业大学张启发院士（2005）提出了绿色超级稻的构想，考虑将品种资源研究、基因组研究和分子育种技术紧密结合，加强重要性状的生物学基础研究和基因发掘，培育抗病虫害能高效利用肥料、抗旱的超级稻新品种。

二、分子设计育种已成为水稻育种主流技术

（一）功能基因组学飞速发展为分子设计育种奠定物质基础

分子设计育种通过多种技术的集成与整合，对育种程序中的诸多因素进行模拟、筛选和优化，提出最佳的符合育种目标的基因型及实现目标基因型的亲本选配和后代选择策略，以提高作物育种中的预见性和育种效率，实现从传统的"经验育种"到定向、高效的"精确育种"的转化。分子设计育种主要包含以下 3 个步骤：①研究目标性状基因以及基因间的相互关系，即找基因（或生产品种的原材料），这一步骤包括构建遗传群体、筛选多态性标记、构建遗传连锁图谱、数量性状表型鉴定和遗传分析等内容；②根据不同生态环境条件下的育种目标设计目标基因型，即找目标（或设计品种原型），这一步骤利用已经鉴定出的各种重要育种性状的基因信息，包括基因在染色体上的位置、遗传效应、基因到性状的生化网络和表达途径、基因之间的互作、基因与遗传背景和环境之间的互作等，模拟预测各种可能基因型的表现型，从中选择符合特定育种目标的基因型；③选育目标基因型的途径分析，即找途径（或制订生产品种的育种方案）。

近年来，分子生物学飞速发展，特别是重要功能基因/QTL 研究进展为有效开展分子育种提供坚实的基础。

（二）育种模拟工具日益成熟并在育种中应用

目标基因型的预测、育种方法的优化需借助适当的模拟工具。育种模拟工具可以克服田间试验耗时长、难以重复的局限性，通过大量模拟试验全面比较不同育种方法的育种成效。QuLine 是国际上首个可以模拟复杂遗传模型和育种过程的计算机软件，QuLine 可模拟的育种方法包括系谱法、混合法、回交育种、一粒传、加倍单倍体、标记辅助选择以及各种改良育种方法和各种方法的组合；可模拟的种子繁殖类型包括以下 9 种，即无性系繁殖、加倍单倍体、自交、单交、回交、顶交（或三交）、双交、随机交配和排除自交的随机交配等，通过定义种子繁殖类型这一参数，自花授粉作物的大多数繁殖方式和杂交方式都可以进行模拟。目前，QuLine 已应用于不同育种方法的比较、研究显性和上位性选择效应、利用已知基因信息预测杂交后代的表型以及分子标记辅助选择过程的优化等。在 QuLine 的基础上，近两年又研制出杂交种选育模拟工具 QuHybrid 和标记辅助轮回选择模拟工具 QuMARS，QuHybrid 将对杂交种育种策略的模拟和优化、不同杂交种育种方案的比较起一定作用，QuMARS 将回答轮回选择与标记辅助选择的结合过程中遇到的一些问题，如利用多少标记对数量性状进行选择，轮回选择过程中适宜的群体大小，轮回选择经历多少个周期就可以停止等。这些模拟工具为把大量基因和遗传信息有效应用于育种提供了可能，通过这些模

拟工具，可以预测符合各种育种目标的最佳基因型、模拟和优化各种育种方案、预测不同杂交组合的育种功效，最终提出高效的分子设计育种方案。

（三）水稻分子育种成功典例

分子标记辅助选择技术、转基因技术、细胞工程技术等生物技术在育种上利用已日趋实用化，成为定向培育优良水稻新品种的重要手段。而常规育种与分子育种的有机结合，使得基因设计育种进入育种实践。武汉大学利用前期开发的褐飞虱抗性基因分子标记系统，获得了抗褐飞虱优良两系不育系 Bph68S，选育出抗褐飞虱能力强的优良两系杂交稻新组合两优 234。两优 234 含有两个抗褐飞虱基因（$Bph14$、$Bph15$），抗逆性强，表现熟期短、产量高、米质优，两年区域试验平均产量 9 546.45kg/hm²，比对照扬两优 6 号增产 5.12%，米质达到国标三级优质标准，2010 年通过湖北省审定。中国水稻研究所利用分子标记辅助选择技术育成了携带抗白叶枯病基因 $Xa21$ 的恢复系中恢 8006，并配组了超级稻组合国稻 1 号、国稻 3 号和国稻 6 号等；育成的恢复系中恢 218 配制的多个组合通过国家和省级审定。四川农业大学利用分子标记辅助选择技术将水稻抗白叶枯病基因 $Xa4$ 和 $Xa21$ 导入恢复系中，育成抗病、高配合力恢复系蜀恢 527，配制出两系杂交稻准两优 527 和三系杂交稻 D 优 527、冈优 527 及协优 527 组合；湖南农业大学、国家杂交水稻工程技术研究中心利用分子标记辅助选择技术将马来西亚野生稻（$O. rufipogon$）中的两个高产基因 $yld1.1$ 和 $yld2.1$ 成功转入优良恢复系测 64-7 和 9311，育成强恢复系 Q611，选育出杂交稻 Y 优 7 号；通过穗茎注射法将稗草基因组 DNA 导入恢复系先恢 207，育成新恢复系 RB207，以 RB207 配制的杂交组合 GD-1S/RB207 在湖南小面积试验产量超过 13 500kg/hm²。

（四）产量相关等复杂性状的全基因组选择法

在改良多基因控制的复杂性状时，分子标记辅助选择（MAS）和 MARS 都存在两方面的缺陷，一是后代群体的选择建立在 QTL 定位基础之上，而基于双亲的 QTL 定位结果有时不具有普遍性，QTL 定位研究的结果不能很好应用于育种研究；二是重要农艺性状多由多个微效基因控制，缺少合适的统计方法和育种策略将这些数量基因位点有效应用于数量性状的改良。Meuwissen 等提出了全基因组选择（genomic selection，GS）这一育种策略，GS 是在高密度分子标记的情况下，利用遍布全基因组的全部分子标记数据或单倍型数据及起始训练群体中每个样本的表型数据来建立预测模型，估计每个标记的遗传效应，而在后续的育种群体中利用每个标记的遗传效应预测个体的全基因组育种值，根据预测的全基因组育种值选择优良后代。自 2001 年 GS 提出以来，人们对 GS 与其他选择方法如表型选择和 MARS 的相对功效、如何利用高密度分子标记准确预测个体或家系的育种值进行了大量研究。相对于 MARS 中仅利用少量显著性标记进行表型的预测和选择优良单株的育种方法，GS 的优点是利用遍布全基因组的高密度分子标记，即使微效 QTL 也能找到与其处于连锁不平衡状态下的标记，将这些能够解释几乎所有遗传变异的所有标记位点都考虑进预测模型，避免标记效应的有偏估计，更好地利用大量遗传效应值较小的 QTL。

三、杂交稻机械化制种技术

杂交稻制种技术是杂交稻广泛应用的基础。30 多年来，我国的杂交水稻制种技术与研制初期并没有根本性的改进，一直沿用的靠劳动密集型的手工生产、精耕细作提高制种产量和质量的技术已难以为继，也成为我国杂交水稻发展的障碍因素。

美国是杂交稻机械化制种最早国家。1980 年中国种子公司在美国专利局申请"强优势杂交水稻制种技术"专利，同年，美国西方石油公司下属圆环种子公司（RAPI）与中国种子公司草签了"杂交水稻综合技术转让合同"。美国农业人口只占 3%，每个农户有土地几百至几千公顷，劳力昂贵，水稻制种只能机械化生产。美国对制种要求：父母本播始历期一致，不喷或少喷赤霉素，从 1981 年起就开展机械化制种研究，当年制种产量仅 $0.14t/hm^2$，在今后相当长时间里，制种产量也一直徘徊在 $1t/hm^2$ 以下，难以在生产上推广应用。1990 年美国水稻技术公司（RiceTec Inc.）从 RAPI 购买到中国杂交水稻技术，并重点开展机械化制种研究，但长时间难有突破，2003 年美国杂交水稻种植面积才 1 万 hm^2。直到美国 Louisiana 州立大学水稻试验站 Croughan 教授（1996）发现非转基因抗咪唑啉（imidazoline）除草剂水稻（CLEARFIELD® 水稻）以来，开展系统研究，就 Clearfield 水稻申请 8 项专利（US55545822、57366629、5773703、6274796、7754947 等）。该技术广泛应用美国水稻育种，美国 RICE Tec 公司利用该基因，杂交水稻机械化制种纯度得到有效保障，杂交稻面积迅速得到推广，2011 年杂交稻推广面积超过 60 万 hm^2，占美国水稻面积 45% 以上。

我国杂交水稻机械化制种主要技术路线是基于"混播"技术。①除草剂敏感基因导入父本法：要求杂交稻恢复系导入除草剂敏感基因，在父母本混播群体的始穗期喷施（苯达松）除草剂，使携带有水稻（苯达松）除草剂敏感基因的父本在授粉之后死亡；而未携带该基因的母本则能正常授粉、结实，成熟时采用机械收获。②稻壳颜色标记法：选育褐色颖壳的不育系，并将其与颖壳颜色正常的恢复系混播制种，父母本混播群体成熟时进行机械化混合收获后，通过色选机分选母本上结的杂交稻杂种种子与恢复系种子。③单隐性小粒型不育系法：利用千粒重 15g 以下材料培育不育系，生育期相近不育系和恢复系混播，利用滚筒分选杂交稻杂种种子与恢复系种子。苯达松除草剂基因利用目前已开展小面积混播制种，进展缓慢。种子颜色结合色选等技术要真正用于生产难度大，现多已放弃该技术路线；而小粒型结合机械筛选技术，已获得小粒型不育系，有希望在杂交水稻机械化制种上得到利用。

我国目前已经开始示范的杂交水稻规模化机械化制种，其实多为半机械化制种技术。一是母本直播制种技术，利用为制种研制的水稻开沟起垄式精量播种进行母本直播；二是母本机插秧技术，利用研制的适合杂交水稻制种的插秧机，进行母本机插。这两种机械化制种方法均需要父本人工栽插，成熟时父本先人工收获后再机械收割母本。

第三节　水稻新品种培育现状与发展趋势

近年来，随着国家对粮食安全的进一步重视，国家发展和改革委员会、科学技术部、农业部和各级政府加大了农业科研尤其是对种子企业育种能力建设的投入，以企业为主体的商业化育种体系已初步建立，现代种业发展基金正在加快筹建，支持龙头企业发展资金达到 15 亿元，种业科技研发投入明显增加。在各种政策的支持下，中国水稻育种在近年来取得了较快进展。2008—2012 年国家及各省份审定了约 400 个高产优质多抗新品种；超级稻应用进一步扩大，超级稻育种向第四阶段每 667m² 产1 000kg 发起冲击，超级晚稻获得新突破；两系杂交稻的育种应用显著扩大；杂交粳稻育种在不育系亲本的高柱头外露率高异交率等重要性状上获得新进展，有望解决杂交粳稻制种难的瓶颈；育成优质品种个数和比例提高；新育成多个优质抗病杂交水稻不育系、恢复系亲本；特异性材料研究也取得良好进展；分子育种技术日趋成熟，在生产上应用面积扩大。

一、我国水稻育种基本情况

2008 年，国家和水稻主产各省份共审定 400 余个水稻新品种。其中通过国家审定 45 个，通过湖南审定 55 个，江西审定 34 个，江苏审定 15 个，湖北审定 19 个，四川审定 16 个，安徽审定 16 个，广西审定 28 个，黑龙江审定 19 个，广东审定 33 个，浙江审定 22 个，福建审定 38 个，重庆审定 21 个，吉林审定 28 个，云南审定 16 个，河南、上海、陕西各审定 8 个（表 3-1）。在国家审定的 45 个水稻新品种中，籼型三系杂交稻 11 个，籼型两系杂交稻组合 8 个，三系杂交粳稻 10 个，常规粳稻 15 个，常规籼稻 1 个。这些品种在区域试验中表现优异，其中 20 个品种品质达国标 3 级以上，9 个品种品质达到国标 1 级。

从品种结构来看，南方稻区审定的品种还是以籼型三系杂交稻为主，籼型两系杂交稻比例有所上升，北方稻区以常规粳稻为主。

从育种者来看，60%的品种由科研单位育成，30%的品种由种业公司育成，10%为科企联合育成，少数由个人育成。如在通过国家审定的 45 个品种中 10 个为种业公司育成，7 个为种业公司或科企联合育成，1 个为个人选育。总体来看，南方稻区种业公司和科企联合选育品种数量高于北方稻区，南方稻区通过国家审定的 26 个品种中 14 个品种为种业公司或科企联合选育，北方稻区通过国家审定的 19 个品种中 3 个为种业公司育成。

表 3-1　2008 年国家及部分主要产稻省份审定品种情况

审定级别	总数	类型					选育者		
		常规籼稻	常规粳稻	籼型三系杂交稻	籼型两系杂交稻	杂交粳稻	科研单位	科企联合	种业公司
国家	45	1	15	11	8	10	29	6	9
福建	38			34	4		31		7
安徽	16	1		7	6	2			
江苏	15		10	2	1	1	12		3
浙江	22		8	8	1	5	16	6	
江西	34	3		27	3		14		20
湖南	55	2		24	24		22	4	27
湖北	19		1	9	5		8	1	10
广东	33	8		13	12		26	3	4
广西	28	4		15	4		11	5	12
四川	16		1	15			5	5	6
重庆	21			19	2		11	3	7
黑龙江	19		19				18		1

2009 年全国水稻科研人员通过辛勤工作育成的近 400 个水稻新品种通过国家和省级审定。其中通过国家审定 52 个，通过湖南审定 63 个，江西审定 32 个，江苏审定 18 个，湖北审定 21 个，四川审定 6 个，安徽审定 7 个，广西审定 31 个，黑龙江审定 15 个，黑龙江垦区审定 4 个，广东审定 47 个，浙江审定 41 个，福建审定 20 个，重庆审定 9 个，云南审定 37 个，海南审定 12 个，上海、陕西审定 6 个，山东审定 5 个，河南审定 8 个，河北审定 3 个，宁夏、甘肃各审定 1 个（表 3-2）。在通过国家审定的 52 个新品种中，三系杂交籼稻 27 个，两系杂交籼稻 9 个，三系杂交粳稻 8 个，常规粳稻 6 个，常规籼稻 1 个。从品种结构来看，南方稻区审定的品种还是以籼型三系杂交稻为主，籼型两系杂交稻比例有所上升，北方稻区以常规粳稻为主。除了上述品种类型外，福建农林大学育成的糯稻杂交稻嘉糯优 3 号，河南信阳农科所育成的杂交旱稻，信旱优 26 通过国家审定，丰富了水稻生产的不同需求，也顺应了现代节水农业发展方向。从育种者来看，55％左右的品种由科研单位育成，30％的品种由种业公司育成，15％为科企联合育成，少数由个人育成（江西省有 7 个新品种为个人育成）。在通过国家审定的 52 个品种中 34 个为科研单位育成，14 个为种业公司育成，4 个为科企联合育成，总体来看，南方稻区种业公司和科企联合选育品种数量高于北方稻区。

表 3-2 2009 年国家及主要产稻省份审定品种情况

审定级别	总数	类型					选育者		
		常规籼稻	常规粳稻	籼型三系杂交稻	籼型两系杂交稻	杂交粳稻	科研单位	科企联合	种业公司
国家	52	1	6	29	9	7	34	4	14
福建	20			16	1	2	15		5
安徽	7	1		3		3	4		3
江苏	18		12		2	2	16	2	
浙江	41	5	5	22	2	7	24	12	5
江西	32	1		21	7	1	2	8	22
湖南	63	4		35	20		19	10	34
湖北	21	1	1	11	7		7	2	12
广东	47	16	1	23	7		36		11
广西	31	5		22	2		12	5	14
四川	6		1	5			5		1
重庆	9			9			5		4
黑龙江	15		15				14		1

2010 年，在"中国超级稻选育与试验示范""高产优质多抗水稻育种技术研究及新品种选育""强优势杂交种的创制与应用""绿色超级稻"等全国育种协作项目，以及地方政府、涉农企业等多层次水稻育种科技项目投入的支持下，全国水稻科研人员育成的 500 多个水稻新品种通过国家和省级审定。其中，通过国家审定 55 个，通过辽宁省审定 18 个，吉林审定 30 个，黑龙江审定 16 个，上海审定 7 个，江苏审定 19 个，浙江审定 18 个，安徽审定 25 个，福建审定 15 个，江西审定 47 个，河南审定 10 个，湖北审定 29 个，湖南审定 50 个，广东审定 42 个，广西审定 30 个，海南审定 27 个，云南审定 28 个，四川审定 15 个，重庆审定 13 个，贵州审定 21 个，宁夏、山东、陕西各审定 1 个（表 3-3）。在通过国家审定的 55 个新品种中，三系杂交籼稻 25 个，二系杂交籼稻 13 个，三系杂交粳稻 5 个，常规粳稻 11 个，常规籼稻 1 个。从品种结构来看，西南稻区审定的品种以籼型三系杂交稻为主，长江中下游稻区的籼型两系杂交稻比例有所上升，华南稻区常规籼稻仍占有一定比例，北方稻区则以常规粳稻为主。从育种者来看，65％左右的品种由科研单位育成，35％左右的品种由种业公司育成，个别品种由个人育成（江西、广东、广西等）。

表 3-3　2010 年国家及部分主要产稻省份审定品种情况

审定级别	总数	类型					第一选育单位	
		常规籼稻	常规粳稻	籼型三系杂交稻	籼型两系杂交稻	杂交粳稻	科研单位	种业公司
国家	55	1	5	25	13	5	38	17
部分主产省合计	395	36	83	184	54	12	247	140
辽宁	18		16			2	7	11
吉林	30		30				28	2
黑龙江	16		16				14	2
江苏	19	4	7	3	1		13	`
浙江	18	4	1	7	1	5	17	1
安徽	25	2	1	13	9		9	16
福建	15			15			12	3
江西	47			35	8		14	32
湖南	50	1		19	20		29	21
湖北	29	1	1	16	5	2	16	13
广东	42	15		24	3		31	10
广西	30	4		18	4		13	17
四川	15		1	14			11	4
重庆	13			13			6	7
云南	28	5	10	7	3	3	27	1

　　2011 年全国水稻科研单位和种业企业通过努力共育成的 400 多个水稻新品种通过国家和省级审定。其中，通过国家审定 29 个，通过湖南审定 50 个，湖北审定 14 个，江西审定 13 个，安徽审定 17 个，江苏审定 17 个，浙江审定 17 个，上海审定 7 个，广东审定 47 个，广西审定 36 个，福建审定 18 个，海南审定 21 个，四川审定 12 个，重庆审认定 17 个，云南审定 21 个，贵州审定 13 个，黑龙江审定 9 个，吉林审定 21 个，辽宁审定 10 个，河南审定 5 个，陕西审定 4 个，内蒙古审定 3 个，山东审定 2 个（表 3-4）。在通过国家审定的 29 个新品种中，三系杂交籼稻 18 个，二系杂交籼稻 6 个，三系杂交粳稻 1 个，常规粳稻 3 个，常规籼稻 1 个，其中 5 个品种米质指标达到国标 2 级、9 个达到国标 3 级，优质稻比率近 50%。育成品种中 75% 为杂交稻（籼型三系杂交稻占 52%，籼型两系杂交稻占 17%，杂交粳稻占 2%），25% 为常规稻。从育成品种结构来看，西南稻区审定的品种以籼型三系杂交稻为主，两系杂交粳稻得到发展，共有 4 个通过审定；长江中下游稻区各类型水稻并存，华南稻区常规籼稻比例有所回升，两系杂交水稻得到发展；北方稻区则以常规粳稻为主。从育种者来看，60% 左右的品种由科研单位育成，40% 的品种由种业公司育成。

表 3-4　2011 年国家及主要产稻省份审定品种情况

审定级别	总数	类 型					第一选育单位	
		常规籼稻	常规粳稻	籼型三系杂交稻	籼型两系杂交稻	杂交粳稻	科研单位	种业公司
国家	29		3	19	6	1	18	11
安徽	17			10	7		4	13
江苏	17		8	2	3		7	10
浙江	17	4	5	4	3	1	16	1
江西	13			12	1		2	11
湖南	50	2		20	19		22	28
湖北	14		1	6	5		10	4
广东	47	15		26	6		37	10
广西	36	3		27	6		8	28
福建	18		1	15	2		16	2
四川	12			12			8	4
重庆	17	1		13	3		10	7
云南	21	5	5	8		3	20	1
贵州	13		2	9		2	8	5
黑龙江	9		9				7	2
辽宁	10		8			2	4	6
吉林	21		21				16	5

2012 年全国水稻科研单位和种业企业、民营科研机构、个人育种家育成的 400 个水稻新品种通过国家和省级审定。其中通过国家审定 44 个，通过湖南审定 31 个，湖北审定 12 个，江西审定 17 个，安徽审定 20 个，江苏审定 15 个，浙江审定 20 个，上海审定 6 个，广东审定 40 个，广西审定 28 个，福建审定 14 个，海南审定 20 个，四川审定 9 个，重庆审定 15 个，云南审定 24 个，贵州审定 10 个，黑龙江审定 15 个，吉林审定 16 个，辽宁审定 16 个，河南审定 13 个，河北审定 3 个，山东审定 2 个，陕西审定 3 个，宁夏审定 2 个，新疆审定 3 个，内蒙古审定 2 个（表 3-5）。在通过国家和省级审定的 400 个新品种中，三系杂交籼稻 170 个，两系杂交籼稻 65 个，三系杂交粳稻 16 个，两系杂交粳稻 3 个，常规粳稻 99 个，常规籼稻 29 个，三系不育系 9 份，两系不育系 9 份。育成品种中 73% 为杂交稻（籼型三系杂交稻占 42%，籼型两系杂交稻占 16%，杂交粳稻占 5%），27% 为常规稻。从育成品种结构来看，四川、重庆、贵州等西南稻区审定品种以籼型三系杂交稻为主；云南、长江中下游稻区各类型水稻并存，安徽、湖北、湖南、江西审定两系杂交稻品种多，浙江、云南等省杂交粳稻发展较快；华南稻区常规籼稻比例进一步提高，两系杂交水稻得到一定发展；北方稻区则以常规粳稻为主；黄淮海地区育成 4 个粳型旱稻品种通过国家审定。从育种

者来看，63％的品种由科研单位育成，37％的品种由种业公司、民营科研机构和个人育成。这些审定的新品种在国家、省级区试和试验示范中表现突出，有望近年内在生产上大面积推广应用。

表 3-5　2012 年国家及主要产稻省份品种审定情况

审定级别	总数	类　　型					第一选育单位	
		常规籼稻	常规粳稻	籼型三系杂交稻	籼型两系杂交稻	杂交粳稻	科研单位	种业公司
国家	44	1	11	22	9	1	31	13
安徽	20	1		6	13		11	9
江苏	15		11	1	1	1	11	4
浙江	20	4	5	5		6	20	0
江西	17			12	5		4	12
湖南	31			8	11		13	18
湖北	12	1		5	3	1	6	6
广东	40	13		21	6		31	9
广西	28	4		18	6		9	21
福建	14			10	3		8	6
海南	20			14	4		13	7
四川	9			9			5	4
重庆	15	1		13	1		6	9
云南	24	3	7	9		5	18	6
贵州	10			10			6	4
河南	13		5	6	1	1	15	0
黑龙江	15		15				15	0
吉林	16		16				13	3
辽宁	16		14			2	6	10

二、科研单位依然是水稻育种主体

2008—2012 年科研单位培育通过国家审定品种分别为 35 个、38 个、38 个、18 个、31 个，企业培育通过国家审定品种分别为 9 个、14 个、17 个、11 个、13 个，通过国家审定的 224 个品种中，科研单位为主完成 160 个，企业为主完成 64 个，71.4％的品种由科研单位为主完成。2008—2012 年全国共审定 1 858 个品种中，科研单位为主完成 1 191 个，企业为主完成 667 个，64.1％的品种由科研单位为主完成。总体来看，南方稻区种业公司和科企联合选育品种数量高于北方稻区。

三、以超级稻为代表育种进展显著

（一）超级稻研究持续推进

截至 2012 年，由农业部冠名的超级稻示范推广品种共 96 个，其中包括三系杂交籼稻 41 个，两系杂交籼稻 20 个，常规籼稻 9 个，三系杂交粳稻 2 个，常规粳稻 22 个，籼粳杂交稻 2 个。2012 年超级稻推广面积 800 万 hm² 以上，努力实现"亩增产一百斤，节本增效一百元"的目标。

中国超级稻研究与示范项目 2012 年在全国 17 个省份和农垦系统共安排超级稻品种及栽培技术百亩示范方 83 个，千亩示范片 31 个，万亩示范区 25 个，连续 2 年在多点上实现了每 667m² 产量 900kg 第三期超级稻产量目标。湖南杂交水稻研究中心选育的 Y58S/R8188 在湖南溆浦县横板桥乡 6.9hm² 示范片，验收平均每 667m² 产量达到 917.7kg；宁波镇海九龙湖镇 7.47hm² 超级稻甬优 12 机插秧高产栽培技术示范方测产验收平均每 667m² 产量 982.5kg。

除了一季超级稻外，近年来超级早、晚稻进展显著。常规早稻中嘉早 17 参加国家南方早稻区域试验，2007—2008 年两年区试平均每 667m² 产量 517.64kg，比对照浙 733 增产 9.12%，增产点比例 91.2%；2008 年参加国家生产试验平均每 667m² 产量 517.88kg，比对照浙 733 增产 14.71%。2011 年江西鄱阳县珠湖农场万亩高产创建示范片经专家组现场抽样测产，每 667m² 产量达到了 653kg，该品种 2012 年推广面积超过 33.3 万 hm²。杂交晚稻组合天优华占 2006 年参加了浙江省和国家区试，国家区试产量位居第一，熟期与对照相同，品质达到国标一级，2008 年通过国家审定。中国水稻研究所育成的中新优 950，在浙江省"8812"计划联品中表现突出，产量比对照汕优 63 增产 10.3%，且抗白叶枯病、稻瘟病、褐飞虱。福建省农业科学院育成的川优 673 在 2006 年参加福建省中稻 D 组区试，平均每 667m² 产量 567.36kg，比对照 II 优明 86 增产 5.15%，达极显著水平。

在实现每 667m² 产量 900kg 第三期超级稻产量目标基础上，2013 年农业部启动第四期超级稻研究。

（二）籼型两系杂交稻快速发展

两系杂交稻一系两用，配组相对自由，不表现细胞质效应，加上新选育的两系不育系育性转换稳定、品质较优，配制的组合具有较大优势，近年来审定的两系杂交稻组合不断增加。初步估计 2012 年推广面积占杂交稻 30% 以上。2012 年通过国家和省级审定的 254 个新组合中，两系杂交组合 68 个，占 26.7%。2011 年全国农业技术推广服务中心统计，杂交稻推广面积前 10 位品种中，两系杂交组合占 5 个，分别是 Y 两优 1 号、扬两优 6 号、新两优 6 号、两优 6326、丰两优 1 号，年推广面积分别为 31.8 万 hm²、24.7 万 hm²、24.5 万 hm²、14.7 万 hm²、14.5 万 hm²，分别居第一、

二、三、七、八位。

（三）杂交粳稻取得突破性进展

在三系粳型杂交稻不育系选育方面，宁波市农业科学研究院选育的甬粳 2 号 A，配制出甬优系列组合；中国水稻研究所选育的春江 12A、春江 16A，配制出春优系列组合等；云南省选育的滇榆 1 号 A 和榆密 15A 等，配制出滇杂系列组合；浙江省农业科学院育成浙 04A；天津丰美种业科技有限公司育成津 1007A，配制出津粳杂系列组合；辽宁省稻作研究所选育的辽 20A、辽 30A 和 C52，配制出辽优系列组合。它们的相继育成和应用，有力地推动了我国粳型杂交水稻的发展。

甬优 12 经 2007 年省单季杂交晚粳稻区试，平均每 667m² 产量 554.6kg，比对照秀水 09 增产 11.3%，未达显著水平；2008 年省单季杂交晚粳稻区试，平均每 667m² 产量 576.1kg，比对照秀水 09 增产 21.4%，达极显著水平；两年省区试平均每 667m² 产量 565.4kg，比对照增产 16.2%。2009 年省生产试验平均每 667m² 产量 603.7kg，比对照增产 22.7%。2012 年 11 月 27 日，由农业部、中国水稻研究所等单位的 14 位专家组成的验收组采用收割机全田实割法，对宁波市鄞州区洞桥镇百梁桥村种粮大户许跃进的高产创建百亩方甬优 12 超级稻进行测产验收，百亩方平均每 667m² 产量达到 963.65kg，创中国超级稻平均每 667m² 产量新纪录。

第四节　战略思考及政策建议

我国水稻高产育种研究一直居国际领先地位。近年来，在重要种质创新与功能基因研究、超级稻育种研究方面又取得突破性进展，但水稻产业的可持续发展面临资源约束、气候变化、质量安全等严峻挑战，水稻遗传育种研究必须适应生产中的问题来进行战略调整。

一、战略思考

（一）加强水稻种业与科研单位"科企合作"

目前，科研单位依然是我国水稻育种主体，如何培育中国"孟山都"，急需加强水稻种业与科研单位"科企合作"，成立"中国水稻种业发展联合体"，以利于资源优化，尤其是育种相关人力资源、育种资源向企业流动。

（二）正确把握科学、技术与产业化三者关系

水稻产业技术体系建设根本目的是发展我国水稻产业，而科学、技术是发展保障。目前我国在水稻功能基因等科学研究上取得长足进步，如克隆大量基因，并就代谢等科学问题进行大量有益探索，但真正能应用品种培育的有利基因仍然较少，实用

育种新技术研究有待加强。品种培育上片面强调单一性状现象依然突出，突破性品种较少，直接影响产业开发。

（三）以产业发展需要进行水稻育种目标战略性调整

1. 杂交水稻全程机械化制种关键技术研究

杂交稻制种技术是杂交稻广泛应用的基础。30 多年来，我国的杂交水稻制种技术与研制初期并没有根本性的改进，一直沿用靠劳动密集型的手工生产、精耕细作提高制种产量和质量的技术已难以为继，也成为我国杂交水稻发展的制约因素。《全国现代农作物种业发展规划（2012—2020 年）》明确指出到 2020 年杂交水稻机械化制种面积达到 50% 的发展目标。

2. 适合机械化生产的水稻新品种研究

传统的良种良法是以品种为基础，而我国水稻品种培育一直以移栽为前提，培育品种不适合机械化生产需要，品种与技术不配套影响水稻生产。目前长江中下游连作晚稻很难找到合适品种。

3. 气候变化相适应的水稻新品种培育

近 100 年来全球地表平均气温上升了 0.74℃，我国上升 0.8℃，未来 100 年全球地表平均气温还将上升 1.1～6.4℃，20 世纪 90 年代全球极端气象灾害比 50 年代高出 5 倍以上。全球气候变暖、种植结构调整及农村劳动力结构性变迁等产生了新问题、新变化，传统水稻遗传育种等学科亟须一场大规模、深层次变革。2003 年高温危害造成长江中下游逾 60 万 hm^2 水稻减产，2013 年高温危害影响巨大。

4. 重金属（镉）低积累品种选育是解决重金属污染的核心关键技术

2013 年 2 月 27 日，《南方日报》以"湖南问题大米流向广东餐桌"为题，报道了湖南镉超标大米进入广东市场的消息。此事件为湖南水稻产业发展带来严重影响。水稻是镉属高富集粮食作物，中国水稻研究所农业部稻米及制品质检中心从 2002 年开始连续对稻米质量安全开展普查，问题突出的是镉，历年普查的平均超标率在 12% 左右，并表现出逐年上升趋势。

二、政策建议

（1）尽早出台科研单位人力资源、育种资源向企业流动具体配套政策。

（2）建议国家区域试验中尽早设立"适合长江中下游区机械化生产晚稻品种组"，品种全生育期比金优 207 早 7d。

（3）将"杂交水稻全程机械化制种关键技术研究、适合机械化生产的水稻新品种培育、气候变化相适应水稻新品种培育重金属（镉）低积累品种选育"纳入行业科技项目。

第四章　水稻病虫害的可持续防控

据《中国农业年鉴》的统计数据，中国是世界上最大的稻米生产国和消费国，稻作面积和稻谷总产量分别占全世界的 23％ 和 37％。我国常年水稻播种面积约占全国粮食作物总面积的 30％，产量约占粮食总产量的 40％。水稻病虫害一直是影响水稻安全生产的重要因素，每年各种病虫害的发生面积均在 7 000 万 hm² 以上，为当年水稻种植面积的 2～3 倍。每年进行病虫害防治的面积在 6 500 万 hm² 左右，占病虫害发生面积的 90％ 或以上。我国未来 30 年由于人口和人均消费的增加，对粮食的需求不断增大，即使在耕地面积不减少的情况下，提高水稻病虫害的防治水平，对于保证水稻总产量的持续稳定增长，满足我国对粮食的需要，具有重大的意义。

近年来，随着水稻新品种和栽培新技术的推广实施，在水稻生产发展的同时，水稻病虫害防治工作也出现了很多新的问题。水稻生产上发生的病虫害种类繁多，仅稻飞虱、稻螟、稻纵卷叶螟、稻瘟病、纹枯病、稻曲病等几种主要病虫害的年累计防治面积即超过 6 000 万 hm²。而且，由于水稻品种结构的变化及单一作物种植面积的扩大，耕作制度和栽培措施的变化，全球气候的变暖，以及国内外广泛引种交流、新品种的大量涌现等因素，一些次要的病虫害也频繁局部或全国性暴发，值得重视。

第一节　重要病虫害发生种类及危害

目前，从全国来看，对水稻危害较大的病虫害有 20 多种。总体来说，重要的病害有稻瘟病、纹枯病、稻曲病、白叶枯病、病毒病、稻飞虱、稻螟、稻纵卷叶螟等。据资料统计，尽管人们一直在积极探讨各种方法对水稻病虫害进行防治，每年水稻生产上因病虫害导致的稻谷损失仍高达 200 亿 kg，约占总产量的 10％，减少甚至抵消了新品种或应用新技术创造的经济效益。因此，防治水稻病虫害对我国农业可持续发展、农村稳定和农民生活水平的提高都具有极其重要的战略意义。

在水稻生产过程中，病虫害的发生与危害以及带来的相关植保问题，近年来明显趋于严重，已成为影响水稻生长发育和高产优质的严重制约因素。当前危害我国水稻生产的主要病害包括稻瘟病、纹枯病、稻曲病、白叶枯病和病毒病；危害水稻生产的害虫主要有稻飞虱、稻螟、稻纵卷叶螟等。

一、水稻主要病害

（一）稻瘟病的发生及危害

稻瘟病在全世界水稻种植区几乎均有发生。目前在我国已遍及全国各水稻产区，南至海南，北至黑龙江，西起新疆、西藏，东至台湾。稻瘟病在我国年均发病面积在500万 hm² 以上，每年均造成不同程度的产量损失。稻瘟病发生后，一般减产 5% 左右，一般流行年份可导致减产 10%～20%，严重危害时减产可达 40%～50%，甚至出现局部大面积绝收。1990 年，辽宁省辽河三角洲稻区稻瘟病大流行，危害面积达70%。2010 年辽宁省全省暴发穗颈瘟，其中，盘锦地区和丹东地区的穗颈瘟面积达60%，一般地块减产稻谷 10% 以上，严重者减产 50%。2005 年，稻瘟病在贵州、重庆、四川单季稻区、江西早稻区及黑龙江、吉林大流行。其中，四川全省 133 个县、108 个品种发病。黑龙江全省发病面积累计达到水稻种植面积的 50% 以上，全省减产稻谷 64.5 万 t，单产下降 5.2%，造成损失 11.6 亿元。

稻瘟病在水稻整个生育期均可发生，可以危害叶片、茎节、谷穗等，分别造成苗瘟、叶瘟、节瘟、穗颈瘟、枝梗瘟和谷粒瘟。稻瘟病可导致秧田期秧苗成片枯死，插秧后叶瘟可致水稻大面积干枯，抽穗后穗颈、枝梗及穗粒腐烂枯死。稻瘟病还可致茎节黑腐、倒折，形成严重瘪穗。其中，穗颈瘟对产量的影响最大，在抽穗期穗颈严重受害后，可造成大量白穗或瘪粒而严重减产。

稻瘟病的发生与流行，常与品种的抗病性、气候条件、水肥管理等因素关系密切。虽然我国各稻区在某一时期或某一阶段病害流行的具体因素可能不尽一致，但病害流行的基本条件基本相同：即病害严重发生和迅速蔓延的时期，均为昼夜温差明显，连续阴雨，郁闭寡照，雾多露重；而稻株或处于分蘖盛期或恰值抽穗期等嫩弱敏感阶段。一般而言，叶瘟发生较重，发生期长，上位叶发病多的年份，如若抽穗期遇到适宜于病菌侵染、繁殖，而不利于水稻正常生育的气候条件，加之肥水管理不当，速效肥施用过多过频，稻株后期贪青徒长，郁闭脆弱，而且造成植株内可溶性氮含量增高，抽穗时间延长，从而增加了感染概率，易于导致穗瘟的严重发生甚至流行（吕佩珂等，2005；赵文生等，2012）。

（二）纹枯病的发生及危害

水稻纹枯病在我国发生普遍，是我国农作物病害发生面积最大、危害最重的病害之一。20 世纪 70 年代后，随着氮素化肥用量增加，原来发病并不严重的中低产田，纹枯病的危害也逐年加重。1975 年我国将水稻纹枯病列为全国防治对象，当时发病面积占 14.56%，至 1983 年上升到 38.49%，2005 年发病面积达到 56.32%。纹枯病以长江流域及以南稻区发生最为普遍，近 20 年来，北方稻区纹枯病的发生也逐年加重，已经成为多数稻区水稻主要病害之一。纹枯病引起结实率和千粒重显著降低，秕谷增多，甚至植株倒伏枯死。矮秆品种受害更重，发病后一般减产 10%～30%，严重时达 50% 以上。由于发生面积广、流行频率高，有些年份所致损失甚至超过稻瘟病。此病病菌适应性强，在水稻生育期间，温湿多雨十分有利于病害流行。

水稻自苗期到穗期均可发生纹枯病，一般以分蘖盛期至穗期受害最重，主要危害叶鞘，其次为叶片，严重时危害稻穗并深入茎秆。病害发生先从离水面较近的叶鞘开始，逐渐向上部蔓延，在叶鞘上初发生时形成椭圆形、暗绿色水渍状病斑，以后常数个连成一片呈云纹状不规则大斑块。病部叶鞘常因组织受破坏而导致叶片枯黄。病重时叶片上也可形成危害斑，湿度大时呈污绿色。病斑扩展快，最后枯死。剑叶叶鞘受侵染，轻则使剑叶提早枯黄，重则导致植株难以正常抽穗。稻穗受害则可直接造成谷粒不实和秕谷增加。因此，纹枯病发生严重时，常引起植株倒伏或整穴死亡，导致水稻严重减产。

纹枯病的发生和危害，受病菌菌核基数、气候条件、稻田生态、种植密度、水稻品种抗病性等的影响最大，尤其与水肥管理等因素关系密切。田间菌核基数和病害发生的概率与病情严重度呈正相关。作为喜高温高湿的病害类型，降水量、雨日、湿度（雾、露）对纹枯病的发生和危害影响很大。阴雨连绵，相对湿度大，发病严重；郁闭稻田，株间湿度常高于大气湿度，极其利于病害发展；长期深水灌溉，稻丛间湿度加大，有利于病害发展。而施肥对纹枯病的影响常与稻瘟病相似，偏施和过量施用氮素发病重，因而纹枯病有"富贵病"之称。施氮肥过多、过迟，使稻株内部纤维素、木质素减少，节间伸长，茎秆变细，组织柔弱，不仅利于病菌侵入，而且易引起倒伏，致使病情加重；同时，氮素过多会使稻株茎叶茂盛，田间湿度加大，有利于发病（吕佩珂等，2005；赵文生等，2012）。

（三）稻曲病的发生及危害

稻曲病又称绿黑穗病、青粉病、丰收病等，在亚洲、美洲和非洲的 30 多个国家，以及我国各稻区均有不同程度的发生。此病过去在农业生产上一直被作为次要病害防治，20 世纪 50～60 年代，我国局部稻区零星发生。20 世纪 70 年代末以来，随着杂交水稻和籼粳杂交育成的高产品种的大面积推广以及施肥水平的不断提高，该病呈现逐年大规模流行的趋势。目前，已在辽宁、吉林、湖南、湖北、江西、云南、江苏、浙江、广东、四川等 10 多个省份普遍发生，发生面积占水稻种植面积的 1/3 以上，平均产量损失 5%～10%，发病严重田块的直接产量损失可达 50% 以上，有的甚至绝收（季宏平等，2000；杨健源等，2011；黄珊等，2012）。由于病粒影响养分的运转，阻碍邻近谷粒发育，使空秕率上升，千粒重下降，碎米增多，影响产量和质量。稻曲球中还含有对人和动物有害的真菌毒素，常常混杂于病稻谷中，对人体健康危害较大，当稻谷中含有 0.5% 病粒时，即能引起人畜中毒症状。控制稻曲病的发生，对保证我国稻米品质及食用安全尤为重要。

稻曲病主要在水稻抽穗期发病，病菌危害穗上部谷粒。病菌侵入谷粒后，掠夺吸收稻粒营养，急速生长，取代谷粒，形成淡黄绿色孢子座，从颖壳合缝处逐渐外露（一般 1 穗有 1 粒至数粒受害，有的多达十几粒甚至数十粒，最多的达 47 粒）；后期将包裹整个花器，逐渐膨大，颜色由橙黄色转为黄绿，最后呈墨绿色，外壳龟裂，形成"稻曲粒"（王玉山，2012）。

病害发生受栽培管理和气候条件的影响较大。肥料过多，尤其花期和穗期追肥过多，植株干物质量和含氮量增加，发病较重；通常栽植过密的田块发病重。此外，水稻破口抽穗、扬花期遇低温、多雨、寡照天气，利于稻曲病发生；田间相对湿度在 88％以上有利于发病。吕佩珂等和赵文生等认为，山区、丘陵稻田，由于山高雾多，日照少，湿度大，发病明显重于平原稻田（2005，2012）。

（四）白叶枯病的发生及危害

白叶枯病是水稻的重要病害之一，遍及世界各水稻产区。我国自 20 世纪中叶发现该病，后随带病种子的调运，病区不断扩大。目前除新疆外，其余各省份均有不同程度发生，有的省份仍将该病列为对内检疫对象。白叶枯病在 20 世纪 70 年代中后期，在我国北方稻区普遍发生，经过努力防治一度得到了控制，但近年该病危害有上升趋势，以华东、华中和华南稻区发生普遍，危害较重；部分稻区发现小面积流行，应引起重视。水稻受害后，常引起叶片干枯，不实率增加，千粒重下降，米质松脆，一般减产 10％～20％，重病田可减产 50％以上，甚至颗粒无收（董金皋，2007）。

白叶枯病常因品种、环境和病菌侵染方式的不同，病害症状表现有几种类型：典型叶枯型，从叶尖或叶缘开始，沿叶脉从叶缘或中脉迅速扩展成条斑，呈黄褐色，最后呈枯白色病斑，一般在分蘖期后症状明显。急性型多发生在环境条件适宜或特别感病品种上，病叶暗绿色，扩展急剧迅速，全叶呈青灰色或灰绿色，迅速失水纵卷青枯。凋萎型一般少见，在秧田后期至拔节期发生，病株心叶或下 1～2 叶失水、青枯，随后其他叶片相继青枯，病重时整株或整丛枯死。中脉型沿中脉出现黄斑逐渐向上下延伸，并向全株扩展，成为发病中心，常在抽穗前枯死。

白叶枯病的发生与流行主要取决于品种抗病性、气候因素、栽培条件与耕作措施等。病害在气温 25～30℃时最盛，适温、多雨和光照不足利于发病。特别是台风、暴雨或洪涝有利于病菌传播和侵入，易于引发病害流行。地势低洼、排水不良或沿江河一带稻区发病严重。栽培管理方面，氮肥施用过多或过迟，或绿肥埋青过多，均可导致秧苗生长过旺而致使稻株内游离氨基酸和可溶性糖含量增加，抗病力减弱，同时形成郁闭高湿适于发病的小气候，加重发病。深水灌溉或稻株受淹，既有利于病菌的传播和侵入，也由于植株体内呼吸基质大量消耗，分解作用大于合成作用，可溶性氮含量增加而降低抗病性，加重发病（吕佩珂等，2005；赵文生等，2012）。

（五）水稻虫传病毒病

我国目前已报道的水稻病毒病有 11 种，其中危害较重的是水稻条纹叶枯病、黑条矮缩病和南方黑条矮缩病，它们或为飞虱或为叶蝉传播，且为持久性传毒。

1. 水稻条纹叶枯病

水稻条纹叶枯病由灰飞虱传播。灰飞虱一旦获毒，病毒在虫体内增殖，可终身经卵传毒。带毒灰飞虱为该病主要初侵染源。在大、小麦田越冬的带毒若虫，羽化后在原麦田繁殖，然后迁飞至早稻秧田或本田传毒危害，稻田繁殖的灰飞虱可造成多次传毒，水稻收获后，迁回冬麦上越冬，成为下个水稻生长季的初侵染源。水稻在苗期到分蘖期易感病。苗期发病，心叶基部出现褪绿黄白斑，后扩展成与叶脉平行的黄色条纹，条纹间仍保持绿色，糯、粳稻和高秆籼稻还造成枯心状。分蘖期发病，先在心叶下一叶基部出现褪绿黄斑，后扩展形成不规则黄白色条斑，老叶不显病。半数糯稻品种表现枯心，籼稻品种不枯心；罹病植株通常形成枯穗，或者形成小的畸形穗，病穗通常不结实。拔节后发病，在剑叶下部出现黄绿色条纹，各类型稻均不枯心，但抽穗畸形，结实很少。叶龄长的品种，病害潜育期也较长；随植株生长，对病害的抗性逐渐增强。条纹叶枯病的发生与灰飞虱发生量、带毒虫率有直接关系。春季气温偏高，降雨少，虫口多，发病重。稻麦两熟区发病重，大麦、双季稻区病害轻（吕佩珂等，2005；赵文生等，2102）。

2. 水稻黑条矮缩病

水稻黑条矮缩病主要由灰飞虱传播，白背飞虱、白带飞虱等也可传毒。介体一经染毒，可终生传毒。发病株叶片短阔、僵直，叶色暗绿，叶背的叶脉和茎秆上初现蜡白色，后变褐色的短条瘤状隆起；分蘖增加，不抽穗或穗小，结实不良。不同生育期染病后的症状略有差异。苗期发病，心叶生长缓慢，叶片短宽、僵直、浓绿，叶脉有不规则蜡白色瘤状突起，后变黑褐色，根短小，植株矮小，不抽穗，常提早枯死。分蘖期发病，新生分蘖先显症，主茎和早期分蘖尚能抽出短小病穗，但病穗缩藏于叶鞘内。拔节期发病，剑叶短阔，穗颈短缩，结实率低。叶背和茎秆上有短条状瘤突（吕佩珂等，2005）。

水稻黑条矮缩病毒在大麦、小麦病株上和灰飞虱体内越冬。大麦、小麦发病轻重、毒源多少，决定水稻发病程度，田间病毒通过麦—早稻—晚稻的途径完成侵染循环。第一代灰飞虱取食返青病麦后将病毒传播到水稻和玉米。稻田中繁殖的二、三代灰飞虱，取食罹病水稻植株完成再次侵染。灰飞虱最短获毒时间30min，1～2d即可充分获毒，病毒在灰飞虱体内循回期为8～35d，稻株接毒后潜伏期为14～24d。晚稻早播比迟播发病重，稻苗幼嫩发病重（潘长虹等，2013）。

3. 南方水稻黑条矮缩病

南方水稻黑条矮缩病于2001年首先在我国发现和鉴定，其主要症状与黑条矮缩病相似。目前全国至少已有广东、广西、湖南、江西、海南、浙江、福建、湖北和安徽等南方水稻主产省份明确发生，且发生面积逐年扩大，病害分布普遍，但仅部分地区严重发生。

该病毒主要由白背飞虱传毒，介体一经染毒，终身带毒，稻株接毒后潜伏期为

14～24d。病毒不通过种子或植株间相互摩擦传播。迁入的带毒白背飞虱为该病毒的主要初侵染源，带（获）毒白背飞虱取食寄主植物即可传毒。田块间发病程度取决于带毒白背飞虱迁入量，目前尚未发现有明显抗病性的水稻品种。水稻感病期主要在秧苗期和本田初期，2～6叶期的稻苗最易感病，拔节以后相对不易感病。水稻苗期、分蘖前期感染发病的水稻基本绝收；拔节期和孕穗期发病可造成10%～30%的产量损失，发病越早损失越大。一般而言，中晚稻发病重于早稻；育秧移栽田发病重于直播田；杂交稻发病重于常规稻（罗香文等，2013）。

二、水稻重要害虫

（一）稻飞虱

稻飞虱是危害水稻的飞虱类害虫的统称，有褐飞虱、白背飞虱、灰飞虱3种。在20世纪60年代以前，稻飞虱仅是南方水稻上的偶发性害虫；20世纪60年代末以来，随着水稻品种改变和化学肥料的大量施用，该类害虫迅速上升为我国水稻生产上危害最为严重的一类害虫。近20年来，我国水稻稻飞虱的常年发生面积在1 500万hm² 以上，超过水稻种植面积的55%；虽经防治，年均损失稻谷仍达10亿～16亿kg，重发生年在25亿kg以上（丁锦华等，2012）。

稻飞虱的危害主要包括两方面：一是吸食危害，即通过刺吸水稻汁液，导致稻株丧失大量营养和水分而受害，严重时引起"冒穿""虱烧""黄塘"等症状；二是传播一些重要水稻病毒病，如白背飞虱传播南方水稻黑条矮缩病，灰飞虱传播条纹叶枯病和黑条矮缩病。哪种方式更为严重，因稻飞虱种类而异，其中褐飞虱、白背飞虱以吸食危害为主，灰飞虱则以传播病毒病造成的危害为主；且可能随年份、地点而有所不同，如在水稻南方黑条矮缩病重发区和重发年份，白背飞虱传播病毒病的危害可能超过吸食危害（傅强等，2005）。

褐飞虱和白背飞虱是典型的远距离迁飞性害虫，在长江流域常发区及以北地区不能越冬，灰飞虱则可在当地越冬。褐飞虱的分布范围相对较小，白背飞虱次之，灰飞虱分布最广。从常年灾变范围来说，褐飞虱主要在长江中下游流域和华南稻区发生；白背飞虱除长江中下游流域和华南稻区外，在西南稻区发生也较重，是当地的优势稻飞虱种类和常发害虫；灰飞虱则以长江下游及华北稻区发生较重（表4-1）（程家安，1996；丁锦华等，2012）。田间发生密度以褐飞虱和白背飞虱较高，失治田块常可达100头/丛以上。

稻飞虱体型小，发育快，年发生的代数随着纬度的降低和气温的上升而递增。褐飞虱在琼南12代，两广南部8～9代，岭南6～7代，岭北5代，沿江4代，江淮3代，淮北1～2代。白背飞虱在云南及南岭以南7～11代，湖南、湖北、四川5～7代，上海、浙江和安徽、江苏南部4～5代，云南和贵州北部、淮河以北地区2～4代。灰飞虱在广东、广西、云南7～11代，长江流域5～6代，华北4～5代，吉林

3～4 代（程家安，1996；程遐年等，2003；傅强等，2005）。

表 4-1　3 种稻飞虱的发生范围与常年危害区

主要种类	国内发生区域	常发区
褐飞虱	除黑龙江、内蒙古、青海、新疆外，其他各省份均有分布，北界为吉林通化、延边地区，西界为西藏墨脱	华南与长江中下游稻区发生较普遍，灾变较频繁
白背飞虱	国内几乎遍及所有稻区	华南、西南和长江中下游流域稻区发生较重
灰飞虱	国内各稻区均有分布	长江下游及华北稻区发生较多

3 种飞虱同地发生的地区，不同飞虱的发生时间有所不同。以长江流域稻区为例，灰飞虱最适温度相对较低，可本地越冬，每年发生最早；白背飞虱和褐飞虱本地不能越冬，需每年从外地迁入，其中白背飞虱的迁入峰一般早于褐飞虱，其发生亦早于褐飞虱。一般而言，灰飞虱主要危害早稻秧苗和本田分蘖期，部分危害晚稻穗期；白背飞虱危害早稻中后期、中稻前期至中后期、晚稻前中期；褐飞虱则危害晚稻孕穗期至灌浆成熟期（程家安，1996）。

3 种飞虱中，褐飞虱吸食量最大，且可一直繁殖至水稻黄熟期，一季水稻常能连续繁殖 2～3 代，甚至 4 代（单晚稻），一旦防治不到位，极易造成"冒穿"，甚至全田绝收，对生产的危害最大。

当前生产上控制稻飞虱过分依赖化学农药，导致褐飞虱的抗药性问题突出（王彦华等，2009；王鹏等，2013）。据 2006—2011 年的监测，我国主要稻区田间褐飞虱种群对吡虫啉的抗性依然居高不下，并且有上升趋势，其中 2006—2009 年处于极高水平抗性（160～562 倍），尽管最高倍数与 2005 年相比有一定程度的降低，但 2010 年部分种群的抗性又上升到 700 倍，2011 年安徽潜山种群的抗性则达到 1 935.8 倍。监测还发现，褐飞虱对其他常用药剂的抗药性，除烯啶虫胺、毒死蜱等仍然处于敏感到低水平抗性阶段外，多有明显上升趋势。如：2010 年前对扑虱灵为低水平到中等水平抗性（3.0～21.8 倍），2011 年多数种群迅速上升到了高抗水平（40.7～119.7倍）；2010 年前对噻虫嗪为低到中等水平抗性（2.0～15.8 倍），到 2011 年多数种群发展到高水平抗性（12.8～62.3 倍）；2010 年对吡蚜酮为敏感低水平抗性（1.9～5.1倍），2011 年上升到中等水平抗性（15.7～25.4 倍）。显然，若不改变目前这种过多依赖农药的局面，因抗药性问题而导致褐飞虱的再生猖獗将极有可能进一步导致我国褐飞虱的频繁灾变。

另外，目前生产上的主栽品种对褐飞虱的抗性普遍较差。据 2009—2011 年对我国湖南、江西、江苏、浙江、湖北、四川、云南等地收集的 354 份生产上使用的水稻品种的抗性鉴定，高抗品种（1 级）仅 1 份（0.3%），抗级品种（3 级）8 份（2.3%），中抗品种（5 级）41 份（11.6%），其余 304 份（85.9%）均为 7～9 级的感虫或高感品种，其中，推广面积位列前茅的主栽品种抗级一般为 7～9 级（中国水稻研究所，待发表资料）。值得一提的是，自 2005 年褐飞虱特大发生以来，抗褐飞虱水稻品种的选育和利用得到了广泛关注和重视，其中，以 $Bph3$、$Bph14$、$Bph15$、$Bph18$ 等为代表的抗褐飞虱单基因或双基因水稻品种的培育较为活跃。一些品种开始在生产上推广应用，个别已成为生产主栽品种，如 2011—2012 年，抗褐飞虱的优质粳稻秀水 134 在浙江等地的年种植面积近 10 万 hm²。不过，适于大面积推广的抗褐飞虱品种，不仅需优质、高产，还需要抗水稻病害，培育周期较长，难度大，改变生产上缺少抗褐飞虱水稻品种的局面尚需时日。

（二）稻螟

稻螟是钻蛀危害水稻茎秆的一类害虫的统称，俗称钻心虫、蛀心虫或蛀茎害虫。我国最重要的稻螟种类有二化螟和三化螟，大螟也较常见，部分地区还有台湾稻螟、褐边螟等种类。除大螟属鳞翅目夜蛾科外，其余均属该目的螟蛾科。该类害虫以幼虫钻蛀水稻叶鞘、茎秆甚至穗等部位，造成枯鞘、枯心、死孕穗、白穗或虫伤株、花白穗等症状，严重威胁水稻生产。其中，二化螟、三化螟在我国常年发生面积分别为 700 万～1 600 万 hm² 和 300 万～1 000 万 hm²（陈生斗等，2003）。据估计，我国稻螟年防治代价 45.7 亿～60 亿元，残虫造成作物损失近 65 亿元，总经济损失约 115 亿元（盛承发等，2003）。

二化螟和三化螟的发生区域有所不同，其中前者在我国的大部分稻区都有分布，北起黑龙江，南抵海南岛，东至台湾，西至陕西、甘肃东部、四川、云南等省。国内以湖南、湖北、福建、浙江、江西、江苏（苏北）、安徽（皖北）、陕西（南郑）、河南（信阳）、四川（川南）及贵州、云南高原地带发生较多。三化螟为偏南方性害虫，国内分布北限为山东莱阳、烟台，西经泰安、汶上，安徽宿县、砀山，河南辉县、汤阴至陕西武功一线；西界是四川西昌和云南西部国境，东至台湾，南达海南岛最南端。垂直分布上，云南海拔 2 000m 以下、贵州 1 500m 以下、湖南 800m 以下才有分布。危害区主要在淮河以南，近年来主要见于华南稻区及长江流域的沿江、沿湖地带。大螟则主要分布在黄河以南，东至滨海，西达四川、云南西部；长江以南稻区为其常发区。

稻螟发生代数因各地区的气温而异，二化螟在东北稻区 1～2 代，江苏、安徽和浙江北部地区 2～3 代，湖南、江西、湖北、四川等省 3～4 代，云南南部和台湾 5～6代。三化螟在云南中部 2 代，云南南部和江苏、安徽北部 3 代，湖南、江西、福建、广东、广西 4～5 代，海南、台湾 6～7 代。大螟在云贵高原 2～3 代，江苏、浙江 3～4 代，江西、湖南、湖北、四川 4 代，福建、广西及云南 4～5 代，广东南部、台湾 6～8 代（孙建中等，1993；方继朝等，2001）。

耕作制度是影响我国稻螟发生的最主要因素。1956 年水稻改制以前，全国稻区均以二化螟为主；水稻改制后，三化螟上升为主要害虫，二化螟的危害程度显著下降。20 世纪 70 年代我国南方双季稻种植模式较为稳定，螟害轻微。20 世纪 70 年代末 80 年代初，我国农村实行家庭联产承包责任制以后，长江流域双季稻面积减少，单双季稻混栽模式较普遍，二化螟又回升为优势种群。20 世纪 90 年代末，二化螟已成为我国南方水稻上最主要的害虫之一。同时，历史上二化螟不是主要害虫的东北，随着水稻面积的扩大，二化螟发生也大幅回升，造成明显危害，发生严重的田块，水稻被害株率可达 30% 以上。

由于稻螟的发生与耕作制度和耕作技术密切相关，因此，以农业防治为基础，综合运用物理防治和生物防治为主，化学防治为辅的综合防治措施，控制稻螟的危害。生产中，农业防治常受限于稻农的种植习惯、接受心态和自然环境条件。如调节播种期是控制稻螟的最为有效的措施之一，但受限于当地的温光条件和茬口安排。近年来，耕作技术的发展也为通过农业防治控制稻螟带来了机遇，如工厂化育秧可降低秧田期稻螟的危害率，选用离地间隙小的收割机对水稻进行低茬收割可大量清除田间越冬幼虫，利用旋耕机旋耕灭茬可以直接杀灭稻田中约半数残余稻螟，提高稻螟越冬死亡率（黄水金等，2010）。目前，这些措施还未在生产上得到普遍应用，进一步加强栽培与植保的合作，研究和推广基于耕作新技术的稻螟控制技术，将是今后稻螟防控的重要突破点。

抗药性亦是当前稻螟防控中还需关注的问题。以二化螟为例，1992 年以前，大量监测表明我国二化螟的抗性很轻。但 20 世纪 90 年代中期之后，陆续在浙江、江苏和贵州等地监测到对甲胺磷、杀虫单和三唑磷等药剂产生高抗性的种群。全国二化螟种群对杀虫单抗性非常普遍，多数地区种群对三唑磷产生了较高水平的抗性，特别是浙东南地区已至极高水平抗性（蒋学辉等，2001）。自 2002 年检测到浙江瑞安种群对氟虫腈有 8 倍左右低水平抗性后，尽管氟虫腈在稻田中已经被禁用，但目前浙东南地区二化螟对氟虫腈仍有中等水平抗性（曲明静等，2005；罗光华等，2012）。二化螟抗药性快速上升的重要原因是对个别农药品种过分依赖和长期单一使用，值得高度关注。

（三）稻纵卷叶螟

稻纵卷叶螟属鳞翅目、螟蛾科，别称稻纵卷叶虫、刮青虫，以幼虫缀丝纵卷水稻叶片成虫苞，幼虫匿居其中取食叶肉，仅留表皮，形成白色条斑，致水稻千粒重降低，秕粒增加，造成减产。稻纵卷叶螟原来只是局部间歇发生危害，但 20 世纪 60 年代末期以来，随着耕作制度的改变、品种更新和密植高肥等措施的实行，其在全国范围内发生数量与危害程度逐年加重。20 世纪 70 年代后在全国主要稻区大发生的频率明显增加，已成为影响水稻生产的常发性害虫之一。我国常年发生面积为 800 万～1 600 万 hm²，虽经防治，年稻谷损失达 2 亿～5 亿 kg（陈生斗等，2003）。

稻纵卷叶螟在国内广泛分布于全国各稻区，北起黑龙江、内蒙古，南至台湾、海南的全国各稻区均有分布，在长江流域及其以南稻区为常发性害虫。

稻纵卷叶螟具有远距离迁飞特性，每年南北往返迁飞。在我国东半部地区的越冬北界为1月平均4℃等温线，相当于北纬30°一线，在北线以北地区，任何虫态都不能越冬，每年初发世代的虫源均由南方迁飞而来。稻纵卷叶螟在我国年发生1～11代，随着纬度升高从南向北顺次递减。海南陵水县1年发生10～11代，在黑龙江全年可以完成1个世代。

环境条件如有利于稻纵卷叶螟繁殖和虫量积累，其有可能连年大发生。对迁入区来说，迁入蛾量的多寡和迁入后的气候条件是影响发生轻重的前提，水稻生育状况和天敌数量多少等因素则关系到当年田块受害程度。

稻纵卷叶螟的防治主要通过合理使用农药，协调化学防治与保护利用自然天敌的矛盾，将幼虫危害控制在经济允许水平之下。尽量减少大田前期用药是协调化学防治与自然天敌矛盾的一个重要途径，其重要依据是水稻对稻纵卷叶螟前期危害有较强补偿能力，但目前生产上普遍缺少对该补偿能力的认识。近年来，长江流域稻纵卷叶螟主害代迁入虫源与本地虫源混合发生，世代重叠现象突出，常难以选准防治适期，加之多数药剂对大龄卷叶螟幼虫防效较差，常导致生产上药剂防治效果不佳（吕佩珂等，2005；赵文生等，2012）。

第二节　次要病虫害的潜在风险及防治技术

一、次要病害的种类及危害

据统计，全国近年水稻病害发生面积达3 000万 hm² 左右，这其中大部分是由稻瘟病、纹枯病等主要病害造成，但也有相当一部分是各种类型的次要病害所致。随着气候条件变化、栽培耕作制度调整以及品种更新频率的提高，次要病害在一些地区发生危害面积有所增加，暴发频率逐渐提高，危害程度也有加重态势，对我国水稻安全生产已构成潜在风险。

据吕佩珂等和沈崇尧等的报道（2005，2009），中国境内已发现水稻的真菌病害50多种，细菌病害6种，病毒及类菌原体病害11种，线虫病害4种，除几种主要病害被重点防治监测外，大部分都被列为次要病害。常见真菌次要病害如胡麻斑病、谷枯病、窄条斑病、恶苗病、烂秧病、白绢病、霜霉病、叶鞘腐败病、紫鞘病、叶鞘网斑病、叶黑肿病、菌核秆腐病、云形病、叶尖枯病、一炷香病、粒黑粉病等，涵盖了真菌的各个亚门，大部分可侵染水稻的各部位，严重时叶片坏死或根部受损、穗部干枯，致水稻减产甚至绝收。细菌次要病害如细菌性条斑病、细菌性谷枯病、细菌性基腐病、细菌性褐斑病、细菌性褐条病等，这类病害一旦发生，传播速度快，防治难度大，损失严重。病毒病如黄叶病、齿矮病、矮缩病、黄萎病、橙叶病等，线虫病害如根结线虫病、潜根线虫病、干尖线虫病等，这两类病害通常引起水稻植株生长不良、结实率差，造成不同程度的减产。

水稻生态系统与外界活动交换频繁，自然界中可侵染水稻的病原种类繁多、菌源充足，是导致水稻次要病害上升的内在因素。灾害性天气频现以及耕作栽培制度的变更是促发次要病害危害加剧的外在条件。王丽等（2012）研究了1961—2010年气候变化背景下各气象要素变化对中国农作物病害发生的影响，发现我国50年的气候变化总体有利于病害发生，平均温度以0.027℃/年的速率升高，气温每升高1℃，可导致病害发生面积增加6 094.4万hm^2；平均降雨强度以0.024mm/（d·年）的速度增加，每增加1mm/d，可导致病害发生面积增加6 540.4万hm^2；平均日照时数以4.74h/年的速率减少，每减少100h，可导致病害发生面积增加3 418.8万hm^2。在全球气候变暖背景下，温度升高、极端天气气候事件趋多趋强，一定程度上改变了水稻田有害生物繁殖流行的生态条件，致使病害适生区域发生时段性的变化，进而引致其种群类型结构和分布流行发生变化（林而达等，2006；秦大河等，2007）。

近年来，我国也常有一些新病原菌以及部分次要病害局部发生严重危害的报道。如：由稻黄单胞菌稻生致病变种（*Xanthomonas oryzae* pv. *oryzicola*）引起的水稻细菌性条斑病是一种重要的检疫性水稻病害，其发生具有流行性和暴发性等特点。该病1955年在广东省首次发现，尔后随着作物引种试种、南繁加代及材料交换逐步传播蔓延，主要分布于广东、广西、福建、浙江、湖南、湖北、安徽等省份（曾建敏等，2003；颜明利，2008；陈志谊等，2009；刘姮等，2011）。水稻受细菌性条斑病菌侵染后，叶片锈红、枯黄甚至枯死，空秕率增多，千粒重降低，在感病品种上能引起15%～25%损失，严重时达40%～60%，甚至绝收。近年来我国杂交稻发展迅速，随着带菌种子调运频繁、暴风雨天气增多以及生产上缺乏防治的有效药剂，该病发生日频率增多、面积扩大、危害加重。

此外，汪智渊等（2003）报道禾雪腐镰孢在水稻生长后期侵染稻穗，使枝梗、穗轴及谷粒等部位发生褐变，引起稻穗早衰，导致产量大幅度下降，该病在江苏苏南地区发生较普遍。宋海超等（2009）报道海南水稻生产上出现一种类似稻瘟菌的病害，病原菌为新月弯孢，该病害在海南分布广、危害严重；叶片受害出现红褐色梭形或短条斑，茎秆上为红褐色大梭形斑或整段褐色，但不见病斑两端的坏死线，与稻瘟病一样同样可危害叶片、茎秆、穗颈、谷粒，给水稻生产造成较大损失。侯恩庆等（2013）报道，近年来，在全国各稻区，特别是长江中下游籼粳稻混栽稻区和东北粳稻区普遍发生一种危害稻穗和谷粒的病害——水稻穗腐病，全国损失偏重发病面积约80万hm^2，轻度发生的面积约占水稻播种面积1/3（1 000万hm^2）；该病由多种真菌引起，包括层出镰孢、澳大利亚平脐蠕孢、新月弯孢和细交链孢，其中以层出镰孢为主要初侵染菌，主要造成稻穗、谷粒腐坏、变色、结实率降低或不实、稻米畸形；水稻感病后不但影响产量，而且病原菌产生毒素对食用者的健康构成危害。冯爱卿等（2013）报道广东稻区多地普遍发生由稻黑孢霉菌侵染引起的水稻稻叶褐条斑病，其症状与水稻窄条斑病类似，主要见于水稻生长中后期，在叶面上形成黄褐至黑褐色的短细条状斑，严重时可致全叶枯死，引起穗枯、谷粒结实差或不结实，造成水稻严重减产。邓根生等（2013）报道小麦赤霉病病原禾谷镰孢在陕西地区可引起水稻赤霉病，危害严重田块，减产超过50％。此外，次要病害烂秧病、颖枯病、水稻霜霉病、叶鞘腐败病、稻粒黑粉病、稻叶黑粉病、水稻菌核秆腐病、水稻潜根线虫病等在我国局部地区的水稻制种田或生产田发生危害也有报道（黄志农等，2009；王园媛等，2012）。

二、次要病害的防控策略

提高对水稻次要病害的认识。重视次要病害的发生种类及情况调查，编制相关资料、建立水稻病害诊断专家系统及次要病害数据库等。加强基层植保人员及农户的技术培训。

加强对水稻次要病害的研究。对全国发生日趋严重的次要病害应重点开展发生流行规律、成灾机理、预警监测技术、环境友好新药剂的研发及综合防控关键技术的研究。适当调整植物结构，最大限度地选育、种植既能抗当地重要病害，又能抗次要病害的品种，通过抗病品种的合理布局达到控制病害的目的。在抗病资源的筛选方面，针对多种病害筛选多抗资源，推动育种向多抗性方向发展，实现水稻抗病资源多样化，品种多样性丰富，从而可持续地控制水稻病害的危害（朱有勇等，2004；金杰等，2013）。

使用无病种子，清除病株病草，杜绝及减少病源。加强制种基地的病害防控，生产健康种子。大田生产中，重视温汤浸种、盐酸浸种或药剂浸种等方法进行种子消毒。及时清理病稻草、病稻桩及病谷，以减少病害初侵染源。

加强栽培健苗，增强植株对病害抵御能力。合理用肥，科学排灌，严防串灌、漫灌、深灌、水淹，健全排灌系统，以减少线虫及细菌性病菌随水近距离传播危害。多施磷、钾肥及中微量元素肥料，提高水稻抗逆性。

三、几种水稻次要害虫的潜在风险及防治技术

（一）稻蓟马

稻蓟马是危害水稻的蓟马类害虫的统称，主要种类有稻蓟马、稻管蓟马、花蓟马和禾蓟马，均属缨翅目，除稻管蓟马属管蓟马科外，其余3种均属蓟马科。其中，稻蓟马成虫和若虫均能用口器刮破稻苗嫩叶表皮，锉吸汁液，被害叶开始出现苍白色斑痕，后叶尖失水纵卷，稻苗生长势弱或僵而不分蘖；严重时，秧苗成片枯焦；抽穗杨花后转入颖壳内危害内壁和子房，造成花壳和秕粒，是我国南方稻区水稻秧苗和分蘖期的常发性害虫。

稻蓟马是稻田蓟马的优势种，主要分布于我国长江流域及华南地区，19世纪70

年代以前在迟早稻和单季稻秧田、双晚秧田零星发生；以后随着水稻大面积改制，曾连年猖獗危害；19 世纪 80 年代后长江流域随着双、三制的压缩，危害下降；但 21 世纪以来，在连晚、单晚秧田及大田前期发生较重。其他几种蓟马均属局部偶发性害虫，其中稻管蓟马在国内遍及东北、华北、西北、长江流域和华南各地，稻田多发生在抽穗扬花期，并在颖花内取食、产卵繁殖，被害穗出现不实粒；该虫在水稻前期也会发生，但数量少于稻蓟马，因此，稻叶纵卷主要是稻蓟马而非管蓟马所致。花蓟马在江苏局部稻区发生较重，主要在抽穗扬花时危害颖花，引起花壳和秕粒。禾蓟马广布我国各地，对水稻主要在穗期危害，引起花壳和秕粒，曾在贵州危害较重，在湖北、湖南、江苏部分地区，是水稻穗期蓟马的优势种（吕佩珂等，2005；赵文生等，2012）。

稻蓟马主要采用农业防治和药剂防治相结合的办法进行防治。因其对多种药剂敏感，药剂防治一般能取得较好的防效。目前提倡采用种子处理防治秧田蓟马，秧苗带药移栽防治大田前期蓟马等轻简型方法。

（二）大螟

大螟属鳞翅目夜蛾科，又名稻蛀茎夜蛾。国内分布于陕西周至、河南信阳、江苏淮阴以南的大部分稻区。寄主有稻、麦、玉米、高粱、茭白、甘蔗、油菜、稗草、芦苇、香蕉等。20 世纪 50～60 年代，仅在稻田边零星发生，随着水稻栽培制度的变化，特别是双季稻区推广杂交稻以后，发生数量上升。大螟以幼虫在稻桩、杂草根际或玉米、茭白等残株内越冬。未老熟的越冬幼虫至次年春暖时，可转移危害大麦、小麦、油菜、蚕豆等作物。因此，在田间多种寄主作物尤其是甜玉米或糯玉米、茭白与水稻混栽并存的地区，大螟的发生量明显上升。

大螟越冬幼虫抗逆性强，遇淹水有逃逸习性，发生期不整齐。越冬代成虫发生于 4～5 月，一般有 2～3 个蛾峰，多的年份有 4～5 个蛾峰。第一代成虫 6 月下旬至 7 月初始见，7 月上中旬盛发，幼虫于 7 月下旬至 8 月上旬危害中稻和早发的晚稻，造成枯心。二代成虫 7 月下旬 8 月初始见，8 月上中旬盛发，幼虫于 8 月下旬至 9 月上旬危害中晚稻和后季稻，造成白穗、虫伤株和枯孕穗。三代成虫 9 月下旬初见，10 月上旬盛发，对生育期迟的晚稻和后季稻造成一定危害。

春季 3～4 月气温上升早，第一代发生期相应提早，发生量增大。大面积种植甘蔗、玉米等作物的稻区，水稻与禾本科作物混栽的山区，芦苇、茭白较多的滨湖地区，以及杂交稻种植区，大螟的发生会加重。

大螟成虫羽化多在 19：00～20：00，白天栖息在杂草丛中或稻丛基部，20：00～21：00 活动，扑灯盛期在 21：00 至凌晨 1：30。成虫喜在较开阔的空间活动产卵，产卵前期 2～3d，有趋向在秆高茎粗、叶片宽大、叶色浓绿稻株上产卵的习性，故田边稻株上、杂交稻品种落卵量大，受害较重。越冬代成虫喜产卵于玉米基部第二叶叶鞘内侧；一代成虫喜产卵于田边稗草上，秆高、茎粗、叶鞘紧密适中的田边稻株上，也有少量卵块分布。二代以孕穗期和刚齐穗的稻苗上卵块最多，卵主要产在水稻叶鞘内侧，多数产在距叶枕 3cm 以内。有卵的叶鞘表面隆起，可见似开水烫过的褪色卵痕。产卵叶序因水稻品种和生育期而异，分蘖期多产在自下而上第一至四片叶鞘内侧，其中以第二叶鞘内最多，其次是第三叶鞘，孕穗期至抽穗期多产在剑叶鞘及倒二叶的叶鞘内。在杂交稻上，圆秆拔节期主要产在第二叶鞘内，其次为第一和第三叶鞘，孕穗期至抽穗期，卵主要产在第二叶鞘内，其次是第四叶鞘和穗苞内。在春玉米田，大螟喜产卵于茎粗 1~2cm，5~7 叶龄的叶鞘内侧，松散的叶鞘很少产卵。大螟产卵有明显的趋边性，圆秆到孕穗期的稻田，产卵多集中于沿田埂和中心沟旁的边行。水稻穗期卵块向田心分散，但边行卵量仍明显多于田心。一代玉米田卵量及杂交稻制种田父本上的卵量则全田分散，田边略多于田心。

稻田初孵幼虫先群集在叶鞘内取食，造成枯鞘，二至三龄后分散蛀茎，出现大量枯心，以后幼虫不断转株危害，直至孵化后 20d 左右，枯心才停止发展。孕穗期产在穗苞内的卵，幼虫孵化后先在穗苞内危害幼穗，造成枯孕穗，抽穗后幼虫爬出，钻入穗颈形成白穗；叶鞘内的卵孵出幼虫后先集中取食，二龄后侵入稻茎；已抽穗的稻株，幼虫多直接从剑叶鞘上钻孔侵入穗颈，造成白穗和虫伤株。幼虫多从稻株基部 3~4 节处蛀入，造成枯心苗或白穗。幼虫危害多不过节，一节食尽即转株，一头可危害 3~4 株。幼虫进入高龄期，开始向下转移，蛀食稻茎，形成虫伤株。平均 1 个卵块孵出的幼虫能造成 10~20 根白穗、枯孕穗和数十根虫伤株。幼虫老熟后移至下部叶鞘内或稻丛间化蛹。

玉米田由于植株高大，营养丰富，幼虫到四至五龄才开始分散，幼虫老熟时还有一株多虫现象。在玉米田，老熟幼虫化蛹多在枯心或虫伤株叶鞘内，少数在健株叶鞘内化蛹；麦田枯心、白穗中的大螟在麦茎中或转移到稻桩中化蛹。玉米田受害造成枯心，或茎部受创的虫伤株，遇风雨易折断倒伏（方继朝等，2001；吕佩珂等，2005；赵文生等，2012）。

防治上，有茭白的地区，冬季或早春齐泥割除茭白残株；及时清除田间甜玉米和糯玉米残株；铲除田边杂草等，都可压低越冬虫源基数。减少田间甜糯玉米与水稻的局部混栽。田边稗草可诱集产卵，在卵块盛孵后 5~7d，幼虫分散前拔除销毁，以及拔除田边 1m 内的稗草；在幼虫扩散前剪除田间受害株。化学防治以治稻田边行为主，早栽早发的早稻、杂交稻及大螟产卵期正处在孕穗至抽穗或植株高大的稻田是化学防治之重点。生产上当枯鞘率达 5% 或始见枯心苗危害状时，应进行药剂防治。

（三）稻螟蛉

稻螟蛉属鳞翅目夜蛾科，又称双带夜蛾、粽子虫、量尺虫、稻青虫等。该虫为内源性害虫，发生遍布全国各地，在我国北起黑龙江，南迄广东、云南，西至陕西、四川，东达台湾和沿海各省，均有发生。除危害水稻外，稻螟蛉还危害高粱、玉米、茭白、甘蔗等作物，也取食稗草、野黍、看麦娘、茅草等多种禾本科杂草。

在水稻上，稻螟蛉以幼虫取食叶片，一至二龄幼虫取食稻叶正面叶肉，留下叶脉及一层表皮，被害叶常呈现许多白色长条纹；三龄幼虫开始大量啮食叶片，造成不规则的缺刻，严重时可将叶片咬成破碎不堪，仅剩中肋。稻螟蛉的危害影响了水稻生长，尤以苗期被害时影响更大。秧田期危害严重时，可把叶片吃光，仅残留稻基部，好似"平头"；本田期危害严重时，稻叶被取食干净后，形同"洗帚把"，这严重影响水稻生长发育，造成减产。

稻螟蛉发生区域广阔，在我国的年发生代数自北向南递增。该害虫在地区间、年度间发生危害的时期不完全相同。稻螟蛉在东北地区如黑龙江省年发生2代，一代在稻田发生较少，一般在6～7月开始羽化，二代幼虫主要在水稻生育后期发生危害。在华东地区如江苏省，稻螟蛉一年发生4代，一代成虫在5月下旬到6月上旬发生，二代7月上旬，三代8月上旬，四代9月上旬，以7～8月的二代和三代对水稻危害较重，其他季节一般虫口密度较低。而在华南如广东等地，稻螟蛉一年则发生6～7代，多发生于7～8月为害晚稻秧田，其他季节虫口密度一般较低，偶尔在4～5月为害早稻分蘖期。在我国各地，稻螟蛉主要以蛹在稻秆或稻茬、杂草及散落的叶苞和叶鞘间越冬。

稻螟蛉的发生与气候条件密切相关。如果上个年度暖冬，再加上当年春季温湿度较佳，造成虫口基数高和幼虫死亡率低，发生程度就重。反之，倘若上年度冬季寒冷且本年度春季低温多雨，害虫死亡率就较高，其发生程度也会因此而较轻。除气候外，栽培条件也与害虫的发生有着重要联系。高产栽培技术的改进、迟播、氮肥过量施用等，都为稻螟蛉发生创造了良好的环境条件。如因水稻播期推迟，再加上大量施用氮肥，土壤中钾、磷肥不足，水稻长势嫩绿，更利于稻螟蛉发生危害。

稻螟蛉幼虫在水稻幼苗期为害时，可将其叶片吃成缺刻，严重时可吃光，仅留基部。本田期也将其吃成缺刻、孔洞，使叶片残缺不全，严重时可将叶片吃光。幼虫在叶上活动时，一遇惊动即跳跃落水，再游水或爬到别的稻株上为害。老熟幼虫在叶尖吐丝把稻叶折成"粽子"样的三角苞，藏于苞内，再咬断叶片，使虫苞浮落水面，然后在苞内结茧化蛹。稻螟蛉严重时，受害水稻生长受到明显影响，比正常植株矮8～10cm，抽穗整齐度显著降低，产量也明显降低。

成虫日间潜伏于水稻茎叶或草丛中，夜间活动交尾产卵，趋光性强，灯下多属未产卵的雌蛾。卵大多产于稻叶中部，也有少数产于叶鞘，每一卵块一般有卵3～8粒，排成1行或2行，也有个别单产。各地卵产量有差异，每雌平均产卵250～500粒。

稻螟蛉的防治，除大发生年注意查治外，一般发生年份采用兼治策略，控制其危害。主要采用农业防治、物理防治、化学防治和生物防治方法综合防控。因地制宜，采取适时早播，增加有机肥和磷、钾肥的施用量，使水稻生长健壮。同时要清除田边、沟边杂草，减少稻螟蛉的适生寄主和虫源。于稻螟蛉蛾始盛期，开启频振式杀虫灯诱杀成虫。保护并利用稻螟赤眼蜂、稻田蜘蛛等天敌来综合控制田间稻螟蛉等多种害虫。当百穴卵量 300 粒以上或百穴一至二龄幼虫 150 头以上时，应进行药剂防治。在药剂防治策略上，应早发现、早防治，以在低龄幼虫期提高防治效果，避免结苞（吕佩珂等，2005；赵文生等，2012）。

第三节　我国检疫性病虫害种类及危害

2007 年我国公布的《中华人民共和国进境植物检疫性有害生物名录》包含了 435 种进境检疫性有害生物种，其中水稻病虫害主要有 3 种：稻水象甲、水稻茎线虫和水稻细菌性谷枯病菌。此外，部分省市还提出了植物检疫性有害生物补充名单，涉及的水稻病虫害包括水稻白叶枯病（上海、四川、黑龙江）、稻曲病（黑龙江）。

一、稻水象甲

稻水象甲又名稻水象、稻根象，为全国二类检疫性害虫，原产北美洲。成虫取食叶片，幼虫为害水稻根部。严重时，甚至可将稻秧根部吃光。1988 年后在中国陆续发现，现已在全国 10 多个省份相继发生，但仍被我国列为对外检疫对象。

稻水象甲最重要的寄主植物是水稻，其次是禾本科、泽泻科、鸭跖草科、莎草科、灯心草科杂草。成虫长 2.6～3.8mm。体表被覆浅绿色至灰褐色鳞片。其典型特征是从前胸背板端部至基部有一大口瓶状、由黑鳞片组成的暗斑。触角 6 节、赤褐色，棒端密生细毛，但棒基处无毛。前胸腹板上无沟，中足胫节生有白长毛。卵圆柱形，两端圆，白色。幼虫体长 8mm，白色，共 4 龄。蛹长约 3mm，白色。

稻水象甲随稻秧、稻谷、稻草及其制品，其他寄主植物，交通工具等远距离传播。田间自然扩散方式主要为气流迁移或随水流传播。成虫在田边、草丛、树林落叶层中越冬。翌春成虫开始环杂草叶片或栖息在茭白、玉米、水稻等植株基部，黄昏时爬至叶片尖端。稻水象甲为半水生昆虫，发生在中国的稻水象甲均属孤雌生殖型。越冬成虫一般在水稻插秧后开始产卵。卵多产于水面下的叶鞘内。初孵幼虫仅在叶鞘内取食，后进入根部取食。羽化成虫从附着在根部上面的蛹室爬出，取食稻叶或杂草的叶片。在我国南方，稻水象甲一年可发生两代；在辽宁省可发生 1 代至 1 代半。

对稻水象甲的控制首先严禁从疫区调运可携带传播该虫的物品。对来自疫区的交通工具、包装材料等应严格检查，一经发现，应及时灭虫处理。稻田秋耕灭茬，及时清理田埂及附近的枯枝落叶等可大大降低田间越冬成虫的成活率。注重新生代成虫的控制以减少越冬虫源。保护青蛙、蟾蜍、蜘蛛、蚂蚁、鱼类等天敌。施药品种以选用拟除虫菊酯类农药为宜；白僵菌和线虫对其成虫防治有效（吕佩珂等，2005；赵文生等，2012）。

二、水稻茎线虫

水稻茎线虫是一种植物外寄生性线虫，多分布于亚洲和非洲的水稻生长区，包括孟加拉国、缅甸、乌兹别克斯坦、印度、菲律宾、印度尼西亚、巴基斯坦、越南、埃及、苏丹、南非、泰国、阿拉伯联合酋长国、马达加斯加。它是病区水稻上危害最大的病原物之一。该虫主要危害水稻。在潮湿条件下，该线虫由土壤向秧苗迁移，并入侵稻苗的生长点。移栽几天后可在生长点的顶芽发现线虫，随后在叶鞘、茎和顶节、花梗、花序和种子均可以发现线虫。

水稻茎线虫雌虫虫体细长，近直线形或略向腹部呈弧形弯曲，角质层有细微环纹。体中部环纹约 1μm 宽。唇区无环纹，缢缩不明显。头区骨架稍硬化，六角放射形。正面观唇区分为大小几乎相等的 6 部分。侧区为体宽的 1/4 或略少，有 4 条侧线，几乎延伸到尾尖。颈乳突在排泄孔的后方，紧接排泄孔。侧尾腺口位于尾中部的后面，孔状。口针发育较好，口针锥体约占口针全长的 45%；基部球小但明显。食道前体部圆筒状，长为体宽的 3~3.6 倍，在与中食道球连接时变窄，中食道球卵形，在中食道球中心前部有明显的瓣门。食道狭部窄，圆筒状，是食道前体部长度的 1.5~1.9 倍；后食道腺体常呈梭形，长 27~34μm，主要在腹面稍覆盖肠，有 3 个明显的腺核，无贲门。神经环明显，在中食道球后面 21~35μm 处。排泄孔位于从头部开始向后 90~110μm 处，略在后食道球开始处的前部。半月体在排泄孔前 3~6μm 处。阴门有横的狭长裂口，阴道管略斜，达体宽一半以上。受精囊长形，充满大的圆形精子。前卵巢向前伸展，卵母细胞单行排列，极少有双行。后阴子宫囊内无精子，退化，长度是阴门径的 2~2.5 倍，延伸至大约是阴门至肛门距离的 1/2~2/3。尾部锥形，是肛门处虫体直径的 5.2~5.4 倍长，末端渐尖，类似尖突。雄虫形态上类似雌虫，具有交合伞，开始于交合刺的近末端腹面，几乎延伸到尾尖，交合刺向腹部弯曲，简单，引带短、简单。

症状最明显是在穗期，但在水稻生育早期也可见到。病株类似条纹花叶病毒病，褪色条纹纵贯全叶，随着时间增长而愈加清晰。全叶捻转或呈严重畸形，有时幼叶基部出现皱缩，然后褪变为白绿色。大田病状常在移栽后两个月出现，苗期叶片稍有褪绿和变形，随后，有少数褐色污斑在叶和叶鞘上出现，污斑逐渐变黑且上部节间的茎也转为暗褐色。抽穗后的主要症状分为膨肿型、成熟型和中间型，症状非常明显，极易识别。膨肿型病穗紧裹叶鞘里面，不能抽出，呈纺锤形肿大。剥去叶鞘，可见病穗已变褐、扭曲，花器退化、不结实。成熟型病穗可以从叶鞘中抽出，并能结成一些正常谷粒，特别是靠近穗的顶部，但穗的下部小花多败育，花梗呈暗褐色到黑色。中间型的病穗仅部分抽出，细弱且不能结实。

水稻茎线虫主要由种子传播，其次是秧苗、病株残体及病土。田间传播扩散一般靠秧苗移植，田间排水、灌水及雨水。在潮湿的条件下，病健株间彼此接触摩擦也可传播。

对该病的控制首先要加强对种子、稻草及其制品的检疫。由于我国尚无该线虫发现和危害的报道，加强检疫对于防止该病害的传入极其重要。选用抗病品种或用耐病和早熟品种，以便在线虫大量发生前成熟。提高稻田水平面，使排水良好，有利耕作，并避免在常年潮湿的洼地里种稻。收获后的根茬、田间植物残体应及时全部清除或加以焚烧；深翻地、休耕也可有效减少土壤中的线虫；温汤浸种消毒，可减轻病害。

三、水稻细菌性谷枯病

水稻细菌性谷枯病的病原为颖壳假单胞菌。该病原为革兰氏染色阴性细菌，菌体短杆状，大小（1.5～2.5）μm×（0.5～0.7）μm，极生2～4根鞭毛。有荚膜，无芽孢，在PDA培养基上形成黄乳白色的小菌落，能利用木糖、阿拉伯糖、葡萄糖、果糖、甘油等产酸而不产气；不能利用鼠李糖产酸。氧化酶活性为阳性。能凝固并消化牛乳。不产生吲哚及硫化氢，但产氨气，不能还原硝酸盐。生长温度范围为11～40℃，最适温度为30～35℃（罗金燕等，2008）。

发病水稻乳熟期的穗绿色、直立，染病谷粒初期似缺水状萎凋、苍白色，渐变为灰白色至浅黄褐色，内外颖的两端和护颖变成紫褐色。一般每个受害穗染病谷粒10～20粒，发病重的一半以上谷粒枯死，受害严重的稻穗直立，多数不结实，即使能结实也多为萎缩畸形谷粒，谷粒一部分或全部变为灰白色或黄褐色至浓褐色。

该病的初侵染源是带菌谷种。水稻品种间对该病的抗性有差异，感病品种适宜的发病条件是抽穗期高温多日照、降水量少。对该病的控制应加强检疫以防止病区扩大，特别是严格管理带菌谷种远距离调运。其次是选用抗病品种并合理使用化学药剂进行防治。

第四节　水稻植物保护状况

一、我国水稻病虫害发生及植保策略

近年来，我国水稻病虫害发生面积有扩大、加重趋势，其中2012年水稻病虫害发生面积5 133万 hm²，其中稻飞虱、稻纵卷叶螟累计发生面积分别为1 600万 hm²、1 000万 hm²，分别较上年同期增加47.3%、17%。水稻螟虫在西南北部、江淮稻区偏重发生，全国累计发生1 000万 hm²。稻瘟病和纹枯病累计发生面积分别为215.6万 hm²和1 267万 hm²。南方水稻黑条矮缩病在南方稻区发病范围继续扩大，累计发生19.1万 hm²（水稻病虫周报，2012）。

农业部提出我国水稻植保应突出重大病虫、重发区域和致灾关键期的监测，强化

分区治理，保障水稻产量、质量和稻田生态安全。在植保实施技术上实现两个转变：①防控策略要由主要依赖化学防治向综合防治和绿色防控转变，注重生物防治和物理防治等非化学措施的应用；②防控方式要由分散防治方式向专业化统防统治转变，提升防治工作的组织化程度和科学化水平。为此，大力推进病虫害专业化统防统治，大力推进病虫害绿色防控，加强重大疫情监控阻截（危朝安，2010；农业部办公厅，2013）。

二、我国水稻病虫害区域防控重点及主要技术

我国水稻产区生态多样，病虫害防治各有侧重。华南稻区重点防控稻飞虱、稻纵卷叶螟、南方水稻黑条矮缩病和锯齿叶矮缩病、稻瘟病、纹枯病，同时注意防控稻曲病、二化螟、三化螟；长江中下游和江淮稻区重点防控稻飞虱、二化螟、稻纵卷叶螟、南方水稻黑条矮缩病（江淮和黄淮稻区还包括条纹叶枯病、黑条矮缩病）、稻瘟病和纹枯病，重视防控稻曲病，兼治局部三化螟。西南稻区重点防控稻飞虱、稻纵卷叶螟、稻瘟病、二化螟、南方水稻黑条矮缩病，重视防控稻曲病。北方稻区重点防控稻瘟病、二化螟和纹枯病，注意防控恶苗病、稻曲病，局部稻区注意条纹叶枯病（全国农业技术推广服务中心，2012）。

在防控技术上仍然采用"预防为主、综合防治"的植保方针。突出几个方面的技术实施：①利用抗病品种防病技术。选用抗（耐）稻瘟病、稻曲病、白叶枯病、条纹叶枯病的水稻品种，淘汰易感病品种，及时更换使用年限长的品种。②深耕灌水灭蛹控螟技术。利用螟虫化蛹期抗逆性弱的特点，在春季越冬代螟虫化蛹期统一翻耕冬闲田、灌深水浸没稻桩，降低虫源。③种子处理和秧田阻断预防病虫技术。咪鲜胺浸种，预防恶苗病和稻瘟病。单季稻和晚稻用吡虫啉、噻虫嗪或吡蚜酮拌种或浸种，或用20目防虫网或无纺布防护育秧，预防秧苗期稻飞虱及南方水稻黑条矮缩病、锯齿叶矮缩病、条纹叶枯病等病毒病和稻蓟马。秧苗移栽前施药，带药移栽，早稻预防螟虫和稻瘟病，单季稻和晚稻预防稻蓟马、螟虫、稻飞虱及其传播的病毒病。④昆虫性激素诱杀二化螟技术。二化螟越冬代和主害代始蛾期至终蛾期，集中连片使用性信息素，可诱杀二化螟成虫，降低田间卵量和虫量。⑤生态工程保护天敌治虫技术。释放稻螟赤眼蜂防治二化螟和稻纵卷叶螟。田埂种植芝麻、大豆等显花植物，保护利用蜘蛛、寄生蜂、黑肩绿盲蝽、青蛙等天敌治虫。⑥灯光诱杀害虫技术。每2～3.3hm²稻田安装一盏杀虫灯，于害虫成虫发生期夜间开灯，可诱杀二化螟、三化螟、稻纵卷叶螟、稻飞虱等多种害虫的成虫，降低大田的再生虫源（全国农业技术推广服务中心，2012）。

第五节　我国水稻病虫害未来防控技术策略

水稻病虫害的防控不仅关系我国粮食的产量安全，也关系粮食的质量安全，因

此，高效安全地控制水稻病虫害是我国农业可持续发展的保障。此外，伴随着我国城镇化的发展，水稻生产向着大耕户、集约化生产方向转变。大力发展专业化统防统治有利于集成病虫防控技术、提高防治效率和效益，也对植保技术在规模化、集约化和标准化方面提出了新的技术要求。因此，在水稻病虫害控制上应加强以下几方面的研究和技术开发：

（1）抗病虫品种的选育和布局技术。合理使用抗病虫品种是控制水稻病虫害最经济安全有效的方法，但我国目前绝大多数商用水稻品种的抗病虫基因型不清，病原和害虫的优势致害型及其时空动态也不明确，限制了抗病虫品种的选育和布局。因此，在未来一段时间内，深入挖掘水稻或其他生物的抗病虫资源，弄清推广水稻品种抗性基因型，有针对性地培育抗病虫水稻品种将是一项重要的战略任务。例如，针对水稻稻瘟病、白叶枯病、褐飞虱等流行性病虫害，广泛鉴定生产品种或育种品系中的抗性基因型，掌握各地不同年份病虫害优势致害型（或无毒基因型）及其变化，有针对性地选用和培育相应抗性基因型的品种。

（2）病虫害的监测和预警。在虫害防控方面，应进一步整合集神经网络综合集成法等先进测报技术与 GIS 预警系统（刘占宇，2011；胡少永，2013），在实现跨国境、跨区域监控站点的建设基础上，建立水稻"两迁"害虫等高效预警体系。在此基础上，建立针对不同害虫控制的统防统治技术。力争在预警的基础上，通过调整栽培方式、合理布局作物种类和品种、改善管理模式等方式实现害虫的有效控制。在病害控制方面，应加强各地病原菌群体的致病型变异规律研究，建立不同病原菌致病型时空分布与变异的快速高效检测技术，在此基础上明确各地病原菌群体的致病型（无毒基因型），并以此指导抗病品种的时空布局；加强各类病毒病的早期诊断，开发带毒介体和带毒水稻植株的实用快速检测技术，进而实现传毒介体害虫与病毒病害的一体化防控。

（3）高效低毒农药的研发与农药的安全使用。高毒、高残留化学农药在病虫防控上的过量使用造成农产品及生态环境的污染，严重阻碍了现代农业的可持续发展。环境友好型、高效农药的研发与应用，也是实现水稻"绿色植保"的重要方向。这就要求我们在未来一方面要利用基因组研究的成果，针对病虫害特异、必需基因及其蛋白开展无公害农药的设计和研发；另一方面，应不断研发高效精准的农药施用技术，以提高农药的利用率，减少农药的使用量。同时，针对一些病虫害抗药性不断上升的趋势，应加快研究抗药性产生和变异机理，开发、集成抗药性治理技术。

（4）持久性抗病虫资源的挖掘和利用。对于稻瘟病、白叶枯病等主要病害，目前生产上的品种多为主效基因抗性，容易造成抗病性"丧失"；而对纹枯病、病毒病等则缺少主效抗病基因，品种间的抗性差异也多表现为数量性状；特别是对于飞虱、螟虫等害虫，可以利用的水稻抗性资源则更少。因此，未来应深入挖掘水稻中抗病虫的数量抗性基因（QTL），特别是主效 QTL 的鉴定及其分子标记的开发，并将其应用于多基因聚合育种，这将有助于实现病虫害的安全持续控制。同时，广泛挖掘具有生防作用的微生物和天敌资源，不断改良生防制剂剂型和提高天敌昆虫的利用水平，提高田间生物防治的效果，也是未来水稻病虫害持续控制的一个重要方向。

（5）加强植保专业化队伍的建设。随着土地的不断集约化、规模化，以及农村劳动力的减少、劳动力成本的增加，以小农户单独防治病虫害的模式的弊端越发凸显。一方面限于技术水平较低，防治效果差；另一方面，由于防治成本的升高而造成很多农田疏于防治。因此，建立一支具有相当规模的、专业化的防治队伍势在必行。在一定区域内实行规模化、专业化、服务性的植保推广体系，不仅可以提高防控效果、实现区域内的统防统控，而且可以节约成本、节省劳力。

第五章　水稻栽培与土肥管理的可持续发展

水稻栽培技术、土壤培肥和施肥技术随水稻品种改良、水稻种植制度和种植方式的演变和进步不断创新，对发挥和提高水稻品种产量潜力，改善稻米品质，提升肥水资源利用效率，降低水稻生产劳动强度，抗灾减灾，提高劳动生产率和降低生产成本等方面做出了重要贡献，对水稻增产增收提供了生产技术，提升水稻产业技术水平。

第一节　我国稻作技术发展

一、稻作技术的发展历程

我国水稻单位面积产量从 1949 年不足 $2.0t/hm^2$ 到 2012 年提高到 $6.7t/hm^2$，单产提高 3 倍多。品种改良是增产的基础，但高产品种的增产须通过栽培技术研究和配套才能实现。20 世纪 50 年代农艺学家总结和研究陈永康水稻高产栽培经验，提出不同水稻品种高产栽培"三黑三黄"的理论和技术，促进了高产栽培技术的推广。20 世纪 60 年代后期到 70 年代初，矮秆品种的育成与栽培技术的配套，实现了水稻单产的第一次突破，研究和发展了因种因茬水稻育秧和尼龙薄膜育秧技术；在比较研究高秆与矮秆品种生长和产量形成特性的基础上，提出提高种植密度增加单位面积穗数，实现增穗增产的途径；针对矮秆品种生育期缩短，提出多熟种植提高单位面积产量，使我国在 20 世纪 70 年代水稻播种面积大幅提高，双季稻面积比例达到水稻面积的70%左右。在 20 世纪 70 年代后期，我国籼型杂交稻研究成功及栽培技术的配套和产业化的应用，实现了水稻单产第二次突破。栽培研究明确杂交稻分蘖、根系、叶面积和物质生产的营养优势及穗大粒多的产量优势。在技术上，研究了杂交稻生育特性相配套的两段育秧技术，发挥杂交稻的分蘖优势，解决了季节、劳力和茬口的矛盾，促进水稻多熟制迅速发展。20 世纪 80～90 年代，随高产常规稻品种和杂交稻的育成推广，特别是穗型较大品种的推广，研发大穗型品种配套的水稻稀播稀植技术，发挥水稻分蘖优势，构建水稻优化群体。发展了稀播、培育壮秧、以蘖代苗、适当稀植确立适宜群体、建成高光效群体、以分蘖成穗为主的杂交稻高产栽培技术。20 世纪 80 年代推广"水稻稀少平""叶龄模式"等为代表的水稻高产优质栽培技术，全国水稻单产提高到 $5.0t/hm^2$。同时，针对农村劳动力的转移，研发水稻抛秧、直播等省工节本水稻生产技术。20 世纪 90 年代，研究和推广了"旱育稀植""抛秧直播技术""群体质量栽培""水稻浅湿干灌溉技术"等为代表的水稻高产优质栽培技术，在稳定水稻种植面积的同时，全国水稻平均单产达到了 $6.0t/hm^2$。90 年代后期，我国启动超级稻计划，随超级稻品种的育成和推广，超级稻高产原理及区域化高产栽培技术研发，在我国水稻主产区相继实现超级稻每 $667m^2$ 产稻 700kg、800kg 和 900kg。近年来，超级稻品种的产量水平进一步提高，高产栽培原理和技术研究进一步深入，超级稻在主产区达到小面积每 $667m^2$ 产 1 000kg 的水平。我国超级稻品种改良与栽培技术配套是我国超级稻研究处于国际领先水平的成功经验。2000 年以来，我国社会经济发展和农村劳动力进一步转移，水稻生产规模化经营和社会化服务的发展迫切要求稻作技术转型升级。水稻栽培机械化、定量化和信息化技术发展，为水稻产业发展和竞争力提供支撑（朱德峰等，2010）。

二、主要稻区水稻栽培技术模式的发展

（一）长江中下游稻区

长江中下游稻区包括上海、江苏、浙江、安徽、江西、湖北和湖南。长江中下游稻区粮食作物面积占农作物面积的 62.7%，水稻面积占粮食作物面积的 57.6%，水稻总产占粮食作物总产量的 68.8%，水稻单产为 6.6 t/hm^2。该稻区是我国水稻主要产区，水稻面积占我国水稻总面积的 52.9%。该区单季稻和双季稻均衡发展，单季稻占 50.8%，双季稻占 49.2%。种植的水稻品种多样化，双季稻早稻为籼稻；双季稻、晚稻在江西、湖南、安徽以籼型杂交稻为主，浙江有籼稻和粳稻；单季稻在上海、江苏、浙江北部为粳稻，其他地区以籼型杂交稻为主。近年来，随着籼粳杂交稻品种选育成功，籼粳杂交稻品种的应用面积也在扩大。目前长江中下游稻区的水稻种植方式较多，有手插秧、机插秧、直播和抛秧等多种类型。根据调查，长江下游早稻种植以手插秧和直播为主，两种种植方式接近 40%，抛秧占 16%，虽然机插秧面积目前较少，但近年来发展较快；长江中游的早稻种植手插秧、抛秧、直播和机插比例分别为 37%、33%、25% 和 5%。相对于早稻，由于连作晚稻直播和机插种植受品种生育期限制等原因，晚稻中直播和机插秧比例均较少，种植方式以手插秧为主，长江下游和中游的晚稻手插秧面积分别占 57% 和 65%，抛秧面积分别占 28% 和 23%。长江中下游单季稻水稻种植的机械化程度相对较高，如江苏省 2012 年机插秧面积约 133.3 万 hm^2，接近该省水稻种植面积的 60%，江苏直播稻比例也较高，约占 20%；浙江省水稻种植机械化近年来发展较快，目前已达 15% 以上。

水稻产量限制因素与不同种植方式、季节和种植习惯相关，分析表明，每穗粒数和有效穗数差异是导致长江中下游水稻品种间和田块间产量差异的主要因素。手插秧生产中常由于种植密度得不到保证导致产量下降。抛秧节省劳力，减轻劳动强度，还可缩短返青期，促早生快发，尤其是低位分蘖增多，从而保证了有效穗数，但生长不

均，群体不易调控；直播稻出苗期间易受天气影响，存在出苗慢、全苗难等问题，同时穗数多，穗型小。机插则秧苗素质相对差，漏插率高，行距过大，有效穗数往往较少。晚稻种植方式为抛秧、机插和手插秧，总体来说抛秧产量最高，其次为手工插秧，再次为机插，不同生态区存在差异。抛秧产量关键是有效穗数，要提高晚稻抛秧产量，培育大穗是关键。机插秧产量提高关键是减少漏秧率，提高千粒重。移栽稻产量提高的关键是插足足够的有效穗数，而选择适宜品种和有效穗数是保证单季稻达到产量目标的首要条件。

长江中下游稻区不同季节、类型水稻的高产栽培增产途径存在着较大差异，研究表明，单季粳稻需要以适量的群体穗数与较大的穗型协调产出足够的群体总颖花量，保持正常结实率与千粒重，以合理增加中期物质生长量为重点，提高后期生长量与最终生物学产量，建立合理的叶面积指数动态，提高群体中后期物质生产能力，从而实现增产。单季杂交籼稻的高产途径则为稀播壮秧，前期保持稳生稳长，奠定稳健群体；中期促进壮秆大穗发育，形成高分蘖成穗率群体；后期养根保叶，增强光合作用，促进籽粒灌浆结实，每 $667m^2$ 总颖花数 3 000 万，结实率达 85%。一般单季稻每 $667m^2$ 产 700kg 的高产群体指标：大穗型品种穗数每公顷 270 万～300 万，总颖花量 3 200万以上；穗粒兼顾型品种穗数每公顷达 315 万～360 万，总颖花量 3 000 万左右。群体干物质积累量拔节期为 3 000kg/hm² 左右；抽穗期要达到 12t/hm² 以上；成熟期总干物质量达 20.25t/hm² 左右；抽穗到成熟积累约 8.25t/hm²。叶面积指数拔节期为 4.0～4.5；孕穗期多数在 7.5～8.0；有效叶面积率在 92% 以上；成熟期仍有 2.5～3.0。高产群体茎蘖动态和成穗率在有效分蘖临界叶龄期前 1 个叶龄群体够苗；大穗型品种高峰苗一般应控制在适宜穗数的 1.4 倍左右，穗粒兼顾型品种控制在适宜穗数的 1.5 倍左右；成穗率一般在 70%～80%。

双季早稻则走穗粒兼顾实现增产，早栽保证基本苗，着重促进主茎第二和第三个分蘖节位的分蘖，提高一次枝梗分化期大茎蘖数量，实现前期早发稳长、中期壮秆大穗、后期根强冠健。早稻 9t/hm² 的高产群体指标：有效分蘖临界叶龄期，适宜茎蘖数每公顷 345 万～405 万，叶片含氮率为 5.2%～5.6%；幼穗分化期适宜茎蘖数每公顷 570 万～660 万，成穗率 49%～62%，叶片含氮率在 3.83%～4.37%，适宜 LAI 4.1～4.8，物质积累量 3 000～3 495kg/hm²；齐穗期适宜 LAI 6.2～7.6，叶片含氮率为 3.0%～3.4%，颖花量每公顷 38 550 万～43 050 万；乳熟期 LAI 5.5～6.5，齐穗后 15d 叶片叶绿素含量下降幅度在 5%～10%。在适宜总颖花量的条件下，乳熟期物质积累量 12.60～13.35t/hm²，齐穗后物质生产量为 5 250～6 225kg/hm²，总干物质生产量在 14.4～15.0t/hm²。

双季晚稻高产栽培也需要穗粒兼顾实现增产，保证基本苗，着重促进主茎基部三个分蘖节位和主茎第一个分蘖节位上的第一个二次分蘖节位分蘖成穗，实现前期早发稳长、中期壮秆大穗、后期根强冠健。其 9t/hm² 的高产群体指标：有效分蘖临界叶龄期，适宜茎蘖数每公顷 375 万～420 万，叶片含氮率为 4.17%～4.55%；幼穗分化期适宜茎蘖数每公顷 495 万～570 万，成穗率 57%～77%，叶片含氮率2.66%～3.06%，适宜 LAI6.4～7.0，物质积累量为 5 550～6 450kg/hm²；齐穗期适宜 LAI 7.4～8.0，叶片含氮率 2.6%～3.2%，颖花量每公顷 44 250 万～50 250 万。双季稻不同生育期的高产群体指标见表 5-1。

表 5-1　双季稻不同生育期高产群体指标

季别	生育阶段	每公顷茎蘖数 （×10⁴）	物质积累量 （kg/hm²）	LAI	叶片含氮率（%）	叶绿素SPAD值	总颖花量
早稻	分蘖盛期	372	609	2.9	5.4	38.5	
	枝梗分化期	615	3 273	4.5	4.1	43.1	2 726.0
	齐穗期	375	8 823	6.9	3.2	45.4	
晚稻	分蘖盛期	402	2 341.5	3.4	4.4	40.8	
	枝梗分化期	5 445	5 977.5	6.9	2.9	41.0	3 155.5
	齐穗期	3 405	10 747.5	7.7	2.9	44.8	

（二）华南稻区

华南稻区包括福建、广东、广西和海南。该稻区粮食作物面积占农作物总面积的 53.7%，水稻占粮食作物面积的 72.0%，水稻总产量占粮食作物的 79.2%，水稻单产为 5.4t/hm²。华南稻区水稻面积占我国水稻总面积的 18.1%。该区气温高，适于水稻生育时间较长，以种植双季稻为主，面积占 88.5%，单季稻面积占 11.5%。种植的水稻品种基本为籼型常规稻和杂交稻。种植方式以手插秧和抛秧为主，有部分机插秧、直播及再生稻。据不完全统计，华南双季稻区早稻手插秧比例约占 53%，抛秧比例约占 41%；晚稻种植也与早稻类似，手插秧和抛秧的比例分别为 55% 和 38% 左右。

华南稻区水稻高产栽培主要有三大限制因素，即中低产土壤障碍、气候不良和栽培技术滞后。中低产稻田由于稻田营养供应不足或不平衡以及土壤理化性状欠佳，导致水稻栽培中干物质运转不畅，源库流关系欠协调，因而结实率较低，谷粒充实度也较低，限制了其增产潜力的发挥。同时，华南地处亚热带，易导致早稻高产田块水稻前中期生长过快，群体过大，中上部叶片过长过宽，叶片披垂，下层叶片过早死亡，中后期诱发纹枯病、螟虫、纵卷叶螟等，后期功能叶片和根系早衰，成穗率低，抽穗开花期间又常遭遇"龙舟水"天气，雨打禾花，导致空秕率高，充实度低，甚至发生倒伏现象，最后造成产量不高。

目前，华南水稻栽培在高产田块中为了追求产量，往往氮肥施用量过高，造成群体过大，成穗率低，结实率和充实度下降，最后反而导致产量不高。在中低田中往往插植密度不够，基本苗不足，造成够苗时间不及时，有效穗数偏少。早稻由于下雨天多，晒田不及时，叶色未能在幼穗分化时正常转赤，因而不能正常施用穗肥造成穗子偏小，或者穗肥施氮量过多造成上部叶片过长过宽叶色过深，后期转色不顺调甚至植株倒伏导致减产。晚稻由于气温高使超级稻品种营养生长期缩短，往往因为移栽秧龄过长或者施肥不及时造成营养生长量不足而导致产量不高。

华南稻区双季稻高产栽培的增产途径：插足基本苗，增密增穗确保足够高产的穗数。重视施有机肥改善稻田土壤结构，加强肥水管理合理控制前期群体生长量，减少氮肥用量，适当增加钾肥比例和穗肥比例，促进中后期个体生长量，防止早衰，实现穗大粒多充实度高。注重露晒田，提高成穗及促进根系生长防倒伏，注重增加每穗粒数，加强肥水管理防治病虫害。另外，针对华南稻区水稻气候类型、土壤性质和品种特性，在高肥力稻田要适当降低移栽密度、基本苗及基蘖肥的比例。低肥力稻田要适当增加移栽密度、基本苗及基蘖肥的比例；早稻要及时晒田，穗肥的施用量要根据天气、品种特性、群体大小和叶色诊断施肥。晚稻蘖肥要早施，穗肥比例可适当增加。

华南双季稻 9 000～9 750kg/hm² 穗粒结构：有效穗每公顷 270 万～300 万，每穗总粒数 170～180 粒，结实率 85％～90％，千粒重 22～23g。该稻区双季稻植株形态为株高 105～110cm，倒 1 叶至倒 3 叶长分别为 35～40cm、50～55cm、52～55cm；叶面积指数够苗期 1.3～1.5、幼穗发育初期 4～4.5、孕穗期 7～7.5、齐穗期 6.8～7 和成熟期 3～3.5；干物质积累够苗期 900～1 050kg/hm²，幼穗发育初期 3 380～3 750kg/hm²，幼穗发育四期 5 550～6 000kg/hm²，齐穗期 10 880～11 250kg/hm² 和成熟期18 000～19 500kg/hm²。

（三）北方稻区

北方稻区以东北稻区为主，东北稻区主要包括辽宁、吉林和黑龙江。该稻区粮食作物面积占农作物面积的 89.2％，水稻面积占粮食作物面积的 21.5％，水稻总产量占粮食作物总产量的 29.8％，水稻单产为 7.0 t/hm²。东北稻区水稻面积占我国水稻面积的 12.4％。东北稻区地处我国北方，土质肥沃，土壤养分比较丰富，腐殖质含量较高，但气温偏低，生长季节短，活动积温少，前期升温慢，中期高温时间短，后期降温快，低温冷害多，属典型的寒地稻区。但水稻生长期间日照时间长，光照充足，有利于干物质积累。同时，水稻生育季节昼夜温差大，昼间高温有利于增强光合作用制造干物质，夜间低温减少干物质消耗，有利于增加单产和提高稻米品质，适合优质稻米生产。东北稻区种植的水稻品种主要为常规粳稻，水稻机械化生产水平较高，是我国水稻种植机械化程度最高的地区，水稻种植方式以机插秧为主，其次是手插秧。2011 年黑龙江和吉林的水稻机插秧水平均已超过 50％，辽宁省的水稻机插秧水平也较高，超过 20％。

目前限制北方水稻增产主要因素包括低温影响、土壤环境因素不良、基础地力差。如吉林省西部存在大量盐碱地，土壤"瘠、沙、盐碱、土壤闭塞"，东部半山区存在低洼冷凉稻田，土质"低洼冷浆，地温低，有效养分少，土壤缺素严重"；冷害发生频繁制约单产提高，低温冷害一直是北方水稻生产中频发的气象灾害之一，近年有加重趋势，由原来的三年一害发展为每年均有不同程度的发生，发生区域也由原来的山区、半山区发展到平原地区；部分地区干旱缺水，水资源紧缺是限制东北水稻面积增加的重要因素，生产关键技术因为缺水造成部分田块灌不上水或插后干现象还很严重，严重制约东北水稻单产的提高。

北方稻区高产需要通过合理种植密度增加穗数实现高产，构建合理冠层结构，提高叶片光合能力，充分利用下部叶片，注重后期防病及低温冷害。其中 $9.75\sim11.25t/hm^2$ 的产量构成：有效穗数每公顷 450 万～525 万，每穗粒数 100～130，结实率 90% 以上，千粒重 25～27g。机插育秧播种量 90～120g/盘，机插行距 30cm，株距 12cm 左右，种植密度在 27 万丛/hm^2，基本苗每公顷 90 万～105 万，黑龙江最高苗每公顷 600 万～630 万，有效穗数每公顷 540 万～555 万；吉林优质稻最高苗每公顷 495 万～540 万，有效穗数每公顷435 万～480 万；辽宁最高苗每公顷 450 万～525 万，有效穗数每公顷 375 万～450 万。茎蘖数分蘖末期至幼穗分化期要限水控氮，使稻株含氮率由3.4%～4%下降到1.6%～1.8%，增强稻株内碳水化合物的积累，提高碳氮比和木质素含量。

北方稻区高产栽培首先需要根据不同省市的积温条件选择适宜品种，前期培育壮秧，插秧至分蘖盛期缓苗促蘖，分蘖末期至幼穗分化期控氮落黄，水稻从营养生长向生殖生长转化的时期，是培育理想株型的关键时期，水肥管理的主攻方向是控制无效分蘖，促进水稻生长中心的转移，增强抗病抗倒伏能力。成熟期养根保叶，提高千粒重和结实率。穗分化至抽穗开花期保持 12～15cm 深水层，防御低温冷害确保颖花结实。

（四）西南稻区

西南稻区包括重庆、四川、贵州和云南。该稻区粮食作物面积占农作物面积的66.0%，水稻面积占粮食作物面积的 27.6%，水稻总产量占粮食作物总产量的44.0%，水稻单产为 7.0 t/hm^2。西南稻区水稻占我国水稻总面积的 15.1%。主要种植单季稻，面积占水稻面积的 98.4%。种植的水稻品种以籼型杂交稻为主，种植方式主要是手插秧，有部分直播、抛秧、机插秧和再生稻，我国的再生稻主要分布在该稻区的四川和重庆。

西南稻区水稻大穗型品种和多穗型品种实现高产的途径存在着明显的差异，表现为大穗型品种发掘超高产潜力的关键是库容的充实（尤其是结实率提高），而穗数型品种高产潜力的发掘有赖于在足够有效穗数基础上提高穗粒数，需依据这些研究结果分别提出各生态条件下不同类型水稻品种实现高产潜力的技术途径。关键是培育壮秧，选择适宜种植密度，通过穗粒协调高产，注重构建合理群体结构，氮肥合理配施，提高结实率。

西南稻区水稻以杂交籼稻为主，移栽期秧苗叶龄3.5～4.5叶，手插秧 9.75t/hm^2 的群体指标基本苗每公顷 90 万～135 万，最高苗要求每公顷 330 万～435 万，有效穗数要求每公顷 195 万～255 万，通过合理穗粒结构和群体调控，实现超级稻9.75t/hm^2

以上的目标。而机插秧基本苗每公顷 37.5 万～60 万，最高苗要求每公顷 330 万～420 万，有效穗数要求每公顷 195 万～255 万，结实率 85％以上，从而实现超级稻 9.75t/hm² 以上的目标。

西南稻区高产栽培首选Ⅱ优 7 号、Ⅱ优 602、德香 4103、D优 527、Q优 6 号等生育期适中、分蘖、抗倒伏能力较强、穗型偏大、产量潜力高，综合抗性好，适应性广的优质杂交水稻品种。采用旱育秧、塑料软盘旱育秧或湿润保温育秧，视秧龄长短确定播种量并精细播种，稀播匀播、加强肥水管理，培育适龄多蘖壮秧。通过合理种植密度、精确施肥、合理水分管理等技术保持高产稳产。

三、水稻种植方式的发展

（一）种植方式的发展现状

我国水稻种植方式主要有手插秧、机插秧、直播、抛秧等几种。手插秧仍是我国水稻种植的主要方式。近年来，随着社会经济发展，农村劳动力转移、老龄化及国家政策繁荣支持，我国水稻种植机械化发展迅速，2012 年机械化种植水平达 28％，其中水稻机插秧突破 25％。抛秧栽培是我国水稻简化栽培的主要技术之一，近几年来我国的水稻抛秧面积基本稳定在 667 万 hm² 左右，约占我国水稻种植面积的 24％，抛秧在华南双季稻区和长江中下游双季稻区面积较大。直播栽培由于不需育秧、拔秧和插秧，直接生产成本比其他栽培方式要省，同时，随着品种改良，适应直播栽培品种选育，直播除草剂应用及栽培技术进步，直播栽培近年来发展较快。目前我国直播稻主要分布在长江中下游稻区，以单季稻直播为主，其次是连作早稻直播（Zhang Yu-ping et al.，2012）。

（二）不同种植方式特点

1. 手插秧

长期以来，手插秧是我国水稻主要种植方式，主要特点是需要育秧、拔秧、运秧和移栽等多道环节，由于可以做到浅插、匀插、减轻植伤、插直，有利于实现水稻定量精确栽培，群体容易控制，产量相对稳定且高产，但生产效益低，劳动强度大。近年来，随着我国社会经济发展，农村劳动力转移和老龄化，手插秧面积比例在逐渐下降，但由于我国部分地区水稻种植面积小，加之机插秧投资较大和受经济条件的限制，在一定时期内手插秧仍然是这些地区水稻栽培的主要方式。

2. 机插秧

水稻机插秧是通过规格化育秧，并采用插秧机代替人工栽插秧苗的水稻移栽技术，主要内容包括适宜机插秧秧苗培育、插秧机操作使用、大田管理农艺配套措施等。机插秧可显著减轻水稻种植劳动强度，实现水稻生产节本增效、高产稳产。水稻机插秧可使秧苗定穴栽插，比人工栽插更能保证种植密度。同时机插秧技术具有培肥旱育、中小苗移栽、宽行窄株、少本浅栽等特点，有利于保证秧苗个体的壮实和水稻群体的质量，有利于通风透光，减少病虫害，实现水稻稳产高产。我国水稻机插方式主要有洗根苗机插、毯状秧苗机插、钵苗摆栽和钵形毯状秧苗机插4种类型。我国也是世界上研究使用机动插秧机最早的国家之一，20世纪60～70年代在政府的推动下，掀起了发展机械化插秧的高潮，率先研制开发了大秧龄洗根苗插秧机及机插技术，但由于技术问题及社会经济条件限制，该技术没有发展应用；2000年以来，我国加快推广应用日本、韩国引进的水稻毯苗机插技术，但该技术存在机插定量定位性差、漏秧率高、伤秧伤根严重、每丛苗数不均匀及返青慢等问题。为解决这些问题，日本、韩国相继研发了水稻机械化钵苗摆栽技术，但该技术机具贵、效率低及育秧难度大等问题制约大面积应用。近年来，针对毯状秧苗机插及钵苗摆栽存在的问题，中国水稻研究所自主创新研发了水稻钵形毯状秧苗机插技术，实现水稻钵苗机插，解决了水稻毯苗机插的问题，大幅提高了水稻机插产量和效益（徐一成等，2009）。

3. 抛秧

抛秧移栽效率高且劳动强度低，使用钵体育苗，秧苗带土移栽伤根少，秧苗抗逆能力强，采用这种栽培方式有利于水稻抗逆栽培和高产。但抛秧对整地质量标准要求高，其均匀度直接关系到产量的高低。目前双季晚稻抛秧主要采用的是湿润育秧，受茬口、季节的限制，一般秧龄期较长，加之播种较密，秧苗素质普遍较差，秧苗分蘖发生少，群体难调控，大穗潜力难发挥，田间作业困难和病虫较多，这些都限制了抛秧水稻产量的提高。

4. 直播稻

直播稻是直接把稻种播入田块的一种水稻栽培技术，根据播种时土地的水分状况，直播可分为水直播、湿润直播和旱直播3种类型。水直播主要目的是控制杂草，防止鸟类危害种子，在盐渍地可防止盐害，主要在欧美、澳大利亚等国家和地区应用，存在的主要问题是淹水条件下出苗率很低，一般在30%左右，播种量大，秧苗素质差，易倒伏。湿润直播是在对稻田进行耕、耙、整地后，保持3～5cm水层3～7d，使土壤沉实。排水后，手工或机械播种，播后田间土壤保持湿润，湿润直播播种方法有湿撒播、湿条播和湿点播。湿直播的出苗效果比水直播好，但苗期杂草发生多且难以控制，种子易受鸟类危害。在亚洲多数国家直播方式以湿润直播为主。旱直播的主要特点是水稻苗期不需要水，田块需开排灌沟，通过排灌沟在雨旱天排灌，保持田间土壤湿度。旱直播由于秧苗在干旱条件下生长，氧气充足，地下根系生长迅速，植株幼苗的抗逆能力强，分蘖发生早，秧苗素质好，播种用水少，但旱直播由于稻种发芽及成苗时条件恶劣，种子发芽及成苗差。旱直播适合于苗期气候不稳定、干旱的地区。直播稻由于省去了育秧、拔秧、运秧和移栽等多道工序，省工节本，提高了生产效益，能大幅度减轻劳动强度，简单实用。直播稻存在出苗差、草害严重、倒伏、早衰等问题。在病虫严重地区苗期管理成本高，成苗不稳定，除草难度大、成本高，后期易倒伏和早衰，产量不稳定。同时，直播稻在我国水稻生长季节紧张的地方种植受生长季节制约，南方晚稻、部分北方稻区由于生长季节短，不宜采用直播。南方稻区早稻直播需要解决低温造成烂种、烂芽，最终导致成苗低的影响。

四、水稻定量化和信息化栽培技术的发展

（一）水稻定量化栽培原理

凌启鸿（2005）根据对水稻经济器官生长期各项群体质量指标的研究，对最后定型的优良群体在空间结构上做了定量，为群体的优化调控明确了目标，而他提出的水稻生育进程的叶龄模式，水稻品种主茎总叶片数（N）、伸长节间数（n）基础上，明确与应用有效分蘖临界叶龄期（$N-n$）、拔节叶龄期（$N-n+3$）、穗分化叶龄期（叶龄余数 3.5—0）等生育关键时期共性生育指标与精确量化诊断方法，使众多的品种归类，实现栽培技术模式化、规范化，为优化群体质量提供了依据。

定量栽培技术首先要确定水稻群体的合理起点。栽插密度对水稻产量的影响最大，合理密植是所有协调群体的重要措施。密度决定群体内个体生长的条件，影响群体内个体的生长发育、单株叶面积、叶面积指数；还影响地上部群体的小气候，因而影响群体的透光性能，光合产物的形成和运转；也影响土壤中养分的吸收，土壤中微生物的活动；最终直接或间接影响群体生长发育和产量的形成。反映水稻群体大小的指标有单位面积基本苗数、分蘖数、穗数、叶面积指数等。

$$水稻群体基本苗（X，合理基本苗）= \frac{每公顷适宜穗数（Y）}{单株可靠成穗数（ES）}$$

其中，ES 用移栽（或播种后）至有效分蘖临界叶龄期可靠发生的分蘖数来替代。本田期主茎不同有效分蘖叶龄数对应的分蘖发生数的理论值，分别为 1-1（即有效分蘖叶龄数-对应的分蘖发生理论数）、2-2、3-3、4-5、5-8、6-12、7-18、8-26。具体计算时则根据移栽活棵后至 $N-n$ 叶龄期以前的有效分蘖叶龄数和相应的分蘖理论值，以及当地高产田平均的分蘖发生率（超高产栽培籼型杂交稻一般取 0.8，粳稻取0.7），来计算单株分蘖可靠成穗数。

氮肥的精确定量通过斯坦福的差值法求取，施氮总量（kg/hm^2）＝（目标产量需氮量－土壤供氮量）/氮肥当季利用率，氮素当季利用率为 40.0%～42.5%（一般取 40%，高产田可取 42.5%）。

我国的水稻定量栽培仍然是基于水稻生物学及其农艺措施的量化栽培技术，相对于传统的基于经验式的栽培技术具有质和量的区别，但与国外发达国家基于信息技术和现代农业装备技术的精准农业技术相比还存在非常大的差距。目前，我国各地创造了多种定量化栽培技术，并成功地在水稻生产中得到推广应用。

（二）水稻定量化栽培技术模式

水稻精确定量栽培技术在高产群体动态诊断定量与肥水精确管理定量获得重大突

破基础上，通过不同类型水稻品种高产优质形成的生育量化指标及其诊断技术，特别是调控群体质量的关键叶龄期及其形态生理指标与诊断方法、高产群体形成指标、标准壮秧培育、合理基本苗、肥水管理等关键技术精确定量，集成创立了能使水稻生育全过程各项调控技术指标精确化的水稻精确定量栽培技术体系，适合我国不同稻区在水稻生产中的应用。该技术体系在生产中，用适宜的最少作业次数，在最适宜的生育时期，实施最小的投入数量，对水稻生长发育进行有序的精准调控，使水稻栽培管理"生育依模式，诊断看指标，调控按规范，措施能定量"，利于达到"高产、优质、高效、生态、安全"协调的综合目标。

水稻"三定"栽培技术的核心是因地定产、依产定苗、测苗定氮，即定产、定苗、定氮的栽培方法。我国种植水稻的地域辽阔、生态条件复杂，各地水稻种植的方法不同，产量表现也不同。只有在光温和土壤等条件都非常适宜的条件下，才能充分表现出水稻的高产潜力。水稻"三定"栽培技术是以精量播种、宽行匀植、平衡施肥、干湿灌溉、综合防治病虫等技术配套的定目标产量、定群体指标、定技术规范的水稻栽培方法。目标产量（当地前3年平均产量，加上20%的增产幅度）确定的基础上，群体指标的调控首先是确定基本苗数和栽插密度（定苗），其次是确定适宜的氮肥用量（定氮），要根据目标产量、土壤供肥能力和肥料养分利用率确定肥料用量。氮肥的施用原则是在生长前、中、后期的平衡施用，分为基肥（45%～50%）、分蘖肥（20%～25%）、穗肥（30%）施用。磷肥和钾肥为补偿施用，氮、磷、钾的施用比例为：氮肥：磷肥（P_2O_5）：钾肥（K_2O）＝1：0.4：0.7。"三定"栽培技术主要适用于长江中下游地区的双季早稻、双季晚稻及一季晚稻。

水稻"三控"栽培技术是以控肥、控苗、控病虫（简称"三控"）为特色的高效节本安全施肥及配套集成技术体系，是一项高产稳产、节本增效、环境友好、增进稻米安全的新型栽培技术。该技术将测土与测苗相结合，协调了高产与高效、安全、环保的关系。根据目标产量和不施氮空白区产量确定总施氮量。以空白区产量为基础，每增产100kg稻谷施氮5kg左右。氮肥按照基肥占35%～40%、分蘖中期（移栽至穗分化的中间点，一般在移栽后12～17d）占20%左右、幼穗分化始期占35%～40%、抽穗期占5%～10%的比例，确定各阶段的施氮量；磷、钾肥在不施肥空白区产量基础上，每增产100kg稻谷需增施磷肥（以P_2O_5计）2～3kg，增施钾肥（以K_2O计）4～5kg。在缺乏空白区产量资料的情况下，可按N：P_2O_5：K_2O＝1：（0.2～0.4）：（0.8～1）的比例确定磷、钾肥施用量。控苗是当茎蘖数达到目标穗数的80%时开始晒田，控制无效分蘖。"三控"栽培技术省肥省药，病虫害减少，简单实用，适应性广。

水稻测土配方施肥方法针对土壤肥力和水稻生长期间的营养特点提出水稻营养元素配比和不同时期肥料施用数量和比例。

（三）水稻信息化栽培技术

信息技术的快速发展为农业现代化和信息化提供了新的方法和手段，也为农业产业的技术改造和提高注入了新的活力。基于信息科学与农业科学交叉融合而形成的农业信息技术正快速发展成为一门新兴的高技术学科领域，为现代农业发展提供了全新的技术支持和全方位的信息服务，使传统农业逐步走上数字化、精确化、高效化和科学化的轨道，促使农业产业发生深刻的变革和创新，进而带来巨大的社会、经济和生态效益。

数字农业是运用数字化信息技术，对农业所涉及的对象和过程进行数字化表达、设计、控制和管理，是数字地球的理论与知识在农业上的拓展和深化。由于农业生产是整个农业产业中最基础和本质的部分，数字农作技术是通过综合运用现代信息技术，研究农业生产系统中信息获取、处理、存储、管理和利用的关键技术及应用平台和软件系统，从而对农作系统的信息流实现全面的数字化表达和整合。水稻信息化栽培技术始于水稻生长模拟模型及其专家决策支持系统的研究，后来通过与遥感技术、地理信息技术、网络技术相结合，初步形成了实用化的水稻信息化栽培技术系统。水稻信息化栽培技术的应用，首先是要客观地获取数据信息，如土壤水分、肥力等参数的快速采集和测量，辐射和温度，作物长势、田间病虫害快速识别与诊断等。其次是利用最新的数据信息，采用合适的技术标准和信息管理方式，研究和开发水稻信息化栽培技术。

由于水稻生产系统的地域性和周期性，农作信息管理同时表现为明显的时空变异特征，通常需要结合地理信息系统（GIS），形成基于 GIS 的农业空间信息管理系统。GIS 是对整个或部分地球表面空间中有关地理分布数据进行采集、储存、管理、运算、分析、显示和描述表达的技术系统。GIS 具有空间数据管理、空间指标量算、综合分析评价与预测预警等功能，用于管理、分析和图示农作系统信息及生产策略等。除了 GIS 以外，有时还需要进一步耦合遥感（RS）和全球定位系统（GPS），建立综合性和多功能的基于"3S"技术的农业空间信息管理系统。农作信息监测是农业信息获取的主要内容，其主要技术原理是通过光谱遥感、红外成像、机器视觉、图像处理等手段，对农田土壤水分、土壤肥力（氮、磷、钾）、杂草、病虫害、作物苗情等农情状态进行实时无损监测和诊断，为农业生产预测预报和管理决策提供基础信息。基于模型的水稻精确管理技术是建立在水稻管理知识模型基础上的，结合 GIS 技术和水稻生长模型等关键技术，实现了产前、产中、产后等农作生长全过程管理决策的科学化、定量化、智能化和信息化，包括农作种植结构与优化布局、产量与品质目标的确定、优良品种的选择、适宜播期（移栽期）和密度的设计、肥料运筹、水分管理、生育指标的预测、化学调节剂的使用、病虫草害的防治及效益分析等功能。

第二节　水稻肥水高效利用技术

一、氮肥高效施用技术

稻田土壤氮素的特殊性决定了氮肥的管理主要包括总量控制和分期调控两个步

骤，总量控制是一般根据不同地点土壤供氮能力与目标产量需肥量之差，确定总需肥量范围，土壤供氮能力可以通过检测土壤中有效氮的量来确定。分期调控则是根据水稻的生长发育规律与养分累积规律确定施肥的时间与分配比例，同时在水稻生长关键时期通过观测苗情动态确定具体的施用量（Dobermann et al.，2004；Fairhurst et al.，2002）。

（一）总量控制

（1）根据目标产量来计算水稻施氮总量。通常情况下把当地最佳的管理措施下获得的最高产量作为目标产量，或利用近几年产量平均值加上其值的 10%～20% 作为目标产量。根据目标产量与单位产量的养分吸收量［每生产 1t 籽粒需吸收的氮量，包括籽粒和秸秆移走的氮量（表 5-2）］计算氮素需求量。

（2）确定土壤和环境的氮素供应量。鉴于我国土壤供氮能力在不同地区、不同田块之间存在较大差异（表 5-3），通过无肥区的产量来反应土壤和环境的养分供应能力是合理而又简便可行的方法。基本原理是根据无肥小区（更精确的方法是通过不施某一养分，而施用其他所有养分以保证其他因素不限制作物生长）作物对该养分的吸收量来表示某一养分的土壤和环境供应能力。

表 5-2　我国主要水稻产区每生产 1t 水稻籽粒需要的吸氮量

种植类型	目标产量（t/hm²）	需氮量（kg）		
		秸秆	籽粒	全株
双季早稻	6.0～6.5	6～8	12～16	18～24
双季晚稻	6.5～7.5	8～10	14～18	22～28
南方单季稻	7.5～9.5	6～8	16～18	22～26
华北单季稻	8.5～9.5	6～8	16～18	22～26
东北单季稻	7.5～9.0	6～8	16～18	22～26

表 5-3　我国水稻产区不施肥小区产量及土壤氮素供应量

单位：kg/hm²

地区	种植类型	不施肥小区产量	土壤氮素供应量
东北地区	一季稻	4 000～5 000	68～85
华北地区	一季稻	3 500～8 000	60～136
华中地区	早稻	3 000～3 500	42～49
	晚稻	3 500～4 500	56～72
	一季稻	4 500～6 000	77～102
华南地区	早稻	3 500～4 500	49～63
	晚稻	4 000～5 000	64～80
西南地区	中稻	4 500～5 500	77～94

（3）根据养分平衡确定水稻氮肥施用量。计算公式如下：
氮肥用量＝目标产量对应的氮素需求量－土壤供氮量＋当季氮肥损失＋当季土壤

残留。其中，氮肥的当季损失途径主要包括氨挥发、硝化—反硝化损失、淋洗、径流和侧渗等，以及通过作物地上部移走造成的损失等。一般而言，在缺乏氮肥损失与土壤残留量数据的情况下，当季氮肥损失与当季土壤残留可以氮肥施用量的 60%，即氮肥利用率 40% 计算（Peng，1996）。

（二）分期调控

确定氮肥分配的固定比例。根据水稻的生长发育规律和氮素吸收及累积规律，直接确定氮肥施用的时期和施用量，以及氮肥分配的固定比例，这一方法简单易行（Fox，1994；Johnkutty，1995）。我国主要稻区水稻氮肥一般分 3~4 次施用，施肥关键时期分别在移栽前（基肥占 35%~40%）、分蘖期（移栽后 7~10d，蘖肥占 20%~25%）、幼穗分化期（移栽后 5~6 周，穗肥占 25%~30%）和抽穗期（移栽后 8~9 周，粒肥占 0%~10%）。单季稻由于生育期较长，一般需要分 4 次施用，而对于生育期较短的早稻，为了促进水稻的早发，基肥的施用比例较大，同时在分蘖前要追施一定数量的蘖肥，而穗肥、粒肥往往 1 次合施，或后期施用少量粒肥，主要根据水稻后期的长势进行追施。在氮肥施用总量确定之后，可按照固定的分配比例计算水稻不同生育阶段的需氮量，从而实现氮素的分期调控。

二、磷肥高效施用技术

表 5-4　我国主要水稻产区生产 1t 水稻籽粒需要的磷、钾吸收量

种植类型	目标产量（t/hm²）	磷素需求量（全株）(kg)	钾素需求量（全株）(kg)
双季早稻	6.0~6.5	2~4	16~19
双季晚稻	6.5~7.5	2~6	18~20
南方单季稻	7.5~9.5	3~6	18~21
华北单季稻	8.5~9.5	3~5	16~18
东北单季稻	7.5~9.0	3~5	16~18

目标产量与养分利用效率（每 1kg 磷生产的籽粒产量）计算需磷量（表 5-4），某一目标产量下的磷肥用量可用下式计算：磷肥用量＝某一目标产量的需磷量－土壤磷的供应量＋当季磷肥损失＋当季土壤残留，其中，由于当季磷肥损失和土壤残留对当季磷肥用量的影响不显著，因此，在磷肥用量的实际计算中，可不考虑这两个指标；土壤磷的供应量可根据不施磷小区的产量，换算为磷的总吸收量，也可以根据农民田块的水稻产量进行估计（申建波等，2006；张福锁等，2009）。

表 5-5 土壤磷、钾素丰缺指标

养分	提取剂	养分状况指标（mg/kg）			适合土壤
		低	中	高	
磷	0.05mol/L $NaHCO_3$，pH 8.5	<5～7	7～15	>15～20	石灰性、中性土
	0.03mol/L NH_4F＋0.025mol/L HCl	<7	7～20	>20	酸性土
钾	1mol/L NH_4COOH pH 7	<50～70	70～100	>100	各类土壤

通过磷肥的施用把土壤有效磷的水平调控在作物高产需要的临界水平，而不成为产量的限制因子，因此，磷肥的实际用量要考虑土壤有效磷的含量（表5-5）。一般的原则是当土壤速效磷水平处于低水平或缺乏水平时，磷肥的用量一般为磷需求量的1.5倍，目标是在满足作物需求的前提下同时使土壤有效磷稳步提高；当土壤速效磷处于中等水平时，磷肥管理的目标是维持现有土壤速效磷水平，因此，磷肥用量为计算的需磷量；当土壤速效磷处于高水平或过量水平时，施用磷的增产潜力不大，可以少施（计算的需磷量）或不施。

三、钾肥高效施用技术

首先需要确定所在地区水稻的目标产量，然后根据目标产量与养分利用效率（每1kg钾生产的籽粒产量）计算需钾量。研究表明，亚洲地区钾的平均利用效率为56kg/kg，即每生产1 000kg稻谷约需要钾素18kg。土壤钾的供应量可根据不施钾小区的产量，换算为钾的总吸收量，也可以根据农民地块的水稻产量进行估计。

在确定了某一目标产量下的需钾量和推荐区域或地块的土壤供钾量后，可计算需钾量。

钾肥用量＝目标产量对应的需钾量－土壤供钾量＋当季钾肥损失＋当季土壤残留。在当地没有钾肥损失与土壤残留量数据的情况下，当季钾肥损失与当季土壤残留可以按钾肥施用量的30%～40%计，若该地区秸秆还田量较高，在计算钾肥用量时应将秸秆还田输入的钾素考虑在内。

四、微量元素高效施用技术

因不同地域土壤母质、气候条件或作物种类的影响，某些地区可能出现中量元素Ca、Mg和S及微量元素的缺乏，可通过土壤测试或田间试验确定土壤微量元素缺乏程度，制订具体的管理方案，目的是通过施用中、微量元素肥料，确保这些养分元素不成为产量限制因子。水稻土主要中、微量元素的丰缺指标及诊断方法见表5-6（Dobermann and Fairhurst，2000）。

表 5-6　水稻土主要中、微量元素丰缺指标及诊断方法

元素	元素丰缺临界值及对应诊断方法
Zn	0.6mg/kg（1mol/L 乙酸铵，pH4.8）；0.8mg/kg（DTPA）；1.0mg/kg（0.05mol/L HCl）；1.5mg/kg（EDTA）；2.0mg/kg（0.1mol/L HCl）
S	5mg/kg（0.05mol/L HCl）；6mg/kg（0.25mol/L KCl 40℃下加热 3h）；9mg/kg $[0.01mol/L Ca（H_2PO_4）_2]$
Si	40mg/kg（1mol/L 乙酸钠作缓冲剂，pH4）
Mg	<1cmol/kg 缺乏；>3cmol/kg 适量
Ca	土壤交换性钙<1cmol/kg（或 CEC 的钙饱和度小于 8%）缺乏，钙饱和度大于 20%时适量
Fe	<2mg/kg（乙酸铵，pH4.8）；<4～5mg/kg（DTPA-$CaCl_2$，pH7.3）
Mn	1mg/kg（TPA 对苯二甲酸+$CaCl_2$，pH7.3）；12mg/kg（1mol/L 乙酸铵+0.2%对苯二酚，pH7）
Cu	0.1mg/kg（0.05mol/L HCl）；0.2～0.3mg/kg（DTPA+$CaCl_2$，pH7.3）
B	0.5mg/kg（热水浸提）

五、水分高效管理技术

　　水稻能否高产稳产与水分管理密切相关。科学的水分管理能产生以水调温、以水调肥、以水调气等综合效应，不仅能节约水资源，还能促进水稻根系的生长，控制无效分蘖，提高后期叶面积指数，而且有利于氮素的吸收和利用，提高氮素利用率，增加千粒重，获得较高产量。科学的水分管理主要措施是间歇灌溉。根据水稻不同生育阶段的水分生理及需水要求采取浅湿干交替间歇灌溉方法。浅：坚持全生育期浅水灌溉，水层不超过 3cm；湿：浅灌水逐渐使水层消逝，保持土壤水分由饱和状态到半饱和程度，0～5cm 土壤含水量达田间持水量的 70%左右，当 10cm 耕层田间持水量达 80%左右，脚窝无水；干：稻田表面见白，脚窝无水，可以灌水。一般在水稻生育前期未封行之前，以浅湿为主、湿干结合；中后期浅湿干交替；后期干干湿湿，收割前 7～10d 断水停灌。

　　我国稻田多处水网地带，地势比较低，水稻生育期雨水多，水稻生产需要开丰产沟。长期来，稻田开沟均为人工开沟，用工多，劳动强度大，随着农村劳动力转移和老龄化，现在只留丰产沟行，由于劳动力限制，没法稻田开沟，迫切需要研发稻田开沟机及配套开沟技术。

第三节　水稻自然灾害防控技术

一、水稻自然灾害的特点

　　水稻是我国最重要粮食作物之一，近年来自然灾害频发，严重影响水稻的生长，制约了水稻产量的提高，严重阻碍农业生产的发展，农民收入也受到一定的影响。纵观水稻整个生育期，自然灾害主要表现为干旱、洪涝、低温、高温、风雹、病虫害等。全年内水稻生产均有可能受到自然灾害的影响，3～10 月自然灾害发生频次较高，不同自然灾害因子频发的时间存在差异。3～10 月旱灾发生频次最高，其中，5月和 8～10 月旱灾严重程度较高；3～8 月洪涝灾害发生频次较高，其中 6～8 月洪涝危害程度较高；高温灾害多发生在 4～8 月，集中于水稻开花灌浆期，危害程度较高；2～5 月和 10 月的水稻低温灾害发生频次较高，其中 4 月、10～11 月易发生危害程度较高的低温灾害；水稻病虫害集中高发于 4～10 月，其中 4～6 月和 8 月危害程度较大。根据自然灾害影响及各稻区水稻种植特点，华南稻区的广西和海南水稻极易发生旱灾；西南稻区的四川、贵州和重庆等也为旱灾高风险区；长江中下游的江西、湖南、浙江，西南稻区的四川，华南稻区的海南和广东为洪涝灾害影响高风险区；高温灾害影响高风险区分布广，主要有湖南、浙江、江西、安徽、广东、四川、重庆等；低温灾害发生区主要为广西、湖南、四川、宁夏、浙江等；福建、海南、浙江、河南、宁夏和湖北产区为病虫害影响高风险区（赵俊晔等，2012；奚来富等，2010）。

二、灾害防控技术

（一）高温灾害

水稻对高温热害最敏感的时期为减数分裂期到开花期，次敏感期为灌浆期。水稻抽穗开花期遭遇 38℃ 以上的高温就能引起颖花高度不育，直接降低结实率。早稻灌浆至成熟期，35℃ 以上的高温可以引起籽粒早衰，缩短籽粒的灌浆持续期，是结实率的伤害温度。近年来，高温出现的频率已经显著增多，1960—2009 年，江苏省平均气温倾向率为 0.027 75℃/年，气候变暖明显；安徽省各地发生极端高温时，气温均在 39℃ 以上，其中，大部分地区超过 40℃，35℃ 以上的高温天气几乎年年发生，但各地的持续时间有所不同；2000 年，四川部分地区 8 月最高温度高于 35℃ 的天数超过 20d，种植的杂交稻受精率严重下降，严重地区产量下降 50%～80%，直接经济损失在数千万元以上；2003 年 7 月下旬到 8 月上旬长江流域发生重大水稻高温热害事件，湖北省出现的持续高温使该省超过 46.6 万 hm^2 单季稻受灾，高温灾害损失超过5 亿 kg，整个长江流域受害面积保守估计达到 $3.0×10^7 hm^2$，稻谷损失达到 $5.2×10^7$t。2006 年，川渝地区发生百年不遇的特大高温干旱灾害，7～9 月各地最高气温超过35℃ 的天数超过 40d，导致水稻减产 25% 以上，局部地区减产超过 50%。2013 年是南方高温极限年，从 7 月 1 日至 8 月 15 日，中国南方上海、浙江、江西、湖南、重庆、贵州、江苏、湖北等 8 省份的高温热浪强度为 1951 年以来最强，频频发生超过40℃ 的高温。此期正是早稻灌浆及单季稻分蘖、穗分化及部分品种的开花期。高温热害主要直接造成结实率下降，其次是水稻灌浆结实期造成高温早熟，千粒重下降及水稻生育期缩短，生物量和产量下降。高温灾害的预警与防控极为重要。

防控高温，首先从选用耐高温水稻品种着手。因为水稻品种多，开花结实的耐高温能力存在差异，选用耐高温品种是减轻高温灾害的有效途径。结合各稻区出现极端高温的状况，加强针对性稻区和季节的耐高温水稻品种的选育，提出全国主导品种的布局和区划；根据水稻生育期、遗传特性、气象数据、高温热害发生面积、危害时期、危害程度、灾害损失等基础数据，构建水稻生产热害预警系统，分析灾害风险的空间分布特征及其发展趋势，建立主导水稻品种热害产量损失评价、明确灾损评估方法，构建高温预警与防控平台；防控高温还可以选择适宜的播栽期，调节开花期，避开孕穗、抽穗期高温。双季早稻应选用中熟早籼品种，适当早播，使开花期在6月下旬至7月初完成，而中稻可选用中、迟品种，适当延迟播期，使籼稻开花期在8月下旬，粳稻开花期在8月下旬至9月上旬结束，这样可以避免或减轻夏季高温危害；针对抽穗扬花期遇到高温的水稻要在田间灌深水以降低穗层温度或采用稻田灌深水和昼灌夜排的方法，或实行长流水灌溉，增加水稻蒸腾量，降低水稻冠层和叶片温度，也可降温增湿，另外可以提早施肥，促进分蘖早生快发，降低后期冠层含氮量，加快生育进程，增加后期耐旱和抗高温能力，并实行根外喷施磷钾肥，如3%过磷酸钙或0.2%磷酸二氢钾溶液，或与0.13%硼酸钠（$Na_2B_4O_7 \cdot 10H_2O$）混合液，能极显著改善水稻授精能力，增强稻株对高温的抗性，减轻高温伤害；对受极端高温伏旱危害的水稻，可采用蓄留再生稻方法；若不能蓄留再生稻，则应选择机割苗耕地，待高温伏旱过去后及时改种秋季作物，如秋红苕、秋玉米或各种秋季蔬菜，以弥补损失。

气候变暖已经造成我国水稻种植带北移，水稻种植区北移遇到水资源的制约。气温上升引起水稻生育期缩短，水稻开花期遇高温同时干旱概率提高，且高温干旱导致水稻病虫害频发，水稻开花期高温灾害防控技术实施过程中要注意病虫害的防治。

（二）低温灾害

水稻种子萌发最低温度为12℃，最适温度为28～32℃，最高温度为38℃，幼苗生长最低温度籼稻14℃，粳稻12℃，最适温度16～17℃，最高温度32℃。分蘖期生长发育最低温度22℃，最适温度30～32℃，最高温度34℃。幼穗分化发育最低温度为17℃，最适温度30℃，最高温度34℃。水稻抽穗最低温度20℃，最高温度40℃，最适温度25～30℃。生产上常以日平均温度稳定在20℃、22℃、23℃的终日分别作为粳稻、籼稻和籼型杂交稻的安全齐穗期的温度指标。水稻开花、授粉最低温度粳稻为18～20℃，籼稻为20～22℃，籼型杂交稻为21～23℃，最适温度25～30℃，最高温度40～45℃。水稻灌浆期最低温度17℃，最高温度35℃，最适温度24～25℃。我国不同稻区生态环境多样、水稻种植季节不同、品种类型各异，从育秧、穗分化发育、抽穗开花到灌浆期，低温常对水稻生长造成不良影响。低温灾害在我国所有稻区均有发生，据统计，一般4～5年就会发生一次较强的低温冷害，在大的灾害年稻谷损失可达50亿～100亿kg。低温灾害发生比较频繁的地区主要是长江中下游早稻秧田和直播田，晚稻开花结实期，云贵地区的水稻开花结实期，四川地区再生稻开花结实期，华南稻区早稻的穗形成期，东北稻区的育秧期和开花结实期（黄晚华等，2010）。

低温灾害的预警与防控也要从选用耐低温品种入手。生产上根据当地水稻育秧期间的低温状况，选用耐低温的水稻品种，选择低温将要结束，温暖天气将要来临时播种。北方稻区采用大棚育秧，棚膜覆盖，温度过低时采用双膜或三膜覆盖育秧，直播的早稻田可采取"日排夜灌"的方法，即白天不下雨时田间排干水，利于秧苗扎根，夜间上水保温；南方早稻采用尼龙薄膜或农用无纺布覆盖保温育秧，防止因低温造成出苗率低，引起烂秧，影响成苗，提高成秧率。如果秧田受冻，要及时排水追肥，喷施多效唑，培育壮苗；移栽后要早施分蘖肥，增施有机肥、磷钾肥，促进根系生长，提高水稻的抗寒能力，施用磷肥是壮苗早、防御低温冷害的重要措施，可提早成熟5～7d；采用干干湿湿的好气灌溉技术，促进根系和分蘖生长，确保足够茎蘖数成穗；东北稻区及部分北方稻区水稻灌溉采用井水灌溉，水温较低。大多采用晒水池、喷水等井水增温方法，井水经增温后灌溉稻田，否则，井水温度过低会造成对水稻生长和发育的不利影响。南方山区稻田，灌溉水温较低，灌溉水需要经过沟渠晒水增温灌溉稻田，避免水温过低影响水稻的生长和发育。南方稻区晚稻在寒露风到来时立即灌深水，尽量避免田土散失热量，减缓降温过程，待寒露风害过后逐渐排浅。如果白天气温高，夜间气温低，则采用日排夜灌方法保持田间温度（田俊等，2012）。

（三）干旱灾害

我国水稻主要产区季节性干旱经常发生，水稻苗期降雨少，生长中后期降雨多，因此，水稻生长苗期易出现干旱，影响成苗和分蘖生长。水稻各生育期中，苗期的抗旱性相对较强，水稻孕穗期对水分最敏感，其次是抽穗开花期、乳熟期和分蘖前期。直接引起水稻旱害的原因主要是土壤缺水。当土壤含水量为田间持水量的70%～80%时，对水稻的生育影响不大；当田间持水量降低到60%以下时，对水稻生育产生影响，产量下降；当再降到40%以下时，水稻叶片的水孔停止吐水，产量剧减；当再降到30%时，稻叶开始凋萎（张鸿等，2012）。在孕穗到抽穗期间，水稻受旱则抽穗不整齐，白穗多，水稻植株矮小，分蘖少；开花授粉不正常，空秕谷多；颖花雌雄蕊不发育，出现白化。干旱是造成我国粮食总产量大幅度波动的主要原因之一。1950—1983年，全国平均每年受旱面积为1 960万 hm²，成灾面积达670万 hm²，其中全国旱灾面积超过2 670万 hm²的有8年，较重的干旱有12年。近年来，全国平均每年受旱面积为2 000万 hm²左右，成灾面积达1 280万 hm²，绝收面积达260万 hm²。由灌溉设施老化及气候异常引起的干旱造成作物成灾面积逐年上升。西南地区2009年入秋以来到2010年春季干旱引起水稻育秧困难，对水稻面积的稳定产生影响。2013年长江中下游及西南部分稻区由于高温少雨，水稻移栽后缺水严重，造成部分田块严重减产甚至绝收。

水稻不同生育期都可能遭遇干旱，所以需加强对稻属抗旱基因资源的有效发掘、评价、创新和利用，进一步发挥抗旱分子标记辅助选择在抗旱育种实践中的作用，改良水稻根系，结合常规育种技术和现代生物技术，提高栽培稻的抗旱性。选用抗旱性强的水稻品种，不但能够节约水资源，而且有利于稳产增产、节约能源。针对水资源不足及干旱可能造成的移栽季节推迟，采取旱育稀播育秧技术，培育壮秧，延长秧龄弹性，确保移栽时基本苗能达到避灾稳产。在灌浆期干旱出现频率较高的地区，可根据水稻生长期，选择生育期适宜的品种，调整播种期，避开灌浆期干旱对结实、灌浆的影响。以节水灌溉为原则，改变传统用水泡田整田方法，在稻田不灌水的情况下翻耕整田，灌浅水平整，实施湿润灌溉，补充水稻必要的水分，在无水区可以采用覆盖种植，提高水分利用效率，确保一定穗数。

(四) 洪涝灾害

水稻虽然耐涝能力较强，但被洪水淹没仍会受到伤害。水稻淹水随受淹时间和温度影响，在25℃以下淹1～4d危害不大，在30℃以上淹1～4d结实会不正常，在40℃以上淹1～4d导致枯死绝收。水稻苗期受淹，秧苗细长，叶发黄，一般难恢复；分蘖期受淹，底叶坏死，心叶卷曲，水退叶枯，但一般不致腐烂；拔节期受淹，植株细弱，易倒伏折断；孕穗期的抵抗力最弱，易出现烂穗和畸形，结实率降低；灌浆期受淹，底叶枯黄，顶叶发黄，穗上发芽，粒重下降，米质变差。淹水时，水越是浑浊，受淹叶片在水中接收的光越弱，受害越重，反之，水较清则受害较轻。淹水伴有风浪或流速较大，则茎叶受到的机械损伤大，甚至使植株倒伏，造成的损失也大。近20年来，我国主要稻区每年均有不同程度的洪涝灾害，其中特大灾害分别为1998年、2010年，仅2010年全国水稻因洪涝受灾面积达333.3万 hm^2，其中66.7万 hm^2 水稻绝收，直接产量损失达50亿 kg。水稻洪涝灾害比较严重的省份主要是江西、湖北、湖南、四川、安徽及浙江等地。江西省新中国成立以来，每3～4年出现一次较大的洪涝灾害。常年水稻受淹33.3万 hm^2，重灾年则达66.7万 hm^2；湖南省每4年发生1次洪涝灾害。四川省平均每两年发生一次洪涝灾害，平均每次农作物受灾面积28万 hm^2，水稻受灾9.3万 hm^2，受灾造成减产约10%。最近两年，东北及华南稻区洪涝灾害发生严重（邓爱娟等，2012）。

预防洪涝灾害，应选用根系发达、茎秆强韧、株型紧凑的耐涝性品种，在选用耐涝品种的同时，根据当地洪涝可能出现的时期、程度，选用早、中、迟熟品种合理搭配，防止品种单一化而招致全面损失，有些低洼易涝的稻田可改种深水稻。对洪水淹没过的水稻，应尽早排除积水，但高温烈日情况下不能一次性将水稻田水排干，必须保留适当水层，使水稻逐渐恢复生机（陈孙禄等，2012）。如果一次性排干田水，容易造成水稻枯萎，反而加重损失；洪水淹没时间短的水稻（大约24h以内），洪水退后立即洗苗，保留水稻，并用防治稻瘟病等防治菌类农药控制病害，也可以用磷酸二氢钾进行叶面施肥，增强叶片光合能力，尽量减轻洪灾对水稻的影响。对受淹48h以内的水稻，能种植再生稻割苗蓄留再生稻，不能蓄留再生稻及时改种秋作，如早稻翻秋，改种甘薯、大豆、绿豆、蔬菜等。

近年来，针对阴雨等隐性灾害对水稻生长和生产开展研究，初步明确这些灾害的影响时期、程度等特点。

第四节　水稻栽培与肥水管理发展战略

一、栽培与肥水管理发展趋势

（一）提高机械化种植水平

随着我国社会经济的发展，农业结构调整及农村劳动力转移和老龄化，我国水稻规模化生产和社会化服务的发展迫切需要水稻生产机械化作业，实现水稻全程机械化是稻作技术的发展方向。虽然，水稻生产中耕作和收获基本实现机械化作业，但与机械化种植不配套的问题十分突出，需要发展配套的机械设备和技术。水稻机械化种植水平和技术相对较低，是研究和发展的重点，特别是水稻机插秧是我国水稻种植的主流和方向。按经济社会发展要求，发展省工节本、减轻劳动强度、提高劳动生产率的稻作技术（朱德峰等，2013）。

（二）提高肥水利用和效率

水稻生产中肥料、农药和水资源等生产资源的投入量较高，利用率较低是制约我国水稻生产发展的主要因子，也是影响生产安全的主要因子。长期以来，品种选育注重耐肥抗倒高产，生产上追求高产，水稻生产中氮肥过量、群体过大、贪青晚熟、病虫危害、倒伏风险大、灾害影响大等现象普遍存在，肥料、农药和水资源等生产资源利用效率较低。需要根据水稻的需肥规律，土壤供肥规律和水稻高产的生长规律，研发水稻需肥相协调的缓/控释肥料，确定肥料用量和使用方法，提高肥料利用率。改变传统水稻淹水灌溉发展"浅湿干"灌溉，降低用水量，提高水资源利用率。减少肥水流失，改善生态环境质量。提高病虫草害监测技术，提高安全高效农药使用水平。

（三）应用水稻栽培定量化和信息化技术

发展水稻生长监测技术，提高水稻生长动态监测水平，研发水稻生长、气候和土壤结合的水稻定量化栽培技术，提高水稻生长的可控性、技术措施的定量化水平。

（四）加强水稻生产灾害预警与防控技术研究

近些年水稻生产过程中逆境灾害重发、频发，所以加强开展水稻高低温、干旱、洪涝、阴雨等灾害的监测、预警和防控势在必行。

（五）提高水稻产量和改善品质

根据水稻经验模式转变、种植制度创新、品种改良及特性变化、种植方式改变、土壤环境和气候变化的新情况，加强良种良法配套、栽培技术与经营方式协调的优质高产高效栽培理论创新和技术研发，提高水稻单产，改善稻米品质。注重水稻低产稻田的产量提升技术研究，为水稻大面积均衡增产提供技术支撑。

二、栽培与肥水管理发展方向

（一）水稻品种配套高产栽培技术研究

开展品种改良配套的生长发育特性及其与环境、种植制度和方式的关系，产量形成的潜力，组装集成不同生态地区，不同种植方式下的集中育苗、特色种植、科学施肥、精量灌溉、群体调控、病虫草控制的关键技术，实现良种良法配套技术，形成大面积应用的水稻高产栽培技术。

（二）稻田土壤培肥与水稻肥水高效管理技术研究

开展中低产田水稻障碍因子和产量提升技术研究。研究稻田土壤重金属污染对水稻的影响，重金属在土壤—水稻体系中的分布、变化及迁移规律以及监测和修复防治技术，水稻吸收累积重金属品种间差异及其防控施肥、栽培技术。

研究水稻营养和水分特性、肥料高效利用技术、特色节水灌溉技术、品种间肥水特性差异、不同种植方式肥水管理技术研究，提出不同稻区水稻肥水管理技术。

（三）水稻生产全程机械化模式、装备和关键栽培技术研究

针对我国稻作技术发展和种植方式特点，农机农艺结合，研发适合不同稻区、季节和类型水稻的机械化生产模式和装备，提高劳动效率和生产率。研究生产环节配套的机械耕作、种植、管理、收获的机械化模式、装备和技术，研究水稻机械化生产技术的高产形成、肥水管理、群体调控等关键栽培技术研究，实现高产高效。

（四）水稻灾害预警与抗灾减灾技术研究

针对水稻生产高低温、干旱、洪涝、阴雨等灾害频发的现状，研究水稻生产主要灾害预警系统和防控栽培技术。为应对育秧期间低温和干旱，研发和应用水稻集中育秧、大棚育秧技术。重点开展水稻开花期高温引起不育，苗期、穗形成期和开花结实期低温危害，季节性干旱和洪涝，水稻生长期间阴雨等灾害的危害程度、减灾技术研究。从品种选育和筛选、种植制度改革、灾害预警和防控栽培技术等多方面，提出水稻高低温、干旱、洪涝、阴雨等防控技术，增强水稻抵御灾害的能力。

（五）水稻生产规模化和产业化关键技术研究

研发适合水稻规模化和产业化的水稻新型种植制度和技术，开展区域化生产模式研究，研究建立优质、抗病、高产水稻品种生产的优化集成技术。研究家庭农场、种

粮大户、粮食生产合作社适用水稻生产技术，开展稻米加工与配套技术和新产品开发，延长稻米产业链，提升稻米主、副产品附加值和综合经济效益，实现水稻高效、集约化、规模化生产，提高我国水稻综合生产能力。

（六）水稻数字化生产技术研究

研发水稻生长和生产过程的信息技术，精确监测土壤肥力、土壤缺素状况，为水稻生长定量施肥及产量预测提供参考；实时监测水稻生长动态，研发结合作物生长和气候灾害预警系统，提高水稻灾害的防控能力；研发结合农业机械信息监测系统，提高机械作业与作物和土壤信息收集的集成水平；通过生产加工数字化物联网技术，增强水稻生产加工销售的监测。加强水稻生产景气分析方法研究，提高水稻产量及灾害损失监测能力，为政策制定提供依据。

第六章 水稻生产机械化的发展战略

第一节 水稻全程机械化生产技术的内涵

水稻生产全程机械化是指水稻生产的各个工作环节均依靠相应的机械高效、科学地完成，水稻生产全程机械主要包括水稻田基础建设机械、水田耕整机械、育秧机械装备、水稻移栽机械、田间管理机械、收获机械和烘干机械等。目前，育秧机械装备和水稻移栽机械是制约我国实现水稻生产全程机械化的瓶颈，也是我国农业机械中技术最薄弱的环节。

水稻田基础建设是实现水稻生产机械化的基本条件，我国一些地方由于田间道路太差、田块太小以及泥脚太深，插秧机无法行走，所以，水稻全程机械化生产的前提是水稻田基础建设必须符合机插秧的作业技术条件。水田的整地是稻田符合水稻生长条件和插秧机正常工作的前提，水田耕整机械化技术包括符合机插秧作业的水田耕整机械及技术操作规范，机插秧作业是依靠秧爪把秧苗插入泥中，其插入深度、倒秧和飘秧与水田的整地效果直接相关，有些地方认为有了插秧机，就能够插秧，而忽略了水田整地环节，机插秧效果很差。育秧机械化包括育秧播种流水线、工厂化育秧大棚和技术操作规范，机插秧成败的关键是所育秧苗必须达到插秧机作业的要求。水稻移栽机械有插秧机和钵苗移栽机两种，由于目前的水稻钵苗移栽机工作效率较插秧机低，机器价格较高，而且育秧较烦琐，没有在我国推广开。机械插秧的技术包括插秧机的选型、插秧秧苗的处理、机器的调试等方面。水稻的田间管理机械主要包括喷洒农药和施化肥的机械、开沟机械等。收获机械化和烘干机械化包括水稻的收割作业机械、稻谷的烘干作业机械及技术操作规范。

第二节 国内外水稻生产机械化的发展

一、国外水稻生产机械的发展

水稻生产机械先进的国家主要是欧美国家、日本和韩国，这些国家均实现了水稻生产机械化。欧美采用直播技术，播种采用大型播种机或飞机播种，工效高，效果好，采用水田大型田间管理机械喷洒农药或采用航空植保技术，水稻的收获和烘干早已实现了机械化。日本是世界上机插秧作业最先进的国家，自日本发明了先进的毯状苗育秧技术以来，其插秧机发展非常迅速。目前，高速插秧机应用非常普及，在合作社和家庭农场水稻的农药喷洒均采用高效水田田间管理机，喷洒效果好、工效高；水稻的收获和稻谷的烘干也已经实现了机械化，育秧播种流水线在生产中应用非常普遍，对稻田的耕整采用先进的整地机械，精耕细作，为机插秧打下了良好的基础。近几年，由于日本水稻生产稳定，生产中的机械化问题已经解决，国家对水稻生产机械及技术的研发经费有所减少。由于日本农业人口的妇女化和老龄化，农业人口平均年龄超过65岁，新就业农业的人口一年不到7万，5年后新的从事农业劳动的人口将急剧下降（佐佐木泰弘等，2012）。为此，日本的水稻生产机械研究特别突出操作的轻便、省工省力，并开展了无人驾驶插秧机的研究。在水稻生产机械中最先进的技术是基于GPS导航的无人驾驶水稻插秧机、长毯苗育秧及相应的插秧技术，其无人驾驶水稻插秧机在田间直线行驶的误差为±5cm（佐佐木泰弘等，2012），达到了机插秧的要求。日本在插秧机方面，向着高速轻型化发展，增大高速插秧机的功率，提高插秧机对田块的适应性；增加插秧机的功能，提高插秧机的利用率，如在插秧机工作部件前面安装的旋转耙，对插秧前的水田进行耙地，使得插秧效果更好。韩国的机插秧机技术是从日本引进的，在20世纪90年代，韩国的水稻插秧和收获机械技术得到大力发展，水稻生产的耕翻、栽插、植保、收获、烘干作业基本实现了机械化。但先进的高速插秧机和钵苗移栽机还是从日本进口。

二、国内水稻生产机械的发展

我国的水稻生产机械化自改革开放以来发展非常快，很短的时间就实现了高性能的毯状苗插秧机从引进到自主研发生产，国产的水稻插秧机械在我国水稻生产中发挥了重要作用，现代化的育秧大棚和育秧装置已经在我国逐渐普及，农民对机插秧的认识已经有了很大的提高，在水稻插秧季节，有一些地区出现了插秧机供不应求的情况，由于劳动力难求，在我国许多地区离开了机插秧，水稻的种植无法进行。我国目前的插秧机主要是独轮拖板式、手扶步进式和高速插秧机3种，手扶步进式插秧机所占比重最大，插秧机主要是向着提高工作效率、操作轻便发展，如手扶步进式插秧机由过去的4行机向6行机转变，经济条件较好的地区主要发展高速插秧机，并由6行机朝8行机发展，高速插秧机由机械变速转变为静液压无级变速。

近两年，由于水稻生产对窄行距插秧机的需求，25cm的窄行距插秧机普及较快，尤其是在双季稻种植区。除了偏远的丘陵山区，水稻的机械化收获已经普及，水稻的机械化烘干在经济较发达的地区需求量在增大。水稻的田间管理机械主要是操作劳动量比较大的背负式机动喷雾机和手推式喷药机。

我国的插秧机生产主要是技术较简单的独轮托板式和手扶插秧机，而且发展比较快，高速插秧机由于一些技术问题发展比较慢。中国生产的插秧机在东南亚地区有一定量的出口，如中国产的插秧机出口到泰国、印度和伊朗等地区的量在逐步增加。橡胶履带式联合收割机在东南亚、非洲等国家受到欢迎，并有一定的出口量。

第三节　我国水稻生产机械存在的问题

一、高性能插秧机的设计和制造水平亟须提高

高性能插秧机是指带有液压地面仿行装置，对稻田适应性好的手扶插秧机和高速插秧机，我国的高性能插秧机是从日本和韩国引进的，但是，设计和制造技术比较落后，尤其是高速插秧机在我国还非常落后。高速插秧机是在泥泞的稻田作业，要求重量轻、结构强度高、动力大，是农业机械中技术要求最高的机器之一。在我国，高性能插秧机起步比较晚，还没有完善的设计理论，其机器的性能与可靠性与日本的机器相比差距比较大。直到目前，我国还没有一台性能与高速插秧机完全配套的发动机，进口的发动机价格是国产的2倍多；与高速插秧机行走变速系统配套的静液压无级变速器我国还没有过关，进口的价格是国产的2倍左右，一些关键零件的制造技术还没有过关，这些技术问题严重制约了我国高速插秧机的发展。

二、缺乏适应机插秧作业要求的稻田耕整机械及技术

目前，我国稻田耕整机械总体上是沿用传统的人工插秧的耕整机械，如水田犁和普通旋耕机。这些机械的作业对人工插秧来说，可以满足农艺对耕翻和碎草作业的要求，但是，对机械插秧来说，耕翻、碎草和土地平整效果就比较差，往往不能满足机插秧农艺的要求。机插秧不仅要求整块稻田宏观平整；同时，也要求其地表的微观平整，以利于插秧机的各秧爪插秧深度一致，避免倒秧和飘秧现象；机插秧还要求稻田地表的杂草少，秧爪不能把所插秧苗插在杂草中。所以，机插秧的整地技术比传统的人工插秧的整地技术要求高，在许多地方机插秧效果不好往往是因为机械整地差。

三、缺少与双季稻机械移栽技术配套的机具

传统的双季稻种植采用大苗人工移栽的方法来弥补双季稻生长期的不足。目前的水稻机插秧技术是采用小苗带土插秧，致使秧苗适宜机插的时间比较短，早稻和单季稻品种基本上能够满足机插对秧苗的要求，但是，由于连作晚稻秧苗育秧季节温度高，秧苗生长速度快，导致晚稻秧苗适宜机插秧的时间极短。另外，机插秧的秧苗返青期较长，造成机插秧的晚稻生长全生育期较长，不能满足晚稻的生长期要求（舒伟军等，2012）。所以，需要研发适应双季稻生产的移栽机械。

由于早稻收割后，要立即种晚稻，以便延长晚稻的生长期，但是，我国目前传统

的水田耕整机械整地效果较差，对收割后早稻秸秆和稻茬的埋草能力差，影响了晚稻的机插秧作业质量；同时，由于水田耕整机械工作效率低，造成晚稻的机插秧时间延迟，缩短了机插秧晚稻的生长期。所以，要研发作业效率高、埋草能力强的水田整地机械，以适应晚稻的机插秧作业要求。

四、育秧播种机械对我国杂交稻的适应性较差

水稻机插秧的效果与秧苗质量密切相关，而育秧播种机械是影响秧苗质量的关键因素之一。由于目前的水稻育秧播种流水线在种子播种均匀度方面存在不足，往往是通过较大的播量来弥补这一缺陷。目前的水稻育秧播种流水线适应常规稻大播量的播种要求，但是，杂交稻用这种大播量的播种机就不适合。因为杂交稻的分蘖能力较常规稻强，种子的成本很高，大播量的播种机不符合杂交稻播量小的要求。如何在小播量情况下，保证播种均匀且工作可靠是目前我国育秧播种急需解决的问题。

五、水稻的田间管理机械落后，不能适应目前大规模农业生产的需要

水稻的田间管理机械是我国目前水田机械中最薄弱的环节，除了个别大型农场采用航空喷洒农药，我国的稻田均是采用简单的喷枪或完全依靠人工携带简单的喷洒机具行走在田间进行，劳动强度大、喷药效果差，化肥也是完全依靠人工撒肥，没有合适的高效自走式喷洒机械完成对稻田的农药喷洒和化肥施用，个别地方虽然引进了日本的自走式水田农药喷洒机械，但由于稻田的泥脚很深，喷洒机械在田间行走困难，常常无法工作。

六、水田的基础建设缺乏对农业机械的适应性

目前，在我国许多地方推广机插秧技术遇到的难题就是水田的大小和平整度不适应机械作业、道路不适应农业机械的行走。在推广机插秧的过程中，一些地方由于水田的平整度太差，插秧机作业质量不好，而当地农业推广人员却认为是机插秧技术不好；由于一些地方没有机耕路，农业作业机械被抬进地，严重影响了水稻生产机械的工作效率。我国的许多地方对水田的规划和建设忽略了农业作业机械的作业条件，其实，对这些水田稍加改进，就可以适应机械化作业。

七、农艺与农机融合不够，影响水稻生产机械化的发展

我国的机插秧技术是从日本引进的，该技术是以日本粳稻种植为基础发展的，在早稻和单季稻上基本能适应，但是，在连作晚稻上适应性较差，而农机农艺融合程度

不高是导致这一现象的主要原因（张曲等，2012）。水稻机械化插秧是一个系统工程，既涉及育秧机械和插秧机械，又涉及水稻品种、种植制度、栽培模式、育秧基质等农艺因素。我国目前的水稻育种和栽培技术的制定主要是以提高单产作为考核指标，几乎不考虑该品种和栽培方法是否能够适应机械化生产的需要，导致现有的水稻品种不能完全满足机械化插秧和收割的要求，影响了水稻生产机械化的发展。

第四节　我国水稻生产机械化的发展战略思考

由于我国农机购机补贴政策的鼓励和各级政府对农业机械化的重视，近些年我国的水稻生产机械得到快速的发展，常常在水稻插秧季节，一些地区出现插秧机供不应求的情况，农民对机插秧的认识有了很大的提高，尤其是农村劳动力的紧张和劳动成本的提高，农民对机插秧技术的需求更加高涨。

在《全国水稻生产机械化十年发展规划（2006—2015年）》中，"十二五"基本解决种植作业机械化。到2015年水稻主要生产环节机械化水平达到70%，其中耕整地机械化水平达到85%、种植机械化水平达到45%、收获机械化水平达到80%（袁钊和等，2011），所以，为了实现我国水稻生产机械化的目标，还要做大量的工作。

相比其他的农业机械，我国水稻生产机械发展较晚，目前的水稻插秧机及育秧机具均是从日本引进的。但是，我国的水稻种植规模却比日本大得多，既有单季稻，也有双季稻和再生稻，水稻的品种也比日本多得多。由于地域辽阔，不同地方的气候和土壤条件相差较大，种植水稻的农艺也相差较大，所以，造成了我国水稻生产机械的类型较多，要解决的问题也多。为了加快我国水稻生产机械化的步伐，解决水稻生产中的共性关键技术问题，保证我国水稻生产机械的可持续发展，应该着重考虑以下几个问题。

一、立足我国农机工业，加快自主品牌水稻生产机械的发展

目前，我国水稻生产机械的发展主要是引进日本和韩国的技术和机具，这些先进的水稻插秧机、收割机等机具由于性能优良、工作的可靠性好，已经深入农村，有力地促进了水稻生产机械化的发展。但是，这些国家的插秧机和收割机等机具价格很高，另外，当机具的零部件损坏后，配件和维修成本更高，一般农民难以购买和使用。如：一些农民利用国家和地方的购机补贴政策，宁肯购买新的高速插秧机，也不愿意维修已经损坏的机器，或者，把已经损坏的高速插秧机作为另一台机器的配件，严重地影响了我国插秧机健康的发展。

我国水稻生产机械相对小麦、玉米等作物的生产机械起步要晚得多。目前自主品牌国产的高速插秧机才刚刚起步，日本技术成熟的高速插秧机已经铺天盖地进入中国，这就给我国水稻插秧机生产企业造成很大的压力。根据我国农机企业的技术和经济实力，在这种环境下几乎不可能依靠自己的力量研发出性能良好的机器，所以，形

成了目前中国农村市场几乎被日本高速插秧机垄断的现象。如果这种现象继续下去，我国插秧机的生产将完全依靠日本，农村需要的高速插秧机的价格由垄断的日本企业来决定。如果完全依赖日本的插秧机，没有国产品牌的插秧机，我国只能在经济条件好的地区实现水稻生产机械化，根本谈不上在全国实现了。因为在我国，日本农机的价格是随着国产品牌机器的出现和占有率升高而下降的，如果没有国产品牌，那么价格将非常高。

另外，在研究我国水稻生产中出现的问题时，需要对一些水稻生产机械进行一些试验和改进设计，日本企业常常不配合，严重影响了我国机插秧的研究和推广工作，使得研究工作处于尴尬的局面。

目前，我国水稻机械生产企业遇见的对手主要是日本企业，他们不仅技术成熟，财力上又有财团支持，所以，国家要采取有效的措施推动农机企业的创新，要针对目前我国水稻生产机械存在的共性问题，组成产学研联合攻关，集中有限的财力和人力，解决水稻生产机械存在的问题。必须立足我国农机工业，加快自主品牌水稻生产机械的发展，减少对日本农业机械的依赖，才能实现在我国广大农村推广先进的水稻生产机械和技术。

二、农艺农机融合，推动水稻生产机械的健康发展

由于气候、土壤和品种的不同，我国不同地方的水稻种植模式有一定的差异，农艺上常常因为一些微小的差异，而忽略了农机制造和使用中要求的标准化概念，不仅提高了机器的制造成本，也给水稻生产机械使用和维护带来许多不便。如目前我国窄行距的插秧机行距就有25cm、23.8cm、26.5cm等。因为行距不同，所用的插秧机和秧盘规格就不一样，各家各户的插秧机和秧盘不能互用，零配件不能互换，给水稻的农业生产带来很大的不便。所以，农艺上提出的水稻种植模式，要考虑农机上插秧机的实现，并通过农机与农艺研究人员的共同协商，确定水稻的行距等关键技术参数。

在农艺方面，从育种到栽培的各个环节都要考虑水稻生产机械的特点，培育的品种能够适应移栽和收割机械的作业，而不是只有采用人工种植的方法，才能高产。随着社会的发展，农村劳动力将更加紧张，农艺专家应该重点考虑由农业机械实现农业的生产作业。农机专家要懂得水稻的栽培方法和品种特点，并根据农艺的需要开展农业机械的研究，不能总是抱着传统的农业机械工作原理和作业机具的特点，抱怨农艺方面出现的问题，应该与农艺专家积极合作，有些问题可能在农艺上解决要比在机械上解决容易得多。

三、我国水稻生产机械重点发展方向

水稻生产机械涉及的范围较广，有动力机械、育秧机械、移栽机械、收获机械和

烘干机械等。根据我国水稻生产的状况和经济的发展，我国水稻生产机械今后发展重点应该是高速插秧机、与机插秧技术配套的耕整机械、高效自走式农药喷洒和施肥机械以及烘干机械。因为随着今后农村经济的发展和农村劳动力日趋紧张，从事农业劳动的人员越来越少，农村将急需工作效率高、操作轻便的农业机械。由于经济条件的限制，我国目前大多数地方是以手扶插秧机为主，乘坐式高速插秧机主要在经济发达的少部分地区使用，日本在 1985 年手扶插秧机的销量与乘坐式插秧机的销量相当，但是，到了 2001 年日本农村几乎都是乘坐式插秧机，高速插秧机应用非常普遍。在田间管理方面日本基本上都是采用自走式农药喷洒和施肥机械，稻谷全部实现了机械烘干。

（一）发展乘坐式插秧机，重点在高速插秧机

根据我们近两年的调研，乘坐式插秧机由于其操作轻便，在我国迅速普及。我国的普通四轮乘坐式插秧机是从日本引进的，其工作幅宽不大，重量轻、操作灵活，比较适应小块地的作业。由于价格高，目前在我国的拥有量很少。高速插秧机工作速度比普通乘坐式插秧机高、工效高，适应较大田块的机插秧作业。高速插秧机的技术体现了一个国家水稻生产机械的设计和制造水平，其设计难度大，制造要求也高，技术涉及机械、液压、自动控制等专业。目前，在我国各地农村首先选择高速插秧机作为第一选择的机型，但是，该类型插秧机在我国基本上被日本和韩国所垄断，价格太高，很多农民买不起。为了大量解放农村劳动力，减轻水稻机插秧的劳动强度，必须把发展自主品牌的高速插秧机放在水稻生产机械的首位，才能打破目前日本的高速插秧机在中国垄断销售的局面，推动我国机插秧技术的高速、健康发展。

（二）发展与机插秧技术配套的耕整机械，提高机插秧的作业质量

我国目前的机插秧技术虽然在全国各地开始普及，但是，许多地方的机插秧质量还很差，关键是许多地方沿用传统的人工插秧的耕整机械和技术来整理机插秧的稻田，造成机械插秧时插秧的质量差，达不到农艺的要求。水田的耕整能够明显地改善水稻的生长环境，实现高产增效。机插秧的质量控制主要受 3 个方面的影响：育秧机械及技术、整地机械及技术和插秧机械及技术。在与机插秧配套的耕整机械和技术方面，许多地方长期不重视，认为机插秧就是育秧和插秧，忽略了机插秧的整地环节，为此，我国在今后的水稻生产发展中，应该重点发展与机插秧作业配套的耕整机械及技术，以适应我国水稻生产机械化的快速发展，普遍提高机插秧的作业质量。

（三）发展高效自走式农药喷洒和施肥机械，提高稻田管理的工作效率和质量

目前，用于水稻生产的高效自走式农药喷洒和施肥机械在我国还处于空白，农民一直呼吁国家能够给我国的农民研发出自走式农药喷洒和施肥机械，以减轻稻田管理的劳动量。高效自走式农药喷洒和施肥机械在欧美国家和日本等先进国家使用已经非

常普遍，农民已经从繁重的水稻喷洒农药和施肥中解放出来。近几年，我国个别农机合作社引进了国外的自走式农药喷洒和施肥机械，但是，由于在我国一些地区稻田的泥脚较深，该机器在田间通过性较差。所以，必须根据自身的土地条件和水稻的种植模式，研发适应我国水稻生产的高效自走式农药喷洒和施肥机械。只有该问题的解决，我国才能实现科学、高效地对稻田进行施药和施肥，大大提高劳动生产率，把农民从繁重的体力劳动中解放出来。

（四）大力发展工厂化育秧和基质育秧技术，保证秧苗素质和插秧质量

工厂化育秧与田间育秧相比，具有很强的抵抗天气灾害的能力，对保证我国的粮食安全生产和水稻的稳产、高产具有战略意义，我国应加强工厂化育秧技术的指导和现代化育秧棚的建设工作。重点解决超级稻少量、均匀播种问题，提高目前育秧播种流水线的工作效率，减轻操作人员的劳动强度，提高播种机的工作可靠性。在育秧大棚的建设方面重点是建设现代化的育秧设施，着重考虑如何提高大棚的利用率，减轻操作人员的劳动强度，提高育秧质量和工作效率。

我国现有机插秧育秧播种流水线基本上采用干土装盘方式育秧，该方法采用异地取土，很多地方是把耕地的表土取来，干燥、粉碎和筛选，作为育秧用土。通常每个机插秧秧盘装土 4.5kg，每 667m² 地秧盘 25 只，一般机插秧面积与耕地取土所需要的面积比约 1 000 : 1，如果大面积秧盘装土用耕地的表土，则这种育秧取土方法对耕地的破坏性较大，育秧取土将越来越困难（舒伟军等，2012）。目前农村的泥浆育秧技术，由于操作简单，许多地方仍然采用，但是由于泥浆育秧的播种机播量均匀性方面较差，其机械和技术仍然处于研究当中。为此，应该大力发展机插秧育秧用基质，减少育秧对耕地取土的依赖。另外，育秧用基质的营养丰富，利于秧苗的生长，减少病虫害的发生，对我国机插秧育秧的可持续发展具有重要的意义。为此，我国应该尽早制定育秧用基质的相关标准和技术规范，保证育秧用基质的质量，促进机插秧育秧用基质的健康发展。

（五）加快制种插秧机的研发，促进水稻制种产业的发展

我国的杂交稻水稻机械化制种发展比较晚，随着杂交稻种子生产经营的行政区域和地方保护被打破，杂交稻种子生产逐步向优势生态区集中。城镇化、工业化、农业产业化和农村的土地流转政策的逐步实施，农村人口将进一步减少，传统的水稻制种均为人工插秧，劳动强度大，一些地方因此花高价都很难请到插秧的农民，现行的劳动密集型、精耕细作型的杂交稻制种技术已经妨碍了杂交水稻制种产业的发展（汤国华，2012）。我国目前的毯状苗机插秧技术是从日本引进的，日本没有制种插秧机，所以，杂交稻的制种插秧机只有我国自己研发。但是，至今我国杂交稻的制种还没有定型的专用插秧机，严重影响了水稻制种产业的发展。要想发展我国的杂交稻水稻制种业，必须加快制种用的专用插秧机研发工作。

第七章　稻米加工产业的可持续发展

第一节　中国稻米加工产业现状

一、稻米加工产业发展概述

中国在世界上 100 多个稻米生产国中位居第一，近 10 年来年均产量 1.8 亿～2.0 亿 t，占世界稻谷总产量的 37% 左右，占我国粮食总产量的 40% 以上。我国 2/3 以上的人口以稻米为主食，因此，稻谷的生产和产后加工在我国人民的食物构成中占有举足轻重的地位（谢健等，2002）。

稻米加工是指对稻谷进行工业化处理，制成成品粮、米制品和其他产品的过程，主要包括大米生产，大米食品生产，碎米、米胚、米糠、稻壳等稻谷加工及副产物精深加工。我国加入世界贸易组织（WTO）后，农产品市场面临着全球的挑战和竞争，为了在国际米业市场竞争中脱颖而出，需要清晰认识我国稻米加工产业的现状。

（一）产业规模稳定增长

（1）大米产量与产能均增加。从表 7-1 可以看出，近 5 年来稻谷加工产能逐年递增，产能在日产 200t 以上的大中型企业数量明显增多。2012 年稻谷加工业年处理稻谷能力共计 3.07 亿 t，比 2011 年增加 2 325 万 t，增幅 8.2%，增速比上年下降 8%。大米统计产量 8 882 万 t，为避免重复计算，稻谷加工业大米实际产量为 8 693 万 t（已核减二次加工大米 189 万 t），比 2011 年增加 700 万 t，同比增幅 8.8%，实际处理稻谷 1.37 亿 t。稻谷加工业平均产能利用率为 44.5%，比上年下降了为 0.4%。

（2）产能规模继续扩张。2012 年我国稻谷加工企业共计 9 788 个，比 2011 年增加 398 个，同比增幅 4.2%，大、中型企业的数量、产能、产量占比与 2011 年同期相比均有所提高。大、中型企业的合计产能和产量分别占总量的 48.0%、61.8%，分别比 2011 年提高了 2.6%。大米产量位居前 10 位企业的产能合计为 1 535 万 t，占比 5.0%，比上年提高了 0.4%；产量合计 730 万 t，占比 8.2%，与上年基本持平（图 7-1、图 7-2）。

表 7-1　2008—2012 年稻谷加工年生产能力

单位：万 t

年份	各型稻谷加工企业年生产能力①						
	合计	30 以下	30～50 （含 30）	50～100 （含 50）	100～200 （含 100）	200～400 （含 200）	400～1 000 （含 400）	1 000 以上 （含 1 000）
2008	16 047	249	1 332	4 890	4 610	2 587	1 213	1 166
2009	19 424	174	1 226	5 058	5 981	3 542	1 581	1 862
2010	24 339	147	1 301	4 712	8 096	5 617	2 338	2 128
2011	28 391	137	1 323	5 054	9 122	7 023	3 323	2 409
2012	30 716	164	1 288	5 153	9 370	7 687	4 274	2 780

注：大型企业指日产能大于 400t，中型企业指日产能介于 200～400t，小型企业指日产能小于 200t。
①按日处理稻谷能力（t/d）划分。

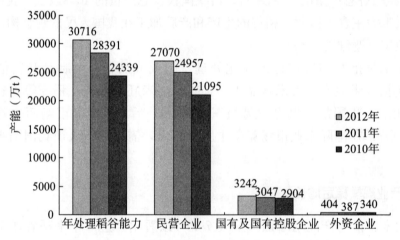

图 7-1　2012 年稻谷加工业产能与上两年对比

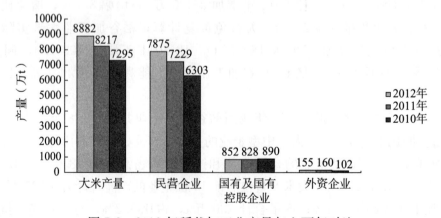

图 7-2　2012 年稻谷加工业产量与上两年对比

（二）布局向主产区集中

黑龙江、湖北、江西、安徽、湖南的产能列前5位，分别为5 262万t、4 239万t、3 850万t、3 389万t和2 611万t，分别占总产能的17.1%、13.8%、12.5%、11.0%和8.5%；湖北、安徽、黑龙江、江西、湖南的产量列前5位，产量分别为1 558万t、1 193万t、1 063万t、1 003万t和837万t，分别占总产量的17.5%、13.4%、12.0%、11.3%和9.4%。五省合计产能1.9亿t，占全国总产能的63.0%；合计产量5 654万t，占全国大米总产量的63.7%。

表7-2　2012年分规模稻谷加工企业数量、产能和产量情况

	合计	大型企业			中型企业			小型企业		
		数量 （个）	占比 （%）	占比增幅 （万t）	数量 （个）	占比 %	占比增幅 （万t）	数量 （个）	占比 %	占比增幅 （万t）
企业	9 788	386	3.9	0.6	1 229	12.6	0.6	8 173	83.5	−1.2
产能	30 716	7 054	23.0	2.8	7 687	25.0	0.3	15 975	52.0	−3.1
产量	8 882	2 958	33.3	3.7	2 507	28.2	−0.89	3 417	38.5	−2.7

注：大型企业指日产能大于400t，中型企业指日产能介于200t~400t，小型企业指日产能小于200t。

从地域上看，产能和产量仍主要集中在东北地区及长江中下游地区。民营企业占主导地位，产能和产量所占比重超过85%。大米产量位居前5位的集团企业分别是中国储备粮管理总公司、湖北国宝桥米集团、益海嘉里投资有限公司、湖北福娃集团有限公司、中粮集团有限公司。部分省份通过建设粮食产业园区（如黑龙江、安徽、江西等），推进粮食产业化，鼓励企业发展优质粮油订单模式，促进规模化加工，形成了一批大型稻谷加工园区。

（三）稻米加工精度不断提高

2012年一级和二级大米（相当于原国标GB 1354—86《大米》中的特等米）的产量为8 024万t，占总产量的90.3%，比2011年增加了0.7%；三级（相当于原国标《大米》中的标一米）、四级大米的产量分别为724万t和68万t，分别占总量的8.2%、0.8%；合计中粳米产量为2 287万t，占总产量的25.7%；糙米产量为66万t，占总产量的0.7%。平均出米率为63.4%，比2011年下降1%（图7-3，表7-3）。

表7-3　2008—2012年大米产量

单位：万t

年份	合计	优质一级 大米	优质二级 大米	优质三级 大米	一级 大米	二级 大米	三级 大米	四级 大米	糙米	合计 中粳米
2008	4 783	1 466			2 945	266	58	48		
2009	5 724	1 607			3 565	371	105	76		

（续）

年份	合计	优质一级大米	优质二级大米	优质三级大米	一级大米	二级大米	三级大米	四级大米	糙米	合计中粳米
2010	7 295	2 284			3 553	964	330	76	88	1 158
2011	8 217	2 889	943	324	2 726	803	382	81	69	1 896
2012	8 882	3 239	1 173	359	2 757	855	365	68	66	2 287

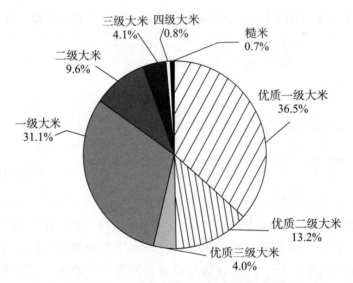

图 7-3　2012 年大米产量分品种结构

（四）产业结构逐步优化

　　长期以来，我国稻谷加工仅处于满足口粮需求的初级加工状态，但经过近年来稻米产业的迅速发展，稻米加工产业结构也进一步优化，我国稻米产业正在由生产优势、数量优势转变为质量优势、价格优势和市场优势。优质、专用、无公害稻米品种是稻米产业的发展方向。生产、加工、销售一体化，打造从田园到餐桌的产业链已成为目前龙头企业的发展方向。如中粮集团、北大荒集团等推出的有机、生态、绿色米制品深受消费者青睐。我国已攻克了稻米精深加工领域的多项关键技术，并已应用到国内著名稻米加工龙头企业，一大批酶辅助提取、场辅助萃取、超滤渗滤等现代分离技术，高压杀菌、高压脉冲电场杀菌、辐照杀菌技术、高密度 CO_2 杀菌技术等冷杀菌技术，营养与安全检测技术，品质检测与评价技术，生物转化技术等高新技术在稻米深加工和综合利用研究中得以应用。功能性大米、米糠油、膳食纤维、低聚糖、磷脂、胚芽油以及生理活性物质胶囊等综合利用系列产品得以小规模开发，企业的效益得到明显提高。

二、米制品的研究与开发现状

米制品是以稻米（包括籼米、粳米、糯米）为主要原料，经过加工制得的产品（于衍霞等，2011）。资料显示，我国方便米饭、方便粥、方便米线、米粉、米发糕、粽子、雪米饼、米酒、米醋等食品已经成为米制品制造业的重要部分。

（一）米制方便主食

综观国内外米制品加工的规模，产量最大的米制品还是人们日常生活中经常食用的主食产品。米制方便主食也开始在市场上崭露头角，方便米粉在我国南方一些地区已经逐步推广销售。方便粉丝作为方便面的市场补缺者，在过去的5年里得到了迅猛发展，尤其在发源地四川更是得到了长足发展。为了适应现代快节奏的生活，速煮米、方便米饭以及米制快餐食品等的加工技术迅速发展。日本在研究和开发大米方便食品方面走在了世界前面，作为主要产品的方便米饭，产销量均很大。

目前世界上对方便米饭的研究已进入比较成熟的阶段，已开发出数十种方便米饭，其生产技术、生产工艺及生产设备均比较完善。日本、美国近几年在技术上取得重大突破，实现了大规模工业化生产，已经生产出美味、营养的方便米饭产品。在日本和韩国，国家粮食储备主要以干燥米饭的方式储存，近年来由于女性工作及社会活动增加，在家中下厨时间减少，使得方便快捷、营养健康的方便米饭消费需求增加一成以上。在一些发达国家的超级市场里，方便米饭在方便食品中的比重愈来愈高，在日本其销量仅次于方便面，花色品种达20多个，不仅满足日本国人喜食大米的生活习惯，而且还出口其他国家。我国在方便米饭的研究和生产上起步较晚，直到20世纪80年代才开始引进日本的保鲜米饭生产线。当时，这种方便食品只作为军需食品，向野战部队输送，尚未走进普通百姓的生活。直到20世纪末，随着生活节奏不断加快，人们在越来越多的场合需要方便快速的食品，同时对营养与口味更加挑剔，而方便米饭则恰恰满足了消费者的这些需要。它不仅弥补了诸如方便面等快餐食品的营养不足，也兼具了方便快捷的特点，近年来市场需求量不断增加，是继方便米线后第二个敢与方便面的市场一较高下的产品（刘鑫，2011）。目前国内市场代表品牌有河南三全、上海大冢、乐惠、江苏今米房、四川得益绿、吉林香香仔等，其中四川得益绿企业引进的国外先进生产线，实现了2 000t的年生产能力，成为中国最大的方便米饭生产企业。但现有方便米饭由于价格较贵、口感较差，其市场普及率还很低，仅在超市中有少量产品出售，在普通市场上则不能买到，市场还有待进一步开拓。

从我国方便米粉行业的发展来看，随着食品工业的发展，中国的方便米粉行业近几年有了长足的进步，因为方便面大多为油炸食品，随着人们健康理念的不断提高，对"安全、健康、美味、方便"的食品需求量不断上升。非油炸方便米线，因为克服了煮制过程烦琐、不易保存的缺点，成为近些年来发展较快的一种以稻米为主要原料

制成的方便主食（刘鑫，2011）。近年来，中国方便米线的市场增长率一直高于
30％，彰显出新兴行业的生命力。我国米线市场特别是方便米线市场逐渐扩大，发展
空间很大，米线不但在西南各省畅销，在全国其他各省也逐步兴盛起来，产品供不应
求。国际方便米线市场发展空间也很大，喜爱食用米线的国家还有日本、韩国乃至整
个东南亚等国家与地区。目前我国方便米线行业总体的机械化水平以及加工能力都不
高，产品品种单一，新产品周期过长。而易糊汤、不耐泡、断条、复水时间长、不易
入味等缺点是方便米线的科研人员正在攻克的技术难关，这些问题也直接影响了非油
炸即食方便米线的市场销售份额（刘鑫，2011），还需要科研人员进一步研究，解决
制约方便米线发展的技术瓶颈，实现方便米线产业的飞速发展。

（二）米制休闲食品

在我国经济多年飞速增长下，逐渐提高的人民生活水平带动了居民消费方式的个
性化和旅游业的快速发展，所以我国休闲食品产业也随之迅速发展。如今的休闲食品
已经逐渐成为成人甚至老年人群日常生活的必需品（王薇，2011）。以大米为原料可
加工成多种不同种类的食品，我国作为世界上最大的大米生产国，在大米深加工上有
着丰富的资源优势，特别是我国南方，在使用大米制作糕点、休闲食品、各色小吃上
有着悠久的历史和优良的传统。目前，大米作为主要原料被广泛应用于休闲食品的生
产加工中。大米中含有丰富的营养物质，食用大米休闲食品能有效地满足人们在正餐
之外的营养需求，使人们在休闲时间得到适宜的能量和营养补充，因而大米休闲食品
赢得了众多消费者的青睐，开拓了广泛的消费市场，在整个休闲食品加工业中占有很
重要的地位。大米休闲食品通常以挤压、油炸、烘烤等方法加工而成，并可调制出多
种不同口味。大米休闲食品种类繁多，典型的包括米果、锅巴、鸡味圈、麦粒素、米
酥等产品。米制膨化产品生产历史较长，市场较成熟，2011年呈现以糙米为原料的
新趋势，产值达到80亿元以上，代表性产品有仙贝、雪饼和爆米花，主要企业有旺
旺、康师傅、小王子、米老头和福娃（王薇，2011）。

（三）大米发酵食品

代表我国传统的大米发酵食品的米发糕，因为其悠久的加工历史和深厚的文化蕴
涵而一直被人们所喜爱。米发糕的主要工艺是将大米磨粉后经浸泡、磨浆、调味、发
酵最后蒸制而成，其产品口感松软，风味独特，具有开胃、助消化、滋补养颜、延年
益寿等保健功能，完全符合人们对于美食"营养、健康"的定义（柏芸等，2009）。

大米中富含的淀粉，通过各种酶的作用，被分解为可发酵性糖，然后经过酵母的
发酵作用，发酵性糖转化成酒精。国内已有利用黄酒压榨后的大米酒糟作为原料来酿
造酱油。国内外对乳酸发酵谷物制品极为重视，针对其传统工艺的改进和营养价值的
提高做了大量研究。

从整个饮料行业的发展趋势看，由于米乳饮料天生具备的"天然、绿色、营养、

健康"的品类特征，符合饮料市场发展潮流和趋势，越来越受消费者喜爱，消费人群正在快速增长。据专家预测，植物蛋白饮料市场年增长率在40%以上，预计5年后市场容量将超过500亿元，而以大米制成的谷物饮料则因为产品原料更易获得而具有更加广阔的发展前景。大米饮料具有独到的抗衰老、保青春的养生功效，无论从自身的营养价值，还是市场的开拓空间上看，都是其他饮品无法取代的，因此，国内外对大米饮料的开发和研究也日渐活跃。随着发酵工业的发展，米饮料的加工方法也有了革命性的改变，由调配饮料发展为富含更多活性营养的糖化型和发酵型米乳饮料，风味也在不断翻新。

三、稻米副产品综合利用的发展现状

稻米是世界上主要的粮食品种之一，而我国是稻米的生产大国，稻米在加工过程中除产出主产物大米外，还有副产品碎米、米糠、稻壳等，这些副产品资源丰富，充分利用这些稻谷资源，增加稻谷利用的附加值，对于推动我国农产品的深加工，提高稻米副产品的经济、环境及社会效益具有重大的现实意义。

（一）碎米

稻米在碾制过程中，产生10%～15%的碎米，碎米中的蛋白质、淀粉等营养物质与大米相近，但碎米价格仅为大米的30%～50%。碎米中有8%左右的蛋白，且不存在生理障碍因子，营养品质好。碎米中淀粉含量高，成分约占75%，产品低渗透压，易于消化吸收。同时，碎米还富含B族维生素、钙、磷、铁及钾等矿物质。应充分利用优质碎米食品资源，研究开发碎米产品，实现农副产品的加工增值，具有较好的社会效益和经济效益。

碎米作为稻米加工过程中重要的副产品，其用途很多，综合利用的传统产品主要是酒、醋和饴糖。碎米综合利用的新途径主要是两方面：一是开发利用碎米中含量较高的淀粉；二是利用碎米中营养品质好的蛋白质。碎米综合利用途径广，除以上两大途径外，还可生产果酱、红曲色素等。

（1）碎米淀粉的利用。米淀粉是由多个 α-D-葡萄糖通过糖苷键结合而成的一种多糖，其淀粉颗粒非常小，且颗粒度均一，可借助酶制剂、发酵、葡萄糖异构等方法生产多种产品，如麦芽糊精粉、麦芽糖醇、山梨醇、果葡糖浆、液体葡萄糖、饮料等。产品的主要特点是低甜度、低渗透压，易于消化吸收，可防止肥胖、抗肿瘤、抗龋齿，作为填充剂和增稠剂广泛应用于饮料等产品中。碎米的利用与米淀粉的特性具有十分密切的关系，米淀粉在糊化后吸水速度快，质构柔滑，口感与脂肪相似，且容易涂抹开；而具有脂肪性质的蜡质米淀粉，则更具有冷冻、解冻稳定性好的特点，可避免冷冻过程中的脱水现象。米淀粉因其独特的性能和用途，必定具有很好的市场前景。国际市场上对米淀粉，尤其是高纯度的米淀粉的需求量十分大。用米淀粉制得的脂肪替代物具有奶油的外观及口感，可作为加工酸奶的原料或是像奶油等乳制品的部分替代物。可见，将碎米制备成大米淀粉可大大提高其附加值，且高纯度米淀粉在存储期间不易发生酸败，能够长期储存，从而解决资源浪费的问题。

（2）碎米蛋白的利用。碎米中蛋白质含量虽然不高，但属优质谷蛋白质，它具有高营养、易消化、低过敏、溶解性好、风味温和等特点，其生物价（BV）和蛋白价（PV）均比其他谷物高，氨基酸的成分也较平衡，且由于它的低过敏性且不含影响食物利用的毒性物质和酶抑制因子，制得的高蛋白米粉可作为婴幼儿及特殊人群食品的蛋白添加剂及高档食品乳化剂。碎米淀粉利用后的米渣还含有较多的蛋白质，可用来生产酱油、蛋白胨、蛋白饲料、发泡粉、酵母培养基等多种产品。

利用碎米加工的大米粉（包括高蛋白米粉），可用于早餐谷物、休闲食品、焙烤食品、肉制品等。高蛋白米粉可通过添加适量维生素及无机盐，制成速溶乳液、糕点、乳糕粥等产品，作为全营养成分的婴儿及儿童食品。高蛋白米粉可通过酶法处理碎米浆，再经糊化、液化和离心分离等步骤获得，既充分利用了碎米的蛋白质资源，又可克服蛋白质存在导致的淀粉糖生产中淀粉糖质量的下降。目前，国外大米蛋白的产品比较多，碎米、籼米及米淀粉加工过程中的副产品都是提取大米蛋白质的原料，运用不同的提取手段，得到了不同蛋白质含量、性质和用途的产品。

（3）碎米的其他应用途径。从食用品质讲，碎米与整米并无区别，所以可利用碎米制成方便性大米食品，如米粉、糕点等，碎米的合理利用具有很好的经济效益，非常值得大范围推广应用。利用碎米剩下的米渣制取蛋白发泡粉，具有成本低、工艺简单、易于工业化生产等优点，也是一种开发利用蛋白质资源的有效途径。以碎米或籼米为原料，采用红曲固体发酵、液体种子发酵，并对红曲生产所需的菌种进行分离诱变、优选，可制得功能性红曲色素。红曲色素是一种优良的天然色素，它不仅具有热稳定性强、耐光性强、安全性高、色泽鲜红、着色性好等特点，还具有一定的抑菌、降血压、降血脂、降胆固醇、增强免疫力和抗疲劳等功效。

（二）米糠

米糠是稻谷加工的副产品，是稻谷脱壳后依附在糙米上的表面层，它是由外果皮、中果皮、交联层、种皮及糊粉层组成的，其质量占谷粒质量的5%～7%。我国是世界第一产米大国，以年产稻谷2亿t计算，年产米糠量为1 000万t以上。

国外最新研究证明，米糠含有稻米64%的营养成分及90%以上的人体所需元素。与精白米相比，米糠蛋白质、脂肪、膳食纤维、维生素和矿物质等营养素含量更高。米糠中含有的天然营养物质具有调节血糖、预防肿瘤、抗疲劳、减肥、预防心血管疾病、美容等多种功效，是一种极好的保健营养品原料来源（胡小中，2002）。目前，美国利普曼公司和美国稻谷创新公司在米糠稳定、功能性因子的提取分离技术方面处于领先水平。另外，日本的相关技术与专利也有很多（闫金萍，2007）。

1. 米糠的脱脂利用

（1）米糠制油。从米糠利用程序上说，制油是第一道工序。通过现在的媒体宣传，消费者已经普遍认识到米糠油是一种具有很高营养价值的植物油脂，其中不饱和脂肪酸如油酸、亚油酸和亚麻酸含量高达80％以上。长期食用含有充足亚油酸的米糠油，对身体有较好的保健作用，不但能防治高血压，更有助于改善皮肤粗糙、疥癣等皮肤病的症状，因此，米糠油有"健康营养油"的美称，在国内外油脂市场上销路很好。近年来，它已成为继葵花籽油、玉米胚芽油之后的又一种保健食品用油（闫金萍，2007）。

另外，因为米糠油具有不饱和脂肪酸含量高的特性，可以制造人造奶油，因为其氢化较易进行，可以选择性氢化，故而反式脂肪酸含量相对较少。同时，工业上也可以将米糠油制成环氧化糠油作为塑料助剂或加硫或氯化硫得到黑油膏用作橡胶填充剂和用于干性油漆的生产等，磺化米糠油也广泛应用于印染、皮革、金属加工等行业。米糠油脱酸后的皂脚，主要的成分有水分、总脂肪酸、中性油脂、脂肪酸钠、游离碱及少量类脂物和饼屑等，可以用来制取油酸、亚油酸和硬脂酸、植物脂肪酸、肥皂等（EI - ZANATI EM et al.，1991），也可以进一步加工成硬脂酸锌而用于橡胶工业及化妆品工业。

（2）脱脂米糠的综合开发。脱脂米糠分为米糠压榨后得到的糠饼和浸提后得到的糠粕，主要成分为多糖、蛋白质和少量的植酸钙等活性成分，所以脱脂米糠可开发的产品很多，有良好的应用前景。

脱脂米糠中植酸含量高达10％～11％，可消除酒中的钙、铁、铜等金属元素，所以可以添加到酒中用以保护身体健康。也有研究发现在水产罐头中加入微量植酸，可防止玻璃状磷酸铵镁结晶的生成。在化学工业方面，植酸可作抗氧化剂、水的软化剂、金属防腐蚀剂、涂料添加剂、稀土元素富集剂、高分子化合物的溶剂及燃料油的防爆剂等。植酸在医药上，可以预防结肠癌及肾结石的发生，也可降低人体胆固醇。还可作抗凝血剂、防噬菌体感染剂、高压氧气中毒的预防剂，以及维生素 B_2、维生素 C 和维生素 E 等的稳定剂，能有效地治疗粉刺。在日用化工领域，植酸可促进皮肤血液循环。植酸的络合物具有良好的自由基清除效果，可防止色素沉积，应用于制备除头屑的洗发水、洗发膏及抑制皮肤变色的皮肤保养乳液。

从脱脂米糠中提取植酸钙镁后经碱液提取和盐析技术，则可制得优质的米糠蛋白。通过纯化技术，可使蛋白质纯度达94％～99％，其营养价值可与大米的内胚层蛋白质相当，是制作高蛋白保健、营养食品的理想强化剂。米糠蛋白质中必需氨基酸齐全，生物效价较高。将米糠与大米中的蛋白质相比较，前者的氨基酸组成更接近FAO/WHO的推荐模式，营养价值可与鸡蛋相媲美。从当今食品工业的发展趋势看，植物性来源的蛋白质在膳食补充和食品加工中的地位日益重要。人们尽量少地摄取动物性蛋白以减少附带的饱和脂肪酸的摄入，而植物性蛋白质不仅可弥补膳食中蛋白质的不足，更含有一些异黄酮、γ-谷维醇等动物蛋白中没有的生理活性物质，对心血管疾病具有一定的防治功能（赵旭，2007）。谷类食物纤维是食物纤维的主要来源之一，作为谷类食物纤维重要来源的米糠也不例外。已经检测出米糠中的半纤维素及水溶性多糖类等成分能降低胆固醇，可以抑制血清胆固醇的升高。米糠膳食纤维能够很好地吸附人体消化道中的有害物质，并且促进肠胃蠕动使之排出体外，从而实现对消化道癌和消化道疾病的预防作用。米糠在生产过程中不需添加任何化学试剂，符合天然食品的要求。近年来，国际营养学家一致认为，膳食纤维能够平衡人体营养、调节机体功能，可与传统的六大营养素并列为"第七大营养素"。目前我国已开发研制出高纤维米糠饼干。

2. 米糠的全脂利用

以全脂米糠或脱脂米糠为原料可生产各种米糠健康食品，以它们为原料生产的降血糖、降血脂及具有明显免疫功能的健康食品已经上市。日本筑野株式会社以米糠中有效成分生产的六磷酸肌醇精华，是一种保健药物，具有抗氧化、可抑制肾结石和过氧化脂肪的生成、降低胆固醇、促进生长、缓和自主神经失调等效果。美国利普曼公司生产的米糠营养素，价格昂贵，是我国米糠价格的 20 倍。我国米糠的开发和综合利用也取得了一定的研究成果。

（1）直接用于食品制作。近年来，科研人员与企业单位都很看重米糠为原料的各种饮料的开发与研究。目前用米糠发酵来产生乳酸，生产米糠乳酸饮料的技术已经基本成型，因为该饮料富含维生素、矿物质、氨基酸等，颇受消费者的喜爱。米糠也经常用于制作膨化食品、面包、饼干、面条、蛋糕、比萨饼等面食品，也是酿酒、制酱、饮料、制糖等行业的优质原料。

（2）发酵生产 γ-氨基丁酸（GABA）。γ-氨基丁酸（GABA）是由谷氨酸经谷氨酸脱羧酶催化转化而来的，广泛分布于动植物中的一种非蛋白氨基酸，主要存在于哺乳动物脑、脊髓中，用以抑制性神经传递物质，具有降血压、改善脑部血液循环、精神安定、健肾利肝等生理活性。我国江南大学的研究者利用发酵法生物转化制备 γ-氨基丁酸，经筛选得到高产 GABA 的乳酸菌，该菌株能以处理过的米糠抽提液为原料，提高 GABA 的含量。

（3）生产神经酰胺。四川省时代生物技术有限公司利用 CO_2 激光辐射，培育的高产菌株可以转化米糠生产神经酰胺，产品纯度高，生物活性较好。而神经酰胺是神经鞘磷脂，可以用于皮肤的增白、保湿，有助于缓解过敏性皮炎的症状，对于皮肤的保健与疾病的预防有突出功效。

（三）稻壳

统计显示，我国年产稻壳超过 5 600 万 t，且仍有增加的趋势。稻壳中木质素和硅质的含量较高，所以不易吸水，未经处理施放到田间作肥料不易腐烂；大量的稻壳堆积在农村或粮米加工厂，成为难以处理的废弃物，既污染环境，又容易引起火灾，成为社会的一大难题。传统做法是通过燃烧将其废弃，但燃烧后产生的稻壳灰如果不加以处理，对环境仍然构成威胁。为了充分利用稻壳资源，世界各国已进行了几十年的努力，并取得了许多进展。

1. 稻壳的能源利用

稻壳的导热系数为 $0.084\sim0.209$W/（m·℃），其中可燃成分达 70% 以上，着火性能好。它的热值为 $12.5\sim14.6$MJ/kg，大约为煤的 1/2，并且燃烧产物几乎不含硫和重金属，其热解活化能约为 70 kJ/mol。因此，稻壳燃烧时对环境的污染远比煤小，是一种既清洁又廉价的能源。特别对于碾米厂来说，在处理废弃物稻壳的同时又获得了能量。联合国粮农组织在 1971 年就认识到，稻壳在可预见的将来，最实际的用途就是作为燃料提供能量（李琳娜等，2010）。

（1）固体燃料。将稻壳压缩成棒状或块状，可以代替煤炭作为热能来源。建三江热电厂的锅炉以 18%~19% 的比例掺烧稻壳棒时，发电成本平均节省 0.03 元/（kW·h）。低温热解后的稻壳副产物较少，更具有燃烧性能高、易储存、易携带、使用方便等优点。

（2）液体燃料。生物油主要是稻壳在完全缺氧情况下快速热解而生成的初级液体燃料。以稻壳为原料进行了快速热解试验，得到产率为 53% 的生物油，其热值可达 $17\sim18$MJ/kg。用稻壳与废轮胎混合在管式固定床内催化共热解，当稻壳占到 60% 时，生物油产率可高达 44.15%，热值高达 40MJ/kg，与柴油接近。现在已经有国内的厂家利用自制流化床反应器制备生物稻壳油，获得含水率高、热值低的产品，并逐渐改进。

（3）气化发电。稻壳煤气发电是指稻壳通过发生炉产生煤气，经过滤、降温、去焦油处理后送入煤气机中燃烧产生动力，驱动发电机发电。每加工 1t 大米所产生的稻壳可发电 $110\sim140$ kW·h，除去加工 1t 大米所需用电外，还有剩余电量可以用于其他生产、生活或销售。我国在 20 世纪 20 年代已经出现若干以稻壳煤气为能源的碾米厂；30 年代以稻壳煤气为主要能源的米厂开始出现并主要分布于广东、江苏、浙江；从 50 年代开始稻壳煤气的利用才开始有较大发展。目前，我国生产的稻壳煤气发电机组，除供国内使用以外，还出口到国外，反响很好。

2. 稻壳的其他应用

糠醛是只能通过农作物纤维废料生产的一种重要的有机化工原料，糠醛产业也是半纤维素利用最为广泛的一个产业。目前工业上一直是以玉米芯和甘蔗渣为主要原料，现有研发人员利用稻壳经硫酸水解得到理论量的 62% 的糠醛，比玉米芯生产糠醛得率提高了 12 个百分点。所余残渣为纤维素、木质素和灰分，环保而无污染。并且可以继续将纤维素转化为乙酰丙酸和甲酸。稻壳提取乙酰丙酸后的残渣，也可以通过氧化降解进而生产为邻醌植物激素（李琳娜等，2010）。

稻壳作为一种来源极其丰富的草本植物纤维资源，具有较好的成型性和机械强度，一直以来被人们作为制造板材的廉价原料，而且还具有变"废"为宝，扶贫利农等全方位优势。因此，它有很强的实用性和生命力，随着加工工艺不断改进和新产品不断开发应用，有可能引发一场轻工原料的革命。

第二节　稻米加工产业存在的问题

一、大米加工产业存在的问题

近年来，中国的稻米生产及流通已经有了长足的进步，稻米贸易与国内外市场的联动性不断增强。然而，发展过程中也存在许多问题，对我国稻米的后续运作形成了一定的制约。

（一）大米加工能力总体过剩

由中国粮食行业协会统计，截至 2012 年年底，稻谷加工企业为 9 788 个，产能高达 3.07 亿 t，而实际加工量仅有 8 882 万 t，仅占总生产能力的 29%。事实上，未进入登记和统计的小型大米加工厂数以万计。这些加工厂设施简陋，多属家庭式作坊，其年加工能力少则几百吨，多则几千吨，而且每年都在新粮上市季节就近收购，加工两三个月即停。由于成本低、上市快、效益也好，在销售市场具有很强的竞争性。然而这种多、小、乱的现象严重地破坏了市场秩序，使稻米市场乱象环生，最终导致"稻强米弱"。

从宏观上看近几年的基本情况是，小型米厂薄利，大型米厂亏损，加工产能过剩。在今后很长一段时间内，受供应充足、国际市场低价冲击、国家托市调控能力强大等多重因素影响，稻米价格会在可控、稳定、弱势低迷的格局下运行。

（二）行业产业链短，资源利用率不高

我国稻谷深加工产品开发有较长的历史，稻谷产品与小麦制品相比，由于稻谷本身的特性，发展显然慢了许多。目前，我国稻米加工尚处于一种初级的粗放加工水平，增值效应极低。虽说大中型稻米加工企业的技术设备和加工水平较为先进，但差异不明显，其产品品种少，质量一般，资源的综合利用水平低，技术创新能力差，资源的增值效应没有充分发挥出来，导致了企业的经济效益无法进一步提升。目前，我国每年稻米加工的副产品有 1 000 多万 t 米糠、2 000 多万 t 碎米和 3 500 多万 t 稻壳，但是对这些副产品的综深加工利用不够，特别是在快餐食品方面远远落后于面制品。相对于进口产品来讲，我国的稻米精深加工产品从技术到质量都相当粗糙，难以被消费者接受，很多产品形象陈旧，不适应当代潮流，影响了大米加工业的进一步发展。要改变这种状况，就必须加强稻谷精深加工技术的研究和投入。

纵观世界，当前美国、日本、韩国等国家十分重视并积极开展稻谷产后精深加工研究，稻米深加工产品越来越多。我国的稻米深加工产品，虽然大多是从日本引进的生产技术，但是现在却又因为后续科研发展的不足，又远落后于日本。由于我国稻米

精深加工能力不强，研究开发滞后，容易受到美国、日本等国的稻米深加工产品的冲击，这比中国直接进口稻米初级产品更具市场压力。

人们普遍认为大米精深加工产品没有什么技术含量，导致稻谷加工业虽然有很大的发展潜力，但是其发展速度相对缓慢，大专院校里专门开设米制品专业的学校不多，相关专业毕业生也很少，加工业中的科技人员不足，科研院所的科技力量不强。另外，稻谷加工行业的科研力量薄弱，在工艺革新、设备更新、产品开发等方面能力不足，很多企业习惯沿用一些老经验、老方法、老工艺，给产品的质量和数量都带来较大的影响，造成了我国新设备和新产品的研发能力弱、米制品行业新技术少、科技含量不高的状况。

正如中国粮食行业协会会长白美清所说，目前全国大米加工产能利用率很低，比小麦、玉米、油脂加工行业的产能利用率都低，这值得关注。现在稻米行业正面临调整结构、整合资源、提升利用率的问题。

（三）组织化程度低，规范化生产及市场运作困难

对于米制品加工企业来讲，现在多数还是处在分散、小型状态。稻米经营主体出现的多元化的格局主要是由于粮食购销的放开引起的，这对水稻与大米的流通及市场竞争都起到了正面的作用。但是，多元化的市场主体必须有管理制度和交易规章作保障，不然就会出现违规运作甚至是违法行为，致使正常的市场秩序遭到破坏。从目前来看，稻米经营的多头组织导致了全国稻米实体流通秩序的混乱，并且这种现象无法得到控制。现有的生产和经营的分散性致使控制和统一产品的质量非常困难。农户不仅生产规模小，而且种植的品种种类多、杂而乱，如作为产粮大省的黑龙江，耕地质量逐年下降，农业基础设施仍然薄弱。虽然近些年各级政府不断加大对农业基础设施的投入力度，但中国各省农田设施建设仍然严重滞后，"靠天吃饭"的局面没有根本的改变。粮食加工企业规模小，产业化程度不高，物流成本高。"粮食大县、经济小县、财政穷县"的状况，严重制约主产区经济社会全面发展，给粮食生产带来不利影响。

（四）稻米生产的安全性缺乏系统有效的监管

虽然我国有比较多的稻米安全生产标准，但因为缺乏从农田到消费者手中的全程控制管理，这些标准很难保证米制食品的安全性。另外，关于米制品质量安全方面的技术相对较少、水平低，研究开发基本上都是以高产为主要目标，农业科技攻关的重点刚开始转向农产品质量安全，相应的研究成果还没有大量出现。

2013年的大米镉超标的相关新闻经媒体报道后，引起了社会的高度关注。其实国家很早就开始关注重金属超标问题。2002年农业部稻米及制品质量监督检验测试中心对全国市场进行稻米的安全性抽检，结果镉超标率为10.3%。2007年南京农业大学农业资源与环境研究所的潘根兴教授，曾经抽查了170多个大米样品，结果发现

市场当时销售的大米有 10％存在着不同程度的镉超标问题。

农业生态环境日益恶化，水、土、气中的重金属及有害物质超标严重，主要是由于工业"三废"（废气、废水、固体废弃物）不合理排放，加之农药、化肥等大量施用导致的。虽然近几年实施了农业生态环境和农业综合整治，但是因为难度大，见效慢，还需要一个长期的过程。

（五）种植、加工、储运成本过高

尽管各地政府部门对生产资料生产企业给予了一定的补贴，国家也采取了一些措施降低农用生产资料的销售价格，但这些措施与补贴却难以全面落实，种子、化肥、农用柴油的价格仍居高位。同时还有很多问题出现，如东北地区水稻灌溉水源缺乏，抽取地下水又受到诸多条件的限制等，这在很大程度上也加大了稻谷的生产成本，从而使稻米价格缺少了下调的空间。

近年来粮食生产企业粮食库存价格潜亏和库存自然潜亏损失明显增加。同时，粮食无处存放，即露天存粮多，库存居高不下，粮食保管费用每年开支还要 3 000 万元以上。鉴于我国粮食总量供大于求的状况一时难以改观，这些低质量高价位的粮食无法及时处理，粮食购销企业经营亏损仍将明显增加。

粮食加工是处在农业生产下游、工业生产上游的重要产业，是粮食流通过程中的重要增值环节。温家宝同志在中国国际农副产品深加工食品工业发展战略研讨会上强调：目前，中国已经进入全面建设小康社会，加快推进社会主义现代化的新的发展阶段。中国食品工业面临新的形势和任务，必须充分发挥中国农产品资源丰富、消费市场广阔的优势，积极实施农产品加工和食品工业发展战略。联合国粮农组织提出一个保障粮食安全的指标，即粮食储备量不应低于当年消费量的 17％～18％，其中后备储备率不低于 5％～6％，周转储备率不低于 12％，低于这个水平就不能保障粮食安全。进入 20 世纪 90 年代后，虽然我国粮食连年丰收，但是国民对于粮食需求的增长却相对迟缓，因此，国有粮库到处爆满。目前我国后备储备远远高于后备储备占总需求 6％的国际标准，但是这些后备储备粮中有相当大比重的品质较差的粮食以及陈化粮，无法满足居民对于稻米产品的需求。国家后备储备仅仅发挥了部分丰吞歉吐的功能，并不能达到高效灵活的目的。从以往的实践来看，后备储备的吞吐调节在决策上往往也带有随意性、缺乏法规性和科学性。由于目前保护价和市场价差别太大，对于有些相关人士的"敞开收购与顺价销售"的建议，确实难以做到。因为仓库里大量存粮还不知道怎么处理，再敞开收购已无处可存，市场粮价比库存粮价低不少，顺价销售更无人买。粮改以来，财政每年给各粮食企业补贴，国家背不起这个包袱，地方政府更是背不起。

对于物流运输方面，目前主要是利用铁路和水路向南方运输东北稻米的问题。虽然铁路运输相对便捷，但由于山海关、符离集等限制口的通过能力制约，通常只能满足需要的 35％，增加了成本，也抑制了东北稻米的南运。同时，接卸装运环节设施不配套而严重地影响了水陆联运的顺利衔接。同时，目前基本上都是用包粮的方式将东北稻米运往南方，损耗较大，搬倒次数多，包装开支增大。以大米的包装运输为例，做一个简单的成本分析：首先，每吨大米需用 40 条塑料编织面袋（每袋大米以 25kg 计），需支出人民币 40 元，如果按我国每年生产大米 6 000 万 t 计，则每年此项支出就在 20 亿元人民币以上（不计大米袋使用带来的环境污染成本）；其次，流通过程中涵盖打包、堆包、装卸搬运、拆封倒包等 10 多道作业工序，工作量大，操作复杂，耗时长，需支付大量的人工费用；最后，包装运输过程中大米撒漏严重，以每袋（25kg）损失 100 g 计（即 0.4%），每年就会损失浪费掉 24 万 t 的大米。另外，包装运输粮食含杂量大，有一些甚至是麻绳、石子等恶性杂质，严重影响了粮食的运输安全。

（六）稻米品牌意识和打造力度不够

水稻行业、企业的经营者习惯性地片面强调粮食的特殊性，对粮食品牌打造的必要性认识不够，忽视了粮食商品与其他一般商品的共同属性，对品牌的认识不到位。品牌是质量，是信誉，是效益，是生产力。尽管我国长期被视为"水稻王国"，东北地区又号称"天下粮仓"，但品牌建设投入和宣传做得远远不够。至今还仅仅只有屈指可数的几个熟知的著名品牌。这在很大程度上影响了我国稻米的知名度和竞争力。

很多企业没有市场风险意识，一味追求高产稳产，较多的生产者和经营者在大米的生产、加工、包装手段等方面停滞不前，缺乏建立品牌和维护品牌的意识，在精包装、创品牌过程中与国外大米企业相比出现了差距。大部分企业的品牌宣传的起点低，大多只停留在产品销售层次上，没有上升到打造企业文化、树立企业和产品形象的高度。在品牌打造过程中，往往只注重一点，忽视企业营销全貌。

（七）进口增加冲击国内市场

据中国海关统计数据，仅 2012 年，中国全年进口大米 231.6 万 t，其中从越南、泰国进口的大米占总进口量的 70% 以上，同比增长达 3.1 倍，为 2000 年以来最高值。2013 年中国大米进口年配额更是高达 532 万 t。实际数据显示，2013 年 5 月我国进口大米 42.8 万 t，较 4 月增加 12.8 万 t，较 2012 年同期增加 34.1 万 t；1~5 月我国进口大米累计为 96.6 万 t，同比增加 66.8 万 t。加上边境贸易，实际的进口量远比海关总署公布的数字高（薛晓巍，2013）。

进口大米以越南、泰国、巴基斯坦等中低端大米为主，进口大米与国产大米的价差扩大导致进口大米明显增加。以越南大米为例，5% 破碎率大米运到南方港口完税价为 3 300 元/t，规格相近的国内普通早籼米为 3 800 元/t，价差维持在 500 元/t 以上。越南、巴基斯坦大米进入国内之后，对国内籼米市场形成冲击。国内籼米供应增加，价格面临下行压力。这种影响最初在沿海销区表现得较为明显，随后逐渐扩大到产区。

从历年来大米进口海关数据来看，进口大米的压力即使从现在开始减少，但整体基数依旧较大。往往是前期进口的大量廉价大米尚未消化，就又迎来新米的进口。高峰期导致国内米厂效益短期难以好转。目前市场粮源供给较为充足，受进口大米冲击，导致中晚籼稻行情继续稳中偏弱，粳稻也受到很大的影响，短期内国内大米行情难以有大幅度的好转。

（八）其他加工生产问题

目前，我国在稻谷前处理技术上，重点开发高效、节能的稻谷干燥保质技术，干燥品质在线监测技术及装备，另外也会更加需要分级和计量设备和大型高效初清理设备；急需开发相应大型、高效的砻谷机及砻下物分离技术与装备；在碾米及白米分级技术方面，"三机出白"是大米加工厂多数采用的出白方式，四机出白则为一些大规模的加工厂所采用。虽然说采用多机轻碾技术可以减少产生碎米，使大米加工的整精米率有所提高，减少大米中糠粉的含量，并且更可以使外观更加光洁，但是增加一机出白就增加了机械成本，降低生产率。所以，现在的主要目标应该是针对加工原料对象，优化碾米工艺参数，以满足大米的适度加工需要，同时尽量降低包括电耗在内的各种消耗。

我国稻谷品种和粒型繁多，不同粒型稻谷在加工过程中对砻谷机的选择性、碾压强度、碾白道数的要求是不同的。目前主要靠加工过程中自己摸索这方面的技术参数，更多的是依靠经验，该方面的基础研究太缺乏，缺少选配机械性能、砻谷压力、碾白道数等技术参数的系统研究。在大米加工后通过着水对大米进行抛光处理、对大米的外观加以改进，使之增强市场竞争力的同时也应该就如何针对原料、产品质量规格及消费者的需求，适度合理采用抛光技术，进行深入而全面的探讨。未来要求的是适度加工、绿色环保的包装及保藏技术，这也是大米厂家及科研人员重点研究的方向之一。

同时，我国在米质调理技术与设备方面尚处空白，配米技术也仅限于低端地将碎米还原，并没有将不同品种的米及不同精度的大米按比例混合，丰富产品口味，稳定产品品质，无法借此取得经济效益。

在稻谷加工过程中还有其他生产问题，有很多问题针对性比较强。比如说北方的设备在冬天启动时需要有良好的润滑，空压机在产生压缩空气时会有冷凝水产生，在低温下容易把空气管道冻坏等，都需要相应设备及时改进，以适应稻米在恶劣条件下的生产。

二、稻米精深加工存在的问题

世界发达国家把稻谷深加工产品分为米制品食品和米转化产品，为食品、医药、化工、保健等工业提供了越来越多的各种产品，使之成为多品种、专门化、系列化产品。对于大米的精深加工，社会需求也越来越大，企业的技术需求极为迫切，是一个大有可为的领域。但是，稻米深加工的技术短缺已经成为制约稻米精深加工长足发展的瓶颈，我国稻谷加工前后的产值比只有 1∶1.2，与发达国家（1∶3）相比仍然较低。目前，农产品深加工已成为我国重要国策，研究与开发已列为国家重点科研课题，其中稻谷深加工更是重中之重。

（一）米制品加工过程中存在的问题

1. 方便米饭加工过程中存在的问题

方便米饭早在 20 世纪 70 年代在国外就已经发展起来，如今日本和美国已经将其视为大众日常消费食品。随着我国经济社会的快速发展，方便米饭越来越受到消费者的认可。

尽管传统方便米饭生产工艺改善了人们的生活，促进了传统主食工业化的进程，但从国内外方便米饭的研究报道和市场调研情况来看，仍存在较多问题。与方便面数十种口味相比，方便米饭口味要少得多，给消费者的选择造成一定局限。另外，方便米饭食用不方便是客观存在的现实，也是研究人员正在攻克的难题，现在最热门的自热方便米饭也有明显的缺点，据相关应用反映来看，自热技术还存在着不稳定因素，有时温度太低无法达到要求，并且自热工艺会增加成本，降低产品市场竞争力。各类方便米饭生产工艺不尽相同，但都要求煮好的米饭米粒完整、轮廓分明、保持米饭的正常香味，并且软而结实、不黏不连。对方便米饭的研究虽然很多，但是实现产业化仍然缺乏必要的工艺参数，如浸渍的水温参数和离散水温参数不定、蒸煮时间与蒸煮条件不一致、自动化生产技术不足，造成了方便米饭的结块、发黄、回生等诸多问题，其质量还很难与新鲜米饭相比，所以至今还未得到广泛推广和接受。总之，各种方便米饭由于加工工艺、产品配方、生产设备、储存运输以及经济性等诸多因素导致了这样或那样的问题，需要不断加以改进和提高。

2. 糙米及其制品加工过程中存在的问题

（1）糙米保藏及储运问题。糙米含有多种酶及脂肪，容易在适宜的温度下被激活产生霉变，储存期短。

（2）糙米营养与口感矛盾问题。虽然目前对于糙米食品的加工技术有了比较深入的研究，但时至今日，对于糙米的推广仍面临一些难题，最大的难题就是仍然没有探索到一种简单又行之有效、最大限度保留糙米营养价值的改性方法，使糙米像精白米一样，成为人们餐桌上的主食。同时应开发以糙米为原料的系列功能性食品，如方便米糊、饮料、填充剂等，以实现产品的多样化。

（3）发芽糙米生产技术问题。在传统工艺流程中，由于大量水长时间淹没糙米，使糙米急剧吸水，含水率快速达 30％以上，导致爆腰率高，浸泡发芽再干燥后的干制品基本全部爆腰，导致成品碎米率很高，造成食味品质下降。

（4）发芽糙米中丰富的营养价值是其引起人们关注的主要原因之一，今后的研究重点之一就是如何进一步提高发芽糙米中生理活性成分，特别是氨基丁酸的含量；再比如糙米中植酸和膳食纤维含量较多，植酸虽具有抗氧化、防止肾结石、抗脂肪肝等生理活性，然而它易与多数微量元素结合形成金属螯合物，不易被人体吸收利用，降低营养素的利用率；膳食纤维也有螯合金属离子的作用，如何避免这些副作用，也是今后研究的另一重点。

（5）在糙米制品的开发中，为了规范产品生产和市场，应制定含有氨基丁酸等功能性因子的产品质量标准和工艺要求。此外，为了确保糙米产品具有较高的品质，还要通过严格的质量管理，以达到应有的功能性效果（王赫男等，2012）。

（6）稻谷的水分对磨出的糙米质量有着直接的影响，必须在稻谷的干燥过程中，保证其达到一个安全的水分含量，并且使之在干燥的过程中不会因为水分的不均匀分布而产生断腰现象，从而为保证糙米的质量创造先决条件。我国稻谷品种混杂不齐，产地、批次之间差异很大，因此，对于糙米的干燥技术及干燥设备都有较高的需求。

3. 留胚米及其制品加工过程中存在的问题

（1）技术不够成熟，口感和视觉效果比普通精米差。过去因为留胚米的生产技术不够成熟，导致加工的程度和糙米很相似，米粒表面暗淡发黄，近年来经过一些农机专家的努力，北方的粳米加工技术已基本成熟，适宜大规模推广，但是南方的籼米有的加工技术还需要进一步提升（刘任杰等，2012）。

（2）留胚米产业尚不成熟的最主要的原因就是在主流媒体上基本见不到相应的广告，概念宣传与导入缺乏致使消费者的认知度和接受度较低。根据市场调查，在武汉地区范围内能准确说出留胚米概念以及价格等相应信息的仅有 4.8%，可以接受留胚米代替精白米作为家庭主粮的更少。经过简单的介绍和了解以后，对留胚米感兴趣并愿意尝试的人员比例达到了 75% 以上，大部分人员表示价格是参考的主要因素。但是，产品认知度不高，足以说明目前留胚米的推广与宣传存在着很大的问题（刘任杰等，2012）。

（3）固有的粮油采购、自建购销渠道难度较大，而销售渠道与留胚米的保鲜要求不相匹配。传统精白米因为油脂含量不高的缘故，不需要太高的储藏保存条件，而留胚米实际是鲜米的一种，加上本身胚芽就是具有生物活性的，所以留胚米最好是现磨现售。这点对于现在一般的粮油销售渠道还是很难达到的。

（4）加工难度因各地水稻品种不一样而有所增加。我国有 2 000 多种水稻，存在不同程度的差异。其就胚芽胚乳的结合程度、水稻水分含量等都有所不同。南方籼米比北方粳米的胚芽保留率要低很多，而且留胚米对大米的新鲜程度、长宽度，甚至是密度都有着一定的要求。在非收获期，如何让水稻常年供应，这也是个需要解决的问题。

（5）缺乏行业标准，目前国内尚无关于留胚米的技术标准，现在市场上在售的留胚米的技术标准主要是参照日本的。根据日本的标准，胚芽保留率≥80% 以上，胚芽完整度≥30% 以上。根据调查，很少有企业能达到该标准，甚至有些胚芽保留率在

50%左右就作为留胚米销售，影响了留胚米在消费者心中的印象，阻碍了整个行业的发展。行业不规范还表现在价格上，现在留胚米市场价格混乱，4～105元/kg不等，不利于留胚米在消费者心中的定位。另外，没有相应的品牌支撑，没有强大的龙头企业的拉动，整个行业的发展也非常艰难。

4. 米制休闲食品加工过程中存在的问题

我国现有企业对于大米休闲食品的开发主要集中在米面包、米粉、米饮料等。其他还有诸如大米饴糖、早餐冲调米片以及利用大米淀粉来替代脂肪制作化妆品，在市场上偶尔可见。对于米制休闲食品，有如下问题：

（1）国家标准与给予企业的政策不够明确与完善，支持力度小。对于碎米的精深加工利用的国家政策只是包含稻谷加工以及副产物的深加工，其他产品的相应国家、行业、企业相关标准并未出台。

（2）研发技术与工业生产严重脱节，使行业发展举步维艰。我国很多产品（如红曲米等）的最新科技均因各种原因无法应用于实际生产中。同时，对于生产设备的支持也因其产品种类繁多，每一种产品相对产量不大，鲜有针对性的配套设备，阻碍了很多米制休闲食品的工业化。市场上缺少令消费者感兴趣的产品形式，也是制约大米深加工进一步发展的主要因素。

（3）大米深加工市场缺乏"领头羊"。因为中国人的饮食习惯问题，谷物早餐无法占领中国市场，其产品技术也就相应地全部为国外垄断，如韩国米乳曾经并且现在也占有大部分市场，方便米线也仅仅有白象、白家等为数不多的几家大型公司进行竞争。因此，我国应该鼓励企业与高校联合，有能力的企业应该鼓励自主研发，扶植行业的领军企业；同时为了规范市场，国家应该尽快制定米制食品及其他商品的相关标准，从而帮助提升深加工米制品的产品质量与市场竞争力。

（二）稻米副产品综合利用存在的问题

1. 碎米及副产品综合加工过程中存在的问题

（1）米粉加工过程中存在的问题。米粉作为像北方面条一样具有广大消费群体的主食品，到目前为止尚无国家标准，米粉可以参照的标准仅仅是SN/T 0395—95《出口米粉检验规程》，而且此标准仅适用于干熟米制品。广东省质量技术监督局发布了《河源米粉》标准，在现有的3个米粉标准（包括广东省质量技术监督局即将发布的《湿米粉》标准）中，对于黄曲霉毒素 B_1、二氧化硫残留量的规定存在不一致的问题，对于某些项目的规定也无检测方法可依。米粉本就无法长时间保存，但是各个标准中对于添加剂在米粉制品中的使用也过于严格，影响湿米粉的保质期，使米粉难以进入商超等商品流通渠道。

原料方面，现在米粉厂家多选用早籼米做原料，主要原因是价格比晚籼稻米和粳米低1元/kg左右。但是早籼米的直链淀粉含量一般为25%～30%，制成米粉后会出现韧性差、易断条、蒸熟后易回生等问题。所以晚籼稻米和粳米的价格下调，也是影响米粉原料进价及市场售价的一个重要因素。

生产加工方面，有的厂家采用先浸泡后洗米的工艺，这样导致微生物在浸泡时大量繁殖，导致生产出来的制品有酸味等问题。另外采用射流洗米，其弊端是增大了加工用水量，使成本增加。浸泡罐（池）一般采用斜底的方池，单道磨浆工艺和常温浸泡一般要求浸泡池的容量在 2t 以上，导致浸泡池底部斜度不够，大米在浸泡后不能自动流出浸泡池，必须依靠人工铲米，增大了劳动强度。浸泡水中含有淀粉等一些有用成分，这样导致资源的浪费和环境的污染。另外，多数米粉厂仍采用单道磨浆，该工艺要求大米浸泡时间长，若浸泡不充分，会造成回流物料量加大导致功耗增加。因此该流程要求浸泡设备容量较大，占地面积也较大。

（2）米淀粉及其衍生物和米蛋白加工过程中存在的问题。在当今的大米淀粉生产中，仍然是以酶法水解作为大米淀粉及其衍生产品的重要手段，这在无形中导致了生产中产生大量的废水，水的成本占到了淀粉及其衍生产品总成本的 10% 以上。所以改进大米淀粉及其衍生产品的生产用水，以及对于生产用废水的清洁则是大米淀粉厂家面临的最大问题。

当今企业多采用酸碱法作为米蛋白的提取工艺。由于大米蛋白中的谷蛋白含量高达 80% 以上，且只溶于较高 pH 条件，这样的条件对氨基酸有破坏作用。高 pH 条件下提取的米蛋白，存在抽提物中淀粉含量高、脱盐纯化难度大、提取液中蛋白质浓度低、抽提液固比大、等电点沉淀要消耗大量的酸等缺点，且提取时需要消耗大量的碱和水，大幅度地增加了成本，难以应用于工业生产。高浓度的碱溶液还能够产生潜在的毒性和引起意想不到的后果：如在高浓度的碱环境下容易产生赖氨酰丙氨酸，该物质能损害小鼠肾脏，降低蛋白质的营养价值；蛋白质的变性和水解，引起非蛋白质组分和蛋白质一起共沉淀降低分离质量，增加美拉德反应促使颜色加深等。

2. 米糠及其制品加工过程中存在的问题

联合国工业发展组织把米糠称为一种未充分利用的原料。在我国，米糠是一种量大面广的可再生资源，但是实际上 80% 米糠分散在农民手中，国家集中掌握的不足 20%。尽管我国米糠资源量在世界排名第一，但米糠的相应深度理论研究以及相应的产品还非常不足。就米糠利用而言，目前我国的大部分米糠都被用作饲料，只有不足 10% 左右被用来深加工，相对于发达国家对米糠的高新技术的应用和综合利用差距很大，因而只能获得非常有限的经济效益。充分利用米糠资源生产稻米油对增加我国食用植物油供给具有重要意义。武汉轻工大学教授刘大川说，米糠是不用占地种植的油料资源。试推算一下，2012 年我国稻谷总产量为 2.04 亿 t，若 95% 都用于加工大米则可产米糠 1 428 万 t，这些若 50% 用于制油，出油率按 16% 计，则可生产 114 万 t 稻米油，等同于 714 万 t 大豆所产的油。2006—2012 年中国精纯米糠油产能维持在 20 万 t 左右，缺口较大。目前国内加工米糠油的企业约有 70 多家，毛糠油日产 50t 以上的不超过 10 家，精纯米糠油日产 10t 以上的企业更是少之又少。

生产全脂米糠为原料的食品，米糠的感官指标如色、香、味均要达到一定的标准。因为米糠富含高达 70% 左右的不饱和脂肪酸，稻谷在储存及加工过程中都会发生极其迅速的脂肪的氧化和酸败。米糠的脂肪氧化是个过程，现有的湿热法、微波法、挤压法、酶法处理可以使品质稳定、延缓劣变，但是在碾出后几小时内就因脂肪氧化产生苦味，即使经挤压等稳定化技术处理后也依然存在，由于苦味的阈值很低，严重影响了米糠食品的质量，即使在米糠食品制造后期添加糖、香精等掩蔽剂后也仍能觉察到。

米糠因为增值潜力之大、范围之广和层次之深，有可能使传统的稻谷碾米工业发生导向性的根本变化。但是，米糠的各种制品都是由不同的设备加工出来的，而我国研制、生产米糠加工设备的企业和科研单位也不多，国内的米糠加工设备大多古老、陈旧，很多工厂还处于作坊水平，因此极大地制约了米糠加工业的发展。

3. 稻壳及其制品加工过程中存在的问题

稻壳是稻谷外面的一层壳，由外颖、内颖、护颖和小穗轴等几部分组成，外形呈不规则的松散料片，断面在显微镜下呈现波纹状、纤维层状结构。表面坚硬、粗糙，不易被细菌分解，动物食用后的总消化率只能达到 5%~8%。由此可见，稻壳具有堆积密度低、体积能量密度小、不宜用作饲料等物理性质。每年我国几乎所有的稻壳都置于大地中燃烧，既浪费能源，又污染空气。

据统计，我国稻壳或秸秆燃烧后每年分别排放 5 000 万 t 和 10.43 亿 t 二氧化碳，既污染环境，又浪费资源。对稻壳或秸秆进行综合利用后可减少二氧化碳排放，减缓温室效应。对于稻壳发电来讲，稻壳因为其密度低，热值低，导致用开放式卡车运输稻壳非常困难，并且在运输过程中因为稻壳随风挥洒导致环境污染。而通过集装箱运输，则会大幅度增加运输成本，导致企业利润受损。因为生物质发电企业必须保证其供电的连续性，所以一定要储备大量的稻壳与稻草，而稻壳密度低的特性，也是导致企业成本大幅度增加的一个重要原因。为降低仓储成本，有的生物质发电厂家用机器将稻壳压成块状，再进行运输，能够缓解运输问题，却使稻壳燃烧不充分，导致稻壳灰中的有机物过多，影响对稻壳灰的进一步开发利用。同时，在原料获利方面，现在东北收取稻壳基本上是按 120 元/t 收购，但是一旦生物质发电企业成规模性生产，则需要大规模的农场连续提供稻壳与稻草，这对于中国现有种植模式也很难达到。

完全燃烧后的稻壳灰，深加工后还可用作白炭黑、活性炭、硅锰酸钾、涂料、预制混凝土等行业的填充剂。但因其投资成本高，回收期长，推广该项技术比较困难。

从生产调研来看，生物质发电后所得到的稻壳灰用于水泥和混凝土，能够降低水泥的生产成本，并改善水泥的诸多性能。然而，稻壳灰应用在该方面仅仅是被作为二氧化硅供体，取得的附加值比较有限，产物的应用面也较小。如果制备高纯硅，不仅需要用其他高纯物质，而且需要高温反应，制备成本较高，操作条件苛刻。

第三节　稻米加工产业发展趋势

一、国内稻米加工发展前景

大米加工产业在我国的国计民生中占有重要地位，也是国家粮食安全中的重要环节。随着社会经济的发展和市场需求的变化，目前我国"稻强米弱"的产业态势正朝着大米全产业链的方向发展；由于大米的生产工艺已经趋近于成熟，工艺和产品的研究方向开始转向安全、健康、美味、休闲等方面发展，并开始注重稻米综合利用的开发，以此来促进稻米资源的有效利用和深度发展。21世纪全球经济一体化的进程带动着规模化生产、集约化经营，市场竞争不仅遵循全球统一规则，同时也越演越烈。稻米生产加工企业只有通过积极参与市场竞争，生产规模化，经营集约化，才能够增强其自身实力，降低生产成本，提高竞争力。

（一）稻米产业由初加工向精深加工发展

稻谷一身都是宝，要搞好综合利用、深度加工、循环利用、增加效益。使稻谷加工的4种产物，即稻米、碎米、米糠、稻壳得到充分利用，大米主食产品工业化（方便米饭、营养快餐），碎米成为食品（挤压食品、米粉、米酒、米淀粉、米蛋白等），米糠变成米糠营养素、米糠油、米糠蛋白，稻壳可以成为能源利用。积极发展前瞻性核心技术，提升碾米工业现代化水平，大力推进稻米深加工和资源的综合利用，推进我国米制品加工技术进步和主食品工业化的进程，以成品或半成品的形式进入消费市场，减少原材料浪费，以多样化产品满足人们的生活需要。实施项目带动，强化科技支撑作用，使稻谷产业链不断延伸，稻米已从初级产品发展到精制米、免淘米、营养米、功能米等多个系列产品，提升了稻米产业内在核心的竞争能力。

（二）向应用高新技术方向发展

高效减损加工技术、主要组分高效分离技术、物性修饰和质构重组技术、加工稳态化技术、双螺杆挤压技术等高新技术与稻米加工业、主食品加工业的不断融合，为实现技术升级、产业升级创造了条件和机遇。以大米为原料，高效分离得到大米淀粉和大米蛋白。大米淀粉深加工制取变性淀粉、淀粉糖和糖醇等一系列高附加值产品，广泛应用于食品添加剂、医药、化工等领域；利用改性技术可以将大米蛋白制成高水溶性的植物蛋白粉或功能肽。另外，也可以在稻米产品中添加其他营养成分，通过凝练、浓缩等工艺生产营养更加全面的专项功能食品。

（三）向"创新驱动"方向发展

要从拼资源、拼劳力、拼消耗转变为"创新驱动，科学发展"。在开发新产品、新技术、新方法、新机制上下功夫。要采取继承、发展、创新和消化、吸收、创新相结合，产学研用相结合等方式，使创新成果迅速形成新的生产力。要通过自主创新、集成创新，开发高新技术、掌握知识产权、核心技术。要努力实现生产加工的机械程序化，摆脱传统的手工作坊式生产方式，同时也要将加工工艺向高效科学的自动化、智能化的方向发展。综合利用物理、化学、生物工程等技术，让新材料、新设备广泛地应用于加工、包装、干燥、储藏等食品加工的各个环节上，进而提高生产效率与产品质量，让生产过程提速（姚惠源，2004）。

（四）向绿色生态稻米加工方向发展

随着人们物质生活水平的进一步提高及健康意识的逐渐深入，人们对大米的安全、健康、营养、口感等各项品质的越来越重视，绿色健康无害的大米备受人们的青睐。许多国家对农产品的化肥、农药使用都做了严格限制，生态农业、回归自然、绿色农产品迅速发展，确保稻谷及其产品安全已成为粮食加工业的共识。美国早在20世纪70年代就建立了各类谷物粮食的营养、卫生及安全标准体系，严格规定了食用稻谷的农药残留和重金属含量。根据不断提高的人民物质生活水平和适应新技术革命的需要，落后的旧工业化道路必须加以改变，按照安全、营养、环保、低碳的新要求，向资源集约、绿色生态、循环经济前进，在"安全营养、口感风味、便利快捷"上下功夫，调整产业链结构，提高产品质量和档次，充分利用各种资源，走出一条安全高效、绿色生态、优质低耗的新路子（杨锁华等，2006）。

（五）向"走出去"方向发展

稻米加工企业应当走出去，到国际市场风浪中去锻炼成长。鼓励有条件的企业进入国内外大宗粮油交易市场，支持企业到周边及有条件的国家和地区建立原料种植基地，开拓利用省外、国外资源，提高企业原料供应的安全性。现在已有一批企业开始走出国门，从简单的投资生产到多方合作经营，从原有产品合作开发到利用当地资源开发合作，呈现出稳步发展、渐成气候的好势头。要结合当地的实际情况发展现代稻米企业的产业链，实现利益共存、合作共赢的局面。合作过程不能被原有模式所束缚，要形式灵活，方法多样，针对当地文化和风土人情开展合作，让当地人们认同，实现企业本土化。

二、稻米精深加工重点发展方向

（一）稻米制品发展前景

目前，中国水稻产量在1.8亿～2.0亿t，占全国粮食总产量的40%，产需相抵，略有剩余。未来两个5年间，中国稻米加工将向方便米饭、营养米品、休闲食品及综合利用等方向深入发展（赵国臣，2011）。

1. 方便米饭

国外对各种方便米饭的生产有较成熟的工艺,尤其是日本和美国,每年都有多个专利技术出现。方便米饭在日本年产量达 28 万 t 以上,年销售量达 9 000 万份以上,美国的食用大米中有 71% 用于加工速煮米(Veluppillai et al.,2009)。目前,全世界方便米饭等食品有向主流食品发展的趋势。方便米饭是为了适应快节奏的现代生活而出现的,其最明显的特征是食用便捷,打开包装袋(罐)即可食用或是仅需几分钟加热后便可食用,随着前沿技术的发展创新和市场需求的日益变化,生产方便米饭的企业制作出越来越多的产品种类,来满足不同人群的要求和口味(Wu et al.,2011)。

(1)高温杀菌米饭。高温杀菌米饭是通过制作罐头的方法制作加工的保鲜米饭,因此也称作罐头米饭,即利用高温灭菌并使得产品熟化。此类产品随着市场需求可以有诸多变化,如可以做成纯粹的白米饭、杂豆饭、什锦饭、鸡肉饭、配菜米饭等。杀菌之后,米饭因交联变性使得表面没有裂痕、异常气味、粘连性;与新鲜米饭相比口感、形态差别不大,甚至优于前者(金绍黑,2009)。

(2)无菌包装米饭。该米饭产品因为包装无需杀菌,只要利用微波加热几分钟即可食用,故称为无菌包装米饭。同新鲜米饭相比,口感、形态完全相似。该类产品热销于国外市场,是家庭常备的快餐食品(王春晗,2009)。

(3)冷冻米饭。该米饭产品利用食品冻藏原理制作的新一类的保鲜米饭,米饭包装后直接速冻而不需杀菌,食用时解冻稍微加热即可,同样拥有新鲜米饭一样的口感、形态(金绍黑,2004)。

近年来,方便米饭的生产工艺和设备创新受到科研工作者的热切关注,随着方便米饭市场的发展,调味品、包材和生产装备等相关行业的进步以及人们消费水平的提高,方便米饭企业开始从市场探寻,转入快速增长过渡时期,产业发展氛围渐渐形成。

2. 糙米及其制品

糙米中由于皮层的存在,蒸煮后的口感大打折扣,而且消化率低,使人难以接受,因此在碾米加工过程中常常将糙米皮层去除掉。但糙米皮层中富含蛋白质、脂质、维生素及矿物质,因此糙米的营养价值远远超过大米。将糙米在一定温度、湿度下进行培养,待糙米发芽到一定程度时将其干燥,所得到的由幼芽和带糠层的胚乳组成的制品即为发芽糙米。此时糙米的营养价值处于极大值,具有更高的生理活性。研究发现发芽糙米载有各种活性酶、以游离状态存在的微量元素、丰富的维生素、膳食纤维、多种体内抗氧化物质、肌醇六磷酸盐(IP-6)、谷胱甘肽(GSH)和 γ-氨基丁酸(GABA)。

日本是发芽糙米研发较早的国家,已有 20 多项相关方面的专利,并已经形成规模化、市场化。目前我国糙米研究也主要集中在发芽糙米方面,并且已经掌握了相关的工艺技术,但是还没有成型的达标产品面向市场。如果把握住机遇,发芽糙米产业将是稻米深加工领域的重大突破。

3. 留胚米

留胚米是指米胚保留率为80%以上，或米胚的质量占2%以上的大米。胚芽是稻米里生理活性最强的部位，是大米中营养精华，但仅占米粒重量的2%～3.5%，大米胚芽里面含有丰富的维生素、蛋白质和可溶性多糖，以及人体必需的钙、钾、铁等元素。随着留胚米的宣传推广和需求量的日益增大，对留胚米机的研究也成为大米加工机械发展中的一个重要的全新的课题，对于提高我国国民膳食水平具有重要意义。

将糙米加工成留胚米或精米，实质上都是碾除糠层和糊粉层的过程，只是程度有所区别，加工原理并无差异。严格意义上讲，留胚米也是精米的一种，加工方法和普通大米基本相同，需经过清理、砻谷、碾米3个工段，只是为保证其留胚率，表面的糠层不可能像加工传统精米时完全碾除，而又要使其无限接近精米的标准，这就要求留胚米的加工精度和细度要显著高于普通精米。

4. 米制休闲食品

米制休闲食品市场份额呈现持续扩大趋势，尤其是中高端市场日渐扩大，产品种类日趋丰富，开发具有营养功效和保健功能的食品将是市场发展的大方向。在欧美国家，一些提高人体抗氧化能力、降压降脂功能的休闲食品更加受到青睐；低热量、低脂肪、低糖的休闲食品是今后新品开发的主流方向。

近年来，我国的米制休闲食品生产有了较快的发展。用稻米制作的各类膨化休闲食品，如米点心、米果，我国年产量在4万t左右。米制休闲食品产业的持续健康发展，需要给产品注入更多营养和健康元素，同时要注重强化产品的差异性来满足其多样化需求，采用多元优质原料和先进技术设备，研究设计生产出各具特色的系列产品和推广方案，多方面满足市场日益提高的消费需求。

（二）稻米副产品综合利用

粮食是世界各国的重要战略物资，粮食安全的保障是每个国家发展的重中之重。随着世界人口的快速增长，耕地面积日益缩减，环境资源不断受到破坏，更加突出了粮食需求的矛盾。因此，提高粮食的深加工利用率就成为国家粮食战略中的重要部分，是国家中长期规划和"十二五"计划的重要议题。通过各种深加工技术提高稻米及其副产品的利用率，变相节粮，追赶发达国家水平，是我国稻米加工产业迫切需要解决的问题（陈正行等，2012）。

1. 碎米的综合利用

（1）酿造。应用碎米酿造主要有两方面即酿酒和米乳饮料。大米饮品营养丰富，用它加工制得的饮料具有明显的美容和增皮肤光滑细嫩的效果，是一种具有良好前景的美容饮料。从国内外市场来看，目前消费者对含醇饮料的需求逐渐减少，对营养型饮料需求量日益增加，所以米乳饮料必将成为人们日常生活中不可或缺的营养品。

（2）制糖。碎米可制得麦芽糊精粉和果葡糖浆等糖类，麦芽糊精粉是一种淀粉糖，但它的甜度极低，水溶性、吸湿性、褐变性都比其他淀粉糖低，而黏度、黏着力、防止粗冰结晶、增稠性等方面都是最强的。麦芽糊精粉具有与其他香味和谐并存的特点，是甜味和香料的优良载体。果葡糖浆是一种新型甜味剂，它具有蔗糖不具备的优良性能，可代替蔗糖作为糖源，甜度高，但在味蕾上甜味感比其他糖品消失快，因此应用它配制的汽水、饮料，入口后给人一种"爽口""爽神"的清凉感。果葡糖浆也能与其他不同香味和谐并存（严松等，2011）。

（3）制米粉。米粉具有方便快捷、营养合理、口味丰富等特点。米粉是采用大米作为原料进行粉碎加工制得的，但由于大米价格高，为了降低成本，可以考虑直接利用碎米为原料加工米粉。目前，国外对米粉的应用很多，美国农业部南部研究中心研究开发以米粉为原料制得优质的米淀粉制品。加拿大利用米粉代替通心粉、小麦粉制得热量及油脂低、钠含量低的面条。日本一些食品公司制得的米粉产品可用于肉类加工的添加剂。米粉应用范围广，还可用于制米粉面包，不但丰富了面包品种，还为特殊需要的人带来好处。

（4）制方便粥。以米糠和碎米为原料加工制成的方便粥片，方便性、营养性、适口性、消化率等方面都优于天然糙米制成的方便粥片，可作为早餐、营养保健和旅行食品，备受人们青睐。不但丰富了营养保健食品市场，还合理利用了碎米和米糠资源，提高了其附加值和企业经济效益。

（5）制蛋白产品。碎米中蛋白质含量虽然不高，但属优质谷蛋白，它具有高营养、易消化、低过敏、溶解性好、风味温和等特点，可用来生产酱油、蛋白胨、蛋白饲料、发泡粉、酵母培养基等多种产品。

利用碎米加工的高蛋白米粉，可用于早餐谷物、休闲食品、焙烤食品、肉制品等。高蛋白米粉蛋白质含量高达28％，其中有8种必需氨基酸，只含麦芽糖而不含乳糖，因此用高蛋白米粉制成的食品，更容易被婴幼儿吸收利用，是婴幼儿、病人和老年人的营养食品。

（6）再造米、人造米。人造米是利用米粉或淀粉，通过挤压技术制成米粒形状的颗粒，再经老化、干燥制成的一种产品。这种人造米营养成分和风味均可人工控制，是一种极有发展前途的营养性食品。目前瑞士布勒公司对人造米的开发技术已经成熟，国内对此项技术的开发正处于初级阶段，再造米主要是为解决碎米的利用及大米营养强化而开发的产品。由于碎米价格低，经过再制和营养强化，经济收益可大幅度提高，其市场前景将十分看好。

2. 米糠的综合利用

企业经济效益要想增加，对于米糠资源的综合利用就是一种有效手段，所以说米糠综合利用已经成为这几年的研究热点。

（1）米糠油。米糠油作为公认的具有丰富营养的植物油，不仅脂肪酸配比完全、合理，更含有丰富的维生素E、角鲨烯、谷维素等多种活性成分。这些物质已经在医学上确定具有改善动脉粥样硬化、预防心血管疾病、调节血糖等功能。目前,米糠油的提取以压榨法最为常用,其他还有浸提法、微波辅助法等,但是通过压榨法得到的米糠油杂质较多,仍需通过脱胶、脱蜡、脱酸、脱色和脱臭等过程进一步精炼(严松等,2011)。

(2)米糠蛋白。米糠经油脂提取操作后,得到脱脂米糠(米糠粕),它含有50%以上膳食纤维、20%左右蛋白质及10%左右的植酸钙,是开发其他附加值相对较高的产品的优质原料。经过酶改性的米糠蛋白,溶解性、乳化性及稳定性均得到了不同程度的提高,可应用于快餐食品、焙烤制品、肉制品、酱料及其他调味品中。碱法、酶法和物理法是目前提取米糠蛋白的主要方法,各方法的对比见表7-4。

(3)米糠膳食纤维。膳食纤维的主要作用是调节机体功能、平衡人体营养。目前,膳食纤维中非常具有代表性的米糠膳食纤维作为一种特别的食品添加剂频频出现在各类食品中,用来改善食品的营养、质构与口感。米糠膳食纤维的提取制备方法及优缺点见表7-5。

表 7-4 米糠蛋白提取方法对比

方　法	优　　点	缺　　点
碱法	提取简单易行、工艺成本较低,提取较为完全	pH 高、制备的米糠蛋白容易变性和水解
酶法	蛋白提取得率较高,反应条件较温和,充分地保留了蛋白的营养效价	工艺成本提高
物理法	提取的米糠蛋白健康安全,充分保留了蛋白的营养效价	设备投资较高,米糠蛋白提取效率低

表 7-5 米糠膳食纤维提取方法对比

方　法	优　点	缺　点
粗分离法	成本低,操作简单	仅提取出原料中的可溶性膳食纤维,而未涉及含量较多的不溶性膳食纤维
化学分离法	提取出的膳食纤维纯度较高,能够充分将膳食纤维分离出来	条件较剧烈、产品色泽深、碱味浓,而且对膳食纤维中的半纤维素有一定程度的破坏
酶分离法	反应条件温和,提取膳食纤维纯度较高,不污染环境	成本较高,反应条件要求相对较高

(4)米糠多糖。米糠多糖是一种结构复杂的杂聚糖,与半纤维素、纤维素等成分复杂结合,主要存在于稻谷颖果皮层里。目前,米糠多糖的提取方法主要有热水提取法、微波辅助、超声波和酶法等。米糠多糖粗品中杂质含量高,并且不同的多糖成分混杂,要得到均一多糖还需要采用先进的技术进一步的分离、纯化,如透析、超滤、分级沉淀、电泳、色谱等。米糠多糖具有多种保健功能,如:降血糖、降血脂、抗辐射、增强免疫活性、抗肿瘤、抗氧化和清除自由基等功能,经常应用于保健食品和医

药制品中。此外，有科研人员希望通过对米糠多糖的改性产生新的或提高其原有的生理活性，比如有学者就利用硫酸酯化对米糠多糖改性，使之具有更好的抗肿瘤活性（李长河，2005）。

3. 稻壳的综合利用

稻壳是稻米加工过程中产生的最大的一类副产品，重量占稻米总质量的20%以上。目前，我国有相当一部分的稻壳未得到充分的利用，不仅污染环境也是对资源的一种极度浪费。其实，稻壳是一种具开发潜力的资源，其可燃物达70%以上，发热量为标准煤的50%，是一种既方便又廉价的能源，炭化后的稻壳灰是生产水玻璃、白炭黑和活性炭的廉价原料。稻壳中的硅在一定条件下煅烧，可形成多孔性的无定型二氧化硅微粒，具有很大的吸收表面活性，可作为多种载体或高级复合材料的原料。此外，由于稻壳中不含使单晶硅中毒的元素如砷、氟等，所以它可能还是制造太阳能电池的最佳原材料。

现在已经有成熟的技术可以将稻壳粉碎后压制成安全、无毒、可降解的一次性环保餐盒，既兼顾了环境保护，又使厂商有丰富而广阔的原料来源，降低了生产成本，市场前景非常广阔。用稻壳通过二次酸水解生产单细胞蛋白之后，副产品二氧化硅也是重要的工业用原料。稻壳也可以通过胶黏、混合热压等手段制成稻壳板材应用于包装箱、家具等用品。此外，日本一些企业利用稻壳制造出受到女性消费者欢迎的香皂、化妆水及化妆品，也是利用了稻壳中含有多种维生素、酶以及膳食纤维等对促进皮肤的新陈代谢有重要促进作用的因子。经过以上阐述，可以看到稻壳绝不仅仅用作炼钢的保温剂、纤维板、培育蘑菇的填充料等，还有更多的利用方式可供开发。

4. 秸秆的综合利用

秸秆作为稻谷加工的主要副产品之一，富含多种微量元素、营养成分和可利用的化学成分，是一种具有多种用途的可再生资源。我国作为农业大国，稻谷秸秆资源丰富，产量巨大且分布广泛。但部分地区秸秆被大量随意堆弃，不仅占用土地，还影响生产和环境卫生，而且堆存过久还会成为发生火灾的一大隐患。所以，合理利用秸秆资源不但可以减少农业废弃物危害，还能为农业和工业生产提供能源和物资投入，是中国农业实现可持续发展的必然要求。

秸秆在成分组成上主要是糖类，且以纤维素和木质素为主，另外还含有一定量的粗蛋白，营养丰富，所以用其当作饲料或饲料填充物，不仅可以充分利用秸秆资源，还能减少畜牧业投入成本，具有良好的经济效益和生态效益。稻谷秸秆富含有机质和氮、磷、钾等多种矿质元素，可作为优质的有机肥资源。利用富余的秸秆还田，不仅可以补充和更新土壤有机质，归还土壤磷、钾等养分，还可以保持土壤水分和改善土壤物理性状，减少化肥用量，促进农业可持续发展，既具有良好的社会效益和生态效益，又具有一定的经济效益。秸秆还田技术主要包括机械化粉碎还田、秸秆覆盖还田、堆沤还田及生物反应堆等方式。

　　稻谷秸秆纤维中碳的含量占绝大部分，秸秆中的碳决定了秸秆具有燃料价值，我国农村长期以秸秆作为生活燃料。但近几年来，随着农村经济以及农业生产水平的快速发展，传统的秸秆直接燃烧利用方式由于其低效、不清洁等缺点，已不适应人们生活水平提高的需要。同时，为了保护环境以及促进农业的可持续发展，相关科研机构对秸秆的清洁、方便能源利用等技术进行研究。目前，我国在秸秆能源利用技术的研究上取得了一些成果，有些技术已趋于成熟，并得到推广。现行主要的秸秆能源化利用技术有秸秆气化、液化、秸秆压块成型燃料技术及秸秆直接燃烧供热等。

第四节　稻米加工产业可持续发展战略思考

　　对于我国来讲，稻米加工产业是具有战略性的优势产业。通过对我国稻米加工产业发展的现状分析，可以看出目前我国是稻米资源大国，但不把稻米的资源优势转化成经济优势，很难成为稻米强国。稻米加工产业的瓶颈严重制约着可持续发展，因此要做强、做大稻米加工产业，促进我国稻米加工产业的可持续发展，就需要国家、行业和企业相互有效配合、相互支持，发挥出各自的作用。

一、实施全产业链发展战略，做强做大稻米加工产业

　　目前，发达国家和地区的粮油加工企业不断向大型化方向发展，一些已成为跨国企业。世界食品加工企业50强年销售收入一般在100亿美元以上，最著名的200家食品加工企业的产值占到全球食品工业产值的30%以上。而我国的大部分稻米企业受资金、技术等因素的影响，产品竞争力和新产品开发能力较弱。我国稻谷加工仅处于满足口粮大米需求的初级加工状态。碾米工业向米制品延伸相对于小麦制粉业向面制品延伸要滞后很多年，稻米的有效利用率仅有60%左右，严重影响稻谷资源的有效利用。所以，我国的稻米加工业目前必须做出战略调整，引导企业从技术创新全过程出发，围绕产业链做好整体设计和科研布局，组建由核心企业牵头、大中小企业参与、产学研用充分结合的全产业链发展战略。

　　我国稻米加工业一般是粗加工产品较多，而精深加工产品较少，产业链条相对较短，稻谷加工业对稻谷资源的增值率仅为1∶1左右。立足我国的稻米资源优势，以发展稻米精深加工为突破口，协助政府拟定稻米产业发展政策，促进稻米加工的产业化进程。积极发展前瞻性核心技术，提升稻米加工业现代化水平，大力推进稻米深加工和资源的综合利用，将大大加速我国稻米产业结构调整步伐。充分利用地区良好的生态、技术资源及人才设备优势，专门从事优质稻米精深加工新产品的开发，达到基础设施精良配套、运行机制开放高效，形成稻米加工技术创新体系，带动我国稻米加工产业发展。引导龙头企业领办专业合作社，探索优质原料基地建

设、科研开发、生产加工、营销服务一体化经营，增加企业在原料采购、产品销售上的话语权。加强与农技部门和农民的合作，推进原料的专用化、规模化和标准化生产，进一步提高原料质量和供应能力，实现产购一体化经营和产业链、服务链、利益链的有效对接。

现代市场竞争主要是在行业内的大企业之间进行的，大企业不仅有着分割市场、左右定价、垄断技术的天然优势，而且瓜分着行业最主要的利润源泉，所以，在国际化的背景下，做大做强应当是我国稻米加工企业进一步发展的首要目标。战略联盟本身是一个动态的、开放的系统，鉴于企业战略联盟的这些特点，可以认为，战略联盟是目前最适合我国稻米加工业的战略，共同的命运必将促使我国大多数的稻米加工企业放眼未来，自觉地加入到战略联盟中来，并主动地维护联盟的整体性，使联盟能够长期稳定地存续。

二、立足自主创新，增强核心竞争力

我国稻米加工业是一个能源消耗高和生产率水平较低的行业，传统的消费观念和加工技术造成稻米资源未能得到充分合理利用，因此必须加大科技投入力度，着力开展稻米加工质量保障关键技术和集成创新技术研究，走新型工业化道路，以保障食品原料的安全，加速产品升级换代。创新是企业的灵魂和生命，提升企业自主创新能力是稻米加工业可持续发展的主要战略之一。自主创新能力不足是我国稻米加工产业发展的一大软肋，企业要加大技术开发的投入，提高稻米资源的开发利用水平，尽快改变我国稻米加工技术含量低，独立创新少，开发应用滞后的现状。从产业政策角度，不仅要从单项技术突破，而且要强化高技术集成创新和示范应用，促进战略产品和产业的跨越式发展，重视稻米加工的清洁生产技术的开发与应用和保持环境生产技术，特别是节能、节水工艺技术，防粉尘、防噪声、防污染的环保技术和智能控制技术等将成为稻米加工科技发展的趋势。同时要加速推进计算机自动控制技术的开发与推广应用，推进加工过程的智能化过程控制与管理系统应用，实现稻米产品质量的在线检测，实现加工工艺参数最优化操作（陈志成，2009）。

自创新的核心功能是转化为产品、转化为效益。在消费需求不断变迁的今天，产品的差别化、系列化、深度化，已经成为稻米加工业发展的主要方向。只有不断进行产品开发与产品更新，才能够在市场上保持竞争优势，才能够在不断平均化的利润分割中获得企业快速成长所必需的超额利润。深加工和多产品是高效增值的重要途径，稻谷深加工使稻谷的附加值提高5～10倍，稻谷的综合利用是国外技术力量雄厚企业集团发展的重点。日本、美国等已开发的大米产品达300多种，其中食品类就有120多种。我国粮食市场大米产品种类近年来大有增加，但与日、美等发达国家相比，种类还偏少。21世纪世界食品的首要主题是营养，随着我国人民生活水平的不断提高及居民膳食结构的变化，大米在食物结构中的比重逐渐下降，人们对传统主食大米有了更高要求，主食品工业化、社会化制成品的需求迅速上升，对稻米的需求已经由对量的追求转向对质的追求。发芽糙米、留胚米、蒸谷米是应用内持法生产的天然营养大米，这一类营养米应当是我国稻米加工企业未来一段时间的主要攻关项目和主要产品（刘英，2003）。我国有2/3的人口以大米为主食，生产营养米、食用营养米有助于提高我们民族的总体健康水平。稻米加工企业可以根据企业的实力和地方的需求有选择地开发生产米制食品，如米酒、米粉、米糕、谷物早餐、休闲食品、营养强化大米、方便米粥、方便米饭等米制食品，以及米糠和米蛋白为原料的日用品及化工产品等。

三、实施品牌战略，打造米业航母

品牌包括品名及商标。品牌代表着知名度、认识度、美誉度、忠诚度、信任度、追随度、持久度。简单地说，品牌仅仅是一个牌子，但品牌的实质标志着产品的形象和企业的形象。品牌实际代表了产品的质量，反应企业的知名度及企业在市场上的竞争力。目前我国稻米产品品牌很多，但从各品牌大米的市场占有率看，全国知名的大米品牌还不多，其后果是大大削弱了我国稻米在国际贸易中的竞争力。企业一定要有自己的"名牌产品"，在世界市场有话语权、主动权，名牌是通往国际市场的绿卡。

在品牌建设过程中，市场营销创新是品牌建设得以巩固的重要保证，它是流通组织在营销理念、营销战略与策略、营销方式与营销手段等方面的不断变革与重组，以稻米主销区为目标市场，展开卓有成效的营销活动，让企业产品进一步提高市场份额。同时品牌建设要立足于企业文化创新，品牌的建设应与正在不断完善的市场经济体制和现代公司体制相适应，体现出市场意识、人才意识、竞争意识和经济文化一体化意识，创建具有中国特色的稻米企业文化。

品牌建设是一项长期而艰巨的工作，它包括：独特的品牌命名和商标设计，吸引消费者；品牌商标注册，保护品牌；加强品牌宣传，让消费者认识、熟悉品牌；保证产品质量，维护品牌在消费者心目中的地位，使消费者认同品牌；扩大企业规模，不断扩大品牌产品在市场中的占有率；品牌建设的结果是要将品牌建设成为名牌，增强企业在市场上的竞争力（刘英，2003）。要研究稻米产品的发展动态，分析特定地区消费者的消费心理，前瞻性地预测市场，始终用最能满足消费者需要的产品占领、拓展、开发市场，让企业品牌历久弥新，打造米业航母。

四、建立"稻米信息追溯系统"，不断完善食品安全机制

随着大米掺假、市场假冒"五常稻花香"和"泰国香米"、人工添香、旧米抛光为新米以次充好、镉大米等稻米安全性问题的发生，食品安全的形势变得更加严峻。日本在农药残留检测方面于2006年5月制定了肯定列表制度，对没有设定残留标准

的农药一律适用 0.01mg/kg 的基准。在大米含镉方面采用了国际食品法典委员会（CAC）制定的 0.4mg/kg 基准。此外，还建立了 DNA 大米品种鉴定制度。我国在以上方面还没有建立完善的相应规范，无法保证我国大米的安全性。

为了防止安全性欠缺的大米流通，便于消费者选择大米商品，要对稻米食品从原料田间到餐桌全产业链进行全程监控，不断完善食品安全管理体制。加强稻米生产的市场信息建设，建立"稻米信息追溯系统"，通过信息追溯来提高稻米流通的透明性。以信息追溯为手段，向一般消费者传达稻米等的品种、产地、碾米加工日期信息，从而有利于产地虚假标注的查处，不良商品的迅速回收，食品事故的原因追查等。运用信息化舆论推介、制度化契约、技术化追溯和地方政府公共信用等方式，完善稻米质量检测体系，建立健全相关的信息网站，公布我国水稻品种品质、稻米及制品质量状况信息，增强稻米产品质量安全监测与认证职能，确保稻谷产品质量安全。

五、推进成果转化，提高综合生产力

从可持续发展战略考虑，稻米加工产业做好科技成果转化工作的意义十分重大，科技只有转化为生产力，才能大放光芒。我国正处于并将长期处于社会主义初级阶段，生产力水平总体上还不高，面临着日益严峻的能源、资源和环境的约束。自主创新能力总体上还不强，一大批先进的科技成果未能实现转化应用，成为影响经济社会又好又快发展的重要制约因素，要构建新的国家或地区竞争优势，掌握发展主动权，就必须紧紧把握世界科技发展的趋势，高度重视科技创新，大力推进成果转化应用，在激烈的市场竞争中赢得主动。

稻米深加工产品如米淀粉、变性米淀粉、米蛋白粉等应用范围广泛，市场前景广阔。为了尽快将具有自主知识产权的科技成果转化为现实生产力，应加强公共科技服务平台建设，发挥科研院所对所在行业共性技术研发和推广应用中的骨干作用，发挥现代农业产业技术体系在技术创新和公共服务中的作用。加强多层次、多渠道、多元化的科技与市场对接平台或技术交易市场建设，研究和探索促进科技创新和金融投资相结合的技术创新成果评价体系。促进高校、科研院所科技成果与企业，特别是中小企业技术升级需求的有效对接，发展一支高水平的专业人员队伍，积极开展科技成果咨询、评估、经纪、推介、交易等有助于技术转移和产业化的各项工作。

加速成果转化，是贯彻落实科技发展观、实现我国稻米加工产业振兴的重要举措。我们要以科学发展观为指导，把科技成果转化、提高综合生产力作为科技工作的重要组成部分，以全面提升传统稻米加工产业，形成新的经济增长点为目标，采取不同方式和载体，组织实施一批对全国经济社会发展有重要影响的重大科技成果转化项目，进一步推动我国稻米科技实力向现实生产力的转化。

六、加强储运设施建设，发展稻米物流产业

根据我国稻米产量大、品种多、各地经济发展不平衡的现状，应加强稻米储运技术研究，密切结合生产实际，加上较强的可操作性和实用性，达到切实提高稻米的商品性、减少流通过程的损耗、延长货架寿命和储运期限、形成稻米储运销的绿色物流储运技术的目标，有利于科技成果的物化和产业化，形成配套的工程技术体系，提高我国稻米在国内和国际市场的竞争力及总体水平。

只有加强储运设施建设，才能保证稻米储得住、调得出，为国家粮食宏观调控和保证粮食安全服务。重要的是以现有铁路、粮库、粮食处理中心为依托，增加固定仓容、地坪和烘干设施；要建设铁路战略装车点和集装箱受理站，加快铁海联运，提高运输效率。物流技术研究将继续向信息化、机械化、自动化、智能化于一体的集成化方向发展，将物联网技术引入粮食物流已成为未来发展方向。国家应进一步落实已制订的相关发展配套政策并加大资金扶持力度，财政部、商务部、农业部、交通运输部及各省份相关厅局和企业都需拿出一定基金，共同促进我国稻米物流储运产业与企业的发展。各大专院校和科研院所要在技术上提供支撑，发挥产学研合作的潜力，加快稻米物流储运科技发展的步伐；选准方向，共性技术协同攻关，解决产业化的关键技术；加强国内外稻米储运技术的交流与合作，加快与国际接轨的步伐；增强稻米储运产业的经济基础，提高标准化、信息化、装备化和生物化技术应用水平。

七、建设循环经济，促进可持续发展

循环经济强调的是资源的重复利用和再循环，是一种物尽其用的经济发展模式，使产品完成其使用功能后重新变成可以利用的资源，充分发挥自然资源的内在价值，提高利用效率。因此，循环经济完全符合可持续发展思想的经济增长方式，是对"高生产、高消费、高废弃"的传统增长方式的根本性变革。

现行的农业经济发展模式对自然生态环境破坏严重，直接危及生存空间，必然导致经济停滞和下降，因此发展稻米循环经济是 21 世纪我国稻米业与农村发展的战略选择。然而，目前广大农民、稻米企业经营者、稻米生产管理者甚至政府职能部门的领导，对稻米循环经济还缺乏了解和认识。发展稻米循环经济必须改变传统稻米生产的发展理念和发展模式，把循环经济理论、可持续发展理论和科学发展观落实到稻米生产实践中去。一是政府必须把推进稻米循环经济全面、协调、可持续发展作为工作重中之重，制定有利于循环经济发展的相关政策。二是加快转变稻米加工企业主体生产经营理念，要充分认识到发展循环经济是可持续发展的客观要求，早转变早受益（谢少强，2009）。

　　"稻米循环经济产业"旨在提高大米的出品率，减少过度加工造成的消耗，提高稻谷资源的整体利用率。即对包括碎米、米糠、稻壳等在内的各种副产品进一步深加工，使其转变为可供利用的资源，从而降低稻米精深加工过程中的能源和物料消耗及"三废"的排放。这种循环经济产业模式，不仅将稻米就地转化和加工增值，还可以带动传统稻米业由初级加工向高附加值精深加工转变，由传统加工工艺向高技术转变，由资源消耗型向高效利用型转变，使项目产业领域更宽，产业链条更长，为中国的水稻加工业实现质的提升起到示范作用，为使我国切实从农业大国向农业强国转变，为"三农"和新农村建设探索出一条有益之路。

区域发展篇

QUYU FAZHAN PIAN

第八章 华南稻区水稻产业
可持续发展战略

第一节 水稻产业发展概况

华南稻区主要包括广东、广西、福建、海南四个省份，其中广东属于典型双季稻区，广西、福建、海南属三季稻区。2009—2011 年，华南稻区水稻年平均种植面积 522.39 万 hm²（其中广东水稻种植面积为 195.11 万 hm²，广西 209.93 万 hm²，福建 85.49hm²，海南省 31.86 万 hm²），总产量 2 844.05t，平均单产 5 445kg/hm²。其中，早稻种植面积 225.15 万 hm²，总产量 1 252.53 万 t，单产 5 565kg/hm²；中稻种植面积 46 万 hm²，总产量 278.10 万 t，单产 6 045kg/hm²；晚稻种植面积 251.24 万 hm²，总产量 87.56 万 hm²，单产 5 235kg/hm²；2009—2011 年华南稻区各省份水稻生产平均情况统计见图 8-1。

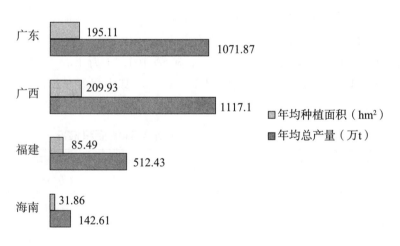

图 8-1 2009—2011 年华南稻区各省份水稻生产平均情况统计

华南稻区水稻种植面积较大，但产量水平不高，特别是晚稻单产偏低。由于华南稻区横跨热带和亚热带气候区，上半年光温充足，因此早、中稻平均单产高于晚稻，但早季低温、暴雨等灾害性天气较多，水稻产量有一定程度波动，加之早季稻米品质相对较差，不利于水稻生产效益的提高。各省水稻具体生产情况如下：

一、水稻种植面积与产量情况

（一）广东省

广东省属于典型的双季稻区，全省范围内罕见中稻种植。2009—2011 年，广东省水稻年平均种植面积 195.11 万 hm²，其中，早稻种植面积 93.80 万 hm²，晚稻 101.31 万 hm²（图 8-2）；年平均总产量 1 071.87 万 t，其中早稻产量 519.29 万 t，晚稻产量 552.58 万 t（图 8-3）。

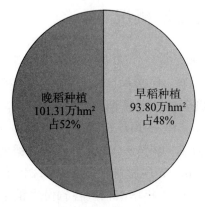

图 8-2　广东省早晚季水稻种植比例

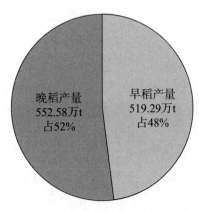

图 8-3　广东省早晚季水稻产量比例

2009 年，广东省水稻种植面积为 195.97 万 hm²，其中早稻 94.49 万 hm²，晚稻 101.48 万 hm²；2010 年总面积为 195.27 万 hm²，同比 2009 年（下同）下降 0.35%，其中早稻 94.13 万 hm²，同比下降 0.38%，晚稻 101.14 万 hm²，同比下降 0.33%；2011 年总面积为 194.09 万 hm²，同比下降 0.61%，其中早稻 92.79 万 hm²，同比下降 1.43%，晚稻 101.30 万 hm²，同比上升 0.16%，略有回升的势头（表 8-1）。

表 8-1　2009—2011 年广东省水稻种植面积情况

年份	早稻面积（万 hm²）	与去年同期相比（%）	晚稻面积（万 hm²）	与去年同期相比（%）	总面积（万 hm²）	与去年同期相比（%）
2009	94.49	—	101.48	—	195.97	—
2010	94.13	−0.38	101.14	−0.33	195.27	−0.35
2011	92.79	−1.43	101.30	0.16	194.09	−0.61

2009 年，广东省水稻单产突破 5 400kg/hm² 大关，迈进了一个新的门槛，此后几年时间里，广东省水稻单产水平更是突飞猛进，2011 年达到了 5 655kg/hm²。2009 年，广东水稻年平均单产为 5 400kg/hm²，其中早稻 5 490kg/hm²，晚稻 5 310kg/hm²；2010 年，年平均单产为 5 430kg/hm²，同比上升 0.56%，早晚稻平均单产持平，为 5 430kg/hm²，早稻同比下降 1.09%，晚稻同比上升 2.26%，2011 年，年平均单产

为 5 655kg/hm²，同比上升 4.14％，其中早稻为 5 685kg/hm²，同比上升 4.70％，晚稻为 5 625kg/hm²，同比上升 3.59％（图 8-4）。虽然单产水平不断攀升，但与全国其他地方相比，仍处于中等偏下水平，增长潜力仍比较巨大。

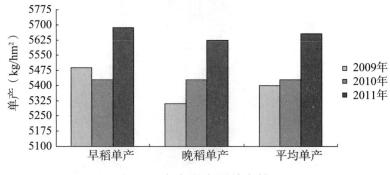

图 8-4　广东省水稻单产情况

综上所述，2009 年以来，广东省水稻种植面积有逐年减少的趋势，所幸的是单产水平增加较快，使得水稻总产量每年持平甚至还略有上升的趋势。2009 年，全省水稻总产量为 1 058.10 万 t，其中早稻产量为 519.4 万 t，晚稻产量为 538.70 万 t；2010 年，总产量为 1 060.60 万 t，同比 2009 年增长 2.50 万 t，其中早稻产量为 511.10 万 t，同比下降 8.30 万 t，晚稻产量 549.5 万 t，同比增长 10.80 万 t；2011 年，全省水稻产量为 1 096.90 万 t，同比增长 36.3 万 t，其中早稻产量 527.36 万 t，同比增长 16.26 万 t，晚稻产量 569.54 万 t，同比增长 20.04 万 t（图 8-5）。

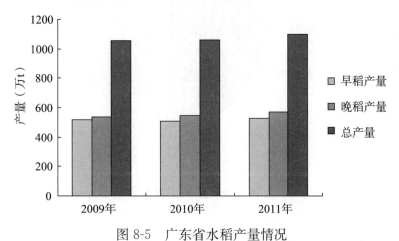

图 8-5　广东省水稻产量情况

（二）广西壮族自治区

广西壮族自治区属于三季稻区，区内存在一定面积的中稻种植。2009—2011 年，广西水稻年平均种植面积 209.93 万 hm²，其中早稻种植面积 96.50 万 hm²，中稻 14.87 万 hm²，晚稻 98.57 万 hm²（图 8-6）；年平均总产量 1 117.10 万 t，其中早稻产量 538.40 万 t，中稻产量 82.29 万 t，晚稻产量 496.41 万 t（图 8-7）。

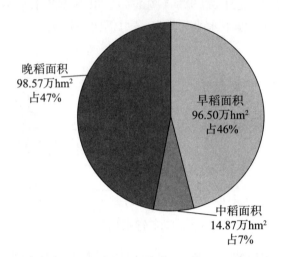

图 8-6　广西壮族自治区早中晚季水稻种植比例

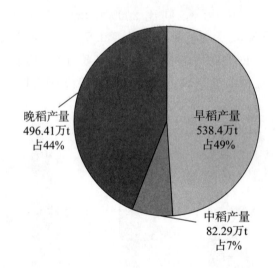

图 8-7　广西壮族自治区早中晚季水稻产量比例

2009 年，广西壮族自治区水稻种植面积为 212.50 万 hm²，其中早稻 98.88 万 hm²，中稻 14.52 万 hm²，晚稻 99.10 万 hm²；2010 年总面积为 209.44 万 hm²，同比 2009 年（下同）下降 1.44%，其中早稻 96.48 万 hm²，同比下降 2.43%，中稻 14.99 万 hm²，同比上升 3.24%，晚稻 97.97 万 hm²，同比下降 1.14%；2011 年总面积为 207.85 万 hm²，同比下降 0.76%，其中早稻 94.13 万 hm²，同比下降 2.44%，中稻 15.09 万 hm²，同比上升 0.67%，晚稻 98.63 万 hm²，同比上升 0.67%。整体上来讲，水稻种植面积逐年下降（表 8-2）。

表 8-2　2009—2011 年广西壮族自治区水稻种植面积

年份	早稻面积（万 hm²）	与去年同期相比（%）	中稻面积（万 hm²）	与去年同期相比（%）	晚稻面积（万 hm²）	与去年同期相比（%）	总面积（万 hm²）	与去年同期相比（%）
2009	98.88		14.52		99.10		212.50	
2010	96.48	−2.43	14.99	3.24	97.97	−1.14	209.44	−1.44
2011	94.13	−2.44	15.09	0.67	98.63	0.67	207.85	−0.76

多年以来，广西壮族自治区水稻单产一直徘徊在 5 250kg/hm² 的范围，难以有大的突破，2011 年单产甚至跌破了 5 250kg/hm² 的大关，在全国范围内处于中下水平。2009 年，广西水稻年平均单产为 5 385kg/hm²，其中早稻 5 595kg/hm²、中稻 5 835kg/hm²、晚稻 5 130kg/hm²；2010 年，年平均单产为 5 355kg/hm²，同比下降 0.72%，早稻为 5 505kg/hm²，同比下降 1.55%，中稻 5 370kg/hm²，同比下降 8.05%，晚稻 5 205kg/hm²，同比上升 1.45%；2011 年，年平均产量为 5 220kg/hm²，早稻 5 640kg/hm²，同比上升 2.29%，中稻 5 415kg/hm²，同比上升 1.02%，晚稻 4 785kg/hm²，同比下降 7.98%（图 8-8）。

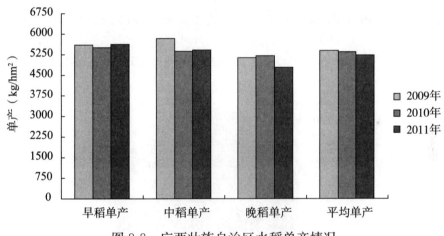

图 8-8　广西壮族自治区水稻单产情况

2009 年以来，广西壮族自治区水稻种植面积以每年约减少 2 万 hm² 的速度下降，再加上单产停滞不前甚至略有下降，使得广西壮族自治区水稻总产量呈下降趋势，严重影响粮食安全生产。2009 年，区内水稻总产量为 1 145.90 万 t，其中早稻产量为 553.30 万 t，中稻产量为 84.70 万 t，晚稻产量为 507.90 万 t；2010 年，总产量为 1 121.30 万 t，同比下降 2.15%，其中早稻产量为 531.50 万 t，同比下降 3.94%，中稻产量为 80.40 万 t，同比下降 5.08%，晚稻产量为 509.40 万 t，同比上升 0.30%；2011 年，总产量为 1 084.10 万 t，同比下降 3.32%，其中早稻产量为 530.41 万 t，同比下降 0.21%，中稻产量为 81.76 万 t，同比上升 1.69%，晚稻产量为 471.93 万 t，同比下降 7.36%（图 8-9）。

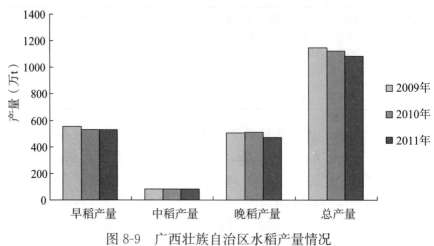

图 8-9　广西壮族自治区水稻产量情况

（三）福建省

福建省属于典型的三季稻区，省内中稻种植所占份额较大。2009—2011 年，福建省水稻年平均种植面积 85.49 万 hm²，其中早稻种植面积 20.86 万 hm²，中稻 31.13 万 hm²，晚稻 33.50 万 hm²（图 8-10）；年平均总产量 512.43 万 t，其中早稻产量 122.86 万 t，中稻产量 195.81 万 t，晚稻产量 193.81 万 t（图 8-11）。

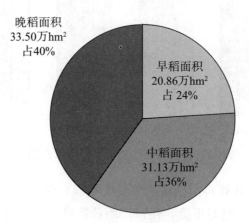

图 8-10　福建省早中晚季水稻种植比例

　　2009 年，福建省水稻种植面积为 86.46 万 hm²，其中早稻 21.37 万 hm²，中稻面积 31.35 万 hm²，晚稻 33.74 万 hm²；2010 年总面积为 85.48 万 hm²，同比下降 1.13%，其中早稻 20.80 万 hm²，同比下降 2.65%，中稻 31.00 万 hm²，同比下降 1.10%，晚稻 33.68 万 hm²，同比下降 0.20%；2011 年总面积为 84.53 万 hm²，同比下降 1.11%，其中早稻 20.41 万 hm²，同比下降 1.87%，中稻 31.05 万 hm²，同比上升 0.15%，晚稻 33.07 万 hm²，同比下降 1.80%（表 8-3）。

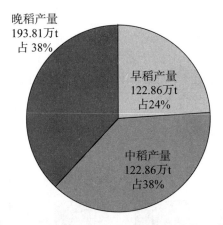

图 8-11　福建省早中晚季水稻产量比例

表 8-3　2009—2011 年福建省水稻种植面积情况

年份	早稻面积（万 hm²）	与去年同期相比（%）	中稻面积（万 hm²）	与去年同期相比（%）	晚稻面积（万 hm²）	与去年同期相比（%）	总面积（万 hm²）	与去年同期相比（%）
2009	21.37		31.35		33.74		86.46	
2010	20.80	−2.65	31.00	−1.10	33.68	−0.20	85.48	−1.13
2011	20.41	−1.87	31.05	0.15	33.07	−1.80	84.53	−1.11

　　在华南稻区 4 个省份中，福建省是单产水平最高的，2009 年以来，福建省水稻单产水平一直在 5 850kg/hm² 以上，至 2011 年突破了 6 000kg/hm² 大关。2009 年，福建水稻年平均单产为 5 955kg/hm²，其中早稻 5 880kg/hm²，中稻 6 315kg/hm²，晚稻 5 685kg/hm²；2010 年，年平均单产为 5 940kg/hm²，同比下降 0.31%，早稻为 5 790kg/hm²，同比下降 1.55%，中稻 6 225kg/hm²，同比下降 1.57%，晚稻 5 790kg/hm²，同比上升 1.82%；2011 年，年平均产量为 6 075kg/hm²，同比上升 2.36%，早稻 6 015kg/hm²，同比上升 4.01%，中稻 6 330kg/hm²，同比上升 1.69%，晚稻 5 895kg/hm²，同比上升 1.92%（图 8-12）。

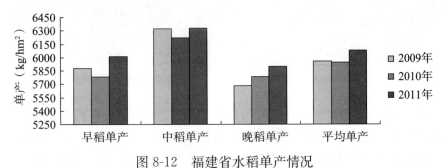

图 8-12　福建省水稻单产情况

　　与其他省份相似，福建省的水稻种植面积也存在逐年下降的趋势，但由于水稻单产较稳定且持续增长，水稻总产量相对来说比较稳定。2009 年，全省水稻总产量为

515.30 万 t，其中早稻产量为 125.51 万 t，中稻产量为 198.13 万 t，晚稻产量为 191.69 万 t；2010 年，总产量为 507.90 万 t，同比下降 1.44%，其中早稻产量为 120.29 万 t，同比下降 4.16%，中稻产量为 192.87 万 t，同比下降 2.65%，晚稻产量 为 194.76 万 t，同比上升 1.61%；2011 年，总产量为 514.10 万 t，同比上升 1.22%，其中早稻产量为 122.77 万 t，同比上升 2.06%，中稻产量为 196.43 万 t，同比上升 1.85%，晚稻产量 194.95 万 t，同比上升 0.09%（图 8-13）。

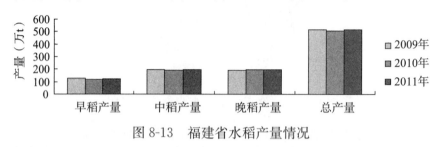

图 8-13　福建省水稻产量情况

（四）海南省

海南省属于热带气候，水稻每年可三熟，但主要以早晚稻为主。2009—2011 年，海南省水稻年平均种植面积 31.86 万 hm²，其中早稻种植面积 13.99 万 hm²，晚稻 17.87 万 hm²（图 8-14）；年平均总产量 142.61 万 t，其中早稻产量 71.99 万 t，晚稻 产量 70.62 万 t（图 8-15）。

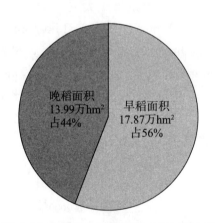

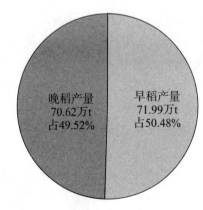

图 8-14　海南省早晚季水稻种植比例　　　　图 8-15　海南省早晚季水稻产量比例

进入 21 世纪后，海南省大力发展冬种反季节瓜菜和热带水果业，水稻种植面积 逐年减少，到 2009 年后，水稻面积开始相对稳定下来。2009 年，全省水稻种植面积 为 31.70 万 hm²，其中早稻 13.79 万 hm²，晚稻 17.91 万 hm²；2010 年，总面积为 32.26 万 hm²，同比增长 1.75%，早稻 14.04 万 hm²，同比增长 1.79%，晚稻 18.22 万 hm²，同比增长 1.73%；2011 年，总面积为 31.62 万 hm²，同比下降 1.99%，早 稻 14.13 万 hm²，同比增长 0.64，晚稻 17.49 万 hm²，同比下降 4.01%（表 8-4）。

表 8-4　海南省水稻种植面积情况

年份	早稻面积 （万 hm²）	与去年同期相比 （%）	晚稻面积 （万 hm²）	与去年同期相比 （%）	总面积 （万 hm²）	与去年同期相比 （%）
2009	13.79	—	17.91	—	31.70	—
2010	14.04	1.79	18.22	1.73	32.26	1.75
2011	14.13	0.64	17.49	−4.01	31.62	−1.99

华南稻区中，整体以海南省水稻平均产量最低，年均单产徘徊在 4 500kg/hm² 左右，甚至有下降的趋势，可能会造成粮食缺口。2009 年，海南水稻年平均单产为 4 605kg/hm²，其中早稻 5 085kg/hm²，晚稻 4 230kg/hm²；2010 年，年平均单产为 4 275kg/hm²，同比下降 7.00%，早稻为 5 085kg/hm²，同比上升 0.11%，晚稻 3 660kg/hm²，同比下降 13.58%；2011 年，年平均产量为 4 560kg/hm²，同比上升 6.61%，早稻 5 280kg/hm²，同比上升 3.78%，晚稻 3 975kg/hm²，同比上升 8.94%（图 8-16）。

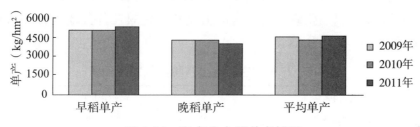

图 8-16　海南省水稻单产情况

由于海南省全年水稻种植面积逐年减少，单产停滞不前且有下降的趋势，近年来，海南省水稻总产量有下降的趋势。2009 年，全省水稻总产量为 145.75 万 t，其中早稻产量为 70.04 万 t，晚稻产量为 75.70 万 t；2010 年，总产量为 137.93 万 t，同比下降 5.36%，其中早稻产量为 71.37 万 t，同比上升 1.90%，晚稻产量为 66.56 万 t，同比下降 12.08%；2011 年，总产量为 144.14 万 t，同比上升 4.50%，其中早稻产量为 74.54 万 t，同比上升 4.44%，晚稻产量为 69.60 万 t，同比上升 4.57%（图 8-17）。

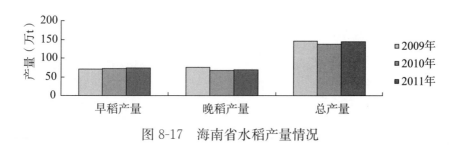

图 8-17　海南省水稻产量情况

二、重要病虫害发生情况

华南稻区横跨热带和亚热带气候区，气温高、热量丰富、湿度大，加之灾害性天气频发，是我国水稻病虫害的高发区，其中以广西壮族自治区病虫害发生情况最为严重，主要发生病虫害有稻飞虱、稻纵卷叶螟、水稻螟虫（包括大螟、二化螟和三化螟）、稻瘟病、纹枯病、细菌性条斑病等。近年来，华南稻区水稻病虫害发生有下降的趋势。以广东省为例，往年全省水稻病虫年发生面积约 800 万 hm²，主要病虫害种类及发生面积依次为稻纵卷叶螟（226.67 万 hm²）、稻飞虱（褐飞虱和白背飞虱，200 万 hm²）、纹枯病（160 万 hm²）、螟虫（86.67 万 hm²）、稻瘟病（33.33 万 hm²）、细菌性条斑病（13.33 万 hm²）、白叶枯病（6.67 万 hm²）、稻曲病（6.67 万 hm²）、水稻病毒病（6.67 万 hm²）、水稻胡麻叶斑病（4.67 万 hm²）、水稻赤枯病（2 万 hm²）、水稻线虫病（0.4 万 hm²）、水稻粒黑粉病（0.2 万 hm²）、水稻恶苗病（0.2 万 hm²）、其他病害（10 万 hm²）（表 8-5）；2011 年，全省水稻病虫害发生面积约 540 万 hm²，其中，纹枯病发生 120 万 hm²，稻瘟病发生 10 万 hm²，稻纵卷叶螟发生 146.67 万 hm²，稻螟发生 60 万 hm²，以三化螟为主，台湾稻螟和二化螟在部分地区有所回升，稻飞虱发生 126.67 万 hm²（表 8-6）。

表 8-5　广东省主要病虫害种类及发生面积

病虫害种类	发生面积（万 hm²）
稻纵卷叶螟	226.67
稻飞虱（褐飞虱和白背飞虱）	200
纹枯病	160
螟虫	86.67
稻瘟病	33.33
细菌性条斑病	13.33
白叶枯病	6.67
稻曲病	6.67
水稻病毒病	6.67
水稻胡麻叶斑病	4.67
水稻赤枯病	2
水稻线虫病	0.4
水稻粒黑粉病	0.2
水稻恶苗病	0.2
其他病害	10

表 8-6　2011 年广东省水稻病虫害发生情况

病虫害种类	发生面积（万 hm²）
纹枯病	120
稻瘟病	10
稻纵卷叶螟	146.67
稻螟	60
稻飞虱	126.67
合计	540

三、重大突发事件概况

华南稻区横跨热带和亚热带气候区，受地区气候特点影响，近年来对华南水稻生产造成较大影响的突发事件主要为自然灾害事件，其中旱灾、台风、涝灾为最主要的三大灾害。据广东省统计，广东省 2009—2011 年受灾面积一共达到 155.23 万 hm²，其中有 7.6% 的面积绝收。

第二节　限制水稻产业发展因素

一、生产成本影响

近年来，尽管国家不断推出扶持粮食生产的利好政策，但受生产资料和劳动力价格持续上涨，以及水稻生产效益低的影响，华南地区很多地方的农民种粮积极性不高。

（一）生产资料成本上升趋势明显

2010 年开始，农药和肥料进入高成本阶段，由于当时国家大幅度提升天然气价格，煤、电等价格也进行了相应调整，硫黄、磷矿石等原材料价格不断攀升。同时，受肥料淡季出口低关税的拉动，化肥价格上升极其明显。据广东省肥料信息网调查统计发布的信息显示（以每年 9 月全省肥料零售价格为例），2009—2012 年，全省肥料价格大部分呈上升趋势。2009 年 9 月数据显示，全省尿素零售价格为 1 785 元/t，同比2008 年下降 29.9%，至 2010 年 9 月，尿素零售价格达到了 1 930 元/t，同比 2009 年上升 14.6%，2011 年 9 月，尿素零售价格持续上涨，达到了 2 620 元/t，同比上升28.1%，2012 年同期，尿素零售价格有所回落，全省零售价格为 2 435 元/t，同比下降 7.1%；2009 年，碳酸氢铵零售价格为 610 元/t，同比 2008 年下降 25.6%，2010年开始，碳酸氢铵零售价格不断上涨，直至 2012 年上升至 890 元/t，同比上升45.9%；其他如过磷酸钙、进口氯化钾、国产复混肥料、进口复合肥等的价格都存在持续上升的势头（图 8-18）。

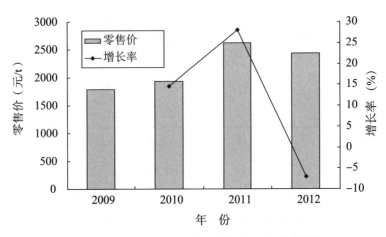

图 8-18 2009—2012 年尿素价格变化情况

（二）燃油价格、劳动力价格上涨，导致生产成本上升

2009 年之前，我国燃油价格如柴油、汽油等尚且维持在一个比较适中的水平，柴油价格维持在 5 000 元/t 以下，汽油价格刚好处于 5 000 元/t 的水平。近年来，国家不断提高燃油价格，至 2013 年 5 月底，我省普通柴油价格为 8 200 元/t 左右，汽油价格在 10 000 元/t 以上。燃油价格的不断攀升势必引起机械耕作成本的上升，大大加重了水稻种植的成本。

随着现代社会的发展，各行各业的竞争日趋激烈，农业原本就属于传统的弱势行业，在追求效益的当今社会中，越来越多的劳动力从回报率较低的农业转移到其他行业当中去，农村劳动力因大量转移而减少（万忠，2011），势必造成劳动力价格的上涨；另外农村中留守的多为文化程度不高的妇女和老人，对栽培新技术、新方法的推广造成了一定的困难，以上这些因素一方面加剧了水稻种植成本的增加，另一方面也限制了新技术新方法的推广和水稻种植产业结构的调整。以广东省为例，根据广东省统计年鉴相关统计资料，按农村劳动力行业分布分类统计，2005 年，广东省农村劳动力从事农业的比例占总劳动力的 48.6%，至 2011 年，此比例下降至 36.5%，同比下降 25.9%。根据广东省江门地区数据显示，2009 年，农村雇佣劳动力成本为每人每天 40 元，至 2013 年上半年，上升至每人每天 60 元，同比上升 50%。

二、品种结构

优质品种的选择是确保水稻生产的首要条件，不同水稻品种之间的抗性、产量差异较大，品种的选择将直接影响整个水稻生产能否获得高产。

（一）华南地区水稻品种构成分布情况

近年来，华南地区各省农业部门按照地区种植特点积极推介适宜的优质水稻主导品种，引导广大农民、农业企业及种植大户选择优良品种，推进水稻产业结构调整和发展方式转变，充分发挥科技发展对农业稳定发展、农民持续增收的支撑作用。以广东省为例，2009 年，全省主导品种有 23 个，其中常规籼稻品种 8 个，杂交稻品种 15 个；2010 年主导品种 20 个，其中常规籼稻品种 9 个，杂交稻品种 11 个；2011 年主导品种 20 个，其中常规籼稻品种 9 个，杂交稻品种 11 个；常规籼稻在近年来全省主导品种中所占比例达到 41%，而广西与福建两省常规稻种植比例较小，例如，广西壮族自治区 2009 年主导的 30 个品种全部为杂交稻品种，2010 年、2011 年的主导品种均为 30 个，其中每年只有 1 个为常规籼稻品种。与广西壮族自治区相似，福建省主导品种也以杂交稻为主。

（二）育种研究情况

近年来，华南地区水稻育种成效显著，2009—2011 年共审定品种 261 个，平均每省每年审定品种 29 个，从品种结构看，常规籼稻所占比例有逐年回升的态势，两系杂交水稻得到发展，从育种者来看，华南地区存在的一些品种是由个人选育的，这相对于其他省份有点特殊（程式华，2011）。

三、栽培技术

近年来，水稻栽培技术研究为推动华南稻区水稻生产持续稳定发展，提高稻作技术水平和增加稻农收入发挥了积极的作用。其中，对华南稻区有较大影响的有水稻"三控"施肥技术、再生稻种植技术、水稻抛秧栽培技术、水稻机械化栽培技术等。

（一）水稻"三控"施肥技术

水稻"三控"施肥技术是由广东省农业科学院水稻研究所和国际水稻研究所（IRRI）专家团队共同研制开发的一套水稻新型施肥技术，其核心内容是控肥、控苗、控病虫，简称"三控"。多年多地的示范应用表明，与传统技术相比，水稻"三控"施肥技术具有三大优势：

（1）高产稳产，增产增收。一般增产 5%～10%（平均 8%），且抗倒性明显增强，稳产性好。每 667m² 增收节支 100 元以上。

（2）省肥省药，安全环保。一般节省氮肥 20% 左右，氮肥利用率提高 10 个百分点（相对提高 30%），环境污染减轻。纹枯病、稻纵卷叶螟和稻飞虱等病虫害减少，可少打农药 1～3 次，有利于稻米食用安全。

（3）操作简便，适应性广。只要按技术规程去做，就可获得稳定的增产增收效果，不同品种类型（常规稻、杂交稻、优质稻、超级稻）、不同地点、不同季节（早季、晚季）、不同土壤类型和不同种植方式（手插秧、机插秧、抛秧、直播稻）均可应用，效果稳定，深受农技干部和广大农户的欢迎。

该项技术于 2007 年 1 月通过广东省科技成果鉴定，2008 年入选广东省农业主推技术和农业部"双增一百"技术，成为粮食高产创建、科技下乡、科技扶贫等工程项目的关键示范推广技术，2012 年被农业部列为全国农业主推技术。2010 年广东省内应用面积突破 33.33 万 hm²，并辐射到江西、广西、海南等省份，2012 年广东省内应用面积突破 266.67 万 hm²。

（二）再生稻种植技术

再生稻是利用一定的栽培技术使头季稻收割后稻桩上的休眠芽萌发生长穗而收割的一季水稻。我国是世界上最早利用再生稻的国家。开始时作为灾后的一种救灾措施，或者自然生长成熟而多收的稻谷（程式华，2012）。目前，华南地区以福建省较适宜种植再生稻。

1998 年，中国科学院院士谢华安带领其研究团队到福建省尤溪县试验示范再生稻种植，至今已经有 15 个年头，并以占全县稻田面积 32% 的稻田生产出了全县 45% 的稻谷，7 次刷新了再生稻再生季单产世界纪录。2000—2012 年，西城镇麻洋村百亩示范片，谢华安研究团队选育的再生稻连创佳绩，13 年的年平均单产达到 19 867.5kg/hm²，最高产量田平均每 667m² 产 1 454kg。

目前，我国再生稻种植面积约 73.33 万 hm²，再生季平均单产 2 040kg/hm²（2012 年 10 月统计数据）。专家估计，我国南方有约 333.33 万 hm² 单季稻田适宜推广再生稻技术，如果都能达到福建尤溪县的产量水平，每年可增产稻谷 2 000 万 t，相当于福建省两年半的粮食消费总量。

随着我国现代化进程加快，面临劳动成本上涨、耕地面积减少的双重影响，节本增效，让有限耕地生产更多粮食的再生稻栽培技术，是保障我国未来粮食安全的一个重要举措。因此，应从国家粮食安全高度，把发展再生稻纳入国家战略统筹考虑，作为一季主粮给予生产补贴，单独列入国家粮食生产统计，建立一批国家级再生稻高产栽培示范县。

（三）水稻抛秧栽培技术

水稻抛秧作业效率高，操作简单，在手工移栽劳动力紧张的地区，确保了水稻基本苗的稳定。但抛秧对整田的要求较高，抛秧的均匀度直接关系到产量高低。抛秧技术是在我国机插技术不成熟条件下发展起来的（程式华，2011）。

20 世纪 80 年代末期至 90 年代初期，随着我国农村乡镇企业的不断发展，农业劳动力逐步向第二、三产业转移。由于水稻抛秧栽培技术能大幅度地减轻劳动强度，降低劳动成本，省工（每公顷省 30～45 个工）、省秧田（秧田只占本田的 1/50～1/40），提高工效 5～8 倍，同时没有缓苗期，可比手插秧田增产粮食 0.23～0.45t/hm²。所以，在农业部农技推广总站统一牵头下，各省、自治区、直辖市积极组织试验示范和推广，使水稻抛秧种植方式在神州大地蓬勃展开，种植面积不断扩大，产量水平不断提高，社会经济效益十分显著。

20 世纪 90 年代，广东省成为全国连作稻抛秧面积扩大最多的省份。1997 年，广东省实现水稻抛秧面积 93.33 万 hm²，占全省水稻播种面积和全国水稻抛秧面积的 1/3，成为全国推广水稻抛秧面积最大的省份。目前，水稻抛秧技术已经发展成为华南地区简化栽培的主要技术之一，以华南稻区水稻年平均种植面积 490.53 万 hm² 算，每年抛秧面积超过了 300 万 hm²，达到 60％以上。

（四）水稻机械化种植技术

随着社会经济快速发展，农村劳动力大量转移及农村劳动力老龄化现象突出，迫切需要水稻机械化生产技术。目前，我国的水稻机械化种植技术有机插秧、机直播和机械抛栽等方式。其中，华南稻区主要是机插秧技术应用比较广泛。

近年来，在国家政策的支持下，我国的水稻种植机械化发展迅速，水稻机械化种植面积占全国水稻种植面积的比例从 2005 年的 7.1％提高到 2010 年的 20.0％（程式华，2011）。在此春风带领下，华南稻区在原来薄弱的基础上也取得了比较大的进步。以广东省为例，2009 年，全省水稻种植机插率为 1.73％，水稻生产机械化综合水平为 48.16％；2010 年，机插率翻倍增长，达到了 3.51％，水稻综合机械化水平为 53.70％；2011 年，全省机插率达到了 5.91％，水稻综合机械化水平为 57.78％；2012 年机插率为 8.95％，水稻综合机械化水平为 61％（图 8-19）。

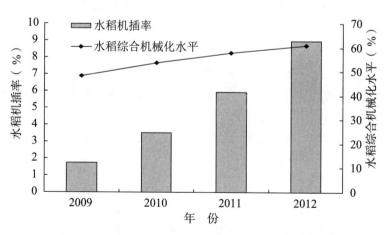

图 8-19　2009—2012 年广东省水稻机械化水平

四、自然灾害影响

华南地区处于热带亚热带气候区，濒临大海，是自然灾害的多发区，平均每年每省发生自然灾害 20 次以上，其中，倒春寒、台风、寒露风等因素对水稻生产影响最大（叶延琼，2013）。

（一）倒春寒

倒春寒是指初春（一般指 3 月）气温回升较快，而在春季后期（一般指 4 月或 5 月）气温较正常年份偏低的天气现象。长期阴雨天气、冷空气的频繁侵袭或持续冷高压控制下晴朗夜晚的强辐射冷却都易造成倒春寒。此时经常是白天阳光和煦，早晚却寒气袭人，让人倍觉"春寒料峭"。倒春寒是南方早稻播种育秧期的主要灾害性天气，极易造成水稻的烂种烂秧。倒春寒的公认标准为日平均气温≤12℃，维持期≥3d，不利秧苗生长；日平均气温低于或等于 15℃，且日照时数少于或等于 2h，连续 7d 或以上。如果降温伴随着阴雨，危害就更大。

倒春寒是南方早稻播种育秧期的主要灾害性天气，是造成早稻烂种烂秧的主要原因。常年 2～3 月，华南地区先后进入早稻播种育秧的农忙季节。在此期间冷暖空气相互交替，当北方冷空气南侵到华南时冷暖空气势均力敌常常造成连续的低温阴雨天气，当日平均气温在 12℃或以下连阴雨 3～5d，或在短时间内气温急剧下降，且日最低气温降到 5℃以下，均可造成早稻烂秧和死苗。这样不仅损失大量种子，而且因补种延误播种季节，使早稻成熟期延迟，影响晚稻栽插，使晚稻抽穗扬花期易受低温危害。近 50 年以来，华南地区以 1970 年的天气条件最差，倒春寒现象最严重，仅广西壮族自治区地区烂种就达 5 000 万 kg 以上，严重影响早稻正常生产。

（二）台风影响

台风是热带气旋的一个类别。在气象学上，按世界气象组织定义，热带气旋中心持续风速在 12～13 级（即 32.7～41.4m/s）称为台风或飓风。在北太平洋西部（赤道以北，国际日期线以西，东经 100°以东）使用的近义字是台风。台风是一种破坏力很强的灾害性天气系统，华南地区几乎每年夏秋两季都会或多或少地遭受台风的侵袭，虽然台风有时能起到消除干旱的作用，但其危害性巨大，主要包括大风、暴雨、风暴潮等。

中国台风网有关数据显示，2009—2011 年，一共有 57 个台风或者强热带风暴发生，其中对华南地区造成影响的就有 25 个，占总数的 43.9%，其中影响较为严重的要数 2009 年的 17 号强台风"芭玛"、2010 年的 11 号超强台风"凡亚比"、13 号超强台风"鲇鱼"、2011 年的 17 号强台风"纳沙"及 19 号强台风"尼格"。其中以 2010 年的 11 号超强台风"凡亚比"影响最为严重，该台风先后两次登录台湾花莲丰滨乡附近沿海和福建漳浦县沿海，对福建及广东两省造成了极大的影响，9 月 20 日晚上起，广东自东向西普降暴雨到大暴雨，局部特大暴雨，并引发了山洪、泥石流等严重灾害。根据广东气象报道，截至 2010 年 9 月 26 日，此次超强台风及其引发的次生灾害共造成茂名、阳江等 9 市 34 个县（市、区）224 个乡镇 156.3 万人受灾，死亡 75 人，失踪 61 人。紧急转移安置 12.8 万人，倒塌房屋 1.6 万间。受灾农作物面积 6.64 万 hm^2。全省 86 条公路因强降雨中断，其中省道 7 条，县乡村道 79 条。

（三）寒露风

每年秋季"寒露"节气前后，是华南晚稻抽穗扬花的关键时期，这时如遇秋季冷空气侵入后引起显著降温使水稻减产的低温冷害，就会造成空壳、瘪粒，导致减产，在中国南方，它多发生在"寒露"节气，故名"寒露风"，寒露风是南方晚稻生育期的主要气象灾害之一。

晚稻生育阶段对低温较敏感的有 3 个时期：幼穗分化期、花粉母细胞减数分裂期和抽穗开花期。其中，以抽穗开花期遭到寒露风危害的概率较大，减数分裂期受低温危害概率较小，但遭遇后危害较重，而幼穗分化期则基本上不受低温危害。减数分裂期对低温最敏感，主要是雄蕊受害后，花粉不能正常成熟或成熟度较差，造成空粒或穗粒畸形、变态等现象，最终导致减产。寒露风与冷空气活动有关，当北方有强冷空气南下且冷空气在南方停留时间较长时，最易造成寒露风灾害。对大面积种植的晚稻而言，尚无很有效的预防措施。

一直以来，寒露风对华南稻区晚稻生产影响较大，一般年份危害导致双季晚稻空壳率达 20%～30%，严重年份可达 40%～70%，甚至绝收。近几年来，以 2011 年寒露风天气影响较为严重。根据广西壮族自治区桂林市农业科技推广站统计，2011 年 9 月下旬到 10 月上旬，桂林市共遭遇了两次寒露风天气，共造成约 15.33 万 hm^2 的晚稻受灾，其中比较严重的有 3 万 hm^2，严重影响了当年的晚稻生产。

第三节　水稻产业发展潜力

一、华南地区独特的气候及区位优势

华南地区属于热带—亚热带区域，日平均气温≥10℃的天数在 300d 以上，多数地方年降水量在 1 400～2 000mm，且多集中在 4～10 月的雨季，雨量充沛，是全国光、热、水资源最丰富的地区之一，生长期长，复种指数大，是我国以籼稻为主的双季稻产区（章家恩，2011）。广东每年水稻种植早晚两季，广西、福建、海南一般一年种植 2～3 季，其中海南由于入春早，升温快，全年无霜冻，冬季温暖，是我国南繁育种的理想基地。广西是中国向东盟开放的桥头堡，且气候条件与东盟最为接近，水稻同样是东南亚地区的重要作物，因此具有独特的区位优势。东南亚地区的水稻研究水平和生产水平总体上与我国尚有较大差距，最近几年，由广西向东南亚输出了几十个杂交组合，目前已有至少 4 个组合可以直接在印度尼西亚、越南、柬埔寨等热带地区大面积种植。

二、运用农业科技增产潜力巨大

农业科技创新，是现代农业的先导力量，近年来我国农业的快速发展，农业科技的贡献功不可没，根据农业部的数据，近年来，科技进步对我国农业增长的贡献率快速提高，截至目前已接近 55%，农业科技在促进水稻增产方面的贡献也越来越被重视（程式华，2011，2012）。其中广东省水稻产业的科技进步贡献率呈逐年稳中缓升的趋势，2009 年为 46.78%，2010 年提高了 0.97 个百分点，达到 47.75%，至 2011 年上升至 48.2%。

（一）政府加大对农业科技发展的重视和扶持力度

每年的中央 1 号文件，围绕促进农业科技发展提出了许多实质性要求，2012 年的中央 1 号文件的中心内容要求依靠科技创新驱动，引领支撑现代农业建设，华南地区各省也都依据自身农业特色提出一系列有针对性的农业科技发展目标，积极推动各类项目向粮食主产区倾斜，继续加大对产粮大县的政策扶持、技术推广和资金补助，抓好人民的"米袋子"（徐德利，2010）。其中广东省提出要继续保证全省粮食作物播种面积基本稳定，同时通过调整种植结构，提高农业机械化覆盖面积，进一步促进粮食作物总产量和单产的稳步增加。

2012 年国家进一步加大粮食补贴力度，共落实各项补贴资金 27 181.06 万元，比上年增加 4 831.4 万元。对早籼稻、中晚籼稻和粳稻最低收购价分别提高到 2.4 元/kg、2.5 元/kg 和 2.8 元/kg，较 2011 年分别提高 17.6%、16.8% 和 9.4%。在国家种粮补贴政策公布的同时，各省也都相继出台了种粮补贴政策，并不断提高粮食的收购价。广东省江门市常规稻早稻收购价格达到了 2.7 元/kg，晚稻收购价格又有一定幅度的上涨，目前市场收购价格为 2.8 元/kg，部分优质稻品种收购价格接近 4 元/kg。种粮补贴政策的实施，粮食收购价的不断提高，大大促进了农民种粮的积极性。

（二）加快水稻优质新品种、新技术的研究开发与推广利用

进入 21 世纪以来，我国的水稻产业相关科学技术发展迅速。华南稻区以科研院所为研发重点，不断加强对水稻优质品种及组合的筛选培育，积极运用杂交、分子技术、航天育种等方法，培育一批具有重大应用前景和自主知识产权的突破性优良品种，并不断加快成果的孵化和转化力度，布局调整华南地区水稻产业的品种种植结构，同时加强对测土配方技术均衡施肥的研究，提高不同地区水稻种植化肥养分的利用效率，以求促进水稻单产和总产量能够逐年稳中有升（2012 年广东省主要农业产

业发展研究报告，2012）。

2007 年通过广东省科技厅成果鉴定的"水稻'三控'施肥技术"，2011 年被列为广东省地方标准，通过应用可使水稻增产 10% 左右，节省氮肥 20% 左右，氮肥利用率提高 10 个百分点，病虫害发生及倒伏情况明显减轻，每 $667m^2$ 可增收节支 100 元以上，近 3 年来累计推广应用面积达到 275.84 万 hm^2，是目前广东省应用面积最大的水稻种植新技术（章家恩，2011）。水稻"三控"施肥技术体系的建立与应用分别在 2011 年、2012 年获得广东省农业科学院科学技术一等奖、广东省科学技术一等奖。

"福建不同稻作区优质稻开发与推广"项目通过选育、引进、试验，筛选出佳辐占、宜优 673、天优 3301、甬优 6 号、宜优 99、扬两优 1 号、天优华占等 20 个类型丰富、适宜福建不同稻作区种植的优质稻品种，通过国家或省级审定后应用于生产，通过研究主要优质稻品种的生物学特性，总结形成福建不同稻作区优质稻保优、高产、节本、高效栽培技术，优质稻主要病虫害无公害防治技术以及优质稻品种提纯、扩繁与高产制种技术。2009—2010 年福建省新增加优质稻及配套技术实际有效推广面积 19.98 万 hm^2，平均每 $667m^2$ 新增纯收益 210.1 元，两年新增总经济效益 43 376.88 万元，项目获 2011 年全国农牧渔业丰收奖二等奖。

2010 年华南超级早晚稻育种获得突破，其中被农业部确认的 6 个超级早稻品种中，有 5 个分布在华南稻区（3 个为早、晚兼用型），这使得南方稻区超级稻布局结构得到有效优化，对稳定区域内早稻生产和双季稻面积发挥重要作用。越来越多优质品种、技术的研发应用，为华南地区水稻产业的快速发展注入了动力。

（三）农业科技基层推广网络日益完备，人员素质不断提高

华南稻区各省份都配备有农业技术推广中心，负责当地的新品种、新技术的示范与推广工作。结合广东省现代水稻产业技术体系团队的各个综合试验站及多位岗位专家，逐步建立起省、市、县、镇的四级水稻生产技术推广服务网络，以电视讲座、举办科技下乡活动，组织专家、科技人员入户指导，定期或不定期地举办水稻新品种观摩会、生产技术培训班等多种形式，加大对农技人员、乡村干部、种植专业户等的培训力度，力求将产量高、品质好的优良品种以及最新、最实用的水稻种植技术传授给农民。推广工作层层铺开，深入开展，将大大缩短新品种技术在水稻种植区从认识到广泛应用的时间。另一方面，在推广过程中，通过学习培训不断提升农技人员的自身科技素质，通过基层推广不断增加农技人员基层经验，提升与农民沟通、为农民服务的能力。在广东多地的示范推广过程中，逐步形成了岗位专家、教授→市县技术实施领导小组→乡镇技术小组→村镇农民技术员四级技术保证体系（叶延琼，2013），保证品种、种子到位，人员到位，宣传培训到位，技术到位，从而保证优质品种及各项配套技术落到实处。

（四）水稻种植机械化率尚低于我国平均水平，提升潜力巨大

"十一五"末，农业部对我国水稻的机械化生产率的统计结果表明，全国水稻机

耕水平达到 85%，机械化种植水平达到 20%，机收水平突破了 60% 大关，水稻耕种收综合机械化水平达到了 58%，与"十五"相比增长显著，"十二五"期间将会以栽插和收获两个关键环节的机械化为着力点，进一步推进水稻生产的全程机械化。华南稻区中丘陵山区所占比重较大，对水稻机械化的推进造成了一定的影响。据统计，2010 年华南稻区的机耕水平达到 60%，为全国平均水平的 75%，机械化种植水平 10% 左右，为全国的 50%，收获机械化水平是 20%，仅为全国平均水平的 33%，耕种收综合机械化水平仅为全国综合水平的 60%，尚有很大的提升潜力（叶延琼，2013）。可以从以下几个方面着力发展：发展毯状苗机械插秧技术和田间育秧技术；丘陵山区主要发展小型耕整地、插秧、收获机械；平原地区耕整地、插秧、收获机械逐步由小型向中型发展；在山区和深泥脚田地区采用简易联合收获或分段收获方式，发展小型联合收割机、割晒机和脱粒机；依靠龙头企业带动，逐步发展机械烘干。据统计，广东省江门市水稻生产综合机械化水平从 2009 年以来连续 4 年稳步增长，从 61.04% 上升到 72.05%，先后建立了 1 个国家现代农业示范县（市）——开平市；1 个水平高、规模大、辐射广、效果好的省级水稻生产全程机械化示范基地——"台山市水稻生产全程机械化示范基地"；2 个高水平的国家级水稻育插秧机械化示范县（市、区）；3 个高水平的省级水稻育插秧机械化示范县（市、区）。同时农机社会化服务体系也日益完善，形成了以农机专业合作组织和农机专业户及种植业大户为主体，多层次、多功能、多形式服务的新格局；服务领域广泛覆盖管理、生产、教育培训、推广、销售、维修、安全监理服务等多个方面；服务主体由个体向组织化发展，涌现出一批农机产前、产中、产后社会化服务组织，有力地推动了江门农机化事业的发展。江门市水稻机械化的发展过程，对华南稻区许多地市都有较好的借鉴意义，各地市可以在综合考虑本地发展优势和特色的情况下积极开展。

三、进一步提升土地利用率，扩大种植面积

随着人口数量的增长、城镇化进程的推进及人民生活水平的提高，目前我国的粮食需求呈现持续增长的态势，但在经济高速发展、城镇化率不断提高的过程中，耕地面积减少将是一个不可避免的长期趋势，虽然国家实行严格的耕地保护制度和耕地占补平衡的策略，但这种趋势只能减缓却不能遏制；另一方面，在耕地中，蔬菜、园林、花卉及中药材等经济作物面积越来越大，比例越来越高，实际稻田面积逐年大幅度减少，而且这种减少的趋势在很长时间内难以逆转（赵志福，2010）。因此，面对华南地区山区和丘陵广布、土地利用率不高的情况，可通过改善地力条件，加大对农业基础设施建设的投入力度，加速中低产田改造，加强农田水利建设等多种途径，实现扩大水稻的种植面积，不断提高华南地区水稻生产综合能力和抵御自然灾害的能力。

第四节　水稻产业可持续发展前景

一、加快优质水稻新品种的繁育推广

从 2010—2011 年华南稻区各省审定品种情况表中可看出，近年华南稻区的育种研究不断取得成效（程式华，2011，2012），2010—2011 年通过省级品种审定的水稻新品种共有 236 个，其中 2010 年育成并通过省级审定的品种为 114 个，占当年全国通过审定品种的 22.8%，2011 年育成并通过省级审定的品种为 122 个，占当年全国通过审定品种的 30.5%，通过审定的品种主要是适合华南稻区种植的三系杂交籼稻，且第一育种单位除了高校院所等科研单位之外，不少种业公司在水稻育种方面都有较快的发展。

今后一段时期内，华南稻区的新品种选育工作将持续高效开展，品种选育的重点将仍以适宜热带、亚热带地区气候的具有较好抗病虫、抗旱、抗倒伏、耐高温的水稻品种，同时由于水稻种植面积长期内无法增加，只能通过增加对超级稻的选育，大幅度增加水稻单产来确保华南地区粮食产量。在今后的品种选育工作中加强运用重要基因克隆、分子育种、航天育种等多种新型高效育种方式，与常规育种方法相互补充，同时运用好华南地区特殊的地理及气候优势，做好优良种质资源南繁育种，加速育种进程（叶延琼，2013）。通过优质品种的推广应用、布局组合，有效促进华南稻区水稻产量和品质的提高。

表 8-7　2010—2011 年华南稻区各省审定品种情况

年份	审定级别	总数	类型					第一选育单位数	
			常规籼稻	常规粳稻	籼型三系杂交稻	籼型两系杂交稻	杂交粳稻	科研单位	种业公司
2010	广东	42	15		24	3		31	10
	广西	30	4		18	4		13	17
	福建	15			15			12	3
	海南	26	2		22	2		17	9
2011	广东	47	15		26	6		37	10
	广西	36	3		27	6		8	28
	福建	18		1	15	2		16	2
	海南	20	2		16	2		10	10
2010—2011 年华南地区审定品种合计		236							

二、水稻栽培、管理技术的研究和应用

水稻栽培及管理技术的研究为推动华南地区水稻生产持续稳定发展，提高稻作技术水平和增加稻农收入发挥了积极作用（张琳，2001）。目前在华南地区大规模推广应用的栽培及管理技术，主要包括水稻高产栽培技术、机械化生产技术、测土配方施肥技术、水肥管理技术、收获后粮食集中干燥技术、秸秆还田技术等。

其中，由于华南地区水稻产业耕种收机械化综合水平还明显低于我国平均水平，在育秧、栽植机械化方面还有较大的提升潜力，而实现水稻的机械化生产也有利于发展规模生产，克服劳动力不足，提高劳动生产率和土地生产率。广东省育秧插秧机械化技术由广东省农业机械推广站研发，自 2009 年以来在广东省作为农业主推技术进行推广，其核心技术是采用高性能插秧机代替人工栽插秧苗的水稻移栽技术，包括高性能插秧机的操作使用、适宜机械栽插要求的秧苗培育及大田农艺管理措施等。通过多地的实践，机插水稻节水节肥节药优势明显，与常规插秧相比，产量增幅为 5% 以上，为 $375 \sim 750 \mathrm{kg/hm^2}$。该技术目前已被农业部列入"重点推广的农机化十大技术"之一和推动新农村建设九大行动的重要内容。

在水稻水肥技术管理方面：一方面积极按照农业发展要求推广实施科学施肥技术，尤其针对华南稻区目前土壤中氮肥使用过量造成的环境污染、资源浪费的情况，结合测土配方施肥技术提高水稻的肥料利用率（何玲，1998；班红勤，2012）。广东省农业科学院水稻研究所和国际水稻研究所合作研制的水稻"三控"施肥技术自推广以来，效果稳定，深受农技干部和广大农民的欢迎。另一方面针对华南稻区雨水资源较为丰富，但是降水时空分布不均的情况，根据水稻生长过程需水情况，提出合理的灌溉模式，增加灌溉效率，保证稳产增产。

优良品种与栽培技术配套，同时加强生产过程中的机械化综合水平，将会有效促进华南稻区的水稻生产，调整种植结构，提高水稻种植户栽培水平，增加水稻单产和总产量，全面推进水稻产业持续、健康发展，为农业增产农民增收做出积极贡献（赵志福，2010）。

三、加快水稻产业化经营，促进民营企业加速发展

随着逐步进入小康社会，人民生活质量不断提高，对食用稻米的卫生及质量安全意识不断增强，提高稻米质量的安全性，提升稻米的附加值，从而提升优质稻米产品的市场竞争力，有利于促进华南地区水稻产业化良性发展。

积极推行"订单农业"，在总结现有产业化经营模式的基础上，发展种粮大户、粮食生产合作社与粮食加工企业积极合作、高效对接，创新粮食产业化经营模式（万忠，2012）。目前，华南地区农村劳动力转移，农业人口不断减少，水稻生产长期处

于小规模的分散经营和无序生产状态，相互之间、与市场之间都缺乏有效的联系，造成了市场信息接收滞后，只能被动适应，导致形成"滞销—跌价—减产—升价—增产—滞销"的怪圈 。要打破这种怪圈，一方面扶持种粮大户，不断提高其生产经营素质，另一方面积极扶植以村镇为单位、以农民自愿平等、互惠互利原则发展起来的粮食生产合作社等，实现农业经营体制的创新，从而有助于及时了解行业发展动态，统一组织生产，推广先进品种技术，实现技术保障，提供良好的销售渠道，为农民增产增收，稻米安全充足供应提供保障。

在华南稻区积极推广并普及稻谷加工新技术，做好产业链的延伸，发展农工商相结合的优质稻谷加工企业，大力研发高附加值的优质产品，促进和推动加工产品品牌化和品牌产品规模化（黄英金，2007）。在加工产业集中的地市建设示范大米主食制品企业，努力推进产业化、标准化生产。根据目前市场上高精度、高档次的粮油产品成为消费的主导产品，对具有较大规模及较好发展潜力的加工企业予以更多的政策支持，不断提升企业竞争力，增强实力，创出品牌。同时积极建立和完善华南地区粮食加工业从原料到成品加工过程一系列的质量监督保障体系，确保全过程安全可靠。

第九章 西南稻区水稻产业可持续发展战略

西南稻区包括四川、重庆、贵州、云南等四省份和同属一个稻作生态区的主产区汉中市与安康市所在的陕西省，是我国重要水稻产区之一，也是我国主要的杂交水稻制种基地，限制本区域水稻产业发展的因素虽较多，但水稻产业稳面、提产、增效仍具较大潜力。

第一节 水稻产业发展概况

水稻是西南稻区主要粮食作物，种植面积占粮食作物的 22.80%（剔除陕西省后为 26.38%），稻谷产出量占粮食总产量的 36.57%（剔除陕西省后为 41.14%）。常年种植面积约 450 万 hm^2，稻谷总产量 3 100 多万 t，分别约占全国的 15% 和 16%，平均单产 7.05t/hm^2，高于全国平均水平。

一、生态气候特点与稻田种植制度

西南稻区总体上由四川盆地和西南高原山地两大板块构成（郑家国等，2011）。四川盆地属亚热带温暖湿润季风气候，西南高原山地为亚热带高原型湿热季风气候。稻田主要分布在平原、丘陵、山间谷坝、高原坝地、垄脊，海拔高至 2 700m 以上，低至 100m 以下，生态气候条件复杂，区内人多地少，人均稻田不足 330m^2，稻田种植制度多样。

（一）四川省

四川省是西南稻区水稻种植面积最大的省份，常年水稻种植面积约 198 万 hm^2，占本稻区水稻种植总面积的 45% 左右，也是本区域水稻平均单产最高的省份，2007年以来单产均达 7.5t/hm^2 以上。根据四川省生态气候特点和稻田种植制度，以籼稻为主线，可主要划分为三大稻作区，即川西平原稻麦（油）两熟水旱轮作区、川东南中稻与再生稻区、川中和川东北丘陵一季中稻区（郑家国等，2008）。

（1）川西平原区。包含成都、德阳两市全部行政区域和绵阳市的大部分区域、眉山市的西南部、乐山市的北部、雅安市的名山县和雨城区，涉及县（市、区）52 个。

现水稻种植面积 67 万 hm² 左右，约占四川水稻种植面积的 34%，是四川乃至西南稻区第一大水稻产区。本区域自然生态条件优越，农业生产条件较好，地貌为多平原，少量台状浅丘，稻田分布海拔高度 450～550m，稻田土壤以冲积潮土为主，土层深厚，土质肥沃，受世界古老水利工程都江堰的恩泽，保灌程度达 80% 以上，是"天府之国"的代表。该区域年均气温 16～17℃，水稻生育期中的 4～8 月平均温度为 22.6℃ 左右，极端最高温度 36℃ 左右，年日均 ≥30℃ 天数出现很少，≥10℃ 积温为 4 500～5 000℃，年降水量 1 000～1 400mm，主要集中在夏季，年日照时数 1 000～1 200h，相对较低。水稻生产干旱威胁小，抽穗、灌浆期无高温胁迫，但秋绵雨出现频率高达 90%。稻田种植制度现以中稻—麦类、中稻—油菜、中稻—蔬菜为主，以中稻—秋菜—麦类、中稻—秋菜—油菜、中稻—油菜/蔬菜等为辅。

（2）川东南区。包含泸州、宜宾、自贡、内江等四市的全部行政区域和达州市的大部区域、乐山市与广安市的部分区域，涉及县（市、区）31 个。现水稻种植面积 63 万 hm² 左右，占四川省水稻种植面积的 32% 左右。本区域稻田主要分布在浅丘、中丘、平坝和山间河谷地区，海拔高度一般在 200～400m，稻田土壤为紫色水稻土，黏度较高，光、热、水资源丰富，年均气温 17.5～18.5℃，7 月下旬至 8 月上旬高温伏旱的频率达 80% 左右，极端气温 ≥38℃ 常发，≥10℃ 积温 5 500℃ 左右，年日照时数约 1 200h，年降水量 1 100～1 200mm，主要集中在夏季。稻田种植制度主要为中稻—冬水（闲）田、中稻—再生稻、中稻—小麦、中稻—油菜等，其中稻—冬水（闲）田模式约占 60%。

（3）川中与川东北区。包含资阳、遂宁、南充、巴中、广元四市的全部行政区域和广安市的大部分区域、达州市的部分区域，涉及县（市、区）37 个。现水稻种植面积约 60 万 hm²，占四川省水稻种植面积的 30% 左右。本区域稻田主要分布在丘陵和岭谷，部分分布在山地，海拔高度 220～1 030m，稻田土壤为紫色土、黄壤，黏性较重，光、热、水资源丰富，年均气温 16～18.5℃，3～4 月"倒春寒"常发，7 月下旬至 8 月上旬气温 ≥35℃ 频率较高，且常伴伏旱，≥38℃ 的极端气温常发，≥10℃ 积温 4 800～5 600℃，年日照时数 950～1 100h，年降水量 1 000～1 400mm，主要集中在夏季，且时空分布极不平衡，个别区域 24h 降雨可达 200～500mm。稻田种植制度以中稻—冬水（闲）田、中稻—油菜为主，中稻—蔬菜、中稻—小麦、中稻—绿肥（蚕豆）等为辅。

（二）重庆市

重庆市常年水稻种植面积在 68 万 hm² 左右，根据生态气候特点和稻田种植制度，可主要划分为两大稻作区，即渝西浅丘及三峡库区沿江河谷中稻—再生稻区、渝东渝南丘陵深丘低山一季中稻区（郑家国等，2008）。

（1）渝西浅丘及三峡库区沿江河谷区。包含重庆西部的永州、合川、荣昌、潼南、渝北、长寿等 16 个区县全部行政区域和江津、巴南、涪陵、丰都、忠县、开县、綦江等 7 个区县的海拔 400m 以下地区，常年水稻种植面积约 37 万 hm² 。稻田主要分布在海拔 400m 以下的浅丘平坝和浅丘中谷，地势较平缓，稻田土壤以紫色土为主，黏性偏重，气候冬暖春旱，雨热同季，热量丰富，年均气温 17.2~18.6℃，7 月下旬至 8 月上旬高温伏旱频率达 65% 左右，极端高温可达 42~44℃，≥10℃积温 6 000~6 150℃，年日照时数 1 000~1 100h，年降水量 980~1 200mm，5 月下旬至 6 月中旬梅雨寡照频率较高。稻田种植制度以中稻—冬水（闲）田、中稻—再生稻为主，以中稻—秋菜和中稻—油菜等为辅。

（2）渝东渝南深丘低山区。包含重庆东部的垫江、梁平、万州、云阳、奉节、巫山、巫溪、城口和重庆南部的南川、万盛、彭水、武隆、石柱、黔江、酉阳、秀山等 16 个区县，以及綦江、巴南、江津、丰都、涪陵、开县、忠县等区县海拔 400m 以上地区，常年水稻种植面积 33 万 hm² 左右。本区域山脉绵延，地势起伏较大，稻田分布最高海拔达 1 500m，最低海拔在 175m 左右，但主要集中在海拔 300~800m 的深丘低山区。区内气候温和，雨热同季，年均气温 16~17.5℃，≥10℃积温 4 500~5 700℃，年日照时数 1 050~1 300h，年降水量 1 100~1 350mm。渝东光照丰富，是重庆市高温伏旱中心，7 月下旬至 8 月上旬高温伏旱频率较高；渝南气候较温和，高温伏旱较轻，但苗期低温危害较重。稻田种植制度以中稻—油菜、中稻—小麦、中稻—榨菜和中稻—冬水（闲）田为主，以中稻—蔬菜、中稻—马铃薯等为辅。

（三）贵州省

贵州省为低纬度高原山区，属亚热带湿润季风气候，立体农业气候明显，常年水稻种植面积 70 万 hm² 左右，根据生态气候特点和稻田种植制度，以籼稻为主线可主要划分为黔中高原中稻区和黔东黔南山地高原丘陵中稻区（郑家国等，2008）。

（1）黔中高原区。位于贵州高原从东向西海拔不断升高的中部平台，包含贵阳市、安顺市、遵义市、黔南州、黔西南州的大部分区域，以及黔东南州西部，涉及县（市、区）53 个，水稻面积近 47 万 hm²，是贵州省第一大水稻产区。该区域以喀斯特山地高原地貌为主，稻田主要分布在海拔 800~1 400m 丘陵坝地，田块小，土层薄，土壤主要为黄壤、石灰土，年均气温 14~16℃，≥10℃积温 4 000~5 000℃，年日照时数 1 070~1 640h，年降水量 1 100~1 600mm，水稻生长期间倒春寒和秋风较严重，区内中部和北部日照偏少，夏旱较重，区内西部日照充足，春旱较重。稻田种植制度以中稻—油菜、中稻—小麦为主，以中稻—洋芋、中稻—蔬菜、中稻—冬闲（绿肥）为辅。

（2）黔东黔南山地高原丘陵区。包含铜仁地区和黔东南州大部分地区，以及黔南州、黔西南州部分区域，涉及铜仁、思南、松桃、天柱、荔波等 25 个县（市、区），常年水稻种植面积 23 万 hm² 左右，是贵州省第二大水稻产区。该区域以喀斯特山地高原地貌为主，稻田主要分布在 400~900m 地区，田块小，土层薄，土壤主要为黄壤、红壤、石灰土，年均气温 16.2~19.6℃，≥10℃积温 4 500~6 500℃，年日照时数 1 100～1 500h，年降水量 1 000～1 400mm，雨季偏早，夏季少雨，夏旱严重。稻田主要种植制度以中稻—油菜、中稻—小麦、中稻—冬（闲）为主，以中稻—洋芋、中稻—再生稻、中稻—绿肥等为辅。

（四）云南省

云南省属低纬度高原，海拔高差大，立体农业气候明显，省内山地、高原、盆地相间分布，地形地貌多样，地理气候非常复杂，低至海拔 76m 的河口县高至 2 700m 的宁蒗县永宁镇均有稻田分布，是我国较为特殊的一个稻作区，常年水稻种植面积 100 万 hm² 左右，是西南稻区第二大水稻产区。根据生态气候特点和稻田种植制度，主要可划分为五个稻作区，即高寒粳稻区、高原粳稻区、籼粳交错区、单双季籼稻区和水陆兼作稻区（蒋志农，1995）。

（1）高寒粳稻区。此区范围较小，主要在滇西北，包括丽江、宁蒗、维西、兰坪、剑川等县的绝大部分地区和德钦、中甸、鹤庆、永胜、华坪等县的局部地区。自然土壤多为棕壤、暗棕壤，稻田多为渗育性坡积土，如沙夹泥、沙皮石底等，保水保肥性差，稻田分布海拔范围为 2 200～2 700m。年均气温 11.3～12.8℃，≥10℃积温 3 000～3 800℃，日照时数 2 100～2 500h，年降水量 750～1 030mm，局部区域冬季和早春旱情较重。主栽品种以早熟中粳为主，稻作期一般 4 月中下旬至 10 月上旬。稻田主要种植制度为中稻—麦类。

（2）高原粳稻区。包括滇中北部 22 个县（市）的绝大部分地区和籼粳交错区内少数县（市）的局部地区，以昆明、曲靖、昭通市为代表，是全省居第二位的稻谷主产区。自然土壤为紫色土和黄壤。稻田土多为淹育性冲积土，如紫胶泥田、黄泥田和部分鸡粪土等，土质较黏重，稻田分布海拔范围 1 850～2 200m。年均气温 11.6～15.6℃，≥10℃积温 3 200～4 900℃，日照时数 2 000～2 300h。年降水量 740～1 100mm，局部区域冬季和早春旱情较重。主栽品种以中粳为主，稻作期一般 3 月上旬至 10 月上旬。稻田主要种植制度为中稻—麦类、中稻—蚕豆。

（3）籼粳交错区。此区地处云南中部中海拔区，涉及 25 个县（市）的绝大部分地区和 15 个县的局部地区，以宜良、玉溪、楚雄、保山市等县市为代表，是全省居首位的稻谷主产区。自然土壤多为山地红壤。稻田多为潴育性或潜育性湖积土，包括鸡粪土田、夹沙土田等，稻田分布海拔范围为 1 450～1 850m。年均气温 14.7～16.3℃，≥10℃积温 4 400～5 300℃，日照时数 2 000～2 200h，年降水量 750～1 750mm，局部区域冬季和早春旱情较重。主栽品种以中粳和早熟中籼为主。稻田主要种植制度为中稻—油菜、中稻—蚕豆、中稻—蔬菜。

（4）单双季籼稻区。该区从东到西横跨云南全省，此外还有金沙江、怒江沿线的河谷地带，涉及 6 个县（市）的部分地区和 24 个县（市）的片点，以文山、建水、思茅、景洪、临沧、芒市为代表。自然土壤多为赤红壤、砖红壤，稻田多为淹育性、潴育性、渗育性冲积土，如红浮泥田、泥田、沙土田、夹沙土田等，稻田分布海拔范围为 396~1 463m。年均气温 15.8~23.7℃，≥10℃积温 5 100~8 700℃，日照时数 2 000~2 300h，年降水量 800~1 650mm，局部区域冬季和早春旱情较重。主栽品种以常规籼稻、杂交籼稻为主。稻田主要种植制度为中稻—蚕豆、中稻—冬玉米。

（5）水陆兼作稻区。主要在滇南、滇西南边界一带，包括 14 个主要县（市）和 4 个次要县，以澜沧、勐连、江城、西盟为代表。自然土壤多为赤红壤，稻田多为淹育性坡积土，如红泥田、泥夹沙田等，稻田分布海拔范围 76~1 899m。年均气温 15.3~22.6℃，≥10℃积温 5 100~8 250℃，日照时数 1 700~2 100h，年降水量 1 200~2 700mm。水稻以一季晚籼和杂交籼稻为主。稻田主要种植制度为中稻—麦类、中稻—冬马铃薯。

（五）陕西省

陕西省常年水稻种植面积在 12 万 hm² 左右，主要集中在陕西的汉中市和安康市，占全省水稻种植面积近 90%，其中汉中市占 65% 左右。汉中市、安康市北界秦岭山脉、南界大巴山，按生态气候特点属西南稻区四川盆地稻作区，该区域稻田主要分布在海拔 750m 以下平坝丘陵和山间河谷地带，年降水量 600~1 700mm，年均气温 14.3~15.7℃，4 月至 9 月月平均气温由 15℃ 逐渐升至 27.5℃，再降至 9 月的 21.6℃，在水稻生育期中虽出现≥35℃以上的高温，甚至 39℃ 左右的极端气温，但发生频率不高；水稻育秧期"倒春寒"频发，稻谷收获期 9 月常遇秋绵雨。稻田种植制度方面中稻—油菜占 50% 以上，其次是中稻—小麦、中稻—蔬菜等，山区的中稻—冬水（闲）田占 20% 左右。

二、生产水平现状

西南稻区以籼稻尤其是杂交籼稻为主，常年种植面积达 380 万 hm²。粳稻面积常年仅在 67 万 hm² 左右，占水稻总面积的 15% 左右，主要分布在云南省，常年种植面积在 50 万 hm² 左右，四川省常年种植面积在 9.3 万 hm² 左右，贵州省常年种植面积近 6.7 万 hm²，重庆、陕西有少量种植。据统计分析（表 9-1），一季中稻面积年均达 439.77 万 hm²，占水稻总面积 97.79%；早稻年均面积 6.05 万 hm²，占水稻总面积 1.35%；晚稻年均面积 3.8 万 hm²，占水稻总面积 0.86%；早、晚稻主要分布在云南省，四川有少量种植。

表 9-1　西南稻区水稻生产水平现状

省份	面积（万 hm²）				单产量（t/hm²）				总产量（万 t）			
	稻谷	早稻	中稻	晚稻	稻谷	早稻	中稻	晚稻	稻谷	早稻	中稻	晚稻
四川	198.85	0.12	198.66	0.07	7.74	6.67	7.75	6.00	1 538.8	0.8	1 537.6	0.4
重庆	68.41		68.41		7.42		7.42		507.8		507.8	

（续）

省份	面积（万 hm²）				单产量（t/hm²）				总产量（万 t）			
	稻谷	早稻	中稻	晚稻	稻谷	早稻	中稻	晚稻	稻谷	早稻	中稻	晚稻
贵州	69.19		69.19		5.79		5.79		400.9		400.9	
云南	100.96	5.97	91.25	3.78	6.32	6.37	6.35	5.37	638.2	37.8	579.1	21.3
陕西	12.26		12.26		6.75		6.75		82.7		82.7	
合计	449.67	6.05	439.77	3.85	7.05	6.38	7.07	5.64	3 168.4	38.6	3 108.1	21.7

注：面积与总产量数据为 2009—2011 年 3 年平均数，单产数据为加权平均数，各年数据来源于各省份农业统计年鉴。

2009—2011 年本稻区年均水稻种植面积为 449.67 万 hm²，年均稻谷总产量 3 168.4 万 t，年均单产 7.05t/hm²，面积和总产量分别约占全国同期年均水平的 15%、16%，单产高于全国同期年均水平 6.58%。四川省水稻种植面积、稻谷总产和单产均居本稻区第一位，年均分别达到 198.85 万 hm²、1 538.8 万 t、7.74t/hm²，面积和总产量分别占本稻区 44.22% 和 48.57%，平均单产比本稻区平均水平高 0.69t/hm²（9.84%）；重庆市年均水稻面积 68.41 万 hm²，年稻谷总产量 507.8 万 t，平均单产 7.42t/hm²，分别居本稻区第四位、第三位和第二位，单产比本稻区平均水平高 0.38t/hm²（5.34%），单产仅次于四川；贵州省年均水稻种植面积 69.19 万 hm²，年稻谷总产量 400.9 万 t，平均单产 5.79t/hm²，分别居本稻区第三位、第四位和第五位，单产比本稻区平均水平低 1.25t/hm²（17.76%）；云南省水稻种植面积和总产量居第二位，年均分别达到 100.96 万 hm² 和 638.2 万 t，但单产居第四位，仅 6.32t/hm²，比本稻区平均水平少 0.72t/hm²，低 10.28%；陕西省水稻播种面积和稻谷总产量均甚小，主要集中在汉中和安康两市，面积和总产量均占该省的 90% 左右，全省水稻单产为 6.75t/hm²，比本稻区平均水平低 0.3t/hm²（4.26%），单产水平居本稻区中等水平。

三、水稻产业地位

水稻是本区域主要粮食作物，在四川省和重庆市均属第一大粮食作物。据统计分析（表 9-2），2009—2011 年本稻区水稻种植面积和稻谷总产量分别占粮食作物播种面积与总产量的 22.80%、36.57%（剔除陕西省后分别为 26.38%、41.14%）。除陕西省外，其他 4 省份的水稻产业地位均较高，尤其是四川和重庆，水稻播种面积占粮食作物 30% 左右，稻谷总产量占粮食总产量的 40% 以上。

表 9-2　西南稻区水稻占粮食作物比重

省份	面积			总产量		
	粮食作物（万 hm²）	水稻（万 t）	占比（%）	粮食作物（万 hm²）	水稻（万 t）	占比（%）
四川	689.19	1 988.5	28.85	362.77	1538.8	42.42
重庆	224.41	684.1	30.48	114.01	507.8	44.54

（续）

省份	面　　积			总产量		
	粮食作物（万 hm²）	水稻（万 t）	占比（%）	粮食作物（万 hm²）	水稻（万 t）	占比（%）
贵州	302.66	691.9	22.86	105.25	400.9	38.09
云南	441.31	1 009.6	22.88	167.99	638.2	37.99
陕西	314.29	122.6	3.90	116.37	82.7	7.11
合计	1 971.87	4 496.7	22.80	866.39	3168.4	36.57

注：数据为 2009—2011 年 3 年平均数，各年数据来源于各省份农业统计年鉴。

四、水稻生产主体技术普及程度

本稻区杂交水稻良种普及程度除云南省外，其他省份均超过 90%，地膜湿润育秧与旱育秧方式基本各占一半，贵州省旱育秧技术普及率 60% 以上，规范化栽培（定距条栽、宽窄行栽培、三围强化栽培、免抛技术等）普及率达 60% 以上，配方施肥和病虫综合防控技术普及程度约 50%，机耕、机插、机收技术因受稻田基础条件和机具适应性的限制，普及程度较低，机插技术普及率整体上不足 10%，机耕、机收技术整体上在 50% 左右，贵州省机插机收技术处于示范阶段。

五、水稻种植效益

在国家持续加大"四项补贴"投入力度，不断提高稻谷最低收购价等系列政策支持下，本稻区水稻亩产值、净利润均不断提高。但受农资、种子、农村劳动力等价格快速上涨的影响，水稻生产总成本持续上涨，成本利润率持续下降。以四川、重庆为例，据统计分析（表 9-3），四川省稻谷产值和净利润分别从 2007 年的 11 883.3 元/hm² 和 4 582.2 元/hm² 增至 2011 年的 16 758.3 元/hm² 和 6 254.8 元/hm²，增幅分别达 40.14% 和 36.5%，总成本从 2007 年的 7 376.1 元/hm² 增至 2011 年的 10 503.5 元/hm²，增幅达 42.4%，成本利润率由 2007 年的 62.12% 降至 2011 年的 59.55%，下降了 2.57 个百分点；重庆市稻谷产值和净利润分别从 2007 年的 12 628.7 元/hm² 和 3 089.6 元/hm²，增加到 2011 的 17 918.9 元/hm² 和 4 468.5 元/hm²，增幅分别达 41.89% 和 44.64%，总成本从 2007 年的 9 539.1 元/hm² 增至 2011 年的 13 450.4 元/hm²，增幅达 41%，成本利润率虽由 2007 年的 32.39% 增至 2011 年的 33.22%，增加了 0.93 个百分点，但 2007 年与 2008—2010 年相比，成本利润率下降 1.93~5.2 个百分点。四川与重庆稻谷单位产值差距不大，5 年平均仅相差 216 元/hm²，但稻谷总成本 5 年重庆比四川平均高 2 264.6 元/hm²，重庆是四川近邻，种子、农资价格差距不大，稻谷成本比四川高 24.52%，应主要是劳力成本高于四川所致。

表 9-3　四川和重庆水稻成本与收益情况

省份	年份	产值（元/hm²）	总成本（元/hm²）	纯收益（元/hm²）	成本利润率（%）
四川	2007	11 883.3	7 376.1	4 582.2	62.12
	2008	13 777.5	8 949.0	4 828.5	53.96
	2009	14 313.0	9 402.0	4 911.0	52.23
	2010	16 978.7	9 953.6	7 025.1	70.58
	2011	16 758.3	10 503.5	6 254.8	59.55
	平均	14 751.2	9 236.9	5 520.3	59.69
重庆	2007	12 628.7	9 539.1	3 089.6	32.39
	2008	13 839.9	10 608.8	3 236.1	30.46
	2009	14 505.0	11 403.8	3 101.2	27.19
	2010	15 973.5	12 505.4	3 468.1	27.73
	2011	17 918.9	13 450.4	4 468.5	33.22
	平均	14 973.2	11 501.4	3 471.8	30.20

数据来源：四川、重庆农业统计年鉴。

六、水稻高产创建效果

近年来，本稻区各省份大力推进水稻高产创建工作，据各省份农技总站提供数据分析（表 9-4），2009—2011 年水稻高产创建片 3 年平均单产四川省 10.06t/hm²、重庆市 9.85t/hm²、贵州省 10.50t/hm²、陕西省 10.05t/hm²，分别比本省份同期年均单产（7.74t/hm²、7.42t/hm²、5.79t/hm²、6.75t/hm²）高 29.95%、32.80%、81.15%、48.99%。

通过农业科技人员参与，选择适宜品种，辅以配套高产栽培技术，还涌现出了许多百亩、万亩连片的水稻高产典型。四川省 2011 年由省农业厅主持并邀请省内外专家对广汉市实施的农业部整县推进水稻高产创建工作进行田间现场验收测产，实测结果 20 个万亩示范片平均单产达 9.91t/hm²，最高点 11.30t/hm²；重庆市 2012 年由市农业委员会主持并邀请市内外专家对南川区万亩水稻高产示范片抽样机收测产验收，实测结果平均单产达 9.87t/hm²；贵州省 2011 年杂交水稻"种三产四"丰产工程兴义片，核心区 6.75hm² 经专家验收实测平均单产达 14.55t/hm²；云南省 2009—2011年连续 3 年在弥渡县寅街镇头邑村实施"楚粳 28 号百亩高产示范方"项目经农业部和云南省农业厅组织省内外专家现场测产验收，各年百亩示范方平均单产分别达 14.87t/hm²、15.03t/hm²、14.66t/hm²；陕西省 2008—2012 年由省农业厅组织专家对城固县新华村百亩核心攻关方现场测产验收，各年核心攻关方平均单产分别达 11.51t/hm²、11.33t/hm²、11.63t/hm²、11.62t/hm² 和 10.87t/hm²。

表 9-4　西南稻区各省份高产创建片平均单产

单位：t/hm²

省份	2009 年	2010 年	2011 年	平均
四川	10.48	10.14	9.55	10.06
重庆	9.78	9.92	9.86	9.85
贵州	10.85	10.92	9.73	10.50
陕西	10.01	9.99	10.15	10.05
平均	10.28	10.24	9.82	10.11

注：数据来源于各省份农技总站。

七、水稻种业现状

西南稻区是我国主要的杂交水稻种子生产基地，据统计（表 9-5），截至 2012 年年末，本区域种子企业达 386 家，具省级资质的有 347 家，具全国资质而在本区各省份注册的有 28 家，在省外注册而在本省份备案的有 11 家。2010—2012 年 3 年间年均面积达 3.394 万 hm²，年均制种的产种量达 9.27 万 t，年均制种单产 2.73t/hm²，水稻繁殖制种规模由 2.78 万 hm² 增至 4.056 万 hm²，产种量由 8.11 万 t 增至 10.81 万 t。四川、重庆、贵州、云南、陕西等 5 省份均有杂交水稻繁殖制种，尤以四川省规模与产种量最大，居主体地位。四川省近 3 年年均制种面积达 2.691 万 hm²，年均产种量 7.15 万 t，分别占本区域的 79.28% 和 77.13%，除满足本省水稻生产用种外，每年还外供逾 3 万 t 杂交水稻良种满足省外和东南亚国家种子需求。水稻制种面积以陕西省规模最小，不足 40hm²。

表 9-5　西南稻区水稻种业现状

省份	种业企业数量（个）				杂交水稻种子生产情况			
	省级资质（本省注册）	全国资质（本省注册）	全国资质（省外注册）	合计	年份	面积（×10³ hm²）	平均单产（t/hm²）	种子生产量（万 t）
四川	135	9	11	155	2010	22.58	2.90	6.54
					2011	26.87	2.57	6.89
					2012	31.27	2.56	8.02
					平均	26.91	2.66	7.15
重庆	12	1	0	13	2010	2.33	3.00	0.70
					2011	3.42	3.01	1.03
					2012	2.99	3.01	0.90
					平均	2.91	3.02	0.88

（续）

省份	种业企业数量（个）				杂交水稻种子生产情况			
	省级资质（本省注册）	全国资质（本省注册）	全国资质（省外注册）	合计	年份	面积（×10³hm²）	平均单产（t/hm²）	种子生产量（万t）
贵州	62	0	0	62	2010	2.50	3.00	0.75
					2011	2.82	3.01	0.85
					2012	5.41	2.99	1.62
					平均	3.58	2.99	1.07
云南	130	18	0	148	2010	0.39	3.08	0.12
					2011	0.36	3.33	0.12
					2012	0.89	3.03	0.27
					平均	0.55	3.09	0.17
合计	347	28	11	386	2010	27.80	2.92	8.11
					2011	33.47	2.66	8.89
					2012	40.56	2.67	10.81
					平均	33.94	2.73	9.27

注：数据来源于各省份种子管理站，平均单产为加权平均数。

第二节　限制水稻产业发展因素

西南稻区限制水稻产业发展的因素主要存在 6 个方面：一是生态环境复杂，稻田基础条件差；二是异常气候频发，自然灾害频繁；三是品种多而杂乱，主推品种不突出；四是稻田占用和弃耕严重；五是耕种粗放，技术到位差；六是种植规模小，产业化进程缓慢。

一、生态环境复杂，稻田基础条件差

本稻区除川西平原外多为丘陵、山地、河谷和高原，生态环境复杂多样，稻田基础条件普遍较差，中低产稻田比例较大，多数区域超过 50%。田块小，不规则，水低田高，漏水跑肥，土层薄，肥力差，冷浸坐兜田多，田网渠网路网不配套，水利灌溉设施建设滞后，有效灌溉面积保证程度极低，一般不到 40%，等水等雨栽插现象普遍，适时栽插和科学管水技术很难落实到位。由于稻田基础条件限制和现有稻作农机具适应性差，机耕、机插、机收技术普及率较低，尤其是机插难度较大，机插技术普及率不到 10%，生产效率普遍偏低。

二、异常气候频发，自然灾害频繁

川西平原的高湿寡照、小温差、早秋雨，川中和川东北的"倒春寒"和夏旱、高温伏旱、洪涝，川东南的高温伏旱，重庆多数区域的"倒春寒"和高温伏旱，云贵高原大部分区域的"倒春寒"、春旱和秋风，陕南地区的"倒春寒"和秋绵雨异常气候，极大地限制了本区域水稻生产潜力和品质的稳定提高，极端的38℃以上高温和持续的干旱与夏季频发的洪涝等自然灾害导致水稻产量损失越来越重。

三、品种多而杂乱，主推品种不突出

各地普遍存在水稻品种多而杂乱现象，一般一个县种植品种近100个，个别县更多。假冒借壳品种有相当数量，部分品种包装宣传夸大，误导农民。稻种市场价格较乱，低的20元/kg，高的达120元/kg，使稻农无所适从。虽然品种多样化有利于防控水稻病害流行，但过多则加大了基层农技人员按良种良法和因种高产栽培要求对大面积进行统一指导服务的难度，限制了许多真正的高产优质品种的潜力发挥。生产上急需的高产优质抗病广适性品种和农艺与农机相结合的适宜机械化的品种很少。当前生产上应用的大部分高产优质品种，要么抗病性弱、抗倒性差，要么苗期不耐低温或花期不耐高温，以及机收落籽严重等。

四、稻田占用和弃耕严重

城镇的不断扩张占用坝区良田，土地流转承包中大多数流转交通方便、水源有保障的良田，业主（公司、专合社）承包后普遍改种蔬菜、花卉、园林苗木、中药材、果树等经济作物或挖田从事水产养殖，很少有业主承包后种植水稻。据相关报道，仅川西平原因城镇扩张、公路建设和农业结构调整等周年性占用稻田的总面积逐年增加，至2006年稻田占用就超过13.33万 hm^2。虽然国家持续加大种粮补贴，但种粮比较效益仍然偏低，加之农村劳动力缺乏，稻田基础条件差，机械化程度低，水田种稻利用不充分，仅以本稻区近3年平均水田面积408.2万 hm^2（未含重庆市）与年均水稻种植面积381.25万 hm^2（未含重庆市）相比，年均未种稻水田达26.95万 hm^2，未种率6.6%，未种的水田基本上属于弃耕。事实上丘陵山区稻田弃耕越来越多，川东北丘陵山区现弃耕稻田已超过15%以上。若继续发展下去，必将导致水稻生产能力严重不足。

五、耕种粗放，技术到位差

由于农村劳动力短缺，在家种田农民多为老年人，文化素质普遍较低，接受先进实用新技术能力差，水稻种植管理粗放，技术到位程度差。在栽插密度上每 667m² 一般不足 10 000 穴，1/3 的农户每 667m² 仅 7 000 穴左右，比 20 世纪 90 年代降低了一半左右。在施肥上虽能氮、磷、钾配合施用，但氮素肥基本采用"一道清"，施肥中也不分田水深浅，只图方便。在水分管理上，即使水源有保障，因缺劳力也不按水稻高产管水技术操作，养成深水灌溉习惯，许多农户为便于机收往往提前一月放水晒田，致使水稻灌浆结实较差。在病虫防治上乱用药，加重用药现象较严重，个别农户在穗期病虫防治一次加 3～5 种农药混合喷施，往往兑水量不足和喷施不匀，导致药害和防治效果差。

六、种植规模小，产业化进程缓慢

本稻区水稻种植以一家一户为主体，户均种稻面积仅 0.15hm² 左右，多的农户 0.2～0.3hm²，少的农户不足 0.07hm²，各县种植超过 6.67hm² 的专业大户多则 10～20 个，少则 3～5 个，生产经营极为分散，种植品种凭农户喜爱，就是一个村仅 66.7hm² 稻田也很难做到品种统一，更不用说栽培技术与管理统一，稻米加工企业往往因收购不到合格的稻谷原料而停产，严重制约水稻产业化进程。

第三节　水稻产业发展潜力

西南稻区水稻产业发展在单产水平、种植业面积和非物化成本等三方面均具较大的潜力。

一、单产水平潜力具较大空间

本稻区近 3 年水稻平均单产 7.05t/hm²，虽高于全国平均单产，但与历史最高水平相比有一定差距，与省份级区域试验对照品种和高产创建片平均单产水平差距更大。据统计分析（表 9-6），2009—2011 年本区域水稻年均单产比历史最高水平 7.14t/hm² 少 90kg/hm²（1.26%），比同期区试迟熟组对照品种年均单产 8.73t/hm² 低 1 680kg/hm²（19.24%），比同期高产创建片年均单产 10.11t/hm² 低 3 060kg/hm²（30.26%）。

四川省水稻种植面积占本稻区 45% 左右，近 3 年年均单产 7.74t/hm²，比历史最高年（2000 年）7.97t/hm² 少 230kg/hm²（2.89%），比同期本省份试迟熟组对照品种年均单产 7.66t/hm² 多 80kg/hm²，但与同期本省高产创建片年均单产 10.06t/hm² 少 2 320kg/hm²（23.06%）；水稻面积居本稻区第二位的云南省，近 3 年平均单产 6.32t/hm²，比历史最高年（2010 年）6.49t/hm² 少 170kg/hm²（2.62%），比同期本省份试迟熟组对照品种年均单产 10.41t/hm² 少 4 090kg/hm²（39.28%）；水稻种植面积居本稻区第三位的贵州省，近 3 年平均单产 5.79t/hm²，比历史最高年（2004 年）6.66t/hm² 少 870kg/hm²（13.06%），比同期本省区试迟熟组对照品种年均单产 8.80t/hm² 少 3 010kg/hm²（34.2%），比同期本省高产创建片年均单产 10.5t/hm² 少 4 710kg/hm²（44.85%）。可见，本区域水稻单产潜力具较大空间。

表 9-6　西南稻区水稻单产水平比较

单位：t/hm²

省份	大面积单产	历史最高水平		区试对照单产	高产创建单产
		年份	单产		
四川	7.74	2000	7.97	7.66	10.06
重庆	7.42	2010	7.58	8.06	9.85
贵州	5.79	2004	6.66	8.80	10.50
云南	6.32	2010	6.49	10.41	
陕西	6.75	2011	6.99	8.73	10.05
平均	7.05		7.14	8.73	10.11

注：大面积和区试对照、高产创建片单产数据为 2009—2011 年 3 年平均数（其中，大面积单产为加权平均），各年数据和历史最高水平来源于各省份农业统计年鉴和种子管理站、农技总站。区试对照为迟熟组对照。

二、种植面积有扩大的余地

据统计分析（表 9-7），本稻区近 3 年水稻年均种植面积为 449.67 万 hm²，比历史最高面积 580.63 万 hm² 减少 130.96 万 hm²，仅相当于最高面积的 77.44%。除重庆市外，其他四省 2009—2011 年平均水稻面积合计为 381.25 万 hm²，而同期年均水田面积达 408.2 万 hm²，相当于水田面积的 93.4%。水稻生产恢复到历史最高面积有一定难度，但利用好现有水田面积是可行的，满种满插现有水田将增加水稻种植面积至少 26 万 hm²。其中，四川省可增加近 9 万 hm²，贵州省可增加 6 万 hm² 以上，云南省可增加 8 万 hm² 以上，陕西省可增加 2 万 hm² 以上。

表 9-7　西南稻区水稻种植面积潜力分析

单位：×10³ hm²

省份	种植面积	水田面积	历史最大种植面积	
			年份	面积
四川	1 988.5	2 081.7	1957	2 806.0
重庆	684.1		1978	849.3
贵州	691.9	754.6	1957	891.3
云南	1 009.6	1 100.0	2001	1 000.3
陕西	122.6	145.7	1990	159.4
合计	4 496.7	4 082		5 706.3

注：种植面积和水田面积为 2009—2011 年 3 年平均数，各省份数据和历史最大种植面积数据来源于各省份农业统计年鉴。水田面积合计未含重庆市。

三、非物化成本有降低的潜力

水稻生产中除种子、肥料、农药等农资成本外，其他成本可随机械化程度而下降。据国家水稻产业技术体系南充综合试验站 2011 年对川东北丘陵区 5 个县的定点调查，在现有户均种稻 0.15hm² 的情况下，将水稻耕、插、收环节的作业承包给农机专业户，生产成本每 667m² 平均为 307 元，其中稻田机耕每 667m² 为 78 元，机插每 667m² 为 77 元，机收每 667m² 为 148 元；农户按传统稻作方式，生产成本则平均每 667m² 为 560 元，其中牛耕每 667m² 为 132 元，手工栽插每 667m² 为 120 元，人割机打每 667m² 为 308 元；二者每 667m² 相差 257 元。通过稻田基础条件改善、农机具适应性能改进和适度规模化经营，稻作机具效率可显著提高，非物化成本还有大幅下降的潜力。

第四节　水稻产业可持续发展前景

西南稻区水稻产业单产水平高于全国平均值，并在稳面、提产、增收三方面均具较大潜力，但要保持水稻产业可持续发展，应着重抓好 5 个方面的工作。

一、加大标准农田和水利设施的建设力度

本区域生态环境复杂，农业基础设施建设滞后，机械化应用程度不高，劳动效率低，除川西平原和部分浅丘坝田外，大部分稻田基础条件较差，水利灌溉保障率低，这是制约本稻区水稻生产可持续发展的第一因素。若本稻区现有 470 万 hm² 左右的水田有 50％达到标准农田，田网渠网路网配套、土壤改良、灌溉保障，在现有品种和技术支撑下，水稻单产仅达到本区域近 3 年高产创建片年均单产 10.11t/hm² 的 85％，即达到单产 8.59t/hm²，可在现有 7.05t/hm² 基础上提高 1.54t/hm²，增加稻谷总产量 360 多万 t，提高本区域稻谷生产能力 11％左右。为保障西南稻区水稻产业可持续发展，必须加大标准农田和水利灌溉设施改造与建设的力度。

二、加强广适性和特殊生态水稻新品种选育

本区域异常气候频发，生态环境多样，现有推广应用的高产优质品种大多数不适应异常气候，如苗期遇低温死苗严重，抽穗扬花期遇高温结籽率很差等，这是制约本稻区水稻生产可持续发展的重要因素，也是当前各地水稻种植品种多而杂乱和主推品种不突出的原因之一。西南稻区水稻育种，在高产优质抗病的基础上，应着力提升品种的耐低温、耐高温、耐干旱、耐重金属污染和机收抗落籽等方面的性能，提高品种

抵御异常气候和适应特殊生态环境的能力，相应国家在科技项目立项上应加大类似专项的支撑强度。

三、注重轻简高效和防灾减灾技术的集成创新与推广

本区域受地形地貌的制约，水稻生产全程机械化技术应用不可能全域推广普及，至少不低于1/3的稻田仍然只能按传统稻作或半机械化方式操作。为提高劳动效率，应对农村劳动力短缺，免耕抛秧、人工直播等轻简高效技术的集成创新与推广应加大力度。针对区域性的异常气候频发和特殊生态环境，除加强水稻新品种选育外，应注重品种筛选、调整播期、改进耕种模式、优化稻田肥水管理等防灾减灾技术研究与推广。

四、加快稻作机械的改进与推广

随着城镇化进程的推进，农村劳动力越来越短缺，要保证水稻产业稳面扩产，必须大力推广水稻生产全程机械化技术。西南稻区水稻生产机械化程度低，除受生态环境复杂和稻田基础条件建设滞后制约外，还在于现有稻作机械自身的缺陷，如小微耕整机动力不足、构件易损、机器过重、操作不方便等；由于稻田泥脚深浅不一，机插秧漏窝、陷苗、浮苗较严重，收获机落籽较多，导致水旱轮作稻田第二年落籽稻严重。本稻区多为丘陵、山地、河谷和高原，除川西平原外，稻田普遍存在田块小、不规则、土质偏黏、泥脚较深，对稻作机械性能要求较高，必须加快对稻作机械的改进，尤其是小微型稻作机械。

五、加大政策扶持力度，促进水稻生产适度规模化

本区域水稻生产普遍存在耕种粗放，技术到位差，产业化进程缓慢，稻田弃耕呈上升趋势，最根本原因在于适度规模化程度较低。受水稻生产比较效益偏低的影响，土地流转承包后，业主普遍改种经济效益高的蔬菜、花卉、珍稀林木、果树等，或水产养殖。要保证本区域水稻生产可持续发展，确保粮食安全，必须加大对水稻生产者的政策扶持力度，鼓励各类人员、专合组织、企业等自愿适度流转承包稻田，成为水稻生产新型主体，投资发展水稻产业。

第十章 华中稻区水稻产业可持续发展战略

第一节 水稻产业发展概况

华中稻区包括湖南、湖北、江西、河南等省。该区域跨越亚热带、暖温带两个气候带，为我国内陆腹地，地形复杂，既有平原、丘陵，又有岗地、山地；区域内气候四季分明，全年≥10℃的有效积温4 500~5 800℃，日照时数1 100~2 500h，降水量1 000~2 000mm；内有洞庭湖、鄱阳湖等大型湖泊，历来被誉为"鱼米之乡"；华中稻区水稻栽培历史悠久，具有明显的区位优势、地域优势、资源优势和产业优势，是我国重要的商品粮、棉、油主产区，也是我国水稻生产的优势产业带；区域内单、双季稻共存，籼、粳、糯稻品种均有种植。该区2011年耕地面积为2 410.47万hm²，常年水稻播种面积为1 005.82万hm²，产量6 616.9万t，占全国水稻面积和总产量的33.46%和32.92%，区域平均单产水平在6 897kg/hm²。

水稻生产的可持续发展，不仅在我国粮食生产中占有重要的地位，而且能确保人类的食物安全，促进社会安定和谐、经济稳定协调发展。近10年来，作为产粮大省及籼稻商品粮主要供应区域，华中地区始终把水稻产业的发展作为促进粮食生产发展的重中之重，在农业部及当地农业行政部门领导下，切实加强工作指导，不断加大投入力度，取得了明显成效（青先国等，2006）。突出表现在：

一、综合生产能力明显提高

在政策扶持、市场需求和产业发展的带动下，国家粮食总产量实现"九连增"，华中稻区作为主要产粮区为粮食增产奠定了坚实的基础（周锡跃等，2011）。2000年以来，该区域水稻生产迅速发展，2011年水稻播种面积、总产量和单产分别达到1 005.82万hm²、6 616.9万t和6 897kg/hm²，分别较2000年增加87.52万hm²、916.5万t和435kg/hm²，增幅分别达到9.53%、6.73%和16.08%。

2009—2011年，湖南省的水稻年平均播种面积为404.8万hm²，水稻总产量2 553.3万t，水稻播种面积及总产量都居全国首位，湖北省水稻年平均播种面积为203.99万hm²，水稻总产量1 588.9万t，江西省水稻年平均播种面积为330.61万hm²，水稻总产量1 904.8万t，均是我国商品粮的主要提供省份，河南省适宜种植水稻的面积相对较小，2009—2011年，水稻年平均播种面积为62.58万hm²，水稻总产量为465.6万t（表10-1）。

表 10-1 华中稻区 2000—2011 年水稻种植面积、单产和总产量

年份	湖南			湖北			江西			河南			合计		
	单产 (kg/hm²)	播种面积 (万 hm²)	总产量 (万 t)	单产 (kg/hm²)	播种面积 (万 hm²)	总产量 (万 t)	单产 (kg/hm²)	播种面积 (万 hm²)	总产量 (万 t)	单产 (kg/hm²)	播种面积 (万 hm²)	总产量 (万 t)	单产 (kg/hm²)	播种面积 (万 hm²)	总产量 (万 t)
2000	6 141	389.61	2 392.5	7 504.5	199.53	1 497.2	5 268	283.20	1 491.9	6 937.5	45.96	318.8	6 462	918.30	5 700.4
2001	6 309	369.16	2 328.9	7 303.5	198.79	1 451.9	5 310	280.83	1 491.4	4 873.5	41.59	202.7	5 949	890.37	5 474.9
2002	5 983.5	354.15	2 119.2	7 608	193.20	1 469.8	5 209.5	278.66	1 451.6	7 167	46.94	336.5	6 492	872.95	5 377.0
2003	6 070.5	341	2 070.2	7 431	180.51	1 341.3	5 067	268.53	1 360.5	4 774.5	50.30	240.2	5 835	840.34	5 012.2
2004	6 148.5	371.69	2 285.5	7 548	198.96	1 501.7	5 212.5	302.97	1 579.4	7 044	50.85	358.2	6 489	924.47	5 724.8
2005	6 051	379.52	2 296.2	7 390.5	207.74	1 535.3	5 328	312.90	1 667.2	7 039.5	51.11	359.8	6 451.5	951.27	5 858.5
2006	6 141	377.72	2 319.7	7 281	209.45	1 524.9	5 475	322.71	1 766.9	7 081.5	60.25	426.7	6 495	970.13	6 038.1
2007	—	—	—	—	—	—	—	—	—	—	—	—	—	—	—
2008	6 429	393.2	2 528.0	7 750.5	197.89	1 533.7	5 719.5	325.55	1 862.1	7 327.5	60.47	443.1	6 807	977.11	6 366.9
2009	6 372	404.72	2 578.6	7 783.5	204.51	1 591.9	5 806.5	328.21	1 905.9	7 377	61.13	451.0	6 835.5	998.57	6 527.4
2010	6 217.5	403.05	2 506.0	7 642.5	203.82	1 557.8	5 599.5	331.84	1 858.3	7 503	62.80	471.2	6 741	1 001.51	6 393.3
2011	6 333	406.63	2 575.4	7 941	203.62	1 616.9	5 878.5	331.77	1 950.1	7 437	63.80	474.5	6 897	1 005.82	6 616.9

注：表中数据来自湖南、湖北、江西、河南省农业统计年鉴（2000—2011）。

二、新品种与品质结合发展

为确保国家粮食安全必须大力发展超级稻，而品种则是推广超级稻的前提，华中地区集中了一大批水稻育种专家，每年都有上百个品种通过国家或地方省份审定，杂交稻推广面积达到水稻种植面积的80％以上（章秀福等，2005）。

表 10-2　2010—2012 年华中稻区水稻品种审定情况

审定级别	类　型	2010 年审定数量（个）	2011 年审定数量（个）	2012 年审定数量（个）
湖南	籼型两系杂交稻	30	19	11
	籼型三系杂交稻	9	20	8
	常规稻	1	2	0
	不育系	10	9	12
	合计	50	50	31
湖北	籼型两系杂交稻	5	5	3
	粳稻两系杂交稻	2	0	0
	籼型三系杂交稻	14	6	6
	常规稻	4	1	1
	不育系	4	2	2
	合计	29	14	12
江西	籼型两系杂交稻	8	6	8
	籼型三系杂交稻	35	16	16
	常规稻	0	0	0
	不育系	4	0	0
	合计	47	22	24
河南	籼型两系杂交稻	0	1	1
	粳型两系杂交稻	0	0	1
	籼型三系杂交稻	3	1	6
	粳型三系杂交稻	1	2	0
	常规稻	6	1	5
	不育系	0	0	0
	合计	10	5	13
华中地区	总计	136	91	80

数据来源：国家水稻数据中心。

从表 10-2 可以看出，近 3 年华中稻区的育种研究取得了很大成效，通过省级审定品种（组合）共 307 个，其中 2010 年育成并通过省级审定 136 个，占当年全国通过审定品种的 27.2％，2011 年育成并通过省级审定 91 个，占当年全国通过审定品种的 22.7％，2012 年育成并通过省级审定 80 个，占当年全国通过审定品种的 18.7％。2010—2012 年华中稻区各省份审定水稻品种数见图 10-1 至图 10-4。

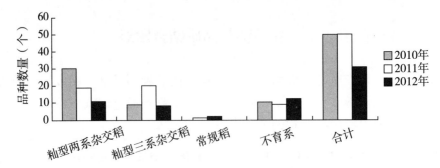

图 10-1　2010—2012 年湖南省审定水稻品种数量变化

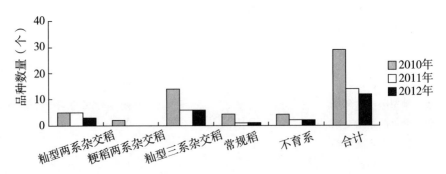

图 10-2　2010—2012 年湖北省审定水稻品种数量变化

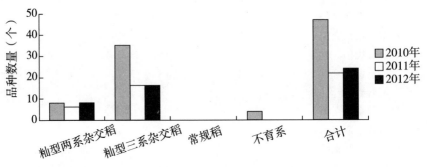

图 10-3　2010—2012 年江西省审定水稻品种数量变化

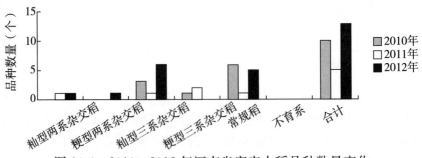

图 10-4　2010—2012 年河南省审定水稻品种数量变化

长期以来，华中稻区作为水稻的主产区，一直都是以水稻高产为目标，而忽视了稻米品质。因稻米品质较差，国际竞争力弱，加工比例低，效益较低，影响了水稻生产的发展（青先国等，2008）。但随着人民生活水平的不断提高，优质稻米的需求也在不断增加，在保障粮食供给的前提下，大力发展优质稻，是满足市场需求，增加农民收入的有效措施。华中是较早一批开始推广优质稻的地区，近几年来，湖南省优质稻育种和生产获得飞速发展，优质稻年播种面积均在 200 万 hm^2 以上，超过全省总播种面积的 50%。湖北省很早就确定以优质稻发展作为农业发展战略，其优质稻面积 2011 年扩大到 120 万 hm^2，优质率达到 60% 以上（游艾青等，2008）。近年来，优质常规稻的发展趋势迅猛，以黄华占、中嘉早 17、鄂中 5 号、赣晚籼系列、湘晚籼系列等优质稻为代表的常规稻品种，不仅米质好、产量高、商品谷好卖，而且农民可自留或串换种子，种子成本比杂交稻低得多，深受农民欢迎，目前年推广面积达 33.33 万 hm^2 以上。

三、产业化开发逐步增强

稻米加工是水稻产业发展的重要引擎，是产业优势转化为经济优势的桥梁。在经历过几次水稻丰收，农民"卖粮难"之后，各省都把促进稻米加工业的发展作为保证水稻生产健康发展的重要措施，并做出了成效。主要体现在：

（一）龙头企业壮大

在中央和地方对产业化龙头企业的政策、税收等多方面扶持下，以稻米加工为主的产业化龙头企业不断发展。截至 2006 年，以稻米加工、水稻种子生产与经营等为主的国家农业产业化龙头企业达到近 10 家。湖南省率先启动"湘米优化工程"，在粮食供求关系发生根本性改变，稻谷普遍滞销积压，粮价下降，增产减收，粮食收储财政包袱加重的情况下，通过优质稻米产业开发，走出了粮食"紧缺—过剩"的循环怪圈，一系列的措施促进稻米产业走向了生产规范化、质量标准化、产业规模化、效益逐步提升的新局面，同时也孕育出了一批产业化龙头企业（黎用朝等，2008）。1998年中国粮食第一股"湖南金健米业股份有限公司"在上海证券交易所上市，是首批农业产业化国家重点龙头企业、"十五"第一批国家级科技创新型星火龙头企业；湖北省 1999 年提出实施"农业四优工程"，把优质水稻作为"四优"之首，对龙头企业的基地建设、技术服务、信贷、仓储、原料收购、进超市、创品牌等方面进行重点扶持，促进了一批企业做大做强，其中，国宝桥米和福娃大米先后被评为中国名牌（陈柏槐，2004）；江西的优质米品牌有昌碧贡米、金佳米等，为农民丰产增收、农业结构调整、满足市场和消费者需求起到了重要作用（陈烈臣等，2003）。

（二）订单生产面积不断扩大

据不完全统计，2006 年华中地区水稻订单面积已发展到 200 万 hm^2 左右，约占水稻种植面积的 18％。为保障订单生产的稳定发展，不少企业还主动为种粮大户购买农业保险，不但稳定了水稻订单，降低了生产风险，同时也增加了农民收入。

（三）精深加工和综合利用水平提升

近几年来，稻谷精深加工和综合利用也得到了较快发展，江西的会昌米粉走向欧洲市场，在美国市场超市中销售。整个产业链条由单一的大米产品向方便米粉、方便米饭、抗性淀粉、米蛋白、米糠油、稻壳炭棒、炭黑、稻壳发电等深加工和综合利用的循环经济方向发展，真正使昔日的稻草、稻壳、米糠等"黄色污染"变成了"抢手货"和"摇钱树"，实现了"变废为宝"和"吃干榨尽"。

四、机械化生产发展迅速

随着《中华人民共和国农业机械化促进法》的颁布施行和国家农机购置补贴政策的实施，政府推动水稻生产机械化的力度加大，广大农民购置、使用水稻生产机械的积极性高涨，水稻生产机械化快速、健康发展。装备总量迅速增加，机械化作业水平得到快速提高，初步建立起农业机械化技术体系。2012 年，湖南省率先组建农机专家技术队伍，成立了全国第一个省级农机标准化委员会，目前，已经制定了机械化育插秧技术规程、育秧技术规范等 9 个标准。

五、质量安全水平不断提高

随着生活水平的不断提高，老百姓对农产品的安全要求也越来越高。"十一五"期间，全国共建设 500 多个农业示范县（区），实行农业标准化、规模化生产，其中华中地区共建设 68 个农业示范县（区）；强化了农业投入品监管，严厉查处违法违规使用禁限用农药行为；积极推进基地准出和市场准入，将农产品质量安全监管责任落实到农户，逐步实行农产品质量安全可追溯管理；扶持了一批无公害农产品、绿色食品、有机农产品和农产品地理标志的"三品一标"农产品基地建设；加强了农产品质量安全应急管理能力建设，开展农产品质量安全和农资打假专项整治行动，为绿色食品提供可靠质量保障。

六、基础设施和社会化服务条件不断改善

要提高农业现代化、机械化和信息化水平，从而提高土地产出率、资源利用率和农业劳动生产率，核心就是要建设以高标准农田为主的基础设施，通过田土型调整、地力培肥、机械作业机耕道和排灌沟渠建设等，实现"田网、路网、渠网"三网配

套，达到"农田排灌能力、地力培肥能力、农机作业能力和农业综合能力"四力提升（周锡跃等，2010）。"十一五"期间，建立了一批标准化的农业生产基地，实施了优质粮食产业工程，启动了"全国新增 1 000 亿斤粮食生产能力规划"，增加了高产稳产粮田面积，加大了农产品质量安全检测体系、市场信息体系、农业执法体系和基层农技推广体系建设力度，农业支撑保障能力进一步增强。

第二节　限制水稻产业发展因素

华中地区一直着力发展现代水稻产业，目前仍然存在以下问题：

一、政策因素

随着工业化和城镇化进程的不断推进，农民工资性收入增长较快，占农民人均纯收入的比重迅速提高，同时也降低了政策性补贴带来的政策激励效应。2006 年中央财政对农民的种粮直补、良种补贴、农机具的购置补贴等全年的人均转移收入为 181元，人均增加 33 元，对农民增收的贡献率为 9.9%。而 2006 年人均工资性收入达1 375元，比 2005 年增加 200 元，对农民增收的贡献率为 60.2%。另外，化肥、农药、农机和劳动力等价格大幅提高，部分抵消了政策性补贴给农民带来的实惠，政策激励效应下降。因此，尽管近几年扶持粮食生产的利好政策不断加强，但受生产成本提高、水稻生产利润率持续下降以及比较效益低、适龄劳动力短缺等多种因素影响，目前双季稻主产区的湖南、湖北省份已出现了"双改单"现象，"单改双"的成果出现部分逆转，江西省的双季稻播种面积在 2003 年跌入低谷，随后几年逐年得到扩大。

二、资源因素

在农作物生产中，水稻是受水土资源约束性最强的作物，在经济快速发展的新形势下，水稻种植面积进一步发展的余地较小。从水资源看，水稻是耗水量最大的粮食作物，水稻用水占农业用水 65% 以上，无水难种稻。华中地区虽然年均降水量达到1 000～2 000mm，但是其降水不均衡，加之各地的水利沟渠等设施存在差距，导致进一步发展的空间有限。从耕地资源看，在工业化城镇化推进中，消耗的基本农田增多，耕地数量持续减少，高产良田比重降低。"九五"以来，我国耕地面积从 1996 年的 1.30 亿 hm^2 减少到 2006 年 1.218 亿 hm^2，平均每年净减少 82.67 万 hm^2，而且随着经济快速发展，耕地占用数量和速度也在加大，给进一步发展水稻生产的空间带来严重影响。

三、品种因素

华中地区甚至全国每年选育并通过审定的品种虽多，但真正推广面积大、适应性广、产业化开发效益好的品种数量有限，推进产业化需要进一步加强新品种的选育。据统计，2005 年全国水稻生产中推广面积 0.67 万 hm² 以上的品种 637 个，较 2004 年增加 132 个。其中 33.33 万～66.67 万 hm² 的品种 7 个，较 2004 年增加 3 个；6.67 万～33.33 万 hm² 的品种 73 个，较 2004 年减少 2 个；3.33 万～6.67 万 hm² 的品种 81 个，较 2004 年增加 10 个；0.67 万～3.33 万 hm² 的品种 475 个，较 2004 年增加 123 个；而 66.67 万 hm² 以上的品种仅有 1 个，较 2004 年减少了 2 个。据调查，全年水稻种植面积仅在 2 万 hm² 左右的县，其推广品种数量一般都有 50～60 个，多的县市可达到 90 个左右，平均每个品种的推广面积不到 333.33hm²。品种多而乱杂，导致主导品种不突出，大田"插花"种植现象严重，加重了病虫害的发生和蔓延，不仅影响水稻产量的提高，而且影响稻米品质的优化（杨仕华等，2010）。

四、技术因素

我国水稻生产单产水平不断提高，是良种与良法综合作用的结果。随着工业化、城镇化发展，外出从事其他产业的农村劳动力增多，留守农民大多年龄偏大、文化程度偏低，种粮劳力紧缺，水稻生产从业人员数量、素质都在下降，加上水稻生产成本不断增长，而收益增长缓慢，导致农民种稻积极性受挫，不愿种粮或少种粮。尤其是一家一户式分散生产经营格局没有根本转变，规模化、集约化、社会化的生产布局没有形成的条件下，农民片面追求省工、省力、节本，盲目应用轻简栽培技术，一些先进实用的高产稳产、优质高效栽培技术很难得到普及应用，给水稻高产稳产带来严重隐患，不利于水稻生产持续稳定发展，也不符合"高产、优质、高效、生态、安全"的现代农业发展要求（魏人民，2009）。

五、机械化因素

近几年来，尽管水稻机械化收获水平快速发展，机收水平达 70% 左右，而在水稻耕整、育插秧等环节的种植机械化生产发展水平较低。华中稻区在水稻机械种植方面，工厂化统一集中育秧面积 10 万 hm² 左右；机插秧种植面积仅 66.67 万 hm² 左右，不到种植总面积的 7%；农机与农艺配套技术研究仍处于初级阶段，不够完善、配套的机械化生产技术已成为制约水稻生产全程机械化的重要瓶颈。

六、自然及环境因素

随着全球气候变暖，自然灾害频发，同时生物灾害也呈多发之势，对生产威胁范围和程度加重，当前气象性灾害常态化和病虫害复杂化等因素已成为影响华中地区水稻生产发展的最不确定性因素。在气象性灾害方面，2006 年江西、湖南双季稻主产区发生严重干旱，不少稻田因旱只能改种旱作或抛荒。在病虫害方面，受暖冬气候影响，越冬害虫基数越来越大，对次年的病虫害防治带来巨大压力，特别是从境外迁飞的稻飞虱呈现了入境早、虫量大的特点，对华南乃至长江中下游稻区的水稻生产影响极大。另外，在部分主产区，稻曲病、条纹叶枯病、稻水象甲等非主要病虫害呈现出区域性和复杂性特征，加大了防治难度。再者，由于基本农田设施滞后，特别是山塘沟渠淤塞、年久失修，蓄水保水供水排水功能明显下降，抗旱排涝能力差（高旺盛，2004）。

七、成本因素

据 2006 年全国农产品成本收益资料及成本调查机构数据，2005 年水稻生产的直接费用比 2004 年提高 15.4%，直接费用中的种子费、化肥费、农药费、机械作业费等主要费用的增幅分别达到了 22.2%、16.9%、29.1% 和 27.1%。2006 年稻谷水稻生产成本继续提高，生产成本为 7 768.8 元/hm²，较 2005 年的 7 399.65 元/hm² 上涨 369.15 元/hm²，上涨 5.0%；其中种子、农药、机械作业和土地费用分别增加 6.8%、17.0%、14.3% 和 15.7%。目前，稻农普遍反映，近 3 年来，农村劳动力价格和机械作业费用大幅度提高，不少地方的年涨幅达到 40%。

八、产业化开发

华中地区有山地、丘陵、平原等多种耕地，耕地流转机制不顺，难成较大规模，租金、工价、生产资料等价格上涨，粮食生产贷款难，制约了水稻生产向规模化发展。主要体现在：①稻米品质结构不适应市场需求。缺乏消费者、加工销售企业与农民均满意的优质稻品种。一般消费者大多喜爱外观好看，适口性好与价格适宜的优质稻米；稻米加工销售企业需要整精米率高并且耐储藏的水稻品种；农民则需要高产稳产的稻米品种。②农户经营规模小。目前我国平均每户家庭仅有耕地 0.42hm²，湖南、湖北、江西等省的山区丘陵地带每户家庭拥有的耕地更少，其他亚洲国家有 1～2hm²，籼米出口大国泰国和印度超过了 2hm²。③企业加工规模偏小，大多数企业年生产量绝大部分在 2 万 t 以下，而泰国企业年加工量在 20 万 t 以上。④稻米营销的组织化和集团化程度低、中介组织不发达、农业协会不发达、产业化水平滞后，导致农产品销售、品牌经营、运销服务、时效观念、质量标准、标识包装等方面与农业发达国家存在较大的差距。⑤稻米深加工仍处于起步阶段，稻米产业链较短，深加工工艺及产品开发水平都有待于进一步发展（高昌海等，2000）。

第三节 水稻产业发展潜力

一、面积潜力较大

从恢复"单改双"的潜力看，在温、光、水资源丰富的华中稻区，2006 年双季稻和单季稻的面积比为 1.85：1，若能恢复到 20 世纪 90 年代平均面积比 3.73：1，则以 2006 年种植水稻的水田面积测算，可增加双季稻面积 133.3 万 hm^2，可增加粮食产量 400 万 t。

二、单产潜力较大

①改善农田水利基础设施。通过加强大型水利工程、小型农田水利基础设施建设、土地整理等建设，扩大有效灌溉面积，提高耕地防灾减灾能力，建设高产稳产稻田，可有效提高单产水平。研究表明，若将 10% 低产田改造为中产田，将 10% 中产田改造为高产田，则可增产稻谷 3.7%。②优化水稻品种和季节结构。随着轻简栽培技术，特别是机械化技术的发展，已使早稻收获的季节压力大大减轻，特别是受暖冬气候影响，适宜播种插秧的季节也开始提早，因此，在生产中适当采用生育期较长的水稻品种，充分利用光温资源，提高水稻生物产量，可提高早稻单产水平。以目前早晚稻单产差距的一半计算，则早稻平均每 $667m^2$ 产量可提高 20kg。③大力推广超级稻品种。根据对比调查，超级稻新品种大面积栽培一般比普通品种每 $667m^2$ 增产 50kg，如早稻品种中嘉早 17、陆两优 819，晚稻品种 H 优 518、岳优 518、天优华占等，增产潜力明显。截至 2013 年，由农业部认定的超级稻示范推广品种共 101 个，其中适宜华中地区种植的超级稻品种达 30 多个。④积极推广现代栽培技术。生产实践证明，由于栽培管理技术的不同，同样一个品种在同一个地点的同一季节种植，每 $667m^2$ 产量可达 100kg 以上，产量增减幅度达到 20%～30%。在实际生产中，只要找准限制单产提高的技术性障碍因子，提高现代适用技术的到位率，就可以有效挖掘品种的增产潜力。如 2006 年，江西省针对农民习惯稀栽稀插、大田基本苗不足的实际情况，采取"多播一斤种，增产百斤粮"的技术措施，全省早稻用种量较上年增加 60 多万 kg，早稻单产每 $667m^2$ 提高 15kg，增幅达到 3.5%。湖南省知名栽培专家邹应斌教授提出的"三定栽培"技术，经多点试验证明，通过因地定产、依产定苗、测苗定氮等新的水稻栽培管理技术，可比传统栽培的早稻和晚稻分别增产 11.68%、7.41%，得到了广大农民朋友的认可，在大面积生产上具有较高的推广应用价值。江淮流域的豫南稻

区将推进籼改粳作为提高水稻综合生产能力的重要技术措施，初步形成了豫南粳稻优质高产高效栽培技术体系，粳稻种植面积从无到有，逐步扩大。

三、品质提高的潜力较大

受国情及经济形势影响，我国水稻育种目标、生产目标等长期以提高产量为主。随着我国稻米消费水平的稳定和居民消费水平的提高，以及粮食供求压力的缓解，客观上为优质稻发展带来较大的发展空间。从国内外品质差距看，目前我国稻米的外观品质与国外的差距较大，在蒸煮食味品质和营养品质方面差异不明显。因此，进一步改善我国稻米品种的外观品质，可大大提高整体品质水平。由于杂交稻已占我国水稻播种面积的60%以上，华中地区这一比例更大，所以，做好杂交稻品质育种对提高区域内的米质水平具有重要意义。近几年来，两系杂交水稻发展迅速，通过选育优质两系不育系及恢复系，改良杂交稻的稻米品质，取得了显著效果。生物技术的发展，如分子标记辅助育种技术的发展，将有利于提高选育手段，促进稻米品质的改善。从产业经营水平看，近几年我国优质米产业的发展，主要得益于订单农业的发展（叶新福等，2000）。因为优质稻订单生产在品种选择、大田生产以及晾晒和收购环节均有较为严格的标准，有利于保证大米品质。特别是随着稻米加工龙头企业的发展，大米加工机械和加工工艺更为优良，更有利于高品质大米的加工。

四、机械化生产增收的潜力较大

实践表明，水稻种植、收获两个环节实现机械化作业可分别减少劳动用工量40%和76%，大幅度提高工效；机械栽插比人工手插平均节约成本1 500元/hm²以上，提高单产375kg/hm²以上；机械收获较人工收获节省成本900元/hm²。另外，水稻生产全程机械化不仅减轻了农民的劳动强度，有效争抢农时，提高了水稻产量，而且机械化收获可减少损失3%～5%，低温干燥可减少霉烂损失4%以上，机插育秧秧田利用率比常规育秧提高8～10倍，可大幅度提高劳动生产率。

五、精深加工提高产品附加值潜力大

近年来，我国大米的加工业得到了较快发展，大米产品的质量有了很大提高。但大米的精深加工还远远不够，不仅不能适应整个社会和经济发展的需要，更不能与一些大米消费国如日本等相比，我国在这方面的潜力也很大。稻谷除加工主产品大米外，还可将主产品及其副产品，如碎米、米糠、米胚、稻壳等进行再加工提炼，制成休闲食品、多功能米淀粉、大米蛋白、米糠油、米糠健康食品、生物降解材料，以及日化、医药等工业产品。现在市场上已有一些如旺旺、米老头、金龙鱼等效益不错的一批大米深加工企业。通过对大米的精深加工，既提高了产品的附加值，同时也为企业创造了效益。国务院办公厅在对关于促进农产品加工业发展的意见中提出大力发展粮、棉、油等重要农产品精深加工，粮食加工以小麦、玉米、薯类、大豆、稻米深加工为主。为此，国家对提高产品附加值企业的扶持，将为大米产业发展提供很好的机会，进一步促进产业的发展。通过大力发展稻谷精深加工和综合利用，不断完善和延长产业链，充分利用资源，释放产业链各环节的增效潜力，可最大限度地提高水稻生产效益。

第四节　水稻产业可持续发展前景

水稻产业的可持续发展对保障国家粮食供给，增加农民收入，促进区域经济发展具有重要意义（程式华，2008）。为保障水稻产业可持续发展，需重点从以下几个方面着手：

一、进一步强化水稻生产扶持政策

华中地区是我国主要的水稻生产基地之一，湖南、湖北、江西是我国水稻产业开发最适宜的区域，已形成了相对稳定的耕作制度，具有明显的规模优势和技术优势。继续巩固和完善粮食直补等有关支农政策。扩大良种补贴范围，逐步覆盖所有水稻生产优势区域；适度提高现行双季稻补贴标准，进一步恢复双季稻面积；探索水稻良种补贴与主导品种、主推技术、基地建设、订单生产挂钩的运行机制，提高政策效应；根据水稻生产成本及市场价格变化，适度提高保护收购价水平；探索制定和试行农业技术推广补贴、农业生产保险、农田生态补偿等新政策，建立健全水稻生产发展的政策支撑体系，保护和调动好农民种稻积极性。加强技术服务，促进新品种推广，各地农技部门应搞好品种布局，引导农民种植综合性状优良的新品种，通过品种合理布局，减轻病虫害和突发事件等造成的危害。

二、加大项目资金投入

完善机制，拓宽渠道，促进社会多元化投入，重点是加大财政项目资金投入。通过国家优质粮食产业工程、沃土工程、种子工程等重大工程和技术推广项目，促进水稻生产条件的改善，提高现有水稻生产的基础设施水平；加大对水稻种植农户生产性直接补贴，提高农民水稻种植的积极性；加大对农民科技培训投入，提升农民的水稻栽培管理水平；保障和增加水稻科研、技术推广经费，促进新品种新技术的推广。

三、切实保护基本农田，积极推进土地流转，
　　培养种田大户，提高种植效益

堅决实行最严格的土地管理和耕地保护制度，强化法律和行政责任，确保基本农田面积和质量稳定。加强农田基础设施建设，开沟通渠，兴修农田水利，改造中低产田，重点推进高标准农田建设；开展农田资源调查与评价，加强农田生态环境监控和保护，推广保护性耕作，培肥地力，保障农田生产能力和可持续利用。通过土地流转的方式，培养种粮大户，通过规模化、标准化操作提高种植效益。

四、依靠科技进步，进一步促进水稻产业发展

"杂交水稻之父"袁隆平院士通过技术革命，大大提高了水稻的增产潜力，第三期超级稻每 667m² 产稻 900kg 的目标已经实现，第四期超级稻每 667m² 产稻 1 000kg 的科技攻关已经在 2013 年正式启动，通过进一步依靠科技，利用先进的分子生物技术进行品种改良、推广先进的栽培管理技术等方法进一步提高水稻增产潜力。其中，新品种选育是科技进步最集中的体现，选育广适性、高产、优质、多抗水稻新品种，通过传统育种技术与分子生物技术结合，提高品种的产量、抗性等，达到高效育种的目标是当前科技攻关的主要方向。2010—2012 年 3 年平均每年有 102 个品种通过华中稻区四省份审定，为该地区水稻产业发展奠定了坚实的基础。另外，为促进稻谷精深加工和综合利用，延长水稻产业链，需要加大科研开发，依靠科技进步，提高农民的种植效益及企业的加工效益，如现在利用水稻进行深加工的产品有米胚油、米乳饮料、方便米粉等。这些先进技术的应用将是水稻产业可持续发展最根本的保障。

五、发挥地域优势，加速优质稻商品基地建设

长江中游具有优良的光温等天然资源，充分利用这一优势，加速发展优质稻，以此作为农业的产业基地，并加大对稻米加工产业化龙头企业的支持力度，加大对大型稻米加工企业技术改造的投入力度，设立稻米主产区粮食加工企业技术改进专项资金，鼓励稻米加工企业发展精深加工，增加产品附加值，建立一条龙的产业价格链条。对一定规模的稻米加工企业优先纳入国家及省级龙头企业行列，对技改和流动资金贷款进行财政贴息，降低生产成本，提高竞争力。要充分发挥农业部门的桥梁作用，积极引导和鼓励龙头企业与主产区种粮大户、稻农建立利益共享、风险共担的合作关系，大力发展订单农业，为稻米加工企业提供稳定、优质粮源。

六、发展水稻高产生态栽培，保护稻田生态环境，促进水稻产业可持续发展

袁隆平院士提出，水稻优质高产由良种、良法、良田所决定，品种的优质高产的特点要靠科学栽培才能充分发挥，长江中游地区稻田分布广、面积大、单产低，其主要原因是中低产田面积大，障碍因素较多，抑制了水稻的生长，同时缺乏适应抗逆境的栽培技术。应从改善农田生态环境入手，缓解高产与优质之间的矛盾，在加速中低产稻田改土培肥的基础上，研究水稻高产优质的限制因子与对策。寻求协调途径，明确控制机理，提出综合高产生态栽培技术体系，促进水稻产业的可持续发展。

七、切实加强宏观调控

加强国家粮食供给宏观调控，建立有效的应急处理机制，稳定稻谷价格。加强全国水稻生产宏观调控。加快建立数字农情，及时反馈生产信息，对农业生产重大问题做到预警预报，提高应变和组织领导能力，实现水稻生产平稳发展。加强政策宏观调控。对水稻产业发展重大问题开展调查研究，为制定相关法律和政策提供理论支撑和实践指导。

第十一章　华东稻区水稻产业可持续发展战略

第一节　水稻产业发展概况

华东稻区主要包括江苏、安徽、浙江和上海，位于中国东南部东经$115°\sim123°$、北纬$27°\sim35°$，东西横跨8个经度，南北纵跨8个纬度。长江、淮河自西向东横穿境内，将该区域划分成江南、江淮和淮北3个地区。该区域气候属暖温带与亚热带过渡型。四季分明，气候温暖，雨量充沛，光照充足，春季升温快，梅雨季节明显，秋季昼夜温差大，无霜期长，十分有利于水稻生长。水稻种植历史悠久，是我国粳稻的起源地（丁颖，1983；周拾禄，1978）。1949年以前，稻作生产发展缓慢，生产力水平低下。1949年，华东地区水稻每$667m^2$仅113kg，稻谷年总产量880万t。新中国成立以后，由于党和政府对农业生产的重视，农业生产体制不断改革完善，农田水利等生产条件逐年改善，科学技术日益进步，水稻品种与栽培技术不断更新推广（熊振民等，1990；凌启鸿，2000），水稻生产水平不断提升，华东地区成为我国南方水稻的重要生产区域，是我国水稻的重要商品粮基地。2011年，该地区水稻单产达到$7\,275kg/hm^2$，稻谷总产量达到3\,989万t，占全国水稻总产的20%。

一、气候生态特点

华东地处亚热带，年平均气温$11\sim18℃$，$\geqslant10℃$积温$4\,500\sim5\,600℃$。年日照时数$2\,000\sim2\,700h$，年降水量$700\sim1\,750mm$，全年无霜期在$210\sim245d$。土壤除丘陵红、黄壤外，均较肥沃。从总的气候条件和土壤条件看，有利于农业生产的发展，是我国主要粮食产区和商品粮基地之一。

江苏省地处东经$116°18'\sim121°57'$、北纬$30°45'\sim35°20'$，位于亚洲大陆东岸中纬度地带，属东亚季风气候区，处在亚热带和暖温带的气候过渡地带。江苏基本气候特点：气候温和、四季分明、季风显著、冬冷夏热、春温多变、秋高气爽、雨热同季、雨量充沛、降水集中、梅雨显著、光热充沛。以秦岭—淮河线为分界线，江苏南方是亚热带季风气候，北方是温带季风气候。全省年平均气温在$13.6\sim16.1℃$，分布为自南向北递减。水稻生育期间，平均气温为$21.5\sim23.5℃$。年降水量为$704\sim1\,250mm$，降水分布南部多于北部，沿海多于内陆。江淮中部到洪泽湖以北地区降水量少于 1 000mm，以南地区降水量在 1 000mm 以上，基本能满足稻作生产的需要。但因降水量分布不匀，导致水资源利用不充分。秧苗生长阶段，淮北稻区降水量不到 100mm，使育秧用水不足，栽秧用水奇缺，麦茬稻水分供给有余；沿江和苏南稻区都不到 600mm，尤其是西部丘陵，水源条件差，水稻生产经常出现高温伏旱。年降水量最多的地区在江苏最南部的宜溧山区，最少的地区在西北部的丰县。全年降水量季节分布特征明显，其中夏季降水量集中，基本占全年降水量的一半，冬季降水量最少，占全年降水量的 1/10 左右，春季和秋季降水量各占全年降水量的 20% 左右。夏季 6 月和 7 月，受东亚季风的影响，淮河以南地区进入梅雨期，梅雨期降水量常年平均值大部地区在 250mm 左右。主要气象灾害有雷雨、低温阴雨、暴雨洪涝、高温干旱、台风、大雾及连阴雨、低温冻害和寒潮等。

安徽省地处东经 114°54′～119°37′、北纬 29°41′～34°38′。长江、淮河自西向东横贯境内，天然地将全省划分为淮北、江淮和江南 3 个区域。气候属暖温带与亚热带过渡地带。淮河以北为暖温带半湿润气候，淮河以南为北亚热带湿润气候。这种过渡气候型的主要气候特点是季风明显、四季分明、气候温和、雨量适中、春温多变、秋高气爽、梅雨显著、夏雨集中，既宜秋冬种植的喜凉作物的生长，又有利于水稻等喜温作物的种植。土壤受气候上的过渡性因素的影响，在分布上也表现出明显的过渡性特征。由北向南，地带性土壤分别为棕壤、黄棕壤和黄红壤。另外，在各地还广泛分布着一些非地带性土壤，如沙姜黑土、潮土、水稻土等。全省年平均气温在 14～17℃，≥10℃积温全省在 4 700℃～5 300℃，就热量条件来说，全省各地都可种植水稻，而且可以实行麦稻或油（油菜）稻一年两熟。但水稻的实际分布则受自然降水、水利灌溉条件和土壤结构的制约，主要分布在淮河以南地区。根据自然、社会、经济条件和长期形成的种植习惯，≥10℃积温小于 4 700℃的淮北地区为单季稻区，以种植中迟熟中粳和早熟晚粳为主；≥10℃积温大于 5 000℃的沿江地带为双季稻区，在全省近 33.3 万 hm² 的双季晚稻中晚粳约占一半，主要分布在沿江及少部分江北的双季稻北缘地区；≥10℃积温介于 4 700℃～5 000℃的江淮之间以及皖西皖南山区多为单双季稻过渡区，现在多趋向种植一季杂交中籼，少部分土壤、水利条件好的地区如皖东近年杂交中粳有一定的种植面积。在安徽省水稻区划的基础上，再根据耕作制度、水稻播种面积、稻谷产量及粳米适宜的灌浆成熟期气候指标（最有利于粳稻开花结实的日均温为 24～26℃，抽穗至成熟的日均温为 21℃左右、日温差 10℃左右），粳稻生产可划分成沿江及江南双季晚粳区、江淮及皖东中、晚粳区和沿淮及淮北单季晚粳区 3 个相对较为集中的种植区（李成荃，2008）。

浙江省地处东经 118°00′～123°00′、北纬 27°12′～31°31′，年平均气温 15～18℃，极端最高气温 33～43℃，极端最低气温 -17.4～-2.2℃；全省年平均降水量在 980～2 000mm，年平均日照时数 1 710～2 100h。受东亚季风影响，浙江冬夏盛行风向有显著变化，降水有明显的季节变化。夏季炎热多雨，冬季低温少雨。全年降水充沛，集中在春夏季，在 5 月、10 月出现两个峰值，6～7 月有梅雨，7～8 月受副高控制，降水少，易发生伏旱。冬季，受冷暖空气共同作用，阴雨天多，但降水不多。由于浙江位于中、低纬度的沿海过渡地带，加之地形起伏较大，同时受西风带和东风带天气系统的双重影响，各种气象灾害频繁发生，是我国受台风、暴雨、干旱、寒潮、大风、冰雹、冻害、龙卷风等灾害影响最严重地区之一。

上海市地处东经 120°51′～122°12′，北纬 30°40′～31°53′，江海交汇的长江三角洲东部，位于东亚季风盛行的北亚热带地区，属于北亚热带季风气候。冬冷夏热，四季分明，但冬季常有寒流；雨热同季，降水充沛，但变率较大；光温协调，日照较多，但年际多变。据上海气象资料统计（1873—1994 年）：全年平均气温 15.5℃，平均无霜期 228 d，10℃以上活动积温 4 934℃；全年降水总量平均为 1 149.8mm，降水日数 131d，适合于晚粳稻生长，4～9 月平均各月雨量都在 100mm 以上，这 6 个月的总雨量约占全年总量的 70%，6 月和 9 月是两个明显的多雨月份，月雨量都达到 150mm 以上，分别由梅雨和秋雨（包括热带气旋）造成；各月日照都在 150h 以上，其中7～8月高温伏旱期间日照多，分别达 251h 和 260h，10 月气候凉爽，晴多雨少，昼夜温差较大，有利于晚粳稻的灌浆充实。

二、稻作历史

据考古发掘，华东地区业已发现的稻作遗址很多，仅浙江省和江苏省境内发现的 6 000年以前的稻作遗址就达 30 多处。表 11-1 列出了在浙江、江苏、安徽境内发现的 6 000 年以前的部分稻作遗址。位于浙江省余姚市的河姆渡遗址是最著名的新石器时期的稻作文化遗址，距今约 7 000 年。河姆渡遗址的发现，为中国是稻作起源地提供了强有力的证据。此后在萧山发现的跨湖桥遗址，将稻作文化历史上溯了 1 000 年。2005 年，在浦江县又发现了上山遗址，对遗址出土的夹陶标本进行碳 14 年代测试结果表明，距今 9 000～11 000 年。考古人员在出土的夹炭陶片表面，发现了大量稻壳印痕，胎土中也夹杂着大量的稻壳。这些距今上万年的稻的遗存，不仅把华东的稻作历史上溯了 2 000 年，同时也证明上山遗址所在的华东地区是世界稻作农业的最早起源地之一。在江苏省境内已发现的 6 000 年以上的稻作遗址也有 10 多个。位于张家港南沙镇的东山村遗址最早年代距今 8 000 年，对该遗址进行植物蛋白石分析，在距今 8 000 年的文化层中发现了大量来源于水稻叶片机动细胞硅酸体的植物蛋白石，表明该遗址周围在 8 000 年前就种植过水稻。这是迄今为止江苏省境内发现的最古老的稻作遗址，比浙江省河姆渡遗址早 1 000 年，充分反映了江苏省悠久的稻作历史。1993年，江苏省农业科学院和南京市博物院与日本宫崎大学合作进行古稻田探查，在草鞋山遗址发掘出了距今 6 000 年的世界上最古老的水稻田（宇田津彻朗等，1994）。同时，对草鞋山遗址（王才林等，1994）、龙虬庄遗址（王才林等，1998）、东山村遗址（王才林等，1999）、薛城遗址、广福村遗址（王才林等，2000）土壤中提取的植物蛋白石进行形态分析的结果表明，这些遗址当时种植的水稻均为粳稻，为长江中下游粳稻起源说提供了最直接、最可靠的证据。

表 11-1　江苏、浙江、安徽境内业已发现的部分 5 000 年以前的稻作遗址

遗址名	地址	最早年代（距今年代，B.P.）	稻作证据
河姆渡遗址	浙江省余姚市河姆渡镇	7 000	炭化米、水稻蛋白石
罗家角遗址	浙江省桐乡县石门镇	7 000	炭化米、水稻蛋白石
跨湖桥遗址	浙江省萧山城城厢街道湘湖村	7 000～8 000	炭化米、水稻蛋白石
上山遗址	浙江省浦江县黄宅镇	11 400～8 600	炭化米、水稻蛋白石
东山村遗址	江苏省张家港南沙镇	8 000～6 000	水稻蛋白石
龙虬庄遗址	江苏省高邮一沟乡	7 000～6 300	炭化米、水稻蛋白石
圩墩遗址	江苏省常州圩墩	7 000～5 500	炭化米
薛城遗址	江苏省高淳薛城乡	6 500～6 000	水稻蛋白石
三星村遗址	江苏省金坛三星村	6 500～5 500	炭化米
草鞋山遗址	江苏省苏州唯亭镇	6 200～5 900	古稻田、炭化米、水稻蛋白石
广福村遗址	江苏省吴江桃源镇	6 000	水稻蛋白石
双墩遗址	安徽省蚌埠市小蚌埠镇双墩村	7 300～7 000	稻壳印痕
侯家寨遗址	安徽省定远县七里塘乡袁庄村	6 900～5 200	稻壳印痕
红墩寺遗址	安徽省霍邱县	6 000	稻壳印痕

三、水稻种植面积与产量

2011 年，江苏、安徽、上海和浙江的水稻种植面积 548 万 hm²，总产量 3 989 万 t，分别占全国水稻种植面积和稻谷总量的 18% 和 20%。其中粳稻种植面积 333.3 万 hm²，总产量 2 800 万 t，分别占南方粳稻种植面积和稻谷总量的 85% 和 90% 以上，是我国南方粳稻的主要产区。新中国成立以来，华东地区水稻种植面积经历了较大变化。20世纪 50～60 年代，多以一季中、晚粳（籼）稻为主；70 年代开始，均发展双季稻，后季稻多选用耐寒性较强的粳稻；70 年代末开始，双季稻面积逐渐减少。目前，除浙江、安徽部分地区外，又恢复到以一季中、晚粳（籼）稻为主的布局，但华东不同地区水稻种植面积的变化情况不尽相同。

江苏省新中国成立初期以一季中稻为主，水稻种植面积 180 万 hm² 左右，其中，早稻面积 33.3 万 hm² 左右，占全省水稻种植面积的 18% 左右，中稻面积 106.7 万 hm²，占全省水稻种植面积的 60% 左右，晚稻面积 40 万 hm² 左右，占全省水稻种植面积的 22% 左右。长江以北地区以一季中籼稻为主，长江以南地区以一季中、晚粳稻为主。水稻单产只有 1 905kg/hm²，总产量 336 万 t。20 世纪 60 年代初期，江苏倡导发展粳稻，特别是丰产性、适应性较好的晚粳稻品种农垦 58 的扩大推广，使水稻面积逐步扩大，到 1964 年和 1965 年，全省水稻种植面积扩大到 200 万 hm² 以上，其中，中稻

的种植面积分别占全省水稻种植面积的 87% 和 91%，总产量占稻谷总产量的 83%～85%，形成了以一季中稻为主的种植布局。1971—1978 年，实行单季改双季，除了仍保持 133.33 万 hm² 左右的一季中稻外，双季稻的种植面积发展到 73.33 万～80 万 hm²，全省水稻种植面积达到 300 万 hm² 以上，1972 年曾一度超过 313.33 万 hm²，但单产只有 3 750kg/hm² 左右。20 世纪 70 年代末至 80 年代，双季改单季，双季稻面积逐渐减少，到 20 世纪 90 年代，江苏省基本上以一季稻为主，水稻种植面积维持在 233.33 万 hm² 左右。进入 21 世纪以后，随着种植业结构的调整，水稻种植面积逐年下降，2003 年下降到最低点，只有 184.07 万 hm²。此后，又逐年恢复，至 2011 年全省水稻种植面积达到 224.87 万 hm²（表 11-2）。在品种类型上，1990 年，江苏省实行"扩粳缩籼"，1996 年，又实施"粳稻化工程"，单季粳稻的比例逐步上升。全省粳稻种植面积从 1996 年的 128.93 万 hm² 逐步增加到 2008 年的 203.07 万 hm²，总产量从 1996 年的 1 043 万 t 逐步增加到 2008 年的 1 627 万 t，分别占全省水稻面积和总产量的 89% 和 92%。此后，粳稻种植面积稳定在 200 万 hm² 左右。目前，江苏省是南方粳稻的第一生产大省，也是全国的粳稻生产大省，粳稻种植面积仅次于黑龙江省。1949 年以来，水稻单产跨上了 4 个台阶，1963 年首次超过 3 000kg/hm²，1978 年首次超过 4 500kg/hm²，1983 年首次超过 6 000kg/hm²，1994 年首次突破 7 500kg/hm² 以后，连续 19 年都在 7 500kg/hm² 以上，1998 年历史最高单产达到 8 820kg/hm²。此后几年，江苏省水稻生产出现滑坡，产量从 8 820kg/hm² 减至 7 635kg/hm²，下降 13%，总产量从 2 089 万 t 减至 1 406 万 t，下降 33%。2004 年以后，水稻单产呈恢复性增长，2012 年达到 37.47kg/hm²，总产量超过 1 800 万 t，单产、总产量首次实现九连增。高产的县（市、区）每 667m² 已超过 600kg，大面积高产处于世界领先水平。

安徽省在 1949 年以前多种植一季中、晚粳稻，20 世纪 50 年代中期开始单季改双季，引进耐寒的双季早粳及双季晚粳稻；20 世纪 60 年代中期至 70 年代初高秆改矮秆，并逐渐形成江淮双季稻北缘地区早籼—晚籼和早籼—晚粳并存的双季稻种植模式；20 世纪 80～90 年代年均粳稻播种面积发展到 53.33 万 hm² 左右，约占全省水稻播种面积的 25%；90 年代中期以后，安徽省粳稻播种面积和产量逐年缩减，到 2000 年全省仅 21 万 hm²；2001 年以后，由于粮食结构性过剩问题突出，粮食收购体系变革，适口性好的粳稻比较效益凸显，加上粳稻的产量优势以及政府的倡导、机收问题的解决，粳稻播种面积呈恢复性增长，2003 年播种面积跃升到 33.53 万 hm²，当年粳稻总产量 181 万 t。2008 年发展达 55.93 万 hm²，约占全省水稻面积的 25%，年产稻谷 353 万 t。近年来，安徽省水稻种植面积稳定在 220 万 hm² 左右，单产 6 150kg/hm² 左右，总产量近 1 400 万 t（表 11-2）。种植的粳稻类型有双季晚粳、中粳和单季晚粳，其中双季晚粳约 30 万 hm²，中粳和单季晚粳约 29.33 万 hm²。全省适宜种植粳稻的面积在 100 万 hm² 以上，主要分布在沿淮及皖东的一季稻区，扩大种植粳稻的空间较大。而且该区域区位优势明显，光温资源较丰富，水资源条件明显优于北方，水稻面积大且单、双季稻并存，扩大粳稻面积、提高单产的潜力均较大。

上海新中国成立初期水稻种植面积 20 万 hm² 左右，单产 2 325kg/hm²，总产量不足 50 万 t。20 世纪 70 年代中期，双季早稻面积一度发展到 14.67 万 hm² 左右，双季晚稻面积则达到 20 万 hm² 左右，水稻最大种植面积达到 36 万 hm²，平均单产达到 5 100kg/hm²，总产量达到 180 万 t 左右。80 年代后期，双季稻面积逐渐减少，到 90 年代，基本上为一季稻，但水稻种植面积仍保持在 20 万 hm² 以上；平均单产 1986 年突破 6 000kg/hm²，1994 年突破 7 500kg/hm²；总产量稳定在 150 万~180 万 t。进入 21 世纪以后，随着种植结构的调整，水稻种植面积逐步缩小，近年来种植面积稳定在 10.67 万 hm² 左右，但品种基本上实现粳稻化，单产 8 250kg/hm² 左右，总产量 90 万 t 左右（表 11-2）。

浙江省新中国成立初期水稻种植面积约 157.33 万 hm²，单产 2 115kg/hm²，总产 334 万 t。新中国成立后水稻种植面积逐步增加，20 世纪 60 年代末达到 233.33 万 hm²，70 年代至 80 年代初均在 246.67 万 hm² 以上，1985 年以后下降到 233.33 万 hm² 左右。20 世纪 90 年代以后，种植面积持续下降，进入 21 世纪以后，种植面积下降到 133.33 万 hm² 以下。浙江省历史上一直以双季稻为主。20 世纪 50 年代至 60 年代初，早稻种植面积 73.33 万~80 万 hm²，1964 年开始，双季稻面积逐步增长，70 年代发展到 120 万 hm² 以上。90 年代起，浙江省双季稻种植面积开始下降，单季晚稻面积逐年增加。2000 年开始早稻种植面积从 66.67 万 hm² 下降到 40 多万 hm²。2001 年起取消定购粮（早籼是定购粮的主要品种），早籼生产受到了很大的冲击，种植面积持续下滑。其原因除政策牵动、结构调整外，还受气候和品种的限制，早稻食用米质差，售价低，比较效益低，稻农生产积极性不高。至 2003 年，全省早稻种植面积仅 12.93 万 hm²，2004 年略有恢复后种植面积又连续下滑。2009 年出现恢复性增加，主要得益于惠农政策措施力度加大，但目前全省早稻种植面积仍在 11.33 万 hm² 左右。单季晚稻种植面积由 20 世纪 90 年代初的 20 万 hm² 左右扩大至 2001 年的 64.33 万 hm² 左右，在晚稻面积中的比重由 15％左右上升至 61.9％，单季晚稻已成为浙江省粮食生产的主体类型，这是浙江省水稻生产的一个重大变化。目前单季晚稻面积稳定在 66.67 万 hm² 左右，全省水稻种植面积 93.33 万 hm² 左右，单产约 7 200kg/hm²，总产量 650 万 t 左右（表 11-2）。

表 11-2　华东各省、市 2007—2011 年水稻种植面积、单产和总产量

年份	江苏省			上海市			浙江省		
	面积（万 hm²）	单产（kg/hm²）	总产量（万 t）	面积（万 hm²）	单产（kg/hm²）	总产量（万 t）	面积（万 hm²）	单产（kg/hm²）	总产量（万 t）
2007	222.80	7 905	1 761.1	10.91	7 882.50	86.0	95.43	6 673.5	636.9
2008	223.25	7 936.5	1 771.9	10.86	8 223	89.3	93.75	7 045.5	660.4
2009	223.33	8 073	1 802.9	10.85	8 296.5	90.0	93.87	7 102.5	666.7
2010	223.41	8 092.5	1 807.9	10.85	8 328	90.3	92.31	7 021.5	648.2
2011	224.87	8 290.5	1 864.2	10.60	8 379	88.8	89.48	7 254	649.0

（续）

年份	安徽省			合计		
	面积 （万 hm²）	单产 （kg/hm²）	总产量 （万 t）	面积 （万 hm²）	单产 （kg/hm²）	总产量 （万 t）
2007	220.52	6 150	1 356.4	549.66	6 987	3 840.3
2008	221.90	6 235.5	1 383.5	549.76	7 104	3 905.1
2009	224.69	6 256.5	1 405.6	552.74	7 173	3 965.2
2010	224.54	6 162	1 383.4	551.11	7 131	3 929.7
2011	223.08	6 217.5	1 387.1	548.02	7 279.5	3 989.1

四、水稻品种与稻作制度类型

华东地处亚热带与暖温带的过渡区，生态条件兼有南北之利。江苏、安徽、浙江等省根据生态条件的不同，均可划分成不同的稻作区。水稻品种类型丰富，不仅籼、粳、糯齐全，单、双季并存，粳稻中又有中粳稻与晚粳稻之分，分布于江苏、上海和浙江的太湖晚粳稻有其独特的区域性（林世成等，1991）。中粳稻和晚粳稻根据生育期的长短又可分为中熟中粳、迟熟中粳、早熟晚粳、中熟晚粳。根据种植茬口的不同又可分为单季晚粳和双季晚粳。根据育种方式的不同又有常规粳稻和杂交粳稻之分。目前华东地区种植的水稻品种类型主要有常规中粳稻、常规晚粳稻、杂交早籼稻、杂交中籼稻、杂交中粳稻和杂交晚粳稻等，种植茬口主要以单季中粳稻和单季晚粳稻为主，安徽、浙江有双季稻种植。

江苏省从北到南可分成淮北、里下河、沿江沿海、丘陵和太湖 5 个稻区（表11-3）。全省目前均为稻麦两熟制，种植的都是一季（单季）粳稻。从熟期来讲，淮北稻区以中熟中粳为主；里下河稻区以迟熟中粳为主，北部地区和南部地区分别搭配少量中熟中粳和早熟晚粳；沿江沿海和丘陵稻区以早熟晚粳为主，搭配少量迟熟中粳；太湖稻区以早熟晚粳为主，搭配少量中熟晚粳。

表 11-3　江苏省稻作区划及主要品种类型

稻区	主要品种类型	代表品种
Ⅰ. 淮北稻区	中熟中粳	徐稻 3 号、武运粳 21、武运粳 29、连粳 7 号、连粳 9 号、宁粳 4 号、中稻 1 号
Ⅱ. 里下河稻区	迟熟中粳	淮稻 5 号、淮稻 9 号、南粳 9108、南粳 45、宁粳 5 号
Ⅲ. 沿江沿海稻区	早熟晚粳、迟熟中粳	南粳 44、南粳 5055、扬粳 4038、宁粳 3 号、武运粳 23、武运粳 24、南粳 9108、南粳 49
Ⅳ. 丘陵稻区	早熟晚粳、迟熟中粳、杂交中籼	南粳 44、南粳 5055、镇稻 11、武运粳 23、武运粳 24、南粳 49、Ⅱ优 084

（续）

稻区	主要品种类型	代表品种
V. 太湖稻区	早熟晚粳、中熟晚粳	武运粳 19、南粳 5055、南粳 46、常农粳 5 号、常优 5 号、甬优 12

安徽省目前的稻作制度有单、双季之分，可分为 5 个稻区（表 11-4）。单季粳稻主要分布在沿淮麦稻田茬及沿江单季稻区。品种以迟熟中粳为主，早熟晚粳为辅；江淮东南部水利条件较好的平畈地区，也有粳稻分布，以迟熟中粳为主，一些西瓜茬等栽种早熟晚粳。双季晚粳主要分布在江淮南部的舒城、庐江、桐城、枞阳、巢湖等双季稻北缘地区，品种类型为迟熟中粳和早熟晚粳。

浙江省地形复杂，且受稻作历史、栽培技术和人们生活习惯差异的影响，大致形成了 4 个稻作生态区，即杭嘉湖平原区、宁绍平原区、温台平原区、金衢丘陵盆地区，复杂的生态环境形成了多种类型的耕作模式（张丽华等，1993）。由于种植制度多样化和育种事业的发展，多种类型的新品种、新组合不断育成，从而进一步丰富了品种类型，早稻以籼稻为主，晚稻则籼、粳均有种植；浙北和山区以种植粳稻为主，浙南以籼稻为主，浙中是籼、粳混栽地区。

表 11-4　安徽省稻作区划及主要品种类型

稻区	主要品种类型	次要品种类型	代表品种
Ⅰ. 沿江双、单季稻兼作区	单季中籼	双季早、晚稻	两优 6326、新两优 6 号、丰两优 1 号、皖稻 141、武运粳 7 号、宁粳 2 号
Ⅱ. 江淮丘陵单、双季稻过渡区	单季中籼	单季中、晚粳	两优 6326、丰两优香 4 号、两优 0293、皖稻 153、天协 1 号、晚粳 9707
Ⅲ. 沿淮平原单季稻作区	单季中籼	单季中粳	两优 6326、新两优 6 号、丰两优 1 号、Ⅱ优 838、皖稻 68、绿旱 1 号
Ⅳ. 皖西山地单、双季稻作区	单季中籼	双季早、晚稻	扬两优 6 号、两优培九、国稻 1 号、嘉育 948、武运粳 7 号
Ⅴ. 皖南山地双、单季稻作区	单季中籼	双季早、晚稻	新两优 6 号、扬两优 6 号、徽两优 6 号、丰两优 4 号、川香优 6 号、Ⅱ优航 2 号

表 11-5　浙江省稻作区划及主要品种类型

稻区	主要品种类型	次要品种类型	代表品种
Ⅰ. 杭嘉湖平原区	中熟常规晚粳	中熟杂交粳稻	秀水 114、秀水 123、秀水 134、浙粳 22、浙粳 88、嘉 33、嘉优 2 号、Ⅱ优 023
Ⅱ. 宁绍平原区	中熟常规晚粳	早熟早籼 中熟杂交籼稻 中熟杂交粳稻	秀水 134、秀水 114、浙粳 22、浙粳 88、宁 81、宁 88、嘉禾 218、金早 09、金早 47、中早 39、中嘉早 17、甬籼 15、甬籼 69、中浙粳 1 号、甬优 9 号、甬优 12、甬优 15、绍糯 9714

（续）

稻区	主要品种类型	次要品种类型	代表品种
Ⅲ. 温台平原区	中熟杂交中籼	早熟早籼 中熟杂交粳稻	中浙优 1 号、中浙优 8 号、甬优 9 号、中早 39、中嘉早 17、温 229
Ⅳ. 金衢丘陵盆地区	中熟杂交中籼	早熟常规早籼 中熟常规糯稻 中熟杂交粳稻	中浙优 1 号、中浙优 8 号、钱优 1 号、绍糯 9714、浙糯 5 号、甬优 6 号、甬优 9 号、甬优 15、中早 39、中嘉早 17、新两优 6 号

上海市基本上全部为一季稻，品种类型以早熟晚粳和中熟晚粳为主，近年来种植面积稳定在 10.7 万 hm^2 左右。

华东历史上具有多样化的稻作制度类型。不仅有麦—稻、油菜—稻、绿肥—稻和蔬菜（瓜果）—单季稻等两熟制类型，还有麦—稻—稻、油菜—稻—稻、绿肥—稻—稻、麦—瓜—稻、麦—玉米—稻、冬春作物—春玉米—后季稻、冬季蔬菜—瓜类—后季稻等三熟制类型。近年来，还发展了水稻—特种水产养殖的种养混合型及蚕豆（经济绿肥）/春玉米/秋季作物和麦/玉米/秋季作物等多元种植型（表 11-6）。

表 11-6　华东地区稻作制度的主要类型

类　型	具体种植方式
两熟制	麦—稻、油菜—稻、绿肥—稻、蔬菜（瓜果）—单季稻
三熟制	麦—稻—稻、油菜—稻—稻、绿肥—稻—稻、麦—瓜—稻、麦—玉米—稻、冬春作物—春玉米—后季稻、冬季蔬菜—瓜类—后季稻
种养混合型	水稻—特种水产养殖
多元种植型	蚕豆（经济绿肥）/春玉米/秋季作物型、麦/玉米/秋季作物型

五、水稻产业发展概况

（一）江苏省水稻产业发展概况

1. 水稻育种成就

品种是农业发展的根本，是增强农产品竞争力的关键，每一次农业科技革命都离不开农业品种的创新。为推进江苏水稻生产持续发展，江苏一直重视水稻育种科研发展。经过长期投入与发展，目前江苏水稻育种已跃居国内各省前列，拥有一支科技实力雄厚的水稻育种科研机构和人才队伍，建成一批水稻种质资源基因库并创制了一大批水稻育种资源材料，水稻育种技术不断创新、进步与完善，先后育成了一批具有代表性的水稻新品种（组合），并得到大面积生产应用，为全面提高江苏水稻生产水平奠定了良种基础。

（1）壮大了一支水稻育种科研机构和人才队伍。经过多年发展，江苏省已建立一支实力雄厚的、多元化投入、市场化育种科研队伍。一是农业科研系统,包括省农科院及地区农科所,已成为江苏省水稻育种的最重要技术力量。二是农业院校系统,包括南京农业大学、扬州大学,已成为水稻育种技术创新、前沿科技研究的中坚力量。三是省农垦系统,包括大华种业集团及所属农场,水稻育种技术理论和水平都在快速发展。四是基层农科所系统,包括武进、常熟、盐都、通州等县级农科所,已成为基层水稻育种的重要力量。五是种子企业系统,主要包括中江、明天、红太阳、神州等具备育繁加销一体化的现代种子企业,已经开始涉足并育成一系列具有自主知识产权的水稻新品种(组合),并快速大面积生产推广应用,现代种子企业已成为江苏省水稻育种的重要生力军。

(2)建成了一批水稻种质资源基因库和材料创新平台。长期以来,受光照、积温、降水、土壤条件影响,江苏省水稻生产形成了品种类型、熟期熟制、品质特性不同的具有区域特色格局,不仅籼、粳稻并存,且早、中、熟晚类型兼有,造成生产中常规中粳、常规晚粳、三系杂交中籼稻和杂交中粳并存,搭配常规中籼、两系杂交中籼和杂交晚粳的品种类型和布局特点。因此,为适应生产需要,建立稳定的、多样性的水稻种质资源基因库,是选育适宜不同地区、不同熟制、不同类型的水稻品种(组合)的基础条件。为加大对水稻种质资源的收集、保护、利用和创新,近几年江苏省加大了水稻种质资源基因库建设力度,在省科技厅和农业三项工程项目支持下,江苏省农业科学院建成了国内一流的江苏省农业种质资源保护与利用平台,扬州大学、南京农业大学、武进水稻研究所等单位加快水稻基因库建设,基因库的检测、筛选等研究硬件设施不断完善配套,高产、优质、多抗及其他抗逆基因资源引进数量不断增加,为种质资源的引进、扩繁、创制提供了良好条件,也为进一步鉴别种质性状,全面应用最新生物技术,提高江苏省水稻育种技术水平提供了技术和物质保障。此外,在一系列项目资金支持下,江苏省还建成了江苏省优质水稻工程技术研究中心、国家水稻改良中心南京分中心、长江中下游水稻科技创新中心、国家和部级重点实验室等,为水稻育种技术创新与品种选育提供了先进手段和发展平台。

(3)探索了一套水稻育种新技术新理论。新中国成立以来,江苏水稻品种改良可分为4个阶段。一是土种改良种(1949—1958年),水稻平均每 $667m^2$ 产量由 127kg 上升到 202kg。二是高秆改矮秆(1959—1977年),水稻平均每 $667m^2$ 产量上升到 260kg。三是常规稻改杂交稻(1978—1993年),水稻平均每 $667m^2$ 产量提升到 470kg。四是发展高产粳稻品种(1994年以后),水稻平均每 $667m^2$ 产量突破 500kg,其中,1998年高达 588kg。

20世纪80年代以前,江苏水稻品种大部分引自国外及外省。进入90年代,江苏水稻育种取得飞跃发展。武育粳、武运粳系列品种的育成,实现了江苏粳稻品种的自给,并将粳稻产量提高到新的水平。中籼稻品种扬稻6号的育成,使两系杂交籼稻和红莲型杂交籼稻的选育跨上新台阶,被用作水稻基因组的测序亲本,成为籼稻标志性品种。特优559的育成,取得了江苏杂交籼稻育种零的突破。两优培九的育成,取得了两系杂交籼稻育种全国性的突破。

21 世纪以来，育成抗水稻条纹叶枯病粳稻品种镇稻 99、徐稻 3 号、徐稻 4 号、盐稻 8 号、扬粳 9538、宁粳 1 号、华粳 6 号、淮稻 9 号、扬辐粳 8 号、南粳 44、扬粳 4038、宁粳 3 号、连粳 4 号等应对了条纹叶枯病的发生危害，对稳定江苏水稻生产发挥了重大作用（陈涛等，2006；王才林等，2007a）。

稻米品质得到了明显改善（吉健安等，2008），2004—2008 年，共育成水稻新品种 71 个，其中品质达国标一级优质稻谷标准的品种 7 个，二级 12 个，三级 34 个，优质糯稻 6 个。食味品质改良也取得可喜进展，育成了食味品质可与日本"越光"米媲美的优良食味新品种南粳 46（王才林等，2008a），开创了江苏优质稻生产的新局面。

超级稻育种走在前列。截至 2013 年，全国已认定的 101 个超级稻品种中（不含退出品种），江苏省有 16 个。1999 年，育成江苏省第一个两系超级杂交稻两优培九，被誉为超级杂交稻的先锋组合，已累计推广应用逾 667 万 hm²，产生了巨大的社会经济效益。此后，Ⅱ优 084、武粳 15、宁粳 1 号、淮稻 9 号、新两优 6380、扬两优 6 号、扬粳 4038、宁粳 3 号、南粳 44、武运粳 24、南粳 45、连粳 7 号、镇稻 11、扬粳 4227 及宁粳 4 号先后被认定为超级稻品种。

（4）育成了一批综合性状优良的水稻新品种新组合。1981—2008 年江苏省共审定水稻新品种（组合）270 多个，其中常规稻品种占 70% 左右，杂交稻组合 80 多个，占 30%，另外育成一大批不育系、恢复系，品种选育实现了籼、粳、糯稻品种齐全，早、中、晚熟配套的格局。一是育成品种产量潜力不断提高。无论是常规稻还是杂交稻，与"七五"审定品种产量水平相比，当前审定的水稻品种产量潜力均有不同程度提高，尤其是"九五"以后，增产幅度更大。"九五"和"十五"中籼稻产量较"七五"分别提高 13.7% 和 14.22%，常规中粳稻分别提高 20.84% 和 25.2%，常规晚粳稻分别提高 15.99% 和 14.31%，杂交粳稻分别提高 16.41% 和 19.67%。尤其是在超级稻育种上，江苏省起步较早，育成全国第一个两系超级稻组合两优培九，较好地实现优质、超高产和优良抗性的有机结合，是两系法杂交稻成功应用于生产的标志性成果，该组合 2003 年获江苏省科技进步一等奖，2004 年获国家科技发明二等奖。其后又育成一批具有超高产潜力品种，如武粳 15、宁粳 1 号、淮稻 9 号等 6 个品种（组合）被农业部认定为超级稻品种（组合），并得到大面积推广应用。二是育成品种品质特性不断改善。江苏省一直重视优质稻育种，尤其是 21 世纪以来，各育种单位针对稻米消费对品质要求升级的特点，加快优质育种工作，近几年江苏省审定通过的水稻品种达到国标三级优质稻谷标准的比例逐年上升，稻米品质理化指标得到显著改善（王才林等，2007b；阚金华等，2007）。2001—2008 年育成并审定的品种有 79 个达国标 3 级以上，其中籼稻 15 个，中熟中粳 17 个（其中糯稻 2 个），迟熟中粳 17 个（其中糯稻 2 个），晚粳 30 个（其中糯稻 2 个）。优质品种中，达国标一级的 8 个，二级的 20 个，三级的 45 个，有 6 个品种（组合）主要理化指标达优质稻标准，其中 2008 年审定通过的品种全部达优质稻标准。三是育成品种综合抗性逐步增强。各育种单位都能针对生产上主要病虫害，在高产优质育种的同时，着力开展抗性育种，尤其是自2003年以来的抗条纹叶枯病育种工作取得了显著成效，近几年审定通过的粳稻品种中，如徐稻3号、淮稻9号、宁粳1号、南粳44等已有近50%的品种抗性水平达到了中抗以上，比2004年增加了近40个百分点，特别是徐稻、宁粳、淮稻、南粳系列等粳稻品种抗条纹叶枯病性状逐步改善，目前审定的品种80%左右达到中抗以上，抗条纹叶枯病品种的大面积推广，有效降低条纹叶枯病的发生与为害（王才林等，2008b）。另外，抗白叶枯病、稻瘟病的育种工作也得到重视并取得了一定进展。

2. 水稻品种利用取得的成效

水稻是江苏农业支柱产业，也是省委、省政府确定16个优势农产品产业的重中之重，水稻产业的发展离不开良种的支撑，良种是水稻优势产业科技的重要载体，也是产业发展的先导。在切实抓好水稻育种科研的同时，优良水稻新品种也得到快速推广应用，在栽培技术不断完善配套的推动下，江苏省水稻单产水平不断提高，稻米品质也不断改善，为稳定农民增收，发展农业产业，确保全省粮食安全发挥了重要保障作用。

（1）高产品种的普及化推动了水稻单产水平的稳步提高。总体看，江苏水稻育种和良种推广先后经历了3次重大突破，每一次突破都得益于高产品种的快速普及应用，推动全省水稻综合生产能力登上一个新的台阶（王才林等，2008c）。第一次突破是20世纪60年代初的矮秆育种，二九青、广陆矮等系列品种利用，使水稻单产提高30%，全省水稻每667m²产量跨越200kg；第二次突破是20世纪70年代的杂种优势利用，汕优63等杂交籼稻组合及配套技术的推广，使水稻每667m²产量又提高20%，全省水稻每667m²产量先后跨越300kg、400kg；第三次突破是20世纪90年代启动的高产优质育种、超级稻育种，武运粳7号、武育粳3号、早丰9号、两优培九等品种（组合）的推广，推动全省水稻单产又提高20%，自1995年每667m²产量一举跨越500kg平台，21世纪以来又先后育成武粳15、宁粳1号、淮稻9号等超级稻品种，加上徐稻3号、南粳44、扬粳4038等品种的推广，使全省水稻每667m²产量稳定在550kg左右，创造了常州等6.67万hm²以上规模的水稻每667m²产量超600kg水平。在品种类型上，由于粳稻品种产量潜力不断提升，加上技术的不断配套，江苏省高产粳稻品种推广步伐明显加快，至2008年，全省粳（糯）稻种植面积已达186.7万hm²，占全省水稻总面积比例稳定在85%。随着高产品种的推广普及，江苏省水稻综合生产能力稳定提高，以2003—2007年为例，全省年均水稻种植面积212.5万hm²，平均每667m²产量为523.2kg，年均总产量1667.8万t，面积和总产量分别占全国水稻的7%和10%左右，面积居全国前5位，总产量居全国第二位，单产稳居全国水稻主产省第一位，其中粳稻种植面积和总产量分别占全国粳稻面积和总产量的20%和30%，具有年产2000万t以上稻谷的生产能力。水稻生产持续发展对确保全省口粮自给发挥了积极作用。

（2）品种布局的区域化推动了优质稻米产业的基地建设。为充分发挥水稻品种在增加单产、改善品质、提高效益等方面的潜力和优势，江苏省作物栽培技术指导站于2002年起，组织省内水稻育种、栽培、推广、加工等方面专家，通过多品种类型、多点多年种植等专题试验，在气象条件、产量形成、品质特点、耕作制度等资料基础上，研究提出了适应各区域气候、生态、耕作栽培等特点的江苏稻米品质区划，将全省稻米品质区划为淮北中稻品质区（含4个亚区）、江淮中、晚稻品质区（含4个亚区）和苏南晚稻品质区3个主区（既然是品质区划应该以品质为分区的主要依据，如果仍然是以熟期为分区依据，只能叫品种区划）、11个亚区，若干个三级区划（产业基地），明确了适宜每个区划的主要水稻品种品质类型。在此基础上研究提出了适宜江苏稻米产业化发展的水稻优势产业区域化布局，将全省水稻生产划分为淮北陇海线中熟中粳稻、里下河及沿海迟熟中粳稻、太湖流域单季晚粳稻、淮北西南部和沿运丘陵杂交中籼稻优势区五大优势区域。此后，又针对各生态地区水稻生产实际，研究提出了适宜不同生产地区、不同种植方式、不同熟制类型的水稻品种应用优化布局，从而形成了以生态适应性为主、以种植模式适应性为辅的品种区域化布局，进一步优化了全省水稻品种布局，淮北地区以中熟中粳为主、搭配杂籼及迟熟中粳；苏中地区北部以中熟中粳为主，南部沿江早熟晚粳为主，中部迟熟中粳，里下河及丘陵搭配籼稻；苏南地区以早熟晚粳稻为主。通过不断优化水稻品种布局，"籼粳插花""一地多品"（从品种多样性和抵御病虫害角度讲，一地多品不能说是布局混乱）的品种布局混乱现象得到进一步改善，为进一步确保水稻生产安全，挖掘良种增产潜力，发挥品种品质优势，建立优质水稻生产基地，发展"企业＋基地＋农户"等形式的优质稻米产业化开发机制，为稻米加工企业提供粮源稳定、品质一致的稻谷原料创造良好条件。

（3）良种推广的优质化推动了优质稻米产业的竞争能力提升。总体来看，江苏省水稻生产自"十五"以来，已基本实现由高产向高产、优质兼顾转变，为发展优质稻生产提供品种基础。21世纪以来，为提高品种应用纯良化和质量水平，江苏省加大良种繁育与质量检验与检查工作，尤其是在近几年良种推广补贴项目实施推动下，水稻生产良种应用率达到95％以上。在此基础上，为适应现稻米消费不断升级的需求，江苏省加大了优质稻生产步伐，除严格把关品种审定关，即非优质品种基本不予审定外，在良种推广上，强调国标三级以上的优质良种推广，在近几年省农林厅实施的良种补贴项目推动下，通过综合展示、基地品种集中展示、品种现场观摩、品种论证推荐、招标采购和统一供种等措施，全省水稻优质化生产步伐明显加快。同时通过积极引进稻米加工企业参与优势产业基地建设，开展订单种植，落实优质优价等政策，引导农民发展优质稻品种种植，加快了优质品种的推广步伐。自2003年起，全省优质稻生产迅速发展，平均每年以10个百分点递增，至2008年，全省国标三级以上的优质稻种植面积达188.4万hm^2，优质化率达85％，其中国标一级、二级优质水稻品种种植面积也明显增加，占全省水稻总面积比例分别达19％和24％。水稻优质化生产的快速发展，为优质稻米产业化发展提供了品质保障，促进"双兔""苏牌""淮上珠""状元"等知名稻米品牌的创建，有力地提高了江苏稻米国内外市场知名度和竞争力。

（4）品种推广的主导化推动了规模水稻生产的标准化发展。为适应现代水稻生产的集约化、规模化和标准化管理需要，提高水稻生产技术推广专业化、社会化发展水平，在推广高产、优质、高（多）抗品种的同时，江苏省历来重视水稻品种推广的主导化，通过主导品种的区域化、规模化生产，推进统一播种、统一栽插、统一水肥、统一植保、统一收获等标准化生产管理，努力为实现规模化、集约化、标准化、机械化等现代化水稻生产创造良好条件。尤其是在良种补贴项目统一供种的推动下，全省水稻主导品种地位逐渐突出，单品种平均推广应用面积明显较往年提高。近几年，年推广 6.67 万 hm² 以上的品种数量、总面积、占全省水稻面积比例逐年提高，2008 年全省推广应用面积在 6.67 万 hm² 以上的主导品种有 11 个，分别是徐稻 3 号（22.4 万 hm²）、徐稻 4 号（12.8 万 hm²）、武运粳 21（11.2 万 hm²）、淮稻 9 号（10.8 万 hm²）、武粳 15（10 万 hm²）、宁粳 1 号（9.4 万 hm²）、武育粳 3 号（10 万 hm²）、华粳 6 号（7.4 万 hm²）、扬辐粳 8 号（6.9 万 hm²）、宁粳 3 号（6.7 万 hm²）、南粳 44（6.7 万 hm²），合计面积达 114.3 万 hm²，占全省水稻面积的 50% 以上，品种推广的主导化趋势较为明显，有效减轻了粳籼插花种植、品种多、乱、杂现象。品种推广的主导化，为农技推广部门准确指导当地水稻生产，统一落实肥水管理、病虫防控等生产管理措施提供了有利条件，推动了水稻生产标准化发展进程。

（二）浙江省水稻产业发展概况

浙江具有国家级、省级、市级等很强的水稻育种研发团队，浙江省政府一直非常重视水稻育种研究，自"六五"组织全省性的水稻育种攻关协作组至今，分常规育种（简称 9410 计划）和杂交稻育种（简称 8812 计划）两个专题，联合中国水稻研究所、浙江省农业科学院、浙江大学、嘉兴市农业科学研究院等省地市科研单位的水稻种质资源、育种、植保、栽培、品质等专业人才进行协作攻关，选育出一批又一批适合不同目标的产量高、米质优、抗性强的水稻品种，取得了明显绩效（张小明等，2002；李春寿等，2005；叶胜海等，2008）。经过长期稳定的投入和机制运行，目前已有一批稳定的水稻科研人才分布于全省各地，浙江省在常规早籼稻育种、常规晚粳稻育种、籼粳杂交稻育种等方面居全国领先水平。近年来，种子企业积极参与育种研究，科企合作育种初见成效。

浙江省水稻科研工作以省水稻育种重大科技专项"水稻新品种选育及中试"（0406 计划）为纽带，以省水稻产业科技创新服务平台为依托，紧紧围绕着粮食安全，开展科技创新。通过一系列重大品种和技术的实施，"九五"以来，水稻单产持续提高，据统计，全省水稻年均每 667m² 产量从"九五"时期的 398.9kg 提高到"十五"时期的 436.6kg，增加 37.7kg；同期全国平均每 667m² 产量从 420.2kg 跌至413.2kg，减少 7kg；全省"十一五"前三年年均每 667m² 产量为 457.3kg，比"十五"时期再增 20.7kg，比"九五"时期提高了 58.4kg，增幅达到 14.6%，而同期全国平均每 $667m^2$ 产量为 426.2kg，同比仅增 13kg 和 6kg，"十一五"比"九五"仅增 1.4%，浙江省水稻单产的增幅已远远超过全国平均水平。目前育成的籼型杂交稻组合约占全省籼型杂交稻推广面积 75% 左右；粳型杂交稻占浙江省粳型杂交稻面积 88% 以上；育成的早籼、晚粳、晚糯品种占全省常规稻总面积的 90% 以上。不但满足了全省生产的需求，而且有部分品种在省外广泛种植，彻底改变了外省品种在浙江省推广占主导地位的局面。另据国家统计局公告，2011 年浙江省早稻单产大幅度提高，单产水平居全国第一，2011 年浙江省早稻每 $667m^2$ 产量为 407.4kg，比上年提高了 47.8kg，比全国早稻平均高 27.7kg，比位居次席的福建省高 7kg。

（三）安徽水稻产业发展概况

1. 水稻新品种选育取得显著进展

"十一五"以来，安徽省育成（审定）早、中、晚不同生态类型的水稻新品种 136 多个，其中，常规早籼稻 8 个，单季中稻 108 个，双季晚稻 20 个。尤其是在两系杂交籼稻新品种选育上，成果丰硕，育成新品种 53 个，其中，国审品种 14 个。据 2009 年全国农业技术推广中心统计，2009 年安徽育成的两系稻在长江中下游地区推广面积达 160 万 hm^2，占当年全国两系稻推广总面积的 41%。特别是丰乐种业育成的丰两优 1 号、安徽荃新高科种业公司育成的新两优 6 号、宣城市农业科学研究所育成的两优 6 326、安徽省农业科学院水稻研究所育成的皖稻 153 等品种，具有高产、优质、抗逆和广适的优点，在长江中下游及以南地区广泛推广应用。安徽省主推类型单季中籼品种年种植面积 160 万 hm^2，自育品种面积 120 万 hm^2 以上，自育品种占用率达到 75%。

在开展水稻新品种选育研究中，对新的育种方法和技术进行了探索和应用（李泽福，2007）。将分子标记技术应用于水稻品质和抗性改良，提高了育种效率。安徽省农业科学院水稻研究所应用分子标记辅助选择技术有效地降低了籼型恢复系 057 的直链淀粉含量，育成杂交中籼新组合皖稻 185 通过安徽省审定，并在生产上大面积推广应用。通过分子标记辅助选择的方法，将抗稻瘟病的 $Pi9$、抗白叶枯病的 $Xa21$、$Xa23$ 和抗稻飞虱的 $BPH14$、$BPH15$ 等抗病虫基因，转入不育系广占 63S、1892S 和恢复系 9311 等生产上大面积应用的亲本，培育出一批抗病两系不育系，其中以广占 63S 为受体、含有 $Xa23$ 和 $Pi9$ 基因的 N632S，以及 1892S 为受体、含有 $Xa23$ 和 $Pi9$ 基因的 N779S 通过安徽省农作物品种审定委员会鉴定。通过分子标记辅助选择技术，将耐淹基因 $Sub1$ 导入主栽品种中，培育出一批耐淹优良品系。

国家转基因重大专项于 2008 年启动，安徽省开展水稻高产、抗病、抗虫、抗旱和转基因调控元件等研究，并取得较大进展。与中国农业科学院和华中农业大学等单位合作，通过基因枪转基因方法，育成高抗白叶枯病的转基因粳稻新组合抗优 97；利用 TT51 衍生恢复系 TW9311（抗螟籼 1 号）与新二 S、矮占 43S、广茉 S 等常规核不育系配组,育成新品系 8 个,均被农业部批准在湖北、安徽两省(农基安办字 2012—T207)进行示范试种;合成了具有自主知识产权的抗鳞翅目害虫的 Bt 基因;克隆了 $OsTSP\ I$ 等一些水稻组织特异性表达的启动子基因。通过 RNA 干扰的方法,获得了抗条纹叶枯病转基因的稳定株系,通过室内检测和田间自然接虫鉴定,抗条纹叶枯病能力比对照明显增强。

在杂交水稻种子生产技术研究上,安徽省农业科学院水稻研究所对粳型两系杂交水稻的种子高产安全生产技术进行了探索和研究,建立了两系(粳型)杂交种子的高产安全生产技术体系,获得安徽省科学技术奖二等奖;构建了分子标记快速准确鉴定杂交水稻及亲本种子真伪和纯度的技术体系,获安徽省科学技术奖一等奖,这些研究成果为安徽省杂交种子的安全生产奠定了理论和技术基础。合肥丰乐种业股份公司、安徽荃银高科种业股份公司,以及安徽华安种业有限责任公司等单位在多年制种实践的基础上,积累了较为丰富的两系杂交稻种子安全生产技术和经验。

2. 稻作技术得到了较大改进和提高

"十五"期间,通过实施的国家科技攻关计划粮食丰产科技工程"安徽水稻丰产高效技术集成研究与示范"课题,创新性地提出安徽水稻高产标准化栽培技术、水稻减灾高效生产技术、水稻轻型栽培技术三大稻作技术体系(吴文革,2007);系统集成安徽沿淮、皖东、江淮、沿江四类稻作区两种稻作类型的 9 套水稻生产技术标准。目前,以水稻旱育稀植技术为代表的培育壮秧技术年应用面积在 100 万 hm^2 以上。以抛秧、直播稻、免耕为代表的轻型栽培技术年推广应用面积达 66.7 万 hm^2(抛秧 46.7 万 hm^2,免耕 3.3 万 hm^2,直播稻 16.7 万 hm^2),其中 70% 的应用面积在沿江双季稻区,近两年来江淮及沿淮一季稻区的应用也在不断扩大。特别是旱育无盘抛秧栽培技术成为一季稻区主推的轻简节本主体技术。以防高温热害、节水灌溉为代表的避灾节本技术年推广应用 33.3 万 hm^2。特别是推迟播种期将抽穗扬花期安排在 8 月中下旬,以有效地避开常年 7 月下旬至 8 月上旬的穗期高温,该技术已被广大农民所接受。以病虫害综合防治为重点的精确管理技术,2006 年累计防治水稻重大病虫面积达 0.105 亿 hm^2,在稻飞虱特大发生的年份,挽回稻谷损失 35 亿 kg。这些技术的形成与发展,促进了安徽省水稻大面积、大幅度的增产和水稻产业的转换升级增值,丰富水稻栽培理论,形成了安徽省独特的水稻丰产栽培技术体系。

3. 水稻产业化经营有了较大发展

21 世纪以来,安徽省把水稻生产作为主导产业,通过发展水稻专业化生产、实施产业化经营,提升水稻的产品档次和整体效益(张培江等,2006)。2000 年安徽省正式启动了"大宗农产品优质化工程",有重点地建立了一大批优质稻米生产基地,并扶持了一些稻米加工企业,积极推进稻米专业合作组织,在水稻主产区建立高标准的优质稻生产示范基地,加强稻米产品质量安全监管等,促进了我省优质稻米生产发展。

据安徽省粮食局统计,全省稻米加工企业有 393 家,年总加工能力 1 034 万 t,

全省每年调出的大米主要靠这些龙头企业。2006 年水稻订单面积达 101.8 万 hm²，订单收购量 218 万 t，订单履约率 85%。

近年来，安徽省以发展优质稻米产业化为契机，重点培植了青草香、青草湖、南照、金迈、稼仙、康盈、和威、晶湖、联河、家声、晶光、银凤、苏禾、包公、雪枣、宗玉、双丰、女山湖、友勇等优质米知名品牌 40 多个。获得绿色认证品牌的稻米 20 个；获得国家级品牌有康盈、稼仙、青草香、槐祥、乡里乡亲等，其中平安康盈米业生产的康盈牌系列大米已被国家评定为免检产品，产品在南京、上海等地市场十分畅销（孔令聪等，2007）。

第二节 限制水稻产业发展的因素

一、自然灾害频发

随着全球气候变暖，极端天气事件发生的概率增加，每年干旱、低温冷害、洪涝等气象灾害频繁发生，不仅灾害种类多，而且发生范围广、程度深、危害大，对水稻生产造成较大影响。近年来，气象灾害对水稻生产的影响，虽年际间有波动，但总体呈加重趋势。同时，气候变化导致水稻病虫草害发生规律出现诸多新变化，对水稻生产构成极大威胁。安徽省 2003 年的夏季高温导致水稻成灾面积达 33.3 万 hm²，其中结实率 10% 以下的实际绝收面积有 3.3 万 hm²；2008 年稻纵卷叶螟、稻飞虱、稻曲病等水稻重大病虫大发生，水稻病虫累计发生面积仅安徽省就达 927 万 hm²。2004 年江苏省超过 133.3 万 hm² 水稻条纹叶枯病大范围暴发（王才林，2006）。一般田块病穴率为 5%～30%，重病田为 50%～60%，严重田块达 80%，造成严重的产量损失。重大气象灾害常态化和病虫害复杂化已成为水稻发展最不确切因素。

二、农业基础设施薄弱，耕地水资源约束加剧

中国基本国情是人多地少水缺，人增地减的趋势短期内难以逆转，资源紧缺的矛盾日益突出。中国水稻种植面积由 1949 年的 2 571 万 hm² 逐步扩大到 1976 年的 3 622 万 hm²，随后种植面积逐年下降，1994 年减少到 3 017 万 hm²，1997 年又恢复到 3 177 万 hm²。1998 年以后，水稻种植面积再次呈现持续、快速下滑态势，2003 年减少到 2 651 万 hm²（杨红旗等，2011）。华东稻区同样存在这种问题。浙江省水田面积由 2000 年的 132.9 万 hm² 减少到 2012 年的 83.3 万 hm²，减少了 49.6 万 hm²。尤其是 2012 年比 2011 年急剧减少近 6.67 万 hm² 的水稻种植面积。江苏省的 2012 年水稻种植面积 225.4 万 hm²，比 1980 年的 267.6 万 hm² 下降了 42.2 万 hm²，三大区域水稻种植面积的变化差异明显，其中苏南地区水稻种植面积从 1980 年的 122.7 万 hm² 下降至 2012 年的 40.9 万 hm²，下降了 66.66%；苏中地区水稻种植面积略降，仅下

降了 7.00%；苏北地区水稻种植面积由 1980 年的 82 万 hm² 上升至 2012 年的 127.8 万 hm²，上升了 55.92%。1999—2003 年，由于国家实施农业结构战略性调整政策，江苏省三大区域的水稻种植面积逐年下降；2004 年，在国家粮食直补、免除农业税等政策驱动下，三大区域的水稻种植面积均有所回升，苏北地区回升的幅度最大，苏南地区回升的幅度最小。近年来，苏北地区的水稻种植面积继续保持上升的趋势，苏南和苏中地区的水稻种植面积稳中有降，总体上江苏省三大区域的水稻种植面积趋于稳定（佴军等，2012）。上海市和山东省 2011 年和 2012 年水稻种植面积持续下滑，其中上海市已经低于 10.7 万 hm²，2012 年统计面积仅 10.5 万 hm²。

水稻是耗水量最大的作物，而中国是世界上严重缺水的国家之一，水资源不足和水资源时空分布不均已成为制约农业发展的重要因素。中国农业用水占总用水量的 70%，水稻生产用水占农业用水的 65% 左右，旱灾造成的经济损失占各种自然灾害损失的 60% 以上，尤其南方多发的季节性干旱缺水，北方常年少雨缺水，限制着中国水稻生产发展。江苏省水资源相对充裕，但是存在水资源时空分布不均的问题，北方水少地多，南方水多地少，水资源与人口、耕地、生产力布局不相匹配。随着水稻生产重心北移，水资源空间布局不平衡问题的影响愈加突出。另外，农业基础设施薄弱、排灌设施陈旧老化、沟渠道路不配套等种种因素更急剧降低了水资源利用效率。在现实生产条件下，中国稻谷产量一般只达到产量潜力的 60% 左右。方福平等（2009）估算出 2008 年中国水稻现实生产能力和潜在生产能力分别达到 22 618 万 t 和 25 390 万 t，而实际产量为 19 190 万 t，差距分别为 3 428 万 t 和 6 200 万 t。

三、中低产田比重高，耕地质量下降

耕地质量下降主要包括两个方面的因素，一是优质良田占用不断增加、耕地占补不平衡。随着城市化和工业化进程的加快而导致的耕地非农化日趋严重，各种非农建设占用的耕地大多是城郊的良田和菜地，熟化程度高，产出率高。这就使得高质量耕地比例下降，造成区域耕地质量总体水平的下降，而耕地质量的整体下降会使该地区耕地平均单产相应下降。工业化和城镇化进程越快，耕地损失也越多。据统计，浙江省 2000—2007 年，耕地占用量为 20.92 万 hm²，而补充耕地为 19.65 万 hm²，大多数是围垦或开荒地（李凤博等，2011）。江苏省 2011 年统计数据表明，南京、苏州、无锡、常州、镇江、南通、泰州、扬州 8 个市水稻种植面积全面调减，调减面积合计约 1.33 万 hm²，苏北水稻种植面积略有扩大，主要是沿海滩涂盐碱地开发。补充耕地大多数是围垦或开荒地，耕地质量比较差，而占用的土地一般为耕作多年的良田，耕地占补不平衡、以优补劣，导致耕地质量不断下降。生产实践表明，新开垦耕地与占用的熟耕地相比，一般相差 2~3 个地力等级，而 1 个等级就相当于每 667m² 100kg 的粮食产量。二是环境污染加重。经济发展的过程往往是工业化和城镇化逐步推进的过程，而工业生产的发展和城镇人口的不断增加，又容易带来工业污染和城市生活污染的大量排放。受工业"三废"污染、化肥施用过多以及干旱、洪涝、盐碱等自然灾害因素影响，土壤污染、退化、稻田潜育化问题十分突出，耕地质量下降严重。此外，有机肥施用量逐年减少、化肥施用量增加、肥料养分比例失调、高强度耕作等也导致耕地地力下降。

四、主导品种不突出，广适性超高产品种缺乏

从生产上推广品种的数量看，主要体现为品种数量越来越多，单品种推广面积越来越小，主导品种不突出。据全国农技推广与服务中心统计，2002 年推广面积超过 0.67 万 hm² 的水稻品种有 714 个，比 1995 年的 325 个增加 389 个；平均每个品种推广面积 3.3 万 hm²，比 1995 年减少了 2.8 万 hm²；"九五"以来，全国水稻主要推广品种呈明显增加趋势，2006—2008 年年均主要推广品种为 735 个，比"八五"时期增加 419.4 个（杨红旗等，2011）。据统计，2009 年浙江省种植的水稻品种有 71 个，其中，推广面积在 6.67 万 hm² 以上的仅有 1 个品种，推广面积在 4 万~6.4 万 hm² 的品种有 4 个，2 万~3.9 万 hm² 的品种有 8 个。2012 年江苏省各地推广的品种达 115 个之多，部分省辖市水稻供种点达 1 000 多个，造成农民购种容易选种难，品种多、乱、杂现象比较突出，从全省水稻大面积应用的品种看，2012 年 6.67 万 hm² 以上规模的品种较 2011 年减少，品种应用有分散的趋势。水稻生产主导品种不突出，大田"插花"种植现象严重，影响水稻单产水平提高。从品种类型看，主要体现为耐肥型超高产品种数量多，而适合中低产田的广适应性超高产品种少。以超级稻品种为例，截至目前，农业部认定的超级稻品种以一季耐肥型超级稻品种居多。

五、良种良法不配套，高产主流技术推广到位率不高

袁隆平院士总结超级稻每 667m² 突破 900kg 经验时认为，概括起来主要有 3 点：良种、良法和良田，缺一不可。良种是核心，良法是手段，良田是基础，三良必须配套。在尽力改良耕地质量的基础上，更要注重良种良法的配套才能实现水稻高产。但是目前大面积生产上良种良法还远远没有达到配套，严重制约了水稻单产的提高。近年来，华东水稻轻简（抛秧、机插秧、直播）化生产技术发展较快，特别是直播稻发展较快，在部分温光资源不足的地方造成了一定的生产安全隐患（杜永林等，2009）。据统计，浙江省直播稻面积有 35.61 万 hm²，占水稻播种面积的 35％左右，特别是浙北杭嘉湖平原稻区几乎全为直播稻，浙中直播稻面积也较大，两区直播稻面积占直播稻总面积的 95％以上。但是，从品种选育看，目前多数品种的选育是适应人工插秧等精耕细作的方式进行产量比较试验而育成的，适宜精播等传统生产方式，生产上缺乏适应轻简生产的高产品种。

从栽培技术看，华东稻区 2009—2012 年主推技术调查结果表明，近年来测土配

方施肥技术、病虫害综合防治技术、旱育秧技术、高产栽培技术、机械插秧技术、节水技术和秸秆还田等高产主流技术的采用率总体较高，但是农户种稻技术水平并不高，技术不到位现象较为严重。一方面，从栽培技术本身来看，尽管目前推广的高产栽培技术体系在生产示范中展示了良好的增产性，但由于轻简化不足，造成农户采用率不高；另一方面，从技术推广体系来看，我国农技推广体系改革打破了旧的农技推广体系，但至今尚未建立新的推广体系，出现了断层现象，农技推广力度不足，普遍存在农技推广网络不健全、推广经费不足、缺少技术员等问题。主要表现为推广机构运行机制不科学、推广队伍不健全和推广经费不足3个方面：第一，推广机构运行机制不科学。现有农业科技推广体系造成农技推广活动受到政府过多的干预，使得农技推广部门的活动在相当程度上成为一种政府行为，没有与实际生产中的问题和农民需求有效对接。第二，推广队伍不健全。在市、县（区）一级的推广队伍人员稳定，文化水平较高，但乡镇级农技队伍不健全，一些基层农技站的农技员工作都行政化，以传达上级文件精神为主，做本职工作的时间很少，甚至有些乡镇农技站已被取消，而且大部分基层农技站都很多年没进新人才，都是年老的一批农技员在留守，知识老化现象严重，人才断层现象突出；据农业部门统计（张正球等，2013）：2011年江苏省连云港市共有农技人员2 121人，其中市级55人，县区584人，乡镇1 482人。在乡镇农技体系中，具有研究生学历的只有2人，本科148人，专科427人，中专793人，35岁以下的只有112人，40岁以上的有959人。第三，推广经费不足，农业推广投入虽然逐年加大，但在投入方面过于偏重硬件建设，在示范展示、宣传推介、人员培训等方面投入不足，许多农业科技成果往往只推广到乡镇这个台阶，从乡镇推广到农户这一步因缺乏专门经费而取消了，同时，在经费投入上忽视了对人才的培养，特别是对推广方面人才的培养，限制了农业科技成果的快速推广。此外，随着城市化和工业化推进，青壮年劳动力大量转移至城市务工，原来从事农业生产的劳动力会有相当部分离开农村或农业，从事第二和第三产业，使农业和粮食生产所需的劳动力数量减少，质量下降。据有关部门调查测算结果，在外出就业的农村劳动力中，其中男性占64.6%、平均年龄为34.7岁，女性平均年龄为32.1岁；留乡务农劳动力平均年龄超过45岁，再过10余年现有留乡务农劳动力也将逐步进入老龄化阶段。留守稻农大部分为中老年人，身体素质、科技素质下降，先进科技推广严重受限，新品种、新技术的单产潜力难以充分发挥，对水稻新品种和新技术推广应用产生不利的影响，从而影响水稻的单产水平。高产主流技术推广不到位导致农民在水稻生产过程中的育秧、肥水管理及病虫草害防治等方面均会出现很多问题。例如在育秧环节，烂种烂秧、苗床质量差和秧田播种量大等问题较为严重，对育秧质量的影响较大。在施肥环节，农户没有根据水稻的生育进程进行施肥，每次见叶色略有褪淡就施肥，肥料使用过于频繁，施用时间不合理，不但没有达到预期效果，相反影响了水稻的生长，造成田块间平衡性较差，而且造成肥料和人工的浪费。病虫防治普遍存在防治时期拖后、用药量过多、用水量不足等问题。在水分管理上存在前期灌水量过多、搁田不及时或不到位以及后期断水时间过早等问题。这些问题的出现不仅提高了水稻生产成本，还严重影响了水稻单产的提高，制约了水稻产业的发展。

六、机械化程度较低

中国水稻生产机械化水平依然很低，尤其种植机械化是水稻生产过程中最薄弱环节和最大难点，有些地区甚至还是空白。2007 年水稻耕种收综合机械化水平 42.7%，其中收获机械化和栽插机械化分别是 46.2% 和 11.1%。目前我国水稻生产机械整地的比例大约为 65%。其中，北方稻区机械整地的比例最高，大约为 95%（王志刚等，2010）；其次是长江中下游单季稻区、长江中下游双季稻区和华南稻区，机械整地的比例为 60%～75%；西南稻区机械整地的比例最低，不足 25%。机械化收割的比例约占一半，其中长江中下游单季稻区机械收割的比例最高，在 75% 以上，长江中下游双季稻和华南稻区的比例为 40%～60%，北方稻区和西南稻区机械化收割的比例均低于 30%。机插秧仍然是制约水稻生产机械化的瓶颈。其中北方稻区和长江中下游单季稻区的比例明显高于其他稻区，比例分别为 25.42% 和 16.58%，其他稻区机械化栽种的比例均不足 5%。近年来政策突出购机补贴，使得插秧机数量快速增长，但是机插秧配套技术的研究与推广滞后，加上农机与农艺两套农技服务体系长期分离，搞农机的往往不懂水稻栽培，搞水稻栽培的往往不熟悉农机。二者的脱节影响到技术指导和落实的效果，秧苗素质差、秧苗弹性小、适插性不够等因素造成机插秧应有的穗数优势难以发挥，甚至基本苗不足、僵苗不发现象发生普遍，不能充分挖掘机插产量潜力，限制了机插秧的大面积推广，降低了机插秧效果，导致水稻机械化种植水平的发展比较缓慢。另外，农机购置成本较高、燃油价格过高、每年折旧率高、存放占地面积大、育秧等配套技术较高等都制约着全程机械化。

七、水稻生产效益低，种稻积极性不高

在大多数发展中国家，水稻生产为稻农提供了主要就业机会和经济收入。在早期，水稻单产的提高增加水稻的产出和稻农的收入。然而，1995 年以来，国际稻米价格显著下降，而生产资料，如化肥、农资、人力、燃料、机械等价格上升，使水稻生产成本上升，水稻生产效益下降。这种状况长期持续，制约了农民对水稻生产的投入，导致多数发展中国家的水稻产量下降。2008 年全球化肥价格大幅上涨，导致水稻生产效益进一步下降（朱德峰等，2010）。

与经济作物比较，水稻种植效益显著较低。随着 1999 年国家推进农业结构的战略性调整以来，经济作物面积比重的扩大导致了水稻种植面积的减少。2007—2009 年浙江省早籼稻、晚籼稻和粳稻的平均净收益每 667m² 分别为 237.22 元、267.83 元和 323.82 元；而种植柑和桔的平均净收益每 667m² 分别为 2 192.96 元和 1 374.53 元，

分别是水稻平均收益的 10.58 倍和 6.63 倍；而外出打工最低月工资 1 200 元；若按种植水稻计算，按一人年种植 0.33hm² 双季稻，每 667m² 的平均净利润 500 元，则月均收入仅为 300 元左右（李凤博等，2011）。江苏省自 1999 年开始对种植结构进行了较大的调整后，苏南地区经济作物种植面积占耕地面积比重从 1997 年的 35.59% 上升到 2009 年的 45.68%，上升了 10.09 个百分点，而苏南地区水稻种植面积从 1997 年的 78.70 万 hm² 下降到 2009 年的 43.26 万 hm²，其占耕地面积比重则从 1997 年的 65.8% 下降到 2009 年的 46.32%，下降了 19.48 个百分点（佴军等，2012）。此外，基于小农生产条件，水稻生产的口粮特征明显。即农民种植水稻的根本原因不是获得收入，而是满足自身口粮需求。在这种情况下，高产不成为农民种植水稻的最高目标，够吃、好吃成为决定性因素。

八、规模化经营程度低，水稻生产效率低

一方面由于当前粮食生产仍以千家万户为主体，生产规模小，种粮收益在家庭收入中占有的比重越来越小，农民追求高产的积极性不高；另一方面部分种粮大户规模过大，组织化程度低，影响正常生产管理。如在播种环节，由于分批落谷的统筹安排不到位，时间衔接不紧凑、不合理，加上栽插质量不高导致补秧数量多，往往出现秧等田、田等秧、秧苗数量不足等现象。此外，由于大面积生产基质育秧的面积比重仍然偏小，采用传统营养土育秧的大户因育秧人工需求量大、工作任务繁重、运转效率低、成本增加，往往顾此失彼。同时，受经营规模不合理、晒场缺乏和农忙人手紧张、等晚收获减少烘干成本等因素影响，大户收获进度慢，影响安全收获。

第三节 华东水稻产业发展潜力分析

一、水稻种植面积潜力分析

综合华东稻区各省市的实际情况，各省市可根据自身实际情况从以下几方面充分挖掘水稻种植面积潜力。一是大力进行开荒、围垦。从华东各省市水稻种植面积统计数据来看，2009—2012 年，除江苏省水稻种植面积略有上升，上海、安徽以及浙江的水稻种植面积均略有下降。但是随着各省开始大力进行开荒、围垦，尤其是近年来沿海滩涂盐碱地的开发，可在一定程度上增加水稻种植面积。黄河三角洲地区土地资源优势突出，土地后备资源得天独厚，目前区内拥有未利用地近 53 万 hm²，人均未利用地 0.054hm²，比我国东部沿海地区平均水平高近 45%。未利用地集中连片分布，其中盐碱地 18 万 hm²，荒草地 9.87 万 hm²，滩涂 14.13 万 hm²，黄河冲积年均造地 0.1 万 hm²，土地后备资源还将逐步增加。黄河三角洲增粮潜力巨大，水稻是盐碱地利用的先锋作物，也是该区唯一适合的大宗粮食作物。2009 年，国家启动黄河三角

洲高效生态经济区发展规划，提出发展高效生态农业，水稻发展面临新的机遇，预测该区水稻面积有进一步发展的潜力。上海市的崇明东滩、浦东新区东滩等沿江沿海滩涂地的改造，也能在一定程度上增加水稻种植面积。二是旱改水。主要是江苏苏北地区以及安徽沿淮和淮北地区。在安徽省沿淮及淮北地区，历史上以种植小麦等旱粮作物为主，近年来，水利设施部分得到改善，水稻面积有所增加，若能进一步加强水利工程设施建设，将目前 140 万 hm^2 以上的一半改为水稻，就能有 70 万 hm^2 的面积潜力。江苏省的苏北地区同样也存在较大的面积潜力。三是单改双。浙江省水稻生产曾以双季稻为主，1975 年双季稻面积比重达到最高的 97.5％，而今已调整为单季稻为主，双季稻为辅的生产结构。因此，其扩大面积潜力通过单双季之间的结构进行调整，即扩大面积潜力来自于"单改双"。在水田面积不变的前提下，如果浙江省双季稻与单季稻面积的比值可以恢复到以往各年的水平，那么，以 2009 年水田面积 82.38 万 hm^2 计，浙江省水稻最大复种面积可以达到 161.31 万 hm^2。

二、水稻种植单产潜力分析

从华东水稻生产实践来看，我们现在的水稻平均单产远没有充分发挥出品种本身的产量潜力。水稻新品种区域试验是评价新品种利用价值的有效方法，由于区域试验中采用栽培技术属于正常的、科学的田间管理技术，而不是单纯追求产量的高产试验，所以区试产量表现介于现实生产力与产量潜力之间，可以反映品种的增产能力。2009—2012 年华东各省份的水稻平均单产和区试对照平均单产数据显示，水稻平均单产均未达到同年区试对照平均单产。另外从现有栽培技术的单产潜力来看，生产实践证明，由于栽培管理技术的不同，同样一个品种在同一个地点的同一季节种植，产量差异每 $667m^2$ 可达到 100kg 以上，幅度达到 20％～30％。近年来实施的高产创建基本能体现出品种的最高产量潜力，2009—2012 年华东各省市统计数据显示，各省份的水稻平均单产均显著低于同年水稻高产创建平均产量水平。说明改善生产条件，提高生产技术水平，真正实现良种良法配套，在现有技术水平下，实现品种的增产潜力是完全可能的。我们认为水稻单产潜力的挖掘可围绕良种、良法、良田三方面进行，只有将良种、良法、良田三者有机结合，才能充分挖掘水稻单产潜力，促进水稻产业发展。

良种主要是选育和应用超级稻等具有超高产潜力新品种。超级稻是指采用理想株型塑造与杂种优势利用相结合的技术路线等途径育成的产量潜力大、配套超高产栽培技术后比现有水稻品种在产量上有大幅度提高，并兼顾品质与抗性的水稻新品种。近年来，江苏、浙江和安徽在超级稻新品种的选育上取得了较大突破，认定了一大批籼型和粳型超级稻新品种，这些超级稻品种适宜种植区域基本能将华东地区全覆盖，超级稻新品种的大力推广和应用能为华东水稻单产潜力提升打下坚实的基础。但是在超级稻选育过程中，在以下两个方面还应注意加强：一是要加强育种材料和方法的创新，促进现代生物技术与常规育种技术紧密结合，进一步改良育种材料的遗传特性，推动超级稻育种研究向更高、更深、更广领域发展；二是重点加强超级早晚稻和适宜中低产田的超级稻品种的选育，拓宽超级稻的推广应用区域。

良法主要包括优化品种区域布局、完善配套技术集成以及推进关键技术到位。第一要强化主导品种宣传与推广，推进品种布局不断优化。一是进一步加强展示宣传。充分利用政策和项目的扶持与导向作用，大力开展优新品种（系）的试验、筛选与展示推介工作，特别是加强超级稻等具有超高产潜力水稻新品种（系）的示范推广步伐，充分发挥品种增产、提质、增效潜力。各地要将适宜本区域种植的品种以及一批苗头性品种，按照高产优质栽培要求进行集中种植展示，于关键生育期组织农业部门、种子企业、基层干群进行现场观摩，筛选确定本地主导品种及搭配品种。二是优化品种布局。结合当地生态条件、主体播栽方式，因地制宜选择综合性状突出的优新品种，按照规模化连片种植的原则，优化品种区域布局，整体提升水稻产量和品质（杜永林等，2011）。第二要加强超高产攻关试验，完善水稻配套技术集成。应紧密结合国家超级稻示范推广、水稻高产增效创建、国家和省粮食（水稻）丰产科技工程、农业"三新"工程等重大科技推广项目实施，系统制订水稻专题试验与技术集成研究工作，突出与水稻主体播栽方式相配套的高产稳产技术模式的攻关研究，因地制宜组装集成适宜不同稻区应用的稳定超高产栽培技术体系，为水稻单产实现新跨越提供技术支撑。一是进一步加强机插秧农机农艺配套技术集成研究。重点集成机插秧简易高效育秧技术，培育秧龄弹性大、均匀一致、根系盘结性能好、抗植伤能力强的适插秧苗，解决制约机插秧快速发展的重点环节。大田管理环节，重点开展机插秧大田株行距配置、适宜基本苗确定及高产群体肥水调控技术专题研究，完善机插高产栽培技术体系，解决机插秧大田缺穴伤苗、群体不足、穗型偏小等问题。二是加强超级稻超高产配套技术集成研究。以精确定量栽培理论为指导，研究超高产水平条件下精确播种育秧、精确定量控苗、精确平衡施肥、精确水浆管理等超级稻生产关键技术研究，深化集成适宜不同区域、不同播栽方式、不同品种类型的超级稻超高产栽培技术。三是加强秸秆全量还田轻简稻作技术的集成研究。继续深入开展秸秆全量还田与机插、抛秧等栽培方式相配套的技术集成试验与示范，完善秸秆还田后大田水浆管理、肥料运筹等关键技术，熟化完善以秸秆还田为基础的水稻轻型、高效和可持续发展稻作创新技术体系。第三要强化技术指导，推进关键技术到位。缩小攻关田和大面积生产的产量差距，关键是加强技术推广，在基层农技推广队伍偏弱的情况下，主要还是创新农技推广方式，促进先进适用稻作技术到田、到户和到位。一是加强技术关键环节的指导。重点抓好水稻精确定量栽培、机插秧、肥床旱育秧、抛秧等主体技术的推广应用，突出关键技术环节，抓好培训与指导。育秧技术环节要重点抓好机插壮秧培育技术的指导，确保培育出根系发达、盘结力高、抗劣性强、适合机械栽插的适龄壮秧，减少漏插率及植伤损失。旱育秧要强化旱育旱管措施，提高壮秧效果；大田栽插环节重点解决基本苗不足问题，科学"扩行稀植"，合理配置行、株距，科学确定基本苗，为争取足穗奠定基础（吴文革，2005）；肥料运筹环节突出机插秧及秸秆全量还田，根据秧苗质量及秸秆还田量，科学调整肥料运筹策略，减少肥料流失，提高肥料利用效率；水浆管理环节杜绝大水漫灌及提早断水，强调开好田间一套沟，提高搁田效果，以水控苗，以水促根调气，合理促控群体发展。二是多层次广范围开展先进稻作技术培训。市、县要结合科技入户，积极开展各种形式的技术培训班、现场演示会、专家咨询活动、印发技术明白纸、电视讲座等，同时可充分利用手机短信、网络媒体等现代信息技术，提高技术覆盖率，扩大培训范围，对县级技术人员、种田大户、专业户、示范方农户等广泛开展技术培训，将先进技术宣传、普及到户。三是依托水稻高产创建科技示范县建设、超级稻示范推广等科技推广项目，加强农科教相结合，大规模建立水稻新品种新技术示范样板，做到县有万亩示范片、乡有千亩示范方、村有百亩示范区，充分发挥示范带动作用。四是建立和完善以基层农技、植保、农机部门以及龙头企业、种粮大户为主导的专业合作组织，提升生产资料供应、田间生产管理、自然灾害预警、病虫害统防统治等专业化、社会化服务水平，提高技术到位率。

良田主要是要通过科学合理利用农业资源，加强中低产田改造，建设高标准农田，加快农业基础设施建设，提高稻田防灾抗灾能力，充分挖掘水稻增产潜力。第一，运用物理、化学、生物等措施对中低产田土地障碍因素进行改造，重点改造制约我国水稻单产且面积较大的潜育型稻田、渍涝地、盐碱地和干旱缺水地，提高中低产田的基础地力。通过增加有机肥投入，解决水稻田潜育化、新垦水田和丘陵山地土壤有机质含量低、养分不平衡等问题，以改善退化水田物理性状，提高新垦水田肥力和均衡丘陵山区的土壤养分。采用淡水洗盐或种植耐盐水稻、施用偏碱性有机肥以及深耕、轮作等方式，改善土壤物理性状，提高土壤肥力，治理和改良盐碱地。第二，加大对农灌水库、田间小水利设施等方面的投入力度，重点是完善平原低洼地、丘陵山区灌排水系统，实现田间基础设施综合配套，提高土壤水、肥、气、热因子的调节能力，提高抗拒自然灾害的能力，提高稻田综合生产能力。

三、水稻种植效益潜力分析

随着人民生活水平的不断提高，在解决温饱问题的基础上，人们对大米的质量要求越来越高，优质大米的需求日趋上升，要求对稻作种植结构进行战略性调整，充分利用现代高效栽培技术，大力推广应用高产优质水稻新品种，发展规模化经营，尽快使水稻产业发展从以往的单纯高产向高产优质高效转变，以充分提高水稻种植效益。具体可从降低成本、提高产出两个方面来充分挖掘水稻种植效益潜力。

降低成本主要包含节约生产资料成本和减少劳动力成本两方面。具体在水稻生产过程中可采取以下几项技术措施。一是育秧环节通过改进育苗方式，节本增效。采用无纺布旱育苗方式，具有操作简单、省工省力、苗期病害轻等特点，既可以节省秧田温度管理、通风炼苗、覆膜、拌绳、插条相关作业费用。还能减少施肥、打药、搬运、清洗等的用工费，合计每 $667m^2$ 节省用工费 8～10 元。另外无纺布覆盖物与农膜育苗的成本持平，但是其成苗率高可相应节省用种量，采取平铺式覆盖可省去架条、压膜线费用。而且无纺布育苗基本不用防治青枯病、立枯病，可节省农药费用。二是推广测土配方施肥，节肥增效。目前，一些高产稻区由于缺乏科学施肥意识，往往以高肥换取高产，经济效益很低，特别是氮肥施用量大得惊人，氮素每 $667m^2$ 施用量（纯氮）超过 20kg，实际水稻每 $667m^2$ 600kg 产量水平在正常栽培条件下只需（纯氮）11.5kg（折标氮 47.6kg）就可以完全满足整个生育期所需的氮量。而中、微量元素的缺乏已成为限制水稻产量提高的主要因素，因为各种营养元素作用是不可替代的，在这些方面还不被稻农所认识，企图用加大氮素肥料施用量来夺取高产，盲目施肥造成肥料浪费，使种田成本升高，而且还导致田间倒伏等频发。因此，在施肥上节本增效大有潜力可挖。要改传统施肥为测土配方施肥，通过增施农肥，适当减少氮肥施用量，据试验，采取测土配方施肥氮肥施用量可节省 20%～30%。三是采取节水栽培措施，节水增效。传统的灌溉模式水稻用水成本占水稻生产成本的 1/4。为降低水稻生产成本，世界产稻国都在研究节水栽培，我国在节水栽培研究上处于世界领先地位，在节水栽培技术措施上有所创新，总结出一系列节水种稻成功技术，如"三旱育苗""三旱整地""三边一条龙作业""浅、湿、干、间歇灌溉"等。节水栽培措施的使用不仅可充分利用有限的水资源，而且降低了水稻生产成本。四是大力推广全程机械化，省工增效。水稻生长发育环境和技术措施复杂，耕作栽培工艺细致，生产环节多，季节性强，用工量大，劳动强度大。水稻生产全程机械化不仅可以大幅度减轻劳动强度，提高生产效率，而且可节本增效。目前在华东水稻生产过程中，耕整、收割的机械化程度较高，机插秧发展与其他地区相比具有一定的优势，但是还需要进一步加强。华东水稻生产全程机械化的实现重点还是要在机插秧推广方面有所突破。

在提高产出方面，一是要通过大力推广应用高产优质水稻新品种，发展绿色稻米、有机稻米种植，提高稻米品质，实现优质优价，提高水稻种植效益。长期以来，绝大多数水稻产区一直是以推广高产品种和高产栽培技术为主体，以高投入高产量为目标，投入产出比较低，生产的稻米品质差，价格低廉。加入 WTO 后，市场形势发生了变化，国外优质米涌进了国内市场，城市各大超市都有销售，国内稻米出现了积压，价格随之下跌，稻农种田效益走低，农民种稻积极性也受很大影响。要从根本上解决上述问题，应该根据市场需求，建立优质米生产体系，制定优质米生产技术规程，农业技术推广部门加快引进国内国外优质水稻品种，广泛开展试验示范，扩大优质品种种植面积，推广水稻无公害栽培技术，使水稻生产成为优势产业。近年来，各地政府纷纷出台各项政策来促进优质稻米产业的发展。2003 年，江苏省制定并实施了《江苏省优质稻米产业发展规划》，优质育种取得显著成就，全省育成了一大批品质达国标三级以上的高产优质水稻新品种。高产优质水稻新品种的育成，尤其是南粳 46、南粳 5055 和南粳 9108 等系列优良食味高产优质水稻新品种的育成，为华东优质粳稻发展提供了先决条件。大力推广应用这些高产优质水稻新品种，实现优质优价，部分有条件的地区可加强与企业的强强联合，推广无公害栽培技术，扩大绿色稻米、有机稻米等高端大米的生产，加强优质稻米品牌创建，实现大宗作物的"高效农业"，提高水稻种植效益。另一方面，推进规模经营，提高水稻种植效益。适度规模经营是提高农业生产率、土地产出率和科技贡献率的重要手段。据调查，2009 年东阳市种粮大户种植双季稻的纯收益每 667m² 为 321.4～594 元；金华市种粮大户种植双季稻的平均收入每 667m² 为 602 元，可见，粮食生产表现出明显的规模效益。应加快社会化服务体系建设，建立以大户为主体的各种专业合作社、生产技术服务队等，实施插秧、病虫害防治、收割等环节的规模化经营，提高农民的种稻收益。

第四节　水稻产业可持续发展前景

为促进华东水稻生产持续稳定发展，必须加快创新水稻产业科技创新体系，突出抓好水稻品种选育与利用工作，调整水稻育种目标，明确育种重点和攻关方向，加快选育一批产量、品质、抗性、适应性等方面综合性状较好的水稻新品种，并切实加强水稻品种管理，大力发展良种服务业，优化品种布局，促进良种良法配套，努力推进水稻生产持续稳定发展。

一、调整水稻育种目标，加快选育广适性高产优质新品种

要加强种质资源的引进和创新，注重常规育种与分子生物技术的结合，推动传统的"经验型育种"向高效的"精确育种"发展，加快选育一批优质、高产、高（多）抗等综合性状比较协调的水稻新品种，注重改善和提高稻米外观、适口性、营养品质（阙金华等，2010）。一是突出常规粳稻育种，解决当前大面积粳稻生产上水稻黑条矮缩病、稻瘟病、纹枯病、稻曲病等重大病害的抗性育种问题，并协调食用适口性及外观商品性。二是突出广适性的高产品种选育，通过分子标记辅助育种、基因工程、杂种优势利用，以超级稻育种为目标，育成一批广适性的高产品种，尽快突破全省水稻平均每 667m² 产量 600kg 的瓶颈。三是加强食味品质优良的高档优质水稻品种选育，注重选育米质达国标二级以上、适宜江淮地区大面积推广应用的迟熟中粳稻品种，解决该区域产量、品质、抗性、生育期均协调品种的缺乏难题。四是加强与稻作方式发展相适应的品种选育，加快探索选育适宜淮北及沿淮地区机插稻应用的生育期相对较短、生长优势强的优质多抗粳稻新品种，逐步解决该区域机插秧种植生长期缩短的限制因素。五是探索超高产的籼粳杂交稻新品种选育，增加品种适应性，扩大应用范围。根据当前水稻品种应用的实际分析，华东粳稻种植面积为 333 万 hm² 左右，如果新育成的一批产量潜力 750～850kg 的新品种得到大面积推广应用，将比当前品种每 667m² 产量潜力 700～750kg 增产 50～100kg，预计可年增产稻谷 250 万 t 以上，增产 10% 以上。

二、优化品种区域布局，推进水稻规模化和集约化生产

要按照江苏省水稻品种区划和优势区域布局总体要求，进一步优化江苏水稻品种区域布局，努力推进同类型、同品质的品种规模化连片种植，促进稻米品质整体提高。优化水稻品种区域布局应坚持以下几个原则：一是以充分利用气象资源条件，挖掘品种增产潜力为原则。根据区域光、温、水、土等资源条件，选择主导品种和搭配品种。二是以充分适应不同种植方式，实现良种良法配套为原则。根据不同稻作技术方式，选择适宜种植的品种类型及适宜品种，如直播稻、晚播机插秧可选择生育期相对较短品种，常规育秧大苗移栽可选择生育期相对较长品种。三是以充分适应标准化生产，促进同类同质品种规模化连片种植为原则。根据目前粳稻生产实际，江苏淮北地区应以徐稻3号、华粳6号、武运粳21、徐稻4号等为主体，搭配徐稻5号、皖稻54、郑稻18、连粳6号等品种；苏中里下河、沿海地区应以淮稻9号、扬辐粳8号等为主体，搭配淮稻10号、淮稻11等品种（系），机插秧、直播稻应重点选择徐稻3号、皖稻54等中熟中粳品种；苏中沿江及苏南地区应以宁粳3号、南粳44、扬粳4038为主体，搭配镇稻10号等品种，晚播机插、直播以品质较好的迟熟中粳品种为主。浙江杭嘉湖地区应以秀水134、浙粳22、浙粳88、秀水123、嘉33、嘉优5号等为主体，搭配秀水114、甬优12、甬优538、嘉优2号、嘉禾218、Ⅱ优023等品种；宁绍地区以秀水134、浙粳22、浙粳88、宁88、中浙优8号、甬优9号、中早39、中嘉早17、金早47、甬籼15为主体，搭配秀水114、宁81、嘉禾218、甬优12、甬优15、绍糯9714、金早09、甬籼69、中浙优1号等；温台地区以中浙优1号、中浙优8号、甬优9号、中早39为主体，搭配甬优12、中嘉早17、温229；金衢地区以中浙优1号、中浙优8号、钱优1号、甬优15、中早39、中嘉早17为主体，搭配绍糯9714、浙糯5号、甬优6号、甬优9号、甬优12、新两优6号。

三、强化良种良法配套，不断挖掘水稻品种的增产潜力

在品种推广的同时，要切实做好因种栽培工作，促进良种良法配套，是挖掘水稻品种产量潜力的最有效途径。一是明确品种适宜种植区域。根据品种审定情况，坚持试验、示范、推广的程序，多点试验示范，进一步研究明确该品种的适宜种植区域，确保品种安全生产。二是明确适宜播栽期。根据区域光、温资源条件，在确保安全齐穗期前提下适期早播，延长水稻生长期，最大化利用光温资源，增加产量。三是明确适宜种植方式。根据品种分蘖特性、穗型大小等特点，明确该品种的适宜种植方式，确保适宜穗数，为增产打基础。四是明确栽培要点。根据品种生长发育特性及其需肥特点，明确科学的肥水管理关键措施，精确促控群体，建立超高产群体，促进高产形成。在以上研究基础上，制定科学的、可操作的、标准化的栽培技术规程，并加大技

术培训与指导力度，确保良种良法配套，充分挖掘优良品种的增产潜力。

四、健全现代种业体系，大力促进水稻良种服务业发展

要按照现代种业体系建设要求，规范水稻品种引进选育、区试审定、良种繁育和加工销售各个环节，引导水稻种业健康发展，并加快发展水稻良种服务业，促进水稻种业产业化。一是严格把好水稻品种审定关，坚持高标准、严要求的原则，提高审定品种的综合性状，控制审定品种的数量，确保审定品种适应大面积生产并具有较强生命力。二是培育壮大科技型种业龙头企业，有序引导并壮大具有品种知识产权的科技型种业企业发展，通过建立稳定的良种繁育和加工中心，发展专业化连锁经营，做好售后技术指导，加快优良品种推广步伐。三是实行品种推介和淘汰制，根据生产需求，建立规范化的水稻品种综合展示基地，为科学筛选和推荐品种提供依据，组织有关专家论证并推介主导品种，加大宣传力度，加大主导品种普及力度。同时建立对生产上具有明显缺陷、风险较大品种的淘汰机制，确保农民生产用种安全性。四是大力发展种苗专业化服务，要充分利用好良种补贴政策，有条件的地区继续开展统一供种工作，积极探索水稻专业化育秧、商品化供秧、插秧服务等，提高良种服务业技术推广水平。

华东地区作为我国南方粳稻主产区，科技力量雄厚，区位优势明显，在品种改良、栽培技术、稻米加工等方面具有得天独厚的有利条件。近年来，华东地区的粳稻品种在条纹叶枯病抗性、稻米品质和产量潜力改良方面取得了明显的进展，育成了南粳44、宁粳3号、扬粳4038、淮稻11等一批条纹叶枯病抗性强、稻米品质达到国标三级以上的超级稻品种和食味品质可与著名日本品种越光媲美的优良食味粳稻南粳46、嘉禾218、明珠2号等优良品种，正在生产上大面积推广。以"高产、优质、高效、生态、安全"为生产目标的精确定量栽培技术得到进一步普及，粳稻生产的比较效益进一步显现，粳稻生产面积正在逐步扩大。随着人民生活水平的提高，人们对粳米的需求量将进一步增加，预计在今后10～15年，华东江苏、安徽、浙江、上海、山东等地区粳稻种植面积将扩大到366.67万 hm^2 以上，单产将提高到8 250kg/ hm^2 以上，总产量达到3 000万 t以上。同时，随着稻米品质的进一步改良，华东地区生产的粳稻米的市场占有量也将进一步扩大。因此，华东地区的水稻生产具有十分广阔的市场前景。

第十二章　北方稻区水稻产业可持续发展战略

第一节　水稻产业发展概况

一、北方稻区种植区划及自然资源

我国自然条件复杂，以秦岭、淮河一线分为南、北两个稻区。根据中国稻作区划，北方稻区包括华北半湿润单季稻作区、东北半湿润早熟单季稻作区和西北干燥单季稻作区3个稻区。

（一）华北单季稻稻作区

本区位于秦岭、淮河以北，长城以南，关中平原以东，包括北京、天津、河北、山东、济南和山西、陕西、江苏、安徽的部分地区，共457个县（市）（程式华等，2007）。

本区属暖温带半湿润季风气候，春季温度回升缓慢，秋季气温下降较快。稻作期间日平均气温19～23℃，东部高于西部，南北差异较小；日较差10～14℃；≥10℃的年积温为3 500～4 500℃，自南向北，由东向西逐渐减少。水稻安全生育期为130～140d，华北东部长于西北部和辽东半岛。安全播种期为4月10～25日；安全齐穗期，8月上旬至8月中下旬。稻作期间日照时数为1 200～1 600h，日照百分率为46%～60%，以华北平原为多。稻作生长季的光合辐射总量为147～176kJ/cm²，自西向东逐渐增大，海河一带为本区的高值区。稻作期间降水量一般为400～800mm，东南多于西北，西部的兰州只有288mm，冬春干旱，夏秋雨多而集中。本区拥有全国最大的冲积平原，平原占土地面积的3/4强。

华北平原土壤是由草甸土、盐碱土、褐土、栗钙土等发育而成的水稻土。有机质含量为2.5%左右；黄淮冲积土有机质含量为1.0%～1.5%，盐碱土肥力差，有机质含量不到1%（熊振民等，1992）。

种植制度北部海河、京津稻区多为一季中熟粳稻，黄淮区多为麦稻两熟，多为籼稻。本区包括两个亚区，即华北北部平原中早熟亚区和黄淮平原丘陵中晚熟亚区。

（1）华北北部平原中早熟亚区。位于本稻作区北部，包括北京、天津全部，河北、河南、山东部分地区，共205个县、市。

本亚区东部主要受海洋性气候影响，西部受大陆性气候影响。≥10℃年积温4 000～4 600℃。年日照时数2 400～3 000h，年太阳辐射量504～567kJ/cm²，年降水量380～630mm，60%以上集中在7月、8月，冬、春干旱季较长（梅方权等，1988）。

（2）黄淮平原丘陵中晚熟亚区。位于本稻作区的南部和西部。包括山东、河南、山西、陕西、江苏、安徽6省的大部或部分地区，共252个县、市。

属暖温带半湿润季风气候，东部和中部受海洋季风控制，西部主要受大陆季风影响。≥10℃年积温4 000～5 000℃。年日照时数2 000～2 600h，年太阳总辐射量462～525kJ/cm²。年降水量600～1 000mm，南部多于北部，内陆少于沿海（梅方权等，1988）。

（二）东北早熟单季稻稻作区

本区位于辽东半岛西北，长城以北，大兴安岭以东，包括黑龙江和吉林全部，辽宁中北部及内蒙古东北部，共184个县（旗、市）（程式华等，2007）。单产较高，米质优良，是商品优质米产区之一。

本区属中温带和寒温带半湿润季风气候，夏季温和湿润，冬季严寒漫长。稻作期间日平均气温17～20℃，日较差12℃左右；≥10℃年积温少于3 500℃，北部地区常出现低温冷害，黑龙江省北部只有2 000℃。水稻安全生育期100～120d。安全播种期自南向北为4月25日至5月25日，安全齐穗期为7月20日至8月15日。稻作生长期总日照时数1 000～1 300h，日照百分率55%～60%，光合辐射总量100.8～147kJ/cm²，自北向南递增。降水量只有300～600mm，西部少于东部。

土壤多为棕壤、草甸土、黑土、黑钙土、沼泽土、白浆土、盐碱土等发育而成的水稻土，土层深厚，土壤肥沃。棕壤水稻土有机质含量2%～4%，pH呈微酸性；草甸水稻土有机质含量为5%左右，pH呈中性至微酸性；西北草甸水稻土pH呈碱性；黑土水稻土有机质含量高，保肥供肥能力强；黑钙土水稻土有机质含量也高，但土质黏重，透水性差；沼泽土水稻土有机质含量高，土壤黏杓，土温低，呈酸性；白浆土水稻土有机质与氮、磷含量均低。

种植制度均为一年一熟的单季特早熟或中迟熟早粳稻。本区包括两个亚区，即黑吉平原河谷特早熟亚区和辽河沿海平原早熟亚区。

（1）黑吉平原河谷特早熟亚区。位于本稻作区的中、北部。包括黑龙江、吉林两省全部和内蒙古东部的部分地区，共138个县（旗）、市。

属寒温带—温带、湿润—半干旱季风气候。≥10℃年积温2 000～3 100℃，昼夜温差大。年日照时数2 200～3 100h，年太阳总辐射量420～504kJ/cm²。年降水量400～1 000mm，80%集中在5～9月。水稻生长季日照时数长，光照强度大，有效积温虽偏少，但可满足一季早粳生育需要，昼夜温差大，水资源丰富，加上土地平坦，土壤肥沃，有利于种植水稻并获得高产。不利条件是延迟型冷害3～5年一遇，常造成水稻贪青晚熟；不育型冷害在40％的县经常发生，使结实率降低。

（2）辽河沿海平原早熟亚区。位于本稻作区的南部。包括辽宁省除西北部分以外的46个县、市。

属温带—暖温带、湿润—半湿润季风气候。≥10℃年积温2 900～3 700℃。5～9月日照时数1 010～1 270h，太阳总辐射量277.2～319.2kJ/cm²。年降水量350～1 100mm，5～9月占全年的80％，尤以7月、8月最多。本亚区温、光条件对水稻种植有利，但延迟型冷害出现频率较高，不育型冷害在山地、丘陵时有发生。

（三）西北干燥单季稻稻作区

本区位于大兴安岭以西，长城、祁连山、青藏高原以北，银川平原、河套平原、天山南北平原的边缘地带，包括新疆、宁夏全部，甘肃、内蒙古、山西大部，青海、陕西、河北、辽宁部分。

本区属中温带大陆性干燥气候，降水稀少，气温变化剧烈，但日照充足，光能资源丰富。稻作期间日平均气温18～22℃，日较差是全国最大值区，达11～14℃，有利光合产物积累。≥10℃年积温2 000～5 400℃。水稻安全生育期100～120d。安全播种期为4月15日至5月5日。安全齐穗期，地区差别很大，北疆7月中旬至8月初，南疆可到8月中下旬，河西走廊与银川平原7月下旬至8月上旬。稻作生长季日照时数为1 400～1 600h，日照百分率除南疆的于田、和田外，均在65％～70％，为全国最高值区；光合辐射总量为126～168kJ/cm²，北部又比南部大。稻作生长季节降水量仅30～350mm，为全国最少，其中又以南疆最少；东南部高原雨量略多，为200～350mm，种稻基本依靠灌溉。但光照条件好，昼夜温差大，有利光合物质积累，易获高产。

土壤多为草甸土、沼泽土、盐土和冲积淤灌土发育而成的水稻土。

种植制度为一年一熟的早、中熟耐旱粳稻，产量较高。本区包括3个亚区，即北疆盆地早熟亚区、南疆盆地中熟亚区和甘宁晋蒙高原早中熟亚区。

（1）北疆盆地早熟亚区。位于本稻作区的西北部，天山以北、阿尔泰山以南地区，包括北疆41个县市。

属温带大陆性干旱、半干旱气候。≥10℃年积温3 450～3 700℃，最热月平均温度23～26℃，7～9月气温日较差12～16℃，最高超过20℃。年日照时数2 600～3 300h，年太阳总辐射量546～609kJ/cm²，年降水量150～220mm，蒸发量高于降水量10倍左右。本亚区干旱、风沙、盐碱是发展水稻的三大障碍，但也有昼夜温差大、日照足、太阳辐射量多等得天独厚的自然条件，病虫害也较轻，利于水稻优质高产。

（2）南疆盆地中熟亚区。位于本稻作区的西部，天山以南，昆仑山以北。包括南疆46个县市。

属暖温带大陆性干旱气候，光能资源丰富，热量条件好，比北疆亚区温度高，降水量少。≥10℃年积温4 000～4 250℃，吐鲁番盆地达5 400℃，7～9月平均昼夜温差为 16～20℃。年日照时数 2 800～3 300h。年太阳总辐射量为 609～630kJ/cm²。年降水量仅 50mm 左右，为全国最干旱区。

（3）甘宁晋蒙高原早中熟亚区。位于本稻作区的中、东部，包括内蒙古大兴安岭以西部分、辽西北、冀北、晋中北、陕北、甘中部和西北部、青北部和东部及宁夏全部，共 333 个县（旗）、市。

属温带大陆性半湿润—半干旱季风气候和半干旱—干旱气候。≥10℃ 年积温 2 000～3 600℃，从东南向西北递减。年日照时数 2 500～3 400h，年降水量 200～600mm，集中在 7～9 月，多暴雨，蒸发量大，空气干燥，春旱、夏旱频繁。

二、北方水稻的地位

与南方稻区相比，北方稻区纬度高，温度低，生长季节短，降水少，限制了水稻产业的发展。1990 年，南方水稻种植面积约占全国水稻种植面积的 91%，北方约占 9%（熊振民等，1992）。由于经济建设的发展和人民生活水平的提高，种植业结构不断调整。1979—2009 年北方稻区水稻播种面积在中国水稻总播种面积下降的背景下呈快速增加的态势，由 1979 年的 199.55 万 hm² 上升到 2009 年的 501.10 万 hm²，增长了 1.51 倍，平均每年增加 10.05 万 hm²。产量由 1979 年的 860.0 万 t 上升到 2009 年的 3 482.5 万 t，增长了 3.1 倍。单产从 4 309.62kg/hm² 增加到 6 949.75kg/hm²。与此同时，北方稻对中国水稻总产量的贡献也由 5.98% 增至 17.85%。从地区尺度上看，1979 年以来，华北、西北变化较小，而东北地区，尤其是黑龙江地区水稻产业迅速发展，到 2011 年，东北三省水稻总产量为 3 190.7 万 t，占当年全国水稻产量的 15.9%，其中，黑龙江省水稻产量已达到 2 062.08 万 t，占当年全国水稻产量的 10.3%（中国统计年鉴，2012）。相对于东北地区的快速增加，其他各区所占中国北方稻的总体比重相对降低，北方水稻的生产重心由华北快速转移到了东北的松辽盆地（程勇翔等，2012），传统的"南粮北运"的粮食生产格局已被"北粮南运"所取代（徐萌等，2010）。

三、21 世纪以来北方水稻发展概况

进入 21 世纪以来，北方水稻占全国水稻产量的比重逐渐增加，除 2003 年呈现 1 个明显阶段性低点外，北方水稻总产量呈平缓上升的趋势。2000 年北方水稻占全国水稻产量的 13.9%，2003 年下降到 13.0%，随后，占全国水稻产量的份额逐年增加，到 2011 年，北方水稻产量达到 4 134.5 万 t，占当年全国产量的 20.6%，比 2000 年增加了近 50%。北方稻区水稻种植面积 2011 年达到 552.3 万 hm²，占全国水稻播种面积的 18.4%，比 2000 年增加约 40%。北方稻区水稻单产约比全国单产平均水平高 7%，并表现为西北＞华北＞东北。2000—2003 年，北方稻区水稻单产水平为

6.31t/hm²，2004 年达到 7.09t/hm²，比当年全国水稻单产高 12%。2011 年，北方稻区水稻单产水平达到历史最高值，为 7.49t/hm²（表 12-1）。

表 12-1　2000—2011 年北方不同生态区水稻生产比较

年份	面积（万 hm²）				单产（t/hm²）				总产量（万 t）			
	全国	华北	东北	西北	全国	华北	东北	西北	全国	华北	东北	西北
2000	2 996	83.4	279.9	30.7	6.27	6.26	6.67	7.29	18 790.8	522.6	1 866.3	223.7
2001	2 881	70.7	285.6	29.5	6.16	5.29	6.23	7.35	17 758.0	374.1	1 779.4	217.1
2002	2 820	75.9	287.7	28.8	6.19	6.39	6.09	7.35	17 453.9	484.7	1 753.2	211.9
2003	2 651	70.3	240.0	25.8	6.06	5.22	6.49	6.46	16 065.6	367.0	1 557.4	166.9
2004	2 838	73.4	281.3	28.2	6.31	6.94	7.19	6.48	17 908.8	508.7	2 023.6	182.6
2005	2 885	73.9	295.7	29.3	6.26	7.05	7.01	7.11	18 058.1	520.7	2 073.4	208.2
2006	2 894	84.0	330.7	29.9	6.28	7.15	6.63	7.42	18 171.8	600.2	2 191.7	221.5
2007	2 892	83.1	366.4	26.9	6.43	7.40	6.78	7.42	18 603.4	615.1	2 483.1	199.4
2008	2 924	83.4	380.6	28.1	6.56	7.44	7.02	6.91	19 189.6	620.1	2 673.1	194.3
2009	2 963	84.9	388.0	28.2	6.59	7.45	6.83	7.07	19 510.3	632.5	2 650.3	199.3
2010	2 987	85.3	421.2	27.8	6.55	7.55	6.99	7.72	19 576.1	643.6	2 944.8	214.1
2011	3 006	86.1	438.6	27.6	6.69	7.55	7.45	7.84	20 100.1	650.0	3 268.6	215.9

注：单产＝总产量/面积；华北包括北京、天津、河北、山西、山东、河南，东北包括辽宁、吉林、黑龙江、内蒙古（内蒙古的水稻种植面积主要集中在东北区域，故将其划入东北进行分析），西北包括陕西、甘肃、宁夏、新疆（青海无水稻种植）（胡忠孝，2009）。

数据来源：中国统计年鉴（1992—2012）。

（一）华北稻区

华北稻区水稻产量占全国 2%～3%，以 2001 年和 2003 年最低，总产量分别为 374.1 万 t 和 367 万 t，分别占全国水稻总产量的 2.1% 和 2.3%，其余各年则维持在 3% 左右。2006 年水稻总产量迈上 600 万 t 的台阶。水稻种植面积约占全国水稻种植面积的 3% 左右。2000 年以来，华北稻区，除河南省水稻种植面积有所增加以外，其他地区水稻种植面积均有不同程度的减少。2011 年与 2000 年相比，水稻种植面积减少的省份依次为：河北 60.9 万 hm²，山东 52.2 万 hm²，天津 21.2 万 hm²，北京 13.9 万 hm²，山西 3.5 万 hm²，下降幅度依次为：北京 98.36%，山西 77.48%，天津 59.77%，河北 42.32%，山东 29.54%。这说明城市化建设和农业用水紧张使水稻种植面积减少的现象在大城市表现尤为明显，因此，迫切需要提高水稻单产以及在适宜地区开发土地来弥补由于水稻种植面积减少而对产量造成的损失。

（二）东北稻区

北方稻区 70% 以上的水稻分布在东北稻区，是我国水稻生产发展最快的地区之一。经历 2000—2003 年水稻产量连续 4 年下降后，2004 年水稻产量达到 2 000 万 t，到 2011 年超过 3 000 万 t，占全国水稻总产量的 16.3％，其中，黑龙江水稻产量达到 2 062万 t，占全国水稻产量的 10.3％。因此，保持东北稻区，尤其是黑龙江水稻产量的平稳和持续增加，对保障我国粮食安全具有重要的作用。

2000 年以来，东北稻区水稻种植面积占全国水稻种植面积的 9％～15％。2003 年水稻种植面积比 2000 年减少约 40 万 hm²，而这主要是由于黑龙江水稻面积的减少。到 2011 年，东北稻区水稻种植面积达到 438.6 万 hm²，比 2000 年增加约 56.7％。吉林、辽宁和内蒙古水稻种植面积变化较小，而黑龙江水稻种植面积迅速增加，到 2011 年达到 294.6 万 hm²，比 2000 年增加 83.4％。东北稻区水稻种植面积迅速增加的原因在于：①科技进步选育出耐冷水稻新品种，可以适应东北低温长日照的新生态类型；②白浆土、盐碱土的开发利用；③全球气候变暖背景的影响，在 1965—2008 年东北水稻生长季节（5～9 月）的日平均、最低和最高温度每 10 年分别递增了 0.31℃、0.42℃和 0.23℃；④鉴于气候的原因，东北地区高附加值的农作物很难大面积种植，水稻种植相对于玉米、小麦、大豆等作物来说净收益要高出很多（程勇翔等，2012）。

（三）西北稻区

受水资源的影响，西北稻区水稻种植面积较小，产量和种植面积均仅占全国的 1％左右。各省份水稻种植面积基本保持平稳，只有陕西水稻种植面积 2007 年以后略有下降，比 2000 年减少 3 万 hm²，降幅达 20％。西北地区由于种植单季稻有较长的生长季节，而且当地干旱半干旱的气候条件，阳光充沛，白天日照时间长，水稻光合作用强，且昼夜温差大，适合干物质积累，因而水稻单产水平较高，但由于受干旱及低温冷害等因素的影响，水稻单产年际间波动较大。2003—2004 年水稻单产平均为 6.5t/hm²，2011 年单产水平最高，达到 7.84t/hm²，比全国平均单产水平高 17％。

第二节　限制水稻产业发展因素

北方稻区的水稻生产对全国的贡献逐步上升，其中，东北稻区水稻生产成绩突出，水稻产量和生产集中度上升幅度巨大，并已逐渐成为全国新的水稻主产区；华北稻区和西北稻区上升幅度相对较小，但西北稻区趋势平稳，华北稻区波动较大（陈文佳，2012）。从目前现状看，限制北方水稻生产发展和总产量提高的瓶颈问题主要有以下几个方面：

一、种植面积发展空间小，靠扩大面积来增加总产量的潜力有限

20 世纪 90 年代以来，西北和华北的水稻种植面积均呈现小幅下降，而东北稻区水稻种植面积却呈现上升趋势，由 1991 年的 181.63 万 hm² 上升到 2011 年的 438.64

万 hm²，增加了 257.01 万 hm²。由于水资源限制，辽宁和吉林两省水稻种植面积常年都只能维持在 65 万～75 万 hm²，内蒙古则在 9 万 hm²左右，因此，东北稻区水稻面积的增长主要来自于黑龙江省水稻种植面积的增加。1997 年以来，是黑龙江省水稻的高速发展时期，由于水稻旱育稀植技术的不断成熟和以旱育稀植技术为基础的其他水稻栽培技术的研究与推广，水稻面积 15 年间增加了 150 多万 hm²，2011 年水稻种植面积达到 294.6 万 hm²，占粮食作物播种面积的 25.6%。三江平原是黑龙江省水稻主产区，也是发展水稻潜力最大的地区。三江地区水田面积 147.93 万 hm²，水资源较为丰富，水资源总量为 287.64 亿 m³，以地表水为主，由于各种水利设施落后，水资源利用率仅为 46%。如遇干旱年份，水田缺水现象时有发生。水稻面积集中的井灌地区在 5 月泡田阶段，常因地下水超采出现漏斗现象，地下水位降低，进而影响水稻生产（王秋菊等，2010）。尽管三江平原水稻生产发展空间较大，但为了保护湿地，维护生态平衡，实现可持续发展，三江平原是否被允许继续开发种稻还是一个未知数（陈温福等，2006）。

二、水资源短缺，限制水稻生产的发展

我国北方 14 个省份年人均占有水量为 1 141m³，而南方 16 个省份年人均占有水量为 3 239m³。按耕地计算，北方与南方占有水量分别每 667m² 为 632m³ 和 1 879m³。北方人均及耕地占有水量约为南方的 1/3。北方地区水资源拥有量表现为东北＞华北＞西北。水资源不足，且分布不均。降水主要集中在 7～8 月，降水量大，夏季阴雨寡照时间长，影响水稻开花授粉，结实率降低，并且易引起穗颈瘟的发生而影响产量。此外，水稻的重要种植区往往是一些工业发达地区，而稻田和城市及工业用水均主要依赖于水库水，因此工农业争水和城乡争水矛盾日益突出，在每年的枯水期和一些干旱年矛盾尤为明显。为了确保工业、城市和生活用水，三北地区特别是东北的辽宁和吉林两省已没有足够的水资源用来进一步开发水稻。如果不采取措施，现有的水稻种植面积也很难保证。

三、不良天气频繁发生

低温冷害是北方稻区水稻生产面临的一大难题，危害发生的面积之大、程度之重、损失之巨，都令人吃惊。低温冷害年粮食减产幅度比高温年粮食增产幅度大，丰不补歉。丰产年比平产年增产 13.5%，而减产年比平产年减产达 41.6%，减产幅度比增产幅度高 28.1 个百分点。低温冷害发生具有不规律性。据气象资料记载，东北地区近 50 年共发生冷害 18 次，概率为 36%。从已发生的 18 次冷害情况看，连续发生的年份有 5 次；隔 1 年发生的有 6 次；隔 2 年发生的有 4 次；隔 3 年发生的有 2 次；隔 4 年发生的有 1 次（张文智等，2004）。2002 年吉林东部和黑龙江稻区发生低温冷

害，造成的减产高达 30% 以上（陈温福等，2006）。低温冷害不仅给当年造成减产和品质降低，而且还降低稻种发芽率，给下年生产带来严重损失。此外，水稻关键生育时期的阶段性异常低温引发障碍型冷害，导致水稻大面积空壳，产量大幅度下降。同时，低温期间持续阴雨多湿天气极易诱发稻瘟病。因此，如果能有效地控制低温冷害和稻瘟病的发生，可使东北水稻平均单产和总产量在较高的水平上稳步增加。

尽管在全球气候变暖的背景下，北方地区热量资源不断增加，但气候变化的同时加剧了极端天气状况的发生，霜冻灾害仍是东北地区水稻生产的主要农业气象灾害之一，给水稻高产、稳产带来较大影响。东北地区于 1989 年、1995 年、1997 年和 1999 年水稻受早霜的影响不能正常成熟，发生霜冻灾害，造成水稻减产。其中，黑龙江省偏北部及吉林省偏东部的高海拔地区发生霜冻的频率最高、强度最大，并且初霜冻的日期极不稳定，成为东北地区水稻霜冻灾害风险最高的地区；其次是黑龙江省伊春南部、绥化北部、哈尔滨南部部分地区以及吉林省中部的部分地区（王晾晾等，2012）。

近 50 年来，北方地区降水量呈明显减少趋势，减少 20～40mm，干旱面积迅速扩大，其中，华北地区最为明显。华北地区降水在 1965 年前后发生一次气候跃变，1965 年以后华北地区降水量明显减少，20 世纪 80 年代比 50 年代降水约减少 20%，平均年降水量比 50 年代约减少了 1/3，出现了干旱化趋势，这种趋势一直延续到 90 年代（邓振镛等，2010）。2001 年和 2002 年连续两年的干旱以及低温冷害使北方稻区水稻种植面积大幅减少（付永明，2003），以黑龙江为例，2001—2003 年水稻种植面积持续下降，2003 年达到近 10 年最低值，种植面积仅为 129.1 万 hm²，比 2000 年减少近 20%。

四、水稻病虫害危害日趋严重化、多样化

稻瘟病作为主要稻作病害，一直伴随着水稻的发展，随着水稻面积的扩大呈现加重的趋势。吉林和黑龙江稻区，稻瘟病发病率轻的田块减产 10%～20%，严重的田块减产 50%～80%，甚至绝产。例如，2005 年黑龙江稻区稻瘟病大发生，受害面积高达 65 万 hm²，其中绝产面积达 46.5 万 hm²（陈温福等，2006）。2001 年辽宁省稻瘟病大发生，全省损失稻谷在 2 亿 kg 以上。2010 年，辽宁省稻瘟病再次暴发，感病严重的品种发病率达 90% 以上，病情指数超过 80，全省水稻损失在 3 亿 kg 以上（刘志恒，2011）。而宁夏地区 1976 年、1978 年、1995 年、2002 年都大面积发生了水稻稻瘟病（刘静等，2009）。

随着水稻播种面积扩大和全球气候变暖等因素导致水稻害虫种类和发生程度日益加重。北方稻区水稻种植面积 1996—2005 年增长了 18.7%，水稻虫害发生面积 10 年间增长了 62.2%，且主要发生在东北和华北（韩永强等，2008）。主要害虫包括二化螟、稻蝗、稻飞虱、稻纵卷叶螟、黏虫、稻水象甲等，其中二化螟发生面积最大，占各年份虫害发生面积的 22.2%～29.6%（韩永强等，2008）。吉林市 1994 年二化螟发生面积为 4 486hm²，1997 年达 32 140hm²，3 年增加 6.2 倍；2005 年黑龙江省五常、

双城、尚志、虎林、庆安、北林、绥棱等地普遍发生。

由于近年来灰飞虱发生数量增大，致使北方稻区局部地区条纹叶枯病严重发生。如辽宁省盘锦市 2006 年水稻条纹叶枯病发生面积为 10 万 hm^2，占水稻种植面积的 83.3％；平均减产 1％～5％，其中，减产 5％～10％的稻田约 2.5 万 hm^2，减产超过 30％的稻田约 0.1 万 hm^2，减产超过 50％的稻田约 0.01 万 hm^2，部分田块甚至绝收。

我国于 1988 年在河北省唐海县首次发现稻水象甲，此后在天津（1990 年 6 月）、秦皇岛（1990 年 7 月）、北京（1990 年 8 月）、辽宁（1991 年 7 月）、山东（1992 年 6 月）、吉林（1993 年 7 月）等地区陆续报道了稻水象甲的发生。稻水象甲发生危害逐年加重，一般减产 10％～20％，严重受害田块减产 50％以上。1999 年，辽宁省有 20 万 hm^2 的稻田必须防治稻水象甲（田春晖等，2000），到 2000 年，发生面积已近 40 万 hm^2（蔡明等，2000）。

北方稻区是水稻迁飞性害虫主降种群的北回归区（北迁终点和南迁起点），稻飞虱和稻纵卷叶螟在北方稻区也偶有大发生（韩永强等，2008）。1991 年，天津市和冀东唐山、秦皇岛环渤海一带迁飞性褐飞虱大发生。天津市发生面积占 93％，河北省抚宁县占 77.6％，昌黎县占 70.1％，而唐山市滦南有 19.8％的稻田减产 30％以上，超过 $260hm^2$ 绝收。

五、生产技术发展不平衡，现实产量与生产潜力差距过大

尽管北方稻区水稻单产水平较高，但仍有提高的空间。"十五"期间，东北水稻平均单产只有 $6.62t/hm^2$，而大面积生产中平均单产在 7～9t/hm^2 的高产稻区和高产田块随处可见，超高品种的小面积生产潜力更是可以达到 10～12t/hm^2。高产稻区和高产田与中低产稻区和中低产田单产水平相差达 40％～50％。也就是说，通过拉近现实生产水平与潜在生产力之间的距离，实现均衡增产来增加东北水稻总产量，还有很大的潜力可以挖掘。

第三节　水稻产业发展潜力

北方稻区水田面积中 90％种植粳稻，粳稻总面积及总产量占全国粳稻的 50％以上，因此，北方稻区在我国粳稻生产中具有举足轻重的地位与作用，直接影响着我国粳米市场的稳定和人民的"口粮安全"。

一、加强粳稻生产意义

我国粮食产量中稻谷产量占粮食总产量的 40％左右，占谷物总产量的 45％左右，占商品粮的 50％左右。可以说，稳定了水稻的生产，在很大程度上就稳定了我国的

粮食供给；发展了水稻产业，就有效地发展了我国粮食产业。若将我国水稻生产分为南方和北方两大稻区，南方稻区的稻米生产以籼稻为主，消费量占全国的90%左右，而产量则占全国稻谷总产量的58%，北方稻区以粳稻为主，粳稻占北方93.7%的种植面积和94.4%的产量，同时占全国50%的粳稻产量。

当前我国粳米的消费量不断上升，近年来我国城乡居民尤其是长江中下游地区居民的稻米消费出现由籼米向粳米转变的趋势。中国粳米的需求不断增长的原因很多，其一，在北方地区，城市居民历来喜食粳米。城市化步伐也促进了粳米消费的增加。其二，随着收入的增加和生活改善，许多农村居民粳米消费也大量增加。其三，南北人口流动和国内市场流通渠道的改进，这两项因素使许多南方人也喜欢上了粳米，从而增加了中国南方粳米的需求。粳米消费区域由原来的东北、华北、北京、天津、上海、江苏、浙江一带迅速扩大到中南、华南等地的大城市。

尽管粳米价格稍高，但其口感好、饭味香，赢得了越来越多的南方市场份额。与籼米相比，我国粳米在价格上具有比较优势，特别是我国加入世贸组织以后，北方粳米在品质和价格上均具有一定的国际竞争优势，对内对外贸易前景都较好。

综上所述，增加粳稻种植面积，提高粳稻产量，对于保障我国粮食安全，扩大出口，增加农民收入，实现农村全面小康，具有重要的现实意义和长远的战略意义。

二、发展潜力分析

(一) 华北稻区

华北稻区总面积约占全国的3%。北京地区2011年统计水田面积只有200hm²，山西也只有1 000hm²，可以忽略不计了。天津、河北、山东地区也是逐年下降，2011年分别为1.4万hm²、8.3万hm²、12.4万hm²。只有河南省面积近几年来比较稳定，在60万hm²左右。由于地处半干旱、半湿润气候带，受大陆性季风气候的影响，年降水量500~800mm，属于水资源总量承载力弱的地区。华北地区人均水资源占有量是全国人均的1/4左右。因此，随着国民经济的发展，各行业需水量加大，华北地区水田面积有可能继续减少，再扩大的可能性很小（张依章等，2007）。

华北地区水资源短缺、利用效率低已成为制约当地农业可持续发展的关键因素。农业历来是"用水大户"，据国际灌溉排水委员会的统计，华北农田用水的利用系数仅为0.3~0.5，不合理的灌溉方式，使灌溉水的30%~50%被无效地渗漏、蒸发掉了，农作物利用的水量仅占灌溉总水量的1/4。农业灌溉又以利用地下水为主，多年来由于地下水持续过量开采导致了华北平原地区地下水位连续下降，并引起一系列的环境地质问题，如地面裂缝、地面下沉、河道干枯、海水入侵、地下水质污染等。

华北地区要维持现有的水田面积，只能从开源节流以及水稻节水栽培技术上大做文章。节水稻作是一项系统工程，不仅包括水资源时空调节、自然降水和灌溉用水的高效利用，还涉及植物自身水分利用效率的提高等多个方面，即通过工程、作物栽培、生物节水等手段提高水资源利用率和利用效率。工程节水主要包括渠道防渗技术、管道输水技术、喷灌技术、改进地面灌溉技术、微灌技术等；作物栽培节水技术和生物节水主要包括调整耕作、播种、栽培方式，改变传统的灌水习惯，合理运用调亏灌溉、分根灌溉技术，实施保护性耕作技术，采用薄膜覆盖、秸秆覆盖等覆盖技术，应用抗旱保水剂、植物抗蒸腾剂、土壤改良剂等化学调控技术，进行作物抗旱节水新品种遗传改良和培育等。

山东近几年来一直大力推广水稻"三旱"栽培技术，具有节水省工、降低成本、操作方便等特点。"三旱"法由旱育秧苗、旱整平地面和大田旱管理3个部分组成。河北省多年来一直进行地膜覆盖直播稻栽培技术推广示范，节水效果明显，有力地保证了水稻种植面积稳定发展。华北地区的单产仍处于中低产水平，普遍在 $6.5 \sim 8.5 t/hm^2$，通过育种和栽培技术的提高促进单产增加的空间还是很巨大的（王一凡等，2000）。

（二）东北稻区

东北水稻生产不仅在我国粮食安全中的战略地位突出，而且日益重要。按照2012年农业统计数据，全国水稻播种面积为 3 005.7 万 hm^2，北方稻区面积为 553 万 hm^2，约占全国面积的18.4%。其中华北稻区约占3%，西北稻区约占0.9%，东北稻区占14.5%，而东北三省则占全国面积的14.3%。其中辽宁省65.96万 hm^2，吉林省69.12万 hm^2，黑龙江省294.56万 hm^2。根据我国农业统计数据分析，1980—2010年，在全国水稻总产量增加的5 500多万t中，东北3个省和整个南方15个省份各贡献了50%左右。2011年全国稻谷总产量20 100.1万t，比2010年总产量19 576.1万t增产524万t，而东北三省就增加了320万t，占增量的60%以上。在水稻播种面积上，1980—2010年全国水稻播种面积下降了近400万 hm^2，其中南方下降了700多万 hm^2，而东北反而递增了300多万 hm^2（张卫建等，2012）。因此从这个比例可以看出，北方稻区发展的最大潜力在东北三省。东北三省中，发展潜力最大的又在黑龙江。

1. 黑龙江省水稻发展潜力

黑龙江省目前水稻种植面积在295万 hm^2 左右，年产稻谷在2 000万t以上，是我国粳稻种植面积最大的省份。该稻区属于大陆型季风气候区，夏季气温高、昼夜温差大、光照充足、雨热同季、日照时间长、水资源充足、土质肥沃、地势平坦，有利于优质水稻生产。

（1）生产条件。水稻生育季节日照时数日平均可达 $15 \sim 16h$，全年实际总辐射量达 $440 \sim 460 kJ/cm^2$，虽然略低于吉林和辽宁，但夏季多冬季少，季节间变化幅度大于南方稻作区。统计水稻生育季节的5~9月，西部的松嫩平原地区日照时数较长，为1 250~1 350h，东部的三江平原地区较短，为1 150~1 250h。

黑龙江省稻区年平均气温由北向南分布在 $-5 \sim 4℃$，是全国气温最低的省份。但是夏季温度高冬季低，春秋季时间短，年温差明显大于南方稻区。即使与世界同纬度地区相比，黑龙江省夏季温度也是偏高的，这样才使得该地区可能大面积栽培喜温作物水稻，从而也成为世界栽培水稻的北限地带。

黑龙江省从纬度上看，南北跨越 10 个纬度，不同地区之间热量条件差异较大，≥10℃积温由南向北逐渐减少，平原地区平均北移 1 个纬度减少 100℃左右；山区海拔高度每上升 100m，相应减少 150℃左右。全省水稻生育期间≥10℃活动积温在 1 500～2 700℃。全省各地无霜期悬殊，南部、西部地区超过 150d；松嫩平原、三江平原大部分地区为 125～135d；山区在 120d 以下；最北部山区只有 60d 左右。黑龙江省 5～9 月昼夜温差平均为 12.0℃，比南方稻区高 3.9℃，比辽宁省高 1.4℃。昼夜温差大，水稻呼吸作用消耗少，有利于光合产物积累和促进水稻生长发育，以及提高稻米品质和产量。

黑龙江省春夏季温度由低到高，热量集中于 6～8 月，夏秋季热量又由高到低。这一温度正态变化过程与早粳稻生育要求温度指标吻合。全省各稻区只要按当地热量条件选择熟期适宜品种进行计划栽培，一般均能正常成熟。由于夏季日照时间长，有效积温少，为此所栽培的水稻均是对光照反应迟钝而对温度反应敏感的类型，属于早熟或超早熟品种。由于各地区积温条件不同，致使水稻生态特性和产量差异也较大，并呈规律性变化。即随着积温的增加，水稻品种的生育期延长，叶片数增加，株型变高，产量也呈增加趋势。

黑龙江省热量资源不足不稳，南北气温差异很大，年际间积温变化在±300℃之间，积温每减少 100℃，粮食产量减少 8%～10%。据黑龙江省气候波动情况调查，通常平均 3～5 年遭遇一次低温冷害，一般减产 20%左右，且影响稻米品质。

黑龙江省年平均降水量约 530mm，降水时间变化与温度和光照变化趋势一致，属雨热同季。夏季降水集中，5～9 月水稻生育期间降水量占全年的 85%左右。不同地区之间差别较大，分布在 370～670mm。一般规律是中部、南北山地较多，可达 600mm 以上；东部三江平原一般为 500mm 左右；西部松嫩平原较少，一般在 500mm 以下。农田湿润状况决定着稻田灌水定额的多少，蒸发量小于降水量的湿润地区种稻灌水定额少，有利于发展水稻生产；蒸发量大于降水量的干旱地区，水资源不足，种稻灌水定额大。另外，黑龙江省降水量年际间变化较大，大部分地区降水变率在 15%～20%，多雨年和少雨年相比降水量变率可达 1 倍以上。降水变率大是水稻生产发生旱涝气象灾害的主要原因。

地表水：黑龙江省境内有黑龙江、松花江、嫩江、乌苏里江和绥芬河五大水系；有兴凯湖、镜泊湖和五大连池三大湖泊；流域面积 10 000km² 以上的河流 18 条，5 000km² 以上的河流 26 条，50km² 以上的河流 1 948 条，其他还有众多的大小泡沼。平均每年径流总量为 655.8 亿 m³，为全国北方 14 个省份水资源最多的省份。黑龙江省水资源虽较丰富，但不同地区和季节之间分布很不均衡。地区年径流量与自然降水的地区分布大体一致。洪水多出现在 7～9 月，径流量占全年径流总量的 60%～70%；

而整地泡田和插秧用水量大的5～6月，一般平原地区仅为全年径流总量的10％左右，所以春季用水明显不足。

地下水：黑龙江省地下可利用的水资源大部分为浅层地下水，其分布规律受气候因素、地质构造和地形地貌影响很大。据调查，全省地下水总量为262.3亿m^3，平原地区每年可开采量为99.14亿m^3。按地区江河流域划分，黑龙江干流流域为6.2亿m^3，乌苏里江流域为17.1亿m^3，嫩江流域为31.1亿m^3，松花江流域为44.46亿m^3。统计全省利用地下水打井种稻面积已达180万hm^2，约占水稻面积的70％，且多集中在三江平原地区。这说明井水种稻面积还有较大的开发潜力。特别是松嫩平原、三江平原和中部河谷平原的低洼地区，地下水埋藏深度浅，有的仅1～5m，且水量丰富容易开采，是发展井水种稻潜力最大区域。黑龙江为全国北方14省份中水资源最丰富的省份，尤其是三江一湖的过境水资源丰富，可开发利用（王秋菊等，2010）。

黑龙江省土体普遍存在季节性冻土层，土壤腐殖质积累较多，土壤肥力高。从土壤类型上看，主要有草甸土、白浆土、黑土、沼泽土和盐碱土等（王秋菊等，2012）。

草甸土：土壤有机质含量一般为4.5％～5.0％，高者可达8％；全氮含量为0.222％～0.269％；速效钾含量都高于200mg/kg，只有磷平均含量较低，大部分土壤pH为7左右。

白浆土：主要分布在三江平原和东部山区，白浆土最主要的特征是土质黏重，黑土层较薄，表层有机质含量平均为4.97％，但白浆层一般不到1％，属微酸性土壤。

黑土：作为农作物耕种面积最大的土壤，主要分布在黑龙江省中部以及三江平原一带。黑土具有深厚的黑土层，一般为35～70cm，其中草甸黑土可达100cm左右。有机质含量较高，土中水稳性团粒总量大，是全国土壤中结构最好的土类之一。pH一般为5.5～6.5，属偏酸性。氮、磷、钾含量均较高。黑土水分来源主要依靠降水，属地表湿润淋溶型。黑土是旱田作物高产土壤，一般只在地势低平和湿润时间较长的地区提水灌溉种植水稻。

沼泽土：沼泽土是在排水不畅、长期积水和嫌气环境条件下形成的，主要分布在三江平原以北的广大地区和其他江河泛滥平原，属非地带性土壤。沼泽土质地比较黏重，一般是表层有机质含量高，表层以下含量很少，不同地带的沼泽土特性也有较大差别，如三江平原的呈微酸性，一般pH为6～7；而松嫩平原的则有不同程度的盐化，呈碱性，pH为8～9。沼泽土所处地势一般比较平坦，有水源保证和有灌排条件的地方适宜开发种稻。

盐碱土：属内陆型盐渍土，主要分布在松嫩平原西部低洼闭流地带，全省总面积为24.34万hm^2，盐碱土多属于壤质黏土，孔隙度较低，蓄水能力和渗透性差，pH一般为8～10，多呈强碱性。通过灌排水洗盐种稻，再加上生物、化学和其他农业改良措施，目前部分盐碱土已变成高产稳产的水稻田。

（2）发展潜力及优势。黑龙江省水稻种植面积在全国现排在第三位，总产量居第二位。由于国家政策的扶持及粮食安全生产需要，黑龙江省的水稻生产进入了一个新的发展时期。新的历史时期、新的机遇使黑龙江省水稻生产具有再发展的可能和潜力。

单产增加潜力大。黑龙江水稻在东北三省中单产最低，远低于辽宁省和吉林省。黑龙江水稻近 5 年平均单产 $6.6t/hm^2$，辽宁为 $7.5t/hm^2$，吉林为 $8.3t/hm^2$，由此可见，通过品种改良，育种技术创新，加快培育出高产优质多抗新品种的步伐，同时加强栽培技术创新，在灌溉、施肥和高产群体优化调控上进行深入研究探索，加以良种良法相配套，黑龙江水稻单产进一步增加的潜力很大。只要单产增加 $300kg/hm^2$，在现有面积上，总产量就可增加 79.2 万 t，增加的稻谷量就可以养活至少 300 万以上的人口。

商品潜力大。黑龙江省生产稻谷主要以食用大米为主，本省实际消费仅占生产量的 30％左右，商品率则达到 70％左右，已经成为全国商品稻米最大的产区。随着人们生活水平的提高，食用粳米人均消费数量呈增加趋势，对稻米品质的要求也越来越高。黑龙江省具有独特的生态环境，发展稻米商品数量最多，以绿色食品的优势，与缺米地区、高消费地区建立一种稳定的优质米供应基地。这无疑展示出黑龙江省稻米有良好的国内外市场销售前景。

生态环境好，有利于提高商品竞争力。黑龙江省森林覆盖率高达 45％，有良好的农业生存环境。人口密度较小，农村工业发展相对缓慢，工业排污和生活垃圾对空气、水资源和土壤资源的污染也少，最适合生产无公害的绿色食品，这是黑龙江省绿色品牌稻米较多的根本原因之一。黑龙江省温差大，与南方水稻主产区相比，没有高温障碍，稻米整米率高，透明度好，一般情况下垩白较少，外观品质好。稻米蛋白质和直链淀粉含量较低，其他营养成分含量适中，也适宜发展生产优质食味米。

化学污染少，有利于生产绿色食品。黑龙江省冬季严寒，很多虫卵和病菌不能越冬。加之无霜期较短，水稻生育期间温度也较低。生产上常发性病虫害种类与我国南方稻区相比明显偏少，即使发生病虫害，其危害也较轻。为此水稻生产使用农药数量也较少，即使使用农药，主要也是使用对人体几乎不产生危害的除草剂。黑龙江省土壤肥力消耗较小，水稻生产中使用的化肥数量也较少。总之，化肥和农药中有毒和激素类等有害物质相对较少，这更有利于生产绿色食品。

政策和经济优势。中央 1 号文件的出台为黑龙江省水稻再发展奠定了政策基础。文件指出集中力量支持粮食主产区发展粮食产业，促进种粮农民增加收入，实事求是地制定了一系列的相应政策措施。作为国家的商品粮基地，国家将"天下大粮仓，拜托黑龙江"的荣誉给黑龙江省，黑龙江省发展优势作物——水稻，必将在振兴东北老工业基地的同时为水稻的发展提供有利的环境。

水土资源优势。虽然全省农场水资源和人均水资源低于全国平均水平，但年蒸发量相对较小。因缺乏控制性水源工程，地表水的调控能力仅有 30 多亿 m^3，因此地表水开发潜力巨大，并且水质好，为优质稻米的生产提供了良好的条件。

技术优势。随着黑龙江省水稻的发展，栽培技术也进一步完善。目前正在研究和推广的技术有水稻旱育稀植技术、低温冷害防御技术、超级稻栽培技术。优质水稻良种的普及推广覆盖率已达 90% 以上，为水稻的再发展提供了技术支持。

工程和设备优势。黑龙江省水利基础设施不能达到农业可持续发展的要求，但 1998 年洪水过后，大江大河防洪体系建立、松干堤防建设任务即将完成，尼尔基水利枢纽即将发挥调节作用。近年来，黑龙江省水稻生产机械化发展较快。全省适合水田作业的中型拖拉机 43 700 台，作业机具完全配套，联合收获机 13 459 台，是吉林、辽宁的 90～100 倍。水稻 1/3 以上面积实现了全程机械化，在全国居领先地位（于清涛等，2011）。

2. 吉林省水稻发展潜力分析

吉林省是我国北方寒冷稻作主产区，近 10 年水稻科研和生产发展较快，水稻单产和总产量已从 2002 年的 6 409kg/hm² 和 374.8 万 t 上升到 2011 年的 9 019.5kg/hm² 和 623.5 万 t，单产和总产量分别增长 40.7% 和 66.4%，水稻面积发展比较平稳，2000 年以来基本稳定在 67 万 hm² 左右。吉林省近 10 年水稻总产量增长中，面积扩大的贡献率为 40.59%，单产提高贡献率为 59.41%，单产提高中，品种贡献率为 64.55%，生产技术为 35.45%（周广春等，2012）。

（1）生产条件。吉林位于东北的中部，东经 121°38′～131°19′、北纬 40°52′～46°18′，东西跨越 10 个经度、南北跨越 6 个纬度，是我国北方一季寒冷稻区的主要地区。

吉林省气候特点是春季干燥多风沙，夏季温热多雨，秋季降温快霜期早，冬季漫长严寒少雪。全省年平均气温在 2～6℃ 之间，全年 1 月最冷，平均气温 -20～-14℃，7 月最热，平均气温 24℃，全省日平均气温稳定通过 10℃ 的初日出现在 4 月末或 5 月初，终日出现在 9 月下旬或 10 月上旬，持续时间 120～170d，≥10℃ 活动积温为 2 100～3 100℃。全省无霜期为 120～160d，热量分布总趋势为平原热量大于山区，南部优于北部，西部强于东部。总体来看，吉林省热量资源可以满足水稻生长的需要，具有雨热同季的特点。

全省年日照时数为 2 200～3 000h，水稻生长季节的 5～9 月，日照时数为 900～1 400h，日照百分率为 45%～65%，每日可照时数为 14～16h。年总辐射量为 459.8～543.4kJ/cm²。

吉林 30km 以上的河川 221 条，其中流域面积在 5 000km² 以上的有 16 条，分属松花江、鸭绿江、图们江、辽河、绥芬河五大水系（熊振民，1992）。现又新建引嫩入白、哈达山电灌站改造、中部水利枢纽等大型水利工程。

全省多年平均水资源总量为 399 亿 m³，其中，地表水资源量为 344 亿 m³，地下水资源量（不含河川径流量与地下水资源量的重复量）为 55 亿 m³，全省人均水资源量为 1 446m³。全省年平均降水量为 609mm，年降水量为 1 165 亿 m³，稻作区 5～9 月的降水量为 350～700mm，因此，吉林省水、热和太阳辐射资源均有利于水稻生产。

（2）吉林省水稻增产潜力。

①品种增产潜力。吉林省水稻新品种选育工作已有 40 多年的历史，育种途径主要是以杂交育种为主，同时，还开展了辐射育种、杂种优势利用和生物技术育种。如果说 20 世纪 80 年代吉林省的水稻品种主要是以日本品种占主导地位的话，那么到了 90 年代初，吉林省就打破了以日本水稻品种占主导地位的被动局面，而由吉林省科研单位培育的水稻品种很快便成为吉林省的主栽品种。目前，吉林省种植的水稻品种 90％是省内科研单位自己培育的，从国外和省外引进的品种仅占 10％左右。随着人们生活水平的提高和市场对优质稻米需求量的日益加大，吉林省各科研单位又相继培育出了一大批优质米品种。目前，优质米品种栽培面积已占全省水稻面积的 30％以上，优质米品种的大面积推广应用，为吉林省的水稻生产带来了新的生机和活力。

②栽培技术潜力。在栽培技术方面，重点推广应用了优质米水稻标准化生产技术，制定了水稻栽培技术操作规程，在施肥量（尤其是施氮量）、施肥时期以及灌水管理、收获期等技术指标上都做了量化要求；加强抗旱节水栽培技术研究，在缺水稻区重点推广了以免耕轻耙湿润灌溉为核心的综合节水抗旱栽培技术。应用该项技术在正常年份与不缺水稻田持平或略有增产，在缺水年份可比插后对照区少减产 20％左右。这项技术的推广应用对缓解缺水和种稻的矛盾起了很大作用；示范推广了无公害绿色有机水稻生产技术，促进了水稻生产的可持续发展；在生产实践中逐步完善各种高效栽培技术，如旱育超稀植技术、简塑盘钵育苗抛摆秧技术以及稻田养鸭、稻田养蟹技术等。

③水利工程潜力。吉林省现新建引嫩入白、哈达山水利枢纽工程、中部城市供水工程、大安灌区等水利工程，这些工程竣工后，对缓解吉林省水资源供需矛盾，增强防洪抗旱功能，提高农业综合生产能力，保障粮食安全，改善生态环境等都将发挥重要作用。这些工程不仅保障现有水田面积稳产高产，而且具有增加水田面积 20 万 hm² 以上的潜力，每年可增加 15 亿 kg 以上优质稻谷。

3. 辽宁省水稻发展潜力分析

（1）生产条件。辽宁省属中国北方一季粳稻区。全省各地年平均气温 4.6～10.3℃，≥10℃活动积温为 2 731～3 674℃，变幅 15％～20％，无霜期 125～215d，月平均气温超过 15℃以上的有 5 个月。水稻生长季的 5～9 月日照时数为 965～1 344h，年日照百分率为 54％～66％，年太阳辐射总量为 420～840kJ/cm²，其中，5～9 月太阳辐射总量为 268.8～281.4kJ/cm²，生理辐射总量为 126.0～159.6kJ/cm²。这种温光条件十分有利于水稻获得优质高产，特别是东南部沿黄海平原稻区，大城市和大型工矿企业少，植被覆盖率高，环境污染轻，水源充沛，昼夜温差大，为优质稻米生产创造了得天独厚的优越条件（熊振民等，1992）。

省内土壤较适于种植水稻，稻田主要分布在棕壤和草甸土上，土层深厚，有机质、氮、磷、钾等营养较丰富，在全国属中上等水稻土。

辽宁全省有大小河流 300 余条，流域面积大于 5 000km² 的有 10 余条。年平均降水量约 690mm，降水量在地区间和年际间差异都很大，辽东山区年降水量在 900～1 200mm，中部地区年降水量为 500～800mm，辽西地区年降水量为 500～600mm。辽宁省河流众多，流域面积 100km² 以上的江河有 392 条，其中大型江河 17 条，中型江河 31 条，小型江河 344 条。2012 年全省地表水资源量为 492.42 亿 m³，折合径流深 338.4mm，比多年平均值多 62.8%。全省地下水资源量为 147.36 亿 m³，比多年平均值多 18.2%。2012 年全省总用水量为 142.19 亿 m³。在生产用水量中，第一产业用水量为 91.46 亿 m³，其中农田灌溉用水量为 82.46 亿 m³，2012 年，全省总降水量为 1 344.79 亿 m³，折合年降水深 924.2mm，比多年平均值多 36.3%，6～8 月降水量为 581.4mm，占全年 62.9%，耕地面积 409.29 万 hm²，占全省土地总面积的 27.65%，人均占有耕地约 0.096hm²，其中有 80% 左右分布在辽宁中部平原区和辽西北低山丘陵的河谷地带（辽宁省水利厅，2013）。

（2）水稻发展潜力。

①节水技术潜力。正常年份，水资源可以满足 60 万 hm² 水稻用水的需要。目前，辽宁省稻区平均需水量为 12 000～15 000m³/hm²，灌溉输水损失一般为 40%～50%，部分水田灌溉设施老化，渠道输水损失比较严重，如果采取综合节水措施，包括生物、农艺和工程节水，特别是采取渠道防渗技术，可以有效提高水资源的利用率。全面推广节水栽培技术，可以节约用水 1 500m³/hm² 以上，相当于增加 6 万 hm² 水田的灌溉用水。因此，通过节水辽宁省水田面积还可以至少扩大 6 万～10 万 hm²。

②高产品种增产潜力。辽宁省水稻科研力量雄厚，技术研发能力较强，在水稻育种和生产技术等领域的科研水平较高。以辽宁省农业科学院水稻研究所、沈阳农业大学、辽宁省盐碱地利用研究所、铁岭市农业科学院等为代表的育种科研单位，相继育成了屉优 418、辽粳 326、辽粳 454、辽粳 294、辽粳 9、辽粳 101 等辽粳系列，辽盐 2 号、盐丰 47、盐粳 68、盐粳 456 等辽盐系列，铁粳 4、铁粳 7 等铁粳系列，沈农 9903、沈稻 7 等沈农系列等一大批株型理想、高产稳产、耐肥抗倒的优良品种。进入 21 世纪以后，又先后新选育出一批超级稻品种，如辽星 1 号、沈农 265、沈农 606 和超级杂交粳稻辽优 5218、辽优 1052 等，新品种单产可以达到 9 750～10 500kg/hm²，高产地块单产可以达到 12 000kg/hm² 以上，平均比一般水稻品种可以增产稻谷 750～1 500kg/hm² 及以上，如果采取综合推广措施，加快高产水稻良种的推广，水稻单产水平可以进一步提高，辽宁水稻年总产量还有增加 40 万 t 以上的潜力。

③栽培技术增产潜力。辽宁省 4 个稻区中辽河平原稻区水稻面积最大，单产水平也比较高，平均单产在 7 500kg/hm² 以上；东南沿海稻区、辽东山地冷凉稻区、辽西低山丘陵稻区等三个稻区由于受生产条件和栽培技术水平的制约，有相当一部分地区水稻单产水平低于全省平均水平，其面积大约有 12 万 hm²。这部分稻区既是辽宁省水稻生产发展的制约因素，同时也是水稻单产增产潜力所在。如果在栽培技术各环节上，如在培育壮秧、适时插秧、合理密植、配方施肥、节水灌溉、高效安全病虫害防治等各方面进行组装配套，形成高产综合栽培技术体系，加大新技术的普及与推广，

这些地区的增产潜力还是很大的。这些地区如果平均在现有 6 000kg/hm² 的水平上再提高 750～1 500kg/hm²，那么 12 万 hm² 水田，就可以增产稻谷 9 万～18 万 t，相当于新增水田面积 1.2 万 hm² 以上。

④中低产田改造潜力。在辽宁省现有的水田中，有许多水田地势低洼，土壤自然条件较差：一是以辽河下游为主的盐碱地水田面积较大，近年由于干旱少雨、缺水，盐碱化危害加重；二是东部山区有相当一部分冷浸水田，排水不畅，水稻发苗慢，植株矮小；三是东南沿海稻区部分水田地下水位偏高，排水不畅，水稻生长嫩弱，病害发生严重；四是部分稻田保水保肥能力差，水稻生长量严重不足，易脱肥。这些中低产田水稻单产一般都远远低于正常的水稻田，通过采取改良土壤、培肥地力等综合改良措施，建设标准化条田，改善灌排条件，可以进一步提高单位面积的产出能力和高产稳产能力。

4. 内蒙古水稻发展潜力分析

内蒙古稻区属于高纬度寒冷地稻作区域，主要集中在北纬 42°～49° 的内蒙古东北部地区，属东北稻区温和半干旱食用早粳次亚区，稻田主要分布在嫩江水系的诺敏河、阿伦河、雅鲁河、绰尔河、归流河、洮尔河、霍林河流域和西辽河水系的西拉木伦河、老哈河、新开河、教来河流域的冲积平原。内蒙古稻区属半干旱大陆性季风气候区。水稻主产区年降水量在 320～450mm。地表水资源量为 370.9 亿 m³。地下水为 137.9 亿 m³。人均水资源占有量为 2 442m³。该区太阳总辐射量为 418～585kJ/cm²，全年日照时数为 2 500～3 100h，≥10℃ 积温为 2 000～3 200℃，无霜期 100～145d。热量条件可满足一季中早熟型粳稻品种的生育需要。特别是 7～8 月降雨集中，温度较高，昼夜温差大，雨热同季，是生产优质粳稻的主要地区。

该稻区几乎无污染，天蓝、水净、土肥、光照充足、温度适宜，是天然优质绿色粳稻较理想的种植区域。虽然该区光温条件能够种植水稻，但无霜期的限制及降水量稀少仍然是制约该区水稻种植发展的主要因素。

内蒙古稻区现有水田面积 9 万 hm² 左右，在东北稻区所占的比例很小，只有 2%，受气候、水资源及经济发展影响，水稻面积再增加潜力不大，只有提高栽培技术，增加单产，从而增加总产量。

5. 总体潜力分析

东北稻区土壤肥沃，7～8 月降雨集中，温度较高，昼夜温差大，雨热同季，是我国优质粳稻的主要产区。该区污染少，是优质绿色粳稻理想的种植区域。水稻产量高，商品量大，比较效益较高。

（1）气候生产潜力大。潘文博（2009）研究认为，按照气候生产潜力的计算方法，东北地区水稻的气候生产潜力理论值在 7 655.76～14 792.46kg/hm²，其理论平均值为 11 890.55kg/hm²。黑龙江省气候光温生产潜力理论值最大，吉林省水稻气候生产潜力理论值偏小，辽宁省居中。

东北地区水稻的气候生产潜力开发度平均为 58.5%，黑龙江省气候生产潜力开发度较低，仅为 51.06%，辽宁省略高，达到 63.82%，吉林省居中，为 61.38%。由此可见，东北地区的水稻生产潜力还有很大一部分没有开发出来，因此只要持续发展水稻生产，特别是在建设农田水利设施的同时，因地制宜地改良水稻品种，使之与当地的气候条件相适应，总的来说，东北水稻生产潜力的开发前景十分巨大。但是不同地区水稻生产潜力开发的难易程度不同，如在生态条件较差的偏旱地区，水稻生产水平明显偏低，这主要是由于受到自然生态环境条件的限制，其水稻生产潜力的开发相对较难，投资较大，而对于自然环境条件相对较好的沿海沿江地区来说，其水稻生产潜力的开发相对较易。

（2）开拓水资源，节水种稻势在必行。辽宁省水田面积占全省总耕地面积的 16.1%，吉林省水田面积占全省总耕地面积的 12.5%，黑龙江省水田面积占全省总耕地面积的 24.8%。虽然水田面积占耕地比重不是太大，但水田耗水量大，占水资源总量比例高，如果要继续扩大水田面积，必须在如何充分利用已有水资源上大做文章。

陈温福等（2006）则认为，水资源短缺，限制东北地区水稻生产的发展。由于三北地区水资源紧张形势的加剧，工农业争水、城乡争水矛盾日益突出，为了确保城市和生活用水，三北地区特别是东北的辽宁和吉林两省已没有足够的水资源用来进一步开发水稻。如不采取措施，现有水稻种植面积也很难保证不再下降。潜力大的是黑龙江省的三江平原，但目前黑龙江省水田面积占全省总耕地面积的 25%，为了保护湿地，维护生态平衡，实现可持续发展，水田面积不可能无限制扩大。因此，黑龙江水稻种植面积的发展潜力也并不像预想的那么大。因此，东北稻区必须发展节水种稻，尽可能减少灌溉定额，加强水稻节水技术研究，加大水稻生物节水、农艺节水、化学节水、工程节水和管理节水研究，以确保现有水稻种植面积不再减少并适度扩大（王一凡等，2000）。

（3）加强超级稻育种研究，提高单产。在国家 863 计划支持下，由袁隆平院士领衔的超级杂交稻育种水平再上一个新台阶，全国已选育出一批达到生产应用水平的超级稻品种，并在生产上大面积应用，取得了显著的经济效益（虞国平等，2009）。一是加强广适型早熟超级稻的培育。东北大部分地区属于早中熟一季粳稻区，春季气温回升慢，秋季降温快，无霜期相对较短。在这一地区，常规超级稻育种应特别注意熟期适宜、耐寒与广适性的结合问题。超级稻品种生产潜力可达 10 500～12 000kg/hm²。通过开发推广超级稻，将单产平均提高 750kg/hm² 是完全可能的。按东北稻区年种植面积 400 万 hm² 计算，仅此一项每年可增产稻谷近 30 亿 kg。这对于缓解国内外稻米市场东北大米供需矛盾，满足城镇居民口粮需求以及增加农民收入均具有重要意义（陈温福，2006）。二是加强超级杂交粳稻的培育。北方杂交粳稻的发展是从 1975 年辽宁省农业科学院稻作研究所采用"籼粳架桥"技术和人工制恢方法，育成高恢复度和高配合力的恢复系 C57 开始的，并在 1980 年选育出中国也是世界上第一个应用于生产的杂交粳稻组合，从而拉开了杂交粳稻在生产上大面积推广应用的序幕。杂交粳稻同常规品种相比，其杂种优势表现在根系发达，吸肥力强，生活力持久，具有耐旱、抗旱，增产潜力大、用肥经济等特点。杂交粳稻在干旱缺水条件下，仍可获得较高产量，在水资源缺乏地区种植杂交粳稻具有特殊意义。

（三）西北稻区

西北稻区现有水田面积为 28 万 hm^2 左右，占全国水稻播种面积的 0.9%。西北稻区为单季稻区，品种类型以早粳早熟为主，为一年一熟，多与旱作物轮种，河谷、河滩低洼盐碱地实行连作种稻。栽培形式以插秧为主，新疆和宁夏有较大面积的直播稻。目前，插秧面积有所下降，机械收获快速发展。由于受无霜期短和生长期间低温影响，栽培上必须根据当地温度以安全抽穗期为控制目标，品种上以早熟、耐寒、耐盐碱、高产为选育目标，多数地区还要求抗稻瘟病强的品种。日照充足、降雨少、昼夜温差大的高原气候，形成了该区域高密度栽培特点并创造了高产纪录。

1. 水资源潜力

长期以来人们的传统观点认为，西北地区干旱少雨、水资源缺乏导致水稻种植面积呈下降趋势。通过对西北地区水资源和现代农业发展的深入调查分析，发现西北地区并不缺水，而且地下水资源还是很丰富的，关键是如何合理高效利用水资源。

西北地区各省的水资源总量，虽然低于我国南方地区，但并不比华北和东北部分省份少，并不是贫水地区。西北地区的水资源大部分来自黄河流域，中部分来自甘肃和新疆周围的高山降水和冰川水资源，少部分来自长江流域。西北地区气候和水资源分布有以下 3 个特点：

（1）西北地区大面积干旱缺水。西北地处干旱半干旱地区，半干旱地区降水量在 200～400mm，干旱地区降水量在 200mm 以下，甘肃、宁夏、陕西、新疆、内蒙古有大量的沙漠地区，降水量在 50～100mm。

（2）局部水资源丰富。黄河是西北地区主要水源。青藏高原、祁连山、昆仑山、天山、阿尔泰山等丰富降水和冰川资源，成为新疆、甘肃和内蒙古三省份水资源的主要来源之一。大面积气候干旱，但局部地区水资源丰富，形成了沙漠绿洲、河西走廊等重要农业区域。

（3）过境水资源丰富，但利用率低。黄河是我国第二大河，是西北地区主要过境水资源，年径流量达 550 亿 m^3。但西北地区有青藏高原、黄土高原、沙漠戈壁地貌特征，土地和水资源分布不均，且难以有效利用过境河流水资源。许多省份是有水干旱，如黄河上中游在西北地区大部分都在高山峡谷中流向下游，大部分地区因为缺少平坦耕地而不能利用，少部分地区因为缺少水利提抽和引水工程，不能有效利用，只有宁夏平原和内蒙古河套平原地区成了黄河水资源高效利用地区。

新疆大于 $1km^2$ 的湖泊有 139 个，其中大于 $100km^2$ 的有 11 个，湖泊总面积在全国居第四位。冰川储量达 25 835.7 亿 m^3，占全国冰川总储量的 50%。因此新疆富有大量的水资源，并不是资源性缺水，主要是由于地形等原因，属于工程性缺水。新疆面积达 166 多万 km², 平原面积比重约占 61%, 即多达 102 万 km², 相当于全国东部和中部湿润、亚湿润平原面积的总和。拥有后备可利用的土地资源逾 1.3 亿 hm², 是全国最具土地开发潜力、有条件大规模扩大耕地的少数省份之一。

宁夏以前也属于贫困落后地区之一, 但宁夏人民经过长期的努力奋斗, 1984 年宁夏率先在西北地区实现了粮食自给有余, 结束了从外地调粮的历史。目前, 占全区 29% 的耕地生产了全区 74% 的粮食, 成为西北乃至全国重要的商品粮生产基地之一。宁夏是我国治沙大省, 实现了治理速度大于扩展速度的历史性转变, 成为全国第一个"人逼沙退"的省份。西北地区广袤的土地和较为丰富的地表及过境水资源, 使得西北地区水田面积还有增长的空间。经过近半个世纪的努力, 我国目前已经实施了南水北调东线和中线两大调水工程, 在解决华北中东部地区的缺水问题方面有了大的进展。未来的任务就是要采取多种途径高效利用我国丰富的水资源, 千方百计提高作物的水分利用效率, 保障粮食生产, 为国家粮食安全做出重大贡献。

因此, 西北地区降水量确实少, 但水资源并不少, 而是水利工程少, 水资源利用率低。针对以上这些特点, 应重点实施区域开发治理, 发展水利工程和节水农业, 在水资源丰富的区域, 扩大国家商品粮基地建设。

2. 气候及技术潜力

宁夏、新疆、甘肃属于大陆性干旱气候。春暖迟, 夏热短, 秋凉早, 温差大, 降水少, 光照足。年日照时数为 2 500～3 500h, 其中新疆为 2 550～3 500h, 宁夏平原为 2 868～3 060h, 甘肃沿黄稻区为 2 700h, 河西走廊为 3 000h; 稻作生长季 ≥10℃ 的积温为 2 700～4 400℃, 气温日较差是全国最大值区, 为 12～16℃。光合辐射总量为 125～167kJ/cm², 日光合辐射量为 920～1 170J/cm², 为全国最高, 所以, 水稻的光合生产潜力也最高。因此, 充分利用该地区的光热资源, 通过品种的选育, 栽培技术的改善, 提高水稻单产, 是提高西北地区水稻总产量的重要措施。

新疆水稻生产增产潜力大, 但发展不平衡。从光热条件来说, 新疆是最具水稻高产潜力的省份。大面积单产 10 500～12 000kg/hm² 田块经常出现, 小面积单产15 000 kg/hm² 以上的田块几乎每年都有。2011 年平均单产 8 590kg/hm², 高于全国平均水平 28.4%。宁夏也是高产区, 2011 年宁夏平均单产 8 430kg/hm², 高于全国平均水平 26%。因此, 西北地区单产上升潜力还是很大的, 通过品种选育, 栽培技术的提高, 单产平均再增加 600～750kg/hm², 是完全有可能的。

新疆天业股份有限公司自 2005 年以来开展水稻滴灌栽培研究。经过 5 年的不懈努力, 水稻膜下滴灌栽培技术取得了突破性进展, 在不用水田、完全不淹水、田间不建立水层的条件下种植水稻获得成功。栽培技术日趋成熟, 包括膜下滴灌技术、土壤改良技术、水稻滴灌栽培全机械化生产技术等, 已基本形成滴灌水稻配套技术操作规程。2008 年, 在新疆天业化工生态园种植水稻 1.3hm², 用水量 12 750m³/hm², 平均单产达 5 700kg/hm²; 2009 年扩大示范面积, 通过膜下滴灌旱植 26hm² 水稻, 平均产量为 7 500kg/hm², 达到了新疆水田的平均水平, 其中部分高产地段经科技部门专家鉴定产量达 10 500kg/hm² 以上。滴灌水稻有明显的节水优势，在新疆，一般水稻田耗水在 37 500m³/hm² 以上，滴灌水稻耗水仅 11 250m³/hm² 左右，可节约水稻生产用水 70％以上；滴灌水稻有很强的抗倒伏性，这为大面积提高水稻单产奠定了基础；滴灌水稻不需要育秧、插秧工序，容易实现生产过程机械化，提高劳动生产率，同时还具有成本低、经济效益高的优势。因此，水稻滴灌技术在西北地区有广阔的发展空间。

综上所述，西北平原地区，从目前区域水资源丰富的特点来看，还有很大的开发空间，因为其光热资源要好于东北地区，土地资源要远多于东北地区，也适宜大型农业机械化发展。特别是新疆和宁夏的粮食新增能力已经显示出巨大的开发潜力。因此，西北地区如果加大投入，发展水利工程，采用先进的喷滴灌技术及配套设施，充分利用已有的水资源，新疆、宁夏地区的水田面积在现在的基础上大面积增加是很有可能的，稻谷总产量也将继续增加。

第四节　水稻产业可持续发展前景

我国是世界上粳稻种植面积最大、总产量最高的国家，粳米则是我国人民喜食的主要"口粮"。因此，千方百计地发展粳稻生产，提高粳稻总产量和粳米品质，对于确保我国粮食安全和社会稳定，都具有重要的战略意义。

北方地区的生态条件有利于粳稻生产，特别是东北水稻历来以高产优质著称。在全国水稻生产中，东北稻区的种植面积虽小，但由于产量潜力大、米质优、商品率高，内销外贸前景广阔。近 10 年来，我国人均粳米消费量大幅增加，国内稻米市场对粳米的需求持续增长，使得粳米价格居高不下，极大地刺激了东北地区的种稻积极性。同时，政府高度重视粳稻生产，专门制定了发展规划，并出台一系列扶持政策支持粳稻的发展。

目前，北方地区水稻常年播种面积在 550 万 hm² 以上，约占全国水稻播种面积的 18％，总产量 4 000 万 t 左右，约占全国稻谷总产量的 20％，并且 90％以上是粳稻。随着生产力和商品供给能力的不断提高，必将有力地促进北方水稻的产业化发展，使其经济效益得以发挥，从而实现农村经济的腾飞和农民的脱贫致富。因此，根据资源的可能和社会的需要，北方水稻生产的可持续发展具有广阔的前景。

一、发展优质粳稻的有利条件

受水资源等因素制约，北方稻区面积持续扩大的可能性很小，必须因地制宜，充分利用优势条件，发展粳稻优质生产，扩大出口创汇。北方粳米优质生产的有利条件为：一是日照较长，云量较少。北方稻区日照时数一般在 14h 以上，日照百分率在 50％以上，日照的总辐射量大，光合产物多。二是昼夜温差大，温、光、水资源分布与水稻生长发育基本同步。南方水稻生长期间昼夜温差仅为 8℃，而北方在 10～12℃

及以上。白天高温，利于养分制造，黑夜低温，有利于养分积累，特别是水稻成熟期间秋高气爽，利于优质米形成。三是北方台风暴雨等自然灾害较少，冬季严寒，病菌、害虫越冬困难，水稻的病虫害相对南方较轻（王伯伦，2002）。

东北三省作为我国最大的粳稻产区，具有粳稻优质生产的特殊气候地理优势，商品率高达 70% 以上，为深度开发优质米生产创造了非常有利的条件，发展空间巨大，市场前景广阔。东北三省又是世界少有的清洁之地，自然状态好，生态优势强。农业发展历史短，环境污染程度低，地势平坦，土质肥沃，河流纵横，水质优良，蓝天碧水，绿洲净土，农作物生育季节雨量适中，适于发展水稻生产。

东北地区冬季严寒，水稻生产上常发性病虫害种类与我国南方稻区相比明显偏少，一般都构不成较大危害，农药化肥施入量少，是我国主要绿色水稻生产基地之一。夏季日照时间长，平均温度低，光照强度弱，种植水稻全部是粳稻，占全国稻谷产量的 15%，这有利于东北大米扩大销售市场的优势。东北地区优质稻米品种多，一些优质品种，其优良食味特性和品质综合指标与国外优质品种相比，没有根本差距，有的甚至好于国外的一些优良品种。

黑龙江省作为我国粳稻面积最大的省份，具有绿色稻米生产的优越条件。土壤有机质含量多，养分含量高，水稻生产使用的化肥数量也较少，为此，由使用化肥带来的有毒和激素类等有害物质相对较少。工业排污和生活垃圾对空气、水资源和土壤的污染程度很小。特别是林区面积比例较大，很多山区的河流和土壤完全无污染，这无疑是生产绿色食品最有利的优越条件。

二、优质粳稻发展策略

（1）推行水稻节水栽培，缓解水资源紧张。加强水利工程建设，加深节水技术研究，提高水资源利用效率，稳定水田面积，确保粳稻持续发展。

（2）实行机械化栽培，降低生产成本。粳稻生产成本居高不下，投入过大，经济效益低，影响粳稻快速发展。水稻生产与旱田相比，技术环节多，作业程序较繁杂，技术性也比较强，劳苦程度仍然强于其他旱田生产。因此，实行机械化栽培，简化作业环节，细化研究关键性技术，提高劳动生产效率，是粳稻持续发展的当务之急。

（3）降低农药和化肥用量，搞好生态安全栽培。粳稻生产中使用的化肥和农药过多，一方面加大了生产成本，另一方面对生态环境造成了严重污染，危害人类健康与生存。以化肥为例，20 世纪 60 年代，全世界生产化肥总量为 5 000 万 t，现在我国使用化肥总量却达到 5 000 万 t，成为世界使用化肥量最大的国家。肥料利用率较低，平均在 50% 左右。近些年来，用肥配方有所改进，但施肥方法改进偏于迟缓，节省化肥用量和减少污染土壤和水体的潜力很大（王一凡等，2008）。

化学农药使用严重浪费，普遍存在盲目用药现象。目前农药生产品牌混乱，生产厂家和经营者为了迎合农民求新心理，产品五花八门，甚至禁用的剧毒农药仍在使用。按国家对稻米"无公害市场准入"的要求并没有达到。如何实现合理科学使用农药问题亟待解决。

（4）优质粳米生产集约化管理。适当加大集约化管理，扩大生产经营规模，提倡推行订单农业，农户联手统一管理，形成产业化经营，有利于新技术实施和提高机械化程度，采取农业组织＋公司＋技术模式，生产、收购、加工、销售一体化。

（5）加强名牌战略建设。针对天津小站米、新疆米泉米、辽宁盘锦、桓仁大米、吉林梅河口大米、黑龙江五常大米等名牌，各地根据实际情况，创建以品牌为纽带，以加工企业为龙头，走"品种优质化，生产区域化，产权多元化，经营产业化，企业集团化"的新型大米产业发展之路。

随着高新技术的应用，近年来我国粳稻育种取得了长足进步，特别是超级稻育种取得了重大进展。同时，精确定量化栽培、"三超"栽培技术、节水节肥型无公害栽培技术的推广应用也为扩大粳稻种植面积提供了有效的技术保障。因此，只要在科技创新上下足功夫，增强信心，脚踏实地开展粳稻育种和栽培技术研究，北方粳稻生产就一定会再上一个新台阶，中国粳米的竞争力就会越来越强，在国际市场上占有越来越多的份额。

由于我国粳米生产的成本优势和较强的技术支持，使得我国的粳稻与籼稻相比具有更强的竞争优势。北方优质粳米，营养丰富，口味好，深受消费者欢迎。另外，加入WTO以后，日本和韩国开放大米市场，也增加了大米出口的机会，所以北方地区优质米生产市场前景广阔。因此，适度发展粳稻生产，扩大粳稻生产面积，对于满足国内外市场需求，提升稻米贸易的国际竞争力，增加比较效益，促进农村经济发展，具有重要战略意义。

政策选择篇

ZHENGCE XUANZE PIAN

第十三章　中国水稻产业政策研究

长期以来，中国稻米需求一直十分巨大，作为 60％ 以上人口的主食口粮，供求形势长期趋紧，加上国际稻米市场规模偏小、容量十分有限，中国长期实行基本自给自足的水稻产业发展政策。同时，沿稻米产业链，实行国有粮食企业为主体的稻米收储和加工流通的产业发展政策，在市场末端实行的是以稳定市场为宗旨、以政府调控为手段的大米销售管制政策。

第一节　产业政策演变

纵观中国稻米产业发展历程，自改革开放以来，稻米产业总体上实行的是基本自给自足的稻米产业发展政策，在整个稻米产业政策中，走了一条以保障水稻生产供给为主的发展道路。各个时期的水稻产业政策尽管有所变化，但都是在国家宏观政策和体制环境下的具体政策，只是侧重点有所不同而已。本节以纵向为经，以主要政策为纬，进行简要梳理和介绍。

一、统购统销的计划经济政策

从改革开放的 1978 年开始，到 1986 年为止，中国实行粮食统购统销为主的计划发展政策。从两个方面可以展现这一时期的水稻产业政策的主要特点。

（一）实行农户联产承包制度

这一时期，打破了人民公社、行政村或小队（小组）等集体统一生产的组织管理方式，开始实行各种形式的以农户家庭为主体的农户联产承包责任制，解放了过去长期压抑的水稻生产积极性，农户积极发展水稻生产。

（1）1978 年 12 月 8 日，中共十一届三中全会决定，以及此后拨乱反正的若干政策意见，为农业生产发展，特别是快速解决国民温饱问题发展粮食生产，尤其是大力发展水稻生产提供了政策支持。

（2）自 1982 年开始到 1986 年，连续 5 年发布 5 个中央 1 号文件，以发展农业生产为主要目标，部署农村工作，有力地促进了农业发展。

这一时期的政策，显著地扩大了水稻生产，水稻产量快速增长，一举扭转了粮食严重供给不足的"吃不饱饭"的困难局面。

（二）实行稻谷统一收购制度

在国家统一收购和统一销售制度下，改革开放初期实行统一的计划价格收购政策，在实行计划价格（统购价格，或"牌价"）收购和适当提高价格的派购制度（一般称为"统购派购"）基础上，开始发展农村集贸市场。从 1985 年开始，国家取消了粮食统派购制度，开始实施合同收购和议价收购并行的"双轨制"收购价格制度，国有粮食企业公布议定收购价格（"议价"），这种合同订购与议价收购的价格双轨制度一直延续到 1990 年。农民水稻丰产后，如何把稻谷更多地交到国家手上，这就必须改革原来的稻谷收购政策，收购政策的核心是稻谷销售价格。这种价格双轨制度，在一定程度上促进了农民投售稻谷的积极性。为了满足更多地收购农民稻谷的目标，提高收购价格，是一种最重要的措施，结果，农民销售了更多的剩余稻谷，农民收入显著增加。主要政策内容包括两个方面：

（1）缩小统派购数量，扩大集贸市场稻谷交易规模，交易方式更加灵活。

（2）实行合同定购和议价收购，稻谷价格大幅度提高。

这一时期的政策效果表明，主要由于价格开始"解禁"，通过增加稻谷商品销售量和"溢价"而使农民收入显著增加，成为中国水稻生产发展的第一个"黄金时期"。

二、放开搞活的有计划发展政策

1987—1997 年，随着国家经济改革的重心逐步从农村向城市转移，城市发展需要更多的非粮食物，调整粮食生产结构，大力发展非粮食物生产就成了这一时期的主旋律（聂振邦，2012）。这一时期的主要政策分别是调整农业生产结构和改革粮食购销制度，水稻产业政策也围绕这一基本点而展开。

（1）1987 年《把农村改革引向深入》（1987 年中央 5 号文件）是一个重要信号。农村经济体制改革的根本出发点，是发展社会主义商品经济，着力于完善双层经营方式，稳定家庭联产承包责任制。粮食是人民生活的必需品，任何时候都必须保持市场供应的稳定。当时也认为，从我国粮食供需的现状和发展趋势看，在今后一个较长的时期内，还必须继续实行合同定购与市场收购并行的"双轨制"，即由国家以合同形式按规定价格收购一部分（李经谋，2012），合同定购以外的按市场价格自由购销。合同定购部分作为农民向国家的交售任务，要保证完成。同时，国家将根据粮食生产的发展和财政状况，逐步减少定购，完善合同，扩大自由购销。当前，主要是完善合同定购，并把定购以外的粮食真正放开搞活。同时提倡大力发展多种经营，推进乡镇企业发展。1992 年 9 月 25 日，《国务院关于发展高产优质高效农业的决定》（国发〔1992〕56 号）文件指出，90 年代我国农业应当在继续重视产品数量的基础上，转入高产优质并重、提高效益的新阶段，加快粮食购销体制改革，进一步向粮食商品化、经营市场化的方向推进。

（2）在取消粮食票证基础上，1993 年实行粮食价格与粮食经营全面放开，建立粮食中央和地方两级储备制度和粮食风险基金，开始改革国有粮食企业和经营体制，实行"省长米袋子负责制"。

这一时期的政策效果表明，水稻生产在波动中缓慢增长，人均大米消费量逐步达到消费的顶点，从此中国水稻产业轨迹发生重大变化。

三、市场化导向的体制改革政策

在 1998—2003 年短短 5 年间，我国粮食生产（尤其是水稻产业）经历了以市场化改革为标志的放开经营和市场化自由购销的发展过程。这一时期，又可分为两个发展阶段，以 2001 年中国粮食购销自由化试点前后为基点可以划分为两个变化阶段。

1998 年开始，实行农业结构战略性调整。2001 年，浙江、福建、广东等 8 个粮食主销区全面推行粮食市场化改革，下半年又有一些省份在省内局部自行放开粮食市场。这无疑是一个强烈的信号，它标志着中国粮食市场开始静悄悄地发生一场革命性变化。对于中国这个世界第一人口大国来说，千百年来，让老百姓吃上饭吃好饭始终是国家政策制定者优先考虑的大事。鉴于历史上多数时候不能做到丰衣足食，在改革开放后，即使粮食走出短缺状态，政府对粮食的控制也是很严的，粮食市场的计划特征非常明显。浙江的粮改，成效显著。一是从"定购"到"订单"，确立了新型的粮食产销关系。二是从单一主体到多元主体，粮食市场体系建设全面启动。三是从自求平衡到优势互补，促进了农业区域结构的优化。在中国加入 WTO 逐步融入全球贸易的条件下，中国粮食市场全面放开。

这一时期的政策，主要表现在农业结构战略性调整和粮食购销市场化改革两个方面。

（1）1998 年 1 月 7～9 日中央农村工作会议提出，农业是稳民心、安天下的战略产业，任何时候都要抓得很紧很紧。特别是在连续丰收后要谨防出现松懈情绪。1998年 10 月 12～14 日中央十五届三中全会出台《中共中央关于农业和农村工作若干重大问题的决定》，关键是要深化农村改革，重点是深化农产品流通体制改革，完善农产品市场体系。1999 年 11 月 15～17 日召开的中央经济工作会议提出，当前面临的经济结构调整不是暂时性、局部性的调整，而是战略性的调整。要继续调整产业结构，加强第一产业、提高第二产业、发展第三产业，是今后一个时期调整产业结构的基本思路。我国农业由此进入了一个新的发展阶段，总体要求是按照高产优质高效的要求，引导农民根据市场需求调整农业生产结构。

（2）2000 年 2 月国务院《关于部分粮食品种退出保护价收购范围的通知》指出，要求加速调整粮食保护价收购范围，2001 年 7 月国务院出台《关于进一步深化粮食流通体制改革的意见》，提出了"放开销区，保护产区，省长负责，加强调控"的措施，改革试点由沿海 8 省份迅速扩大到全国。

这一时期的政策效果表明，在市场化改革冲击下，农业结构战略性调整放松了对粮食生产的政策支持，粮食生产大幅度下降，粮食价格迅速上升（简小鹰，2010）。

四、基本自给自足的国家粮食安全政策

从 2004 年开始后的 10 年，国家粮食安全问题被重新提到重要的议事日程，也成为重要的国家战略。水稻产业发展政策变化，不仅体现了国家战略思想，也更加丰富了国家支持的产业发展政策（翟虎渠等，2011）。这一时期，我国水稻产业主要政策体现在两个方面。

（1）2004 年中共中央和国务院在新时期发布了第一个 1 号文件《中共中央　国务院关于促进农民增加收入若干政策的意见》。文件要求把解决好农业、农村、农民问题作为全党工作的重中之重，要集中力量支持粮食主产区发展粮食产业，促进种粮农民增加收入。文件还指出要深化粮食流通体制改革，从 2004 年开始，国家将全面放开粮食收购和销售市场，实行购销多渠道经营。有关部门要抓紧清理和修改不利于粮食自由流通的政策法规，加快国有粮食购销企业改革步伐，转变企业经营机制，完善粮食现货和期货市场，严禁地区封锁，搞好产销区协作，优化储备布局，加强粮食市场管理和宏观调控。文件指出，当前，粮食主产区要注意发挥国有及国有控股粮食购销企业的主渠道作用，为保护种粮农民利益，要建立对农民的直接补贴制度。

（2）2004 年 5 月 26 日国务院颁布《粮食流通管理条例》，同年 5 月 31 日国务院发布《进一步深化粮食流通体制改革的意见》，宣布 2004 年全面放开粮食收购市场，实行粮食购销市场化和市场主体多元化。在 2002 年 9 月开始在安徽省来安县和天长市开展粮农直接补贴试点基础上，从 2004 年开始将原来国家实行按保护价敞开收购的"间接补贴"政策转为对农民"直接补贴"，国家将市场价低于保护价的价差直接补贴给粮农。2005 年，国家开始在南方水稻主产区启动稻谷最低收购价执行预案。

这一时期的政策效果十分显著，由于粮食价格补贴政策全面实施，力度越来越大，激励了农民种粮积极性，水稻生产连年增长，出现了"九连增"的大好形势，成为水稻产业发展的又一个"黄金时期"。

第二节　产业政策存在的问题

从中国粮食生产（水稻产业）演变轨迹可以看出，中国水稻产业政策的积极作用十分明显，在一定程度上体现为发展粮食生产、增加农民收入、体现粮食市场作用等方面。以发展水稻产业为目标而出台的国家水稻产业发展政策，在不同时期发挥了重要作用。但从水稻全产业链的角度看，仍然存在着不同程度的问题，这些问题表现在

一些重要方面，本节对水稻产业政策存在的主要问题加以简要分析。

一、缺乏全产业链设计的顶层政策

从产业化角度看，将水稻等同于稻米，类似地，从产业化或产业链视角出发，将水稻产业类似地映射到稻米产业上。因此，在政策制定和实践两个方面看，水稻产业政策最为突出的问题，即中国水稻产业政策缺乏顶层政策设计。

我国长期十分重视水稻生产环节，这是水稻全产业链的基础，本来无可厚非。尤其是从近期来看，我国水稻生产政策效果十分突出，特别是水稻生产发展政策在保障水稻自主供给方面发挥基础性作用。但在稻米产业政策方面，显得很不够，原因是基于水稻和大米的整个产业链（稻米产业）政策存在着很大差异，对水稻整个产业政策缺乏一致性的全面认识。

由于水稻产业不同环节，归于不同的政府部门管理，水稻产业链涉及 10 多个部门，水稻产业的块与块之间虽然都有相关政策，但加上不同地区（条与条之间）的水稻产业发展各有侧重，表现为水稻产业发展的政策缺位，或者政策目标差异，进而在以水稻产业为主体的"块与条"之间存在着巨大的政策差异。细究原因，主要还是目前以水稻生产的政策为主，尚未形成全产业链的政策，更缺乏水稻产业链设计的顶层政策思想、政策战略和决策机制。

二、产业发展的资源保护不力

水稻产业是以耕地为立地条件的一个资源性产业，耕地资源十分重要，虽然中国一直十分重视保护耕地资源，不仅有许多法律支持，也有相应的政策规定，一些重要的政府职能部门也提出了实行最严格的耕地保护政策。但事实上，水稻生产发展所需要的耕地，尤其是良田资源保护政策不力的现实问题仍然十分突出。存在的主要问题有两个方面的基本原因：

（1）在中国经济社会全面转型过程中，快速工业化和城镇化导致大量良田非农化，如工业园区占用良田，城镇建设占用大量良田，各类交通占用大量耕地。以至于自 2008 年以后，中国权威土地管理部门和国家统计局一直未发布土地资源使用情况的官方数据，耕地资源、资源类型和耕地结构等重要的国情基本数据缺乏，也就谈不上保护耕地资源。

（2）农业部门不能掌握耕地资源分布与变化情况，即使掌握了良田资源状况和典型性地了解耕地资源与良田资源减少情况，在国家和地方"耕地占补平衡"政策下，仅靠农业部门也无法控制耕地减少趋势。因此，关于保护耕地的法律和法规，仅靠农业职能部门无法实行和监管资源保护政策，而有关职能在耕地资源不明、变化情况不掌握的情况下，也很难实施耕地资源保护政策。

在耕地资源状况和使用变化一笔"糊涂账"的情况下，虽然农业部门尽力保障水稻种植面积，增加复种指数，同时努力提高水稻生产水平，但耕地资源和良田保护政策执行不力，已经从根本上影响到水稻产业可持续发展能力建设。

三、水稻产业新型主体培育发展不快

从水稻生产到大米流通销售的水稻产业各相关环节，整个水稻产业链建设都面临着新型主体培育的巨大挑战。

在水稻生产方面，由于中国小农的国情存在，虽然早在20年前就开始实施农业产业化政策，包括农业龙头企业带动水稻发展政策，"十一五"时期开始发展农业专业合作社的支持政策，初步形成了种粮大户、粮食专业合作社、农业龙头企业和家庭农场等新型主体，但水稻产业政策仍然很宽泛和极为分散，不适应现代化条件下的新型经济主体要求，没有建立起适应市场化要求的、针对新型主体的经营管理能力建设、长期培训和知识更新教育等方面的支持政策（秦愚，2013）。许多地方仍然以传统农民和小规模分散化经营为主。

在稻谷收储与加工环节的主要问题是储粮利用效率不高和过度加工等问题。稻谷收购主要是国家粮食部门国有粮食企业收购和储藏，包括国家和地方两级收储，主要问题是储藏利用效率不高（薛莉等，2012），缺乏鼓励农户储粮的政策。稻米加工，主要是国家粮食加工企业，民营稻米加工企业有增长态势。加工领域的主要问题是，从技术层面看是过度加工问题，在体制方面主要是国企收储与加工不同程度的存在政企不分等问题。

在大米流通与市场销售环节的主要问题是稻谷和大米无序调运引起的不经济和市场体系建设不完善。

四、水稻产业科技支持力度不够

中国十分重视水稻科技发展，但科技政策支持可持续性不强，支持力度仍然不大，科技支持后劲不足。科技支持水稻产业发展政策问题主要表现在以下3个方面：

（1）在水稻新品种选育方面，现代科技应用支持严重滞后。近年来，以杂交稻培育和常规稻新品种选育方法的新品种培育不断取得新成果，但基于分子生物学和基因育种等现代科技的育种与科技应用政策支持不力，虽然育种成效显著，但由于多方面原因，水稻转基因技术迟迟无法应用，导致水稻新品种培育方法难以适应生产应用的需要。

（2）在水稻机械化技术方法方面，中国技术发展和全程机械化应用严重跟不上需要，导致全国广泛的水稻机械化插秧技术、许多地区机械化施肥施药技术、丘陵地区机械化稻田耕整与稻谷收割技术、稻谷烘干与稻米储藏机械化等技术严重缺乏。

（3）在水稻产业化过程中，长期以来，从中央到地方，在农业企业（农户）经营与管理不是科技的思想指导下，农业经营管理一直得不到政策支持，或者长期缺乏农业经营管理有力政策支持（李成贵，2007），整个水稻产业各个环节普遍存在重技术轻管理、重生产轻经营的现象。

五、农业生产社会化服务机制缺位

在小规模农户和分散经营的条件下，以农业技术为标志、以传统的农业技术推广服务为主体的技术推广体系已经不适应水稻产业发展的多方面服务需求，农业技术服务确立为农服务的主体机制尚未建立，导致在农业技术服务中普遍存在着效率低下等严重问题。主要表现在两个方面。

现有农技推广体系难以满足水稻生产主体的技术需求。始于计划经济时代的政府主导的农技推广体系，在研发上是自上而下的技术供给路径，而稻农技术需求多种多样并且多变。虽然从21世纪开始，国家启动了基层农技推广体系改革，并出台了相应的多种农技推广与服务政策，但基层农技机构设置、农技推广队伍建设、基层农技试验示范、农技服务管理机制等远远没有到位。

水稻生产金融支持与保险支持政策严重不到位。中国水稻生产，长期以来缺乏金融支持，虽然有农业银行政策支持，但支持政策严重不力。近年开始水稻生产保险试点，但保险内容单一，理赔困难。而且，国家水稻生产支持政策，与农户水稻生产投融资政策、水稻生产保险政策等方面严重不配套。

六、两种资源与两个市场未能有效结合利用

长期以来，由于中国稻米需求的刚性增长，而水稻生产的供给能力的提高又十分有限，在国家稻米基本自给自足政策约束下，水稻供给弹性很小，一直实行确保产量增长的水稻产业政策，导致国内水稻生产资源利用和生产供给压力增大，而国外生产资源和稻米市场未能有效利用。

国内水稻生产资源利用可以分为南方传统生产区（南方稻区）和北方新型稻作区（北方稻区）两个大类，南方稻区沿海地区水稻生产资源利用比较充分，但中部和西南地区水稻土地资源利用不足。近年来北方稻区水稻生产资源开发利用强度迅速提高。从市场方面看，全国统一大市场建设虽然取得初步成效，但市场统一运行的效率还不高，存在国内稻米市场运行的有效性问题。

如何利用国外资源与国际市场，在国家政策层面上，仍然存在并不统一和利用效率问题。中国鼓励民间或涉农企业到国外去发展，比如到南美洲、非洲、东南亚和南亚等国家发展水稻生产，虽有成效，但缺乏强有力和明确的支持政策。随着一些国家发展杂交稻技术而使这些国家的水稻生产能力迅速提高，大米出口能力逐步增强，世

界大米市场容量明显扩大,如何充分利用国际大米市场、适当增加大米进口量,中国大米国际贸易政策方面还存在很多明显的缺陷和执行不力等问题。

近年来,虽然也逐步实行国内不同地区水稻生产资源利用与种植区域调整,也意识到国外水稻生产资源利用的"走出去"政策和国内需求结构性调整的进口政策,但总体上看,在利用国外资源缓解国内水稻生产压力和适度扩大进口的政策仍显不力,在政策层面表现为两个资源与两个市场未能有效结合利用。

第三节　产业政策发展趋势

水稻产业紧平衡形势将日益严峻,基本自给自足的国家产业政策面临多方面挑战,如何解决上述问题,必须从客观实际出发,科学把握中国水稻产业发展方向,科学把握未来政策发展的趋势性要求。

一、着力提高全产业整体效益

实际上,水稻全产业有着不同的利益主体,不同主体的利益诉求不同甚至冲突,产业政策要求在满足不同主体要求基础上的相关政策激励和整体利益最大化,因此,水稻产业整体利益顶层设计就十分重要。局部地看,水稻产业政策趋势的主要表现应该看到:

(1)激励稻农增产和增收并行不悖的政策。在过去行之有效的保障增长政策基础上,尚需加大政策支持力度,让水稻生产经营者不断增加收入。

(2)让水稻产后各环节经营主体获得社会平均利润。水稻产业链在产前与产后涉及众多经营主体,政策走向必须能满足这些主体获得相应的经营收入,是保障全产业链正常发展的关键所在。

(3)保障消费者利益。水稻产业链末端是广大消费者,不同消费者群体对大米需求不同,水稻产业政策发展同样要满足消费者利益,这从市场层面提出了水稻产业政策新要求。

二、充分发挥现代科技潜力

当今世界,依靠科技进步促进产业发展的作用日益显著,依靠科技进步促进水稻产业长足发展更加迫切,保护和促进水稻产业科技进步的政策趋势也更加明显。需要把握3个方面的科技发展趋势。

(1)更加接地气和切实有效的技术应用支持政策。水稻产业技术政策需要更加深入和细腻,需要向基层示范和应用主体延伸,只要承担新技术示范和应用,只要对当地农户有一定带动效应,都应在政策层面给予支持,加快水稻产业技术体系与管理体制改革步伐，加强改革力度，使产、学、研、政更有力地为生产服务，为基层服务。

（2）支持现代水稻科技研发与加快转基因技术应用。国家政府应在支持杂交和常规品种培育上有力地支持现代育种研发与技术应用，转基因水稻安全证书发放已有时日，但由于多方面原因未有进一步发展（周立等，2008）。应尽早推进转基因水稻田间试验与商品化种植，继续在水稻科技方面占领世界前沿阵地。

（3）促进农机与农艺技术充分融合。随着水稻产业农机化快速推进和农艺技术创新发展，改革单一政策支持为综合性技术支持，农机与农艺技术融合是未来发展基本方向，需要将水稻农机化发展与从种到收的众多农业技术融入进来，推进水稻生产轻型和便捷，省工、省力、高效、节约型的综合型技术包，推进包括水稻产业规模化、标准化、轻型化的现代水稻产业体系。

三、加强农业企业经营管理

改变小而散的农户经营方式，培育现代水稻产业化农业企业，将水稻产业以技术依赖为重心向经营管理为重心转移，促进水稻产业凭经验管理，按照企业化经营方法，向管理要效益，大力提升农业企业经营管理水平，将是未来现代水稻产业发展、传统农业转型升级的政策方向。

（1）推进水稻产业企业化管理。传统水稻生产小而散，农户以自产为主要手段，以自储一年粮食的方式满足自需，农户家庭水稻种植与多种经营结合，为家庭养殖少量家畜家禽提供饲料，这种小规模自给自足为主要目的的水稻生产方式，仍然存在于许多地区。在稻米加工方面，大量小型加工企业以一村或一乡一镇为收购与销售对象，这种广泛存在的小型稻米加工方式，与现代水稻产业规模化不相适应。长期以来广泛存在的传统小农户生产与小企业加工，亟须转变生产与加工方式，需要政策加以引导，加速推进规模化种植和适当规模的加工企业新发展。

（2）培育提高新型主体经营管理水平。按照企业理念，应用企业化手段，推进传统水稻产业向现代水稻产业转变，在一些地方已经有一定基础。农业公司（农业龙头企业）产业化经营，能很好地以加工或销售（包括外销）为纽带，通过"公司＋农户"方式，组织和带动当地农户发展水稻产业化生产。近年发展起来的粮食专业合作社发展迅猛，一些合作社不仅开发水稻生产技术与服务合作，一些合作社开展产业化经营，按照企业管理要求经营合作社。2013年，中央政策鼓励发展家庭农场。这3种新的水稻产业经营形态，经营主体符合现代水稻产业体系要求，是未来水稻产业政策扶持的主要形式。

四、形成市场主导价格决定机制

尽管中国经济转型升级过程中稻谷价格实行了保护价收购的政府干预机制，从长远来看，只能是不得已而为之的临时性政策，水稻产业要获得长期可持续发展，稻米产品价格最终还是要由市场决定。水稻产业发展的重要产业政策就是要逐步增强市场导向的价格决定机制，逐步减少政府价格支持环节和支持强度，充分发挥市场引导资源配置的基础作业，政府干预只能是必要补充。发挥市场引导的价格决定机制，政策调整方向应集中在以下几个方面：

（1）逐步取消小农户和散户水稻生产补贴，集中必要的有限资源补优补强，引导资源向农业企业集中，降低社会生产成本，抑制稻谷收购价格（程国强，2011）。

（2）规范稻米市场，推进建设稻米市场体系和运行机制，鼓励加工企业和销售企业公平竞争，降低市场交易成本，由市场竞争性定价。

（3）适当扩大进口，在国际市场有利条件下，鼓励进口低价大米，由市场自动平抑国内米价。

五、强化粮食安全预警调控政策

水稻产业可持续发展的重要标志就是水稻产业进程不能出现大的波折，不管是生产领域，还是市场环节，都必须循序渐进，因此，水稻产业可持续发展具有粮食安全的实质等同含义。从这个意义上说，我们同意中国粮食安全就是口粮安全，就是稻米安全。保障稻米安全，需要市场机制，但市场不是万能的，政府这只手必须科学地发挥作用，这就需要建立以稻米为基础的国家粮食安全预警与调控机制（保罗·罗伯茨，2008）。从目前来看，虽然有了一些基础，但并未真正建立起来，也体现不出政策效果，这应是中国水稻产业可持续发展的重要政策着眼点，具体的政策方向包括以下几个方面：

（1）建立以市场为基础、国家掌控的粮食安全预警与调控政策十分重要。水稻产业可持续发展的政策导向，必须以习近平总书记反复强调"饭碗要端在自己手里"和李克强总理视察国家粮食局时指出"管好天下粮仓"的指示精神，任何时候都必须掌握好粮情。

（2）强化粮食安全预警应急支持系统。了解粮情，根本点需要集中政策支持。包括继续集中强有力地支持水稻生产发展的政策，建立有效的粮食收购与储备支持政策，加强稻米国内加工支持政策，增强更加灵敏的国家大米进出口管控信息系统，实施根据不同消费者群体需求的大米消费支持政策，重视并集成建立中国粮食安全预警与政策响应支持系统（樊胜根，2012）。从而为及时掌握水稻产业重要和关键信息，发挥警戒作用，给予应急支持。

（3）增强粮食安全调控体系建设政策支持。建立中国粮食安全预警系统是基础，还需要相应的政策支持和实施调控的操作标准（滕明雨等，2003）。

第四节　战略思考及政策建议

中国水稻产业发展既具有现代农业发展的普遍性，又具有中国国情和国际稻米市场的特殊性。吸取中国过去支持水稻生产的成功经验，重视缺乏系统化的产业政策等重要现实问题，立足于长期可持续发展的全产业整体推进的战略理念和政策着眼点，清晰地认识到水稻产业发展的政策趋势与正确的发展方向，从战略高度考虑一些重要方面，提出未来政策建议十分必要。

一、从粮食安全到主食口粮安全的战略转变

坚持水稻生产基本自给，确保国民口粮安全，是由中国基本国情和国家安全战略所决定的。10余年来，实践证明实施国家粮食安全战略取得了成功，为国家经济和社会发展提供了制度性保障，发挥了基础性作用，未来时期应积极稳妥地推进国家粮食战略全面实施。

（1）水稻在粮食安全中的重要性。在发展水稻产业过程中，始终坚持生产优先，应该成为中国水稻产业发展的重大战略。玉米主要是作为饲料，水稻在过去、现代和未来都是中国食用粮食和谷物的主要来源，虽然小麦主要也是食用，但饲料用小麦比重不断增加，因此，水稻是我国国家粮食安全的主体。此外，必须看到，水稻生产面临着越来越严重的压力，包括用于水稻生产的粮田资源、劳动力投入、经济效益等，为主要依靠水稻保障国家粮食安全的战略实施带来现实冲击，必须始终坚持水稻产业的国家粮食安全重要性，坚持举国之力保障国内水稻生产供给和全产业健康发展。

（2）国家粮食安全关键在于大米口粮安全。按照更严格的要求，中国粮食安全就是大米口粮安全。中国主食大米占国内大米用量的85%左右，1.2亿 t 主食大米是底线。如何确保中国主食大米常年供给安全，在现代水稻产业战略中，生产供给最为重要，市场有效保障是关键，在经济政策方面，需要生产者利益与消费者利益两头兼顾，这是战略思考与战略性政策制度的重要方面。

二、坚持保障农民根本利益的战略思想

水稻产业发展的基本条件是耕地，我国耕地制度是集体所有农户承包的双层经营体制，土地（耕地）对于农户具有生产与生活保障的双层意义。多年来，随着农村劳动力向城市转移，一部分外出经商与办厂，一部分长期在城市打工，有些已经举家在城市定居，但在城市生活的新城市居民（新农民工），估计不足10%，如何依靠土地保障农民根本利益，仍然是未来我国水稻产业发展必须要坚持和进一步强调的重大战

略思想。

（1）严格控制土地非农化，土地增值农民分享。必须严格管理土地资源，严格控制土地资源非农化使用。坚持土地增值农民分享的长期战略思想，确保农民分享土地增值红利。

（2）水稻产业利益由农民分享。随着农业公司化运营全面发展，一部分农民直接参与经营管理，他们与农业公司利益均占。有相当大的一部分农民将成为农业公司外部人员，长期保障农民从农业公司获得相应利益，坚持保障离土离农的农民获得长期土地红利的重要思想。

三、坚持科技进步，提升产业升级

继续坚持科技促进水稻产业发展，改善和提升水稻产业链发展，是国家水稻产业长期可持续发展的动力源。

（1）水稻产业科技进步，根本思路在于保持强大的水稻产业国家科研队伍。在大力支持全国行政系统的技术推广体系建设基础上，充分重视和依托国家水稻产业技术体系基础力量，逐步形成纵向一体化的水稻科技研发与转化，在省市和地区试验点基础上，保持强有力的纵向一体化科研队伍，保持前沿性研发力量，坚持以应用研发为基本方向，提供强有力的政策支持，广泛建立不同层级、不同档次水平和技术方向的水稻技术的试验、示范基地，为现代水稻产业的建设与发展，提供强有力的科技支撑。

（2）水稻产业科技进步，基础在于基层农技推广与应用（Barker et al.，1985）。先进适用的水稻产业技术应用，有两条渠道应予大力支持和政策扶持。一是行政系统的农技推广体系，在未来一定时期仍然是主渠道，依据全国各地行政系统推进水稻技术，关键在于不断改革和完善基层农技推广体系，建设好一支高效的基层农技推广机构和推广队伍，为众多粮食专业合作社、农业龙头企业和种植大户服务。同时，一些地方院校农技研发力量开始与地方结合，建立院地农技联盟关系，在地方财政和政策支持下，高效快捷地将院校科研成果推向市场和生产应用。例如浙江大学与浙江省湖州市的新型校地科技园建设和农技联盟（"1+1+N"农技联盟），据我们调查，实践效果很好，我们认为，这是中国水稻产业技术推广的战略方向，国家和地方应该从不同方面给予相应的政策支持。

四、推进全产业企业化经营管理

实施20余年的农业产业化经营在近年粮食专业合作社和迅速发展的农业公司经营机制作用下，水稻产业企业化经营开始彰显对小农户的巨大带动作用和传统水稻产业的改造作用，未来水稻产业经营与管理战略，应该坚持全产业企业化经营管理思想，加速推进现代水稻产业新发展。

（1）走合作共赢的企业化经营道路。随着工业化吸引传统水稻产业劳动力就业（打工）和城市化吸引传统农户到城区安家居住，"谁来种粮"呼声越来越大，解决撂荒、抛荒、广种薄收等直接或间接浪费土地的现象，必须要有打理企业的理念，要有企业化经营的思想，需要让"企业家"来从事水稻产业，需要国家和政府层面，需要政策支持，因此，培育水稻产业化经营主体，推进企业化经营管理，实施现代水稻产业战略的经营主体的改革，要有相应的战略性政策配套。

（2）坚持多方利益共享的全产业发展道路。现代水稻产业涉及的产前产后各个环节，都要有相应的政策支持。产前现代服务，重点是种业发展，要培育国家级的现代水稻种业，水稻种业政策要有大的突破，水稻种业不能完全走市场化道路，要有政府支持和财政政策支持。水稻生产企业化经营，已有一定基础，除技术选择外，要对新型经营主体的企业管理和知识培训提升给予政策支持，为有条件的现代水稻生产型企业产业化经营提供政策支持。在产后各环节，为培育现代大规模、高水平的稻米物流企业和市场建设给予持续的政策支持。

五、建立开放高效的现代水稻产业

必须看到，水稻是国粮，既是最紧缺的资源，也是国家重要的基础性产业。同时要看到，当今世界更加开放，全球经济一体化进程加快，农业市场化势不可挡。根据比较优势原理和中国现代化建设需要，必须走改革开放和主动融入世界潮流的发展道路，建设一个更加开放的水稻产业体系（中华人民共和国农业部，2012）。

（1）走出去发展水稻产业。水稻产业走出去发展的战略选择之一是扶持一批科研型水稻生产企业到东南亚、南美和非洲地区发展大规模现代化水稻生产企业。世界一些地方尚有相当数量的土地资源适合种植水稻，许多国家水稻产量有很大的提升空间，通过利用国内技术和投资到国外去发展现代水稻生产，可以减轻国内生产压力，有计划地保护稻区资源。对于走出去开拓现代水稻产业的中国企业，择优给予政策支持。这些支持，可以包括以世界粮食援助名义支持低收入国家改善营养，可以支持他们以一定数量进行大米回购。

（2）充分利用国际稻米市场。中国稻米市场要开放，如何开放，需要战略安排。如果进口率（进口大米占国内使用量的比例）达到3%，将进口400万t大米，约占世界出口市场的10%（世界大米出口量按4 000万t计算）。如果将进口量控制在300万t，主要解决国内难以生产的高端大米用于口粮调剂，这一数量约占8%。因此，中国大米进口战略应选择高端主食大米，不鼓励或应限制低价大米进口，2012年开始国内企业大量进口低端大米的现象应予重视。可以在进口配额安排、关税管理制度等方面出台相应政策支持这种战略安排。

第十四章 中国水稻产业可持续发展的战略选择

我国正处在水稻产业发展内外交困的转型时期，但也是水稻产业长期良性发展的重要转折期。一方面，国际上一些重要产稻国家加速水稻生产与市场转型，另一方面，国内经济社会加速转型导致水稻生产呈黏性调整状态。"十二五"时期，必须看到国际稻米市场的有利条件，同时突破国内水稻生产发展的黏着状态。在未来发展时期（到 2020 年），如何科学确立中国水稻产业可持续发展的战略目标，走现代水稻产业可持续发展战略的道路十分重要（朱德峰等，2010）。

第一节 战略意义

走现代水稻产业发展战略的道路，必须充分考虑中国水稻可持续发展的基础性作用，这种作用对于中国粮食安全具有重要战略意义和产业经济学意义。具体地讲，这种战略意义包括 6 个方面。

一、产量适度增长是粮食安全之基础

中国粮食安全主要取决于水稻生产能力和稻谷的有效供给。2004 年以来的水稻产量连年增产的事实再次说明，水稻产量水平提高，对于保障中国粮食安全起到了基础性作用，具有决定性意义（王济民等，2013）。相反，过去的历史同样表明，1995 年前后和世纪之交忽视水稻生产导致产量迅速降低，两次敲响中国粮食安全的警钟，引起全社会乃至世界的极大关注。可见，对于水稻生产绝不可以掉以轻心，必须从战略高度加以重视。

在中国水稻种植面积之弦已经绷得很紧、水稻种植面积几乎达到极限的情况下，努力保持水稻产量适度增长，不能因为中国水稻生产"南稻北移"现象越来越突出，也不能因为水稻生产成本全面上涨，而出现水稻产量下滑，只有水稻产量保持适度增长，才能确保中国水稻产业拥有可持续发展的基础（邓华凤，2008），这对于主要依靠自身力量解决粮食安全问题的中国尤为重要。

二、稻农增收是建设和谐社会之根本

在现实社会中，中国水稻生产的主体，60%以上仍然是大量分散和小规模生产的水稻农户，尤其是在中国水稻主产区的南方稻区更是如此。近年来，这种情况虽然有所改变，但即使是快速发展的水稻生产大户、粮食专业合作社、农业龙头企业、家庭水稻农场等，这些新型主体的水稻生产要素，仍然主要是农户，众多的稻农构成了社会稳定与发展的根基，如何使稻农增收，将是建设和谐社会的根本问题，如何让稻农保持增收状态，也将是水稻产业可持续发展的重大战略问题，其社会意义可见一斑。

水稻生产的主体仍然是水稻生产农户，农户不管以何种形式从事水稻生产活动，直接或间接地从事水稻生产经营业务，都要让农户获得相对稳定的经济收入，并保持收入能够适度增长。然而，小农户通过水稻生产而获得不断增收比较困难，因此，小农户兼业并通过就近兼业增加收入亦是相辅相成的增收路径。试想，如果农户经济增长不力，势必在一定程度上影响社会稳定，不利于和谐社会的建设（杨万江，2011）。

三、科技进步是现代产业竞争力之关键

长期发展的实践表明，科技进步对水稻产量增长和水稻产业发展的贡献最大，必须坚持水稻科技进步促进水稻产业长期持续发展的重大战略思想。在整个农业现代化过程中，用现代要素替代传统要素，促进生产力发展，全面提升水稻产业竞争力，相对于农业其他产业显得更为重要，更为迫切。

重视水稻产业全方位、多角度、多层次的科技进步，对于建设现代水稻产业和水稻产业持续发展具有极为重要的现实意义（万忠等，2012）。除水稻重大科学等基础研究和应用基础研究的科学知识发展以外，立足水稻产业的技术层面，促进水稻产业技术研发和推广应用都十分重要。例如，加速现代育种技术研发，尤其是生产应用；水稻全程机械化技术研发，关键环节是水稻机械化应用（朱德峰等，2013）、稻作技术改革与应用、水稻农场或稻米企业经营与管理技术应用、稻米加工与储藏技术等。

四、建设市场体系是产业持续发展之手段

随着市场化改革不断走向深入，水稻产业的发展越来越要求将产前、产中和产后流通环节融为一体，按照产业化要求推进其发展，使水稻产业环节更加有序、更加便捷、更加高效，储藏更加合理高效，交易更加公平公证，这就需要有一个更加完备的市场体系，应用市场机制对水稻产业持续发展发挥调节作用，形成合理储藏、畅快流通、公平交易的市场体系。因此，水稻产业化发展需要建设水稻产业市场体系，这将

是除水稻产量供给之外，影响产业可持续发展的重要方面。

水稻产业市场建设还很不完善，市场机制对水稻产业投入要素配置还没有发挥基础性作用，市场机制对水稻产业各主要环节的影响还不明显，重视水稻产业市场体系建设在许多方面都会影响整个产业健康发展的问题。产前的农资市场建设，产中的要素市场建设，稻谷投售、储藏与流通市场，稻米加工与物流体系建设，稻米三级市场体系建设，根据不同消费群体特征与要求建设专业化、差异性、不同业态的大米销售体系，投入产出品的价格形成机制等。

五、健康消费是产业持续发展之前提

在整个产业链中，从狭义角度看，消费是一个重要方面，消费环节也很重要，消费环节的不良行为越来越严重，"餐桌浪费"数量惊人，提倡健康消费、绿色消费，再造厉行节约，对水稻产业的影响也是不容忽视的（中国农业生物技术学会等，2012）。

在水稻产业中，节约都很重要，包括生产中的节约、流通和加工过程中的节约、销售过程中的节约，这些都是生产经济行为，容易被看到，也容易引起重视。而消费过程中的大米是被合理使用还是被浪费了，餐桌浪费等产后损失与不必要的浪费，必须引起社会足够重视。

六、开放发展是产业持续发展之源泉

近年来，我国水稻产业逐步走向开放，但开放力度还不够大。我们不能关闭已经有所开放的产业大门，需要建立一个更加开放的中国水稻产业系统。通过资源和产品的市场竞争，形成一个有外部活力的产业发展机制，才可能建立起我国水稻产业可持续发展、充满活力的开放系统。

加速我国水稻产业开放发展，提高产业建设的开放性，利用世界外部资源发展水稻生产，利用国际大米市场改善国内大米市场，可以从生产供给和合理需求两个层面推进我国水稻产业可持续发展。在生产方面，通过多种手段、多种渠道发展国外水稻生产，有利于减轻我国水稻生产的长期压力。在满足国内大米需求方面，通过合理利用国际大米市场，适当增加进口量和改善进口结构，有利于调节和改善国内大米需求，缓解市场压力。

第二节　战略目标

建设现代水稻产业体系，推进水稻产业可持续发展，一般意义上，具有多重发展目标。经过我国水稻产业发展的历史分析、不同产业对比和水稻产业国际发展分析，我们认为，最为简洁的长期战略性目标：可以概括为口粮基本自给与开放可控相结合的水稻产业体系。

具体地看，要使水稻产业长期可持续发展，进一步将上述总体战略目标分解到产业发展的要素层面，主要体现在水稻产量持续稳定增长，水稻单产水平持续稳定提高，适当的进口在于保持必要的进口规模和合适的进口结构，保持足量的库存水平以调节产销形势和平滑消费市场。

一、水稻产量稳定增长

不管中国水稻生产目标如何，在未来较长时期内，水稻产量（即总产量）仍将是水稻产业可持续发展的最重要目标。

水稻产量稳定增长，其根本作用在于总体上自主供给，以满足人们日益增长的主食大米消费需求。在不同时期，中国水稻产量目标会有所差异，但都是在现实基础上的一定增长。

从现实基础条件看，按照"十一五"时期平均计算，五年间年度平均的全国水稻产量为 1.90 亿 t。据此，在未来两个五年计划时期内，全国水稻产量的战略目标如下：

（一）"十二五"时期年均增长 1.25%

在"十二五"时期内，即 2011—2015 年，按照五年平均计算，年均水稻产量 2.02 亿 t，到 2015 年要求达到 2.08 亿 t 左右。与"十一五"时期年平均 19 010 万 t 相比，要求年平均增长幅度为 1.25% 以上，期间增长 6.26%。"十一五"时期五年间增长幅度实际为 8.95%，年平均增长幅度为 1.79%。

（二）"十三五"时期年均增长 1%

"十三五"时期，即 2016—2020 年，按照 5 年平均计算，年平均水稻产量 2.12 亿 t，到 2020 年要求达到 2.18 亿 t 左右。与"十二五"时期年平均量相比，要求年平均增长幅度为 1% 以上。这个增长幅度，低于"十一五"的 1.79%、"九五"时期的 1.59% 和"七五"时期的 1.55%，但高于"十五"时期的 -2.21% 和"八五"时期的 0.53%。

二、单产水平持续提高

水稻单位面积产量（即单产）是水稻生产力水平的决定因素。从不同国家之间的对比来看，中国水稻单产水平已经处在世界前列，已经相对较高。过去的实践证明，中国通过水稻生产科技进步，不断提高单位面积产量水平，继续提高水稻生产单位面积水平，仍将是未来时期发展现代水稻产业生产力的重要目标。

水稻单产水平尽管已经相对较高，但仍有进一步提高的现实潜力。单产水平要在现实基础上持续地提高（陈温福等，2006）。"十一五"时期的基础产量水平是年平均 $6.48t/hm^2$，预计未来发展目标如下：

（1）"十二五"时期年均提高 1.12%。2011—2015 年，按照 5 年平均计算，年均水稻单产提高到 $6.85t/hm^2$。在 5 年内，要求提高 5.61%，到 2015 年提高到 $6.93t/hm^2$，比平均水平高出 1.25%。

（2）"十三五"时期年均提高 1% 以上。2016—2020 年，按照 5 年平均计算，年均水稻单产提高到 $7.19t/hm^2$。在 5 年内，要求提高 5.05%，到 2020 年提高到 $7.27t/hm^2$，比平均水平高出 1.02%。

三、必要的进口调剂

水稻产业发展如何开放，开放到什么程度，应该作为产业发展的一大战略来加以考虑。近年来，中国大米进口波动较大，起伏不定，但限于国内资源配置和产业调整，从战略高度必须要重视大米进口。从战略目标来看，可以适当提高大米进口量，适当放松进口限制，通过扩大进口来调整国内大米需求结构。"十一五"时期，年均进口量 42 万 t，估计今后会明显增加。

（1）"十二五"时期将增加到 200 万 t。从近年实际进口量来看，由于国际市场大米价格走低，有利于我国进口，近两年年均实际进口量已经超过 200 万 t，从整个"十二五"时期来看，作为控制目标，年均大米进口量可以控制在 200 万 t 左右。

（2）"十三五"时期将增加到 300 万 t。随着国内工业化和城市化由东部地区快速向中西部地区转移，国内水稻生产规模可以再严格控制一下。由于国内需求刚性增长和国际大米市场可能更加宽松，作为控制目标，可以将我国大米进口量控制在 300 万 t 左右。

四、保持充足的库存水平

保持必要的储备水平，对于现代水稻产业持续发展十分必要。可以从两方面思考并决定稻米储备战略目标。

（1）年末库存水平。我国一直十分重视水稻库存和调节作业，虽然稻米库存量（年末在库未使用的数量）已经很大，但常年保持消费量的 60% 以上是需要的（到第二年 7 月新米上市前半年的用量），即 1.4 亿 t 总用量中有 8 400 万 t 库存量。

（2）年末结余量。从经济性和安全性结合的角度来看，我国水稻全年结余量（即年内供给量与年内使用量之差，也称为年末结余量）近年已经明显增加，应保持在 6% 以上。按照总用量 1.4 亿 t 计算，年度常规稻谷结余量大约为 840 万 t。

第三节　战略重点

到 2020 年之前，中国仍然是一个发展中的粮食需求大国，水稻产业长期可持续发展，其战略重点应集中体现在稳定面积、科技支持、现代管理和市场机制。水稻产业作为国家的战略性产业，种多少、靠什么、谁来种，这几项战略重点，对于推进水稻产业长期可持续健康发展才是至关重要的。

一、保持稳定的种植面积

反观历史，凡是水稻种植面积下降的时候，水稻产量就出现下降或停滞。一般而言，水稻单产的上升难于弥补面积下降对产量造成的冲击，必须要充分重视面积在产量形成中的重要影响。显然，没有一定的种植面积，就不可能有一定的水稻产量。

水稻种植面积，主要由两方面的影响因素所决定：一是适宜种植水稻的粮田面积，是比耕地面积要求更高的粮地面积。尽管粮地面积不是一个十分精准的科学术语，但确实对水稻等粮食作物生产有重要作用（张利国，2013）。然而，在过去曾有粮地面积这一统计指标，但自从 1996 年全国首次农业普查之后便成了未知数，甚至耕地面积数据，自 2008 年之后也没有官方统计数据，但现实却充分说明，随着工业化、城市化进程加快，耕地显然在不断地消失，这是事实。二是农作制度改变对水稻种植面积的影响。其中，一些地方，尤其是单季稻生产地区，在农业结构调整中增加了水稻种植面积，例如北方地区，尤其是东北地区，但增加还是有限的。在另一些地区，尤其是南方双季稻地区，水稻复种面积的变化，影响到这些地区水稻种植面积。不利影响是 20 世纪 80 年代后期开始，南方双季稻区一些地方大规模的"双改单"，有利影响是自 2004 年开始南方双季稻区一些地方政府推动的"单改双"。

可见，不管是历史之镜，还是长期发展谋略，稳定水稻种植面积，将是未来时期水稻产业可持续发展的最重要因素。

二、加强公益性科技支持能力建设

依靠科技进步，不断提高生产效率、科技供给与技术应用，在过去、现在和未来都十分重要。水稻产业健康发展，保持一支强大、富有活力的公益性科研和技术推广队伍，实行多方面公益性科技支持，是至关重要的。

认识到水稻产业发展的公益性，是十分重要的。首先，由于稻米的国民刚性需求，水稻产业必须满足这种刚性需求，这也是国家粮食安全，尤其是口粮安全的客观需求和中国特色所决定的。其次，保障稻米生产供给越来越困难，水稻生产的要素价格和产品价格，不同于经济作物主要由市场竞争所决定，其中，水稻科研是国家战略的一个组成部分，必须要有长期储备与国际视野。更重要的是水稻技术扩散与推广应用，也不能完全靠市场机制来决定，政府是主角，水稻科技是公益性的，不是以营利为目的，如果认识不到位，就会对水稻产业发展带来负面影响。例如始于 20 世纪 90 年代的科技体制改革和 21 世纪开始的基层农技推广体制改革，由于认识偏差，急于推向市场和实行市场化改革，一度制约了水稻产业发展。三是水稻产业公益性科技发挥作用有一定的滞后性，许多影响当年见效，有些影响要三五年后才能看到效益，不能只看眼前，要用长远战略眼光看待水稻产业科技。

因此，水稻产业走科技进步之路，走公益性科技支持之路，是水稻产业未来时期可持续发展的战略重点之一。

三、培育现代水稻产业经营主体

经历过精耕细作的水稻种植方式之后，在传统水稻生产向现代水稻产业转变的过程中，现实中面临着经验性水稻种植与现代水稻产业发展的尖锐矛盾。传统水稻产业，主要是传统水稻生产，表现为小农户经营，小规模种植，人力精耕细作，产销合一，种养合一，主要以自给自足为目的。在现代化浪潮冲击下，出现严重抛荒和复种指数严重下降等现象。近年来，在种粮大户、粮食专业合作社、农业龙头企业等影响下，已经开始对水稻产业发挥积极影响，水稻产业现代性开始显现。作为水稻产业尤其是水稻生产系统，人的因素最为重要，现代水稻产业，必须要有现代经营主体。

现代水稻产业的形成和持续发展，重点在于改革传统水稻产业系统，发展现代水稻产业，重点在于培育现代水稻经营主体。近年实践已经证明，与传统小农生产方式相比，现代经营主体的水稻综合生产力水平高出许多。培育现代水稻经营主体重点在以下几个方面：一是水稻种植大户转型。过去倡导的种粮大户在水稻生产经营方面相比小农户是一个进步，但并非现代水稻经营主体，并不是企业化经营，只与原承包户有松散联系。二是完善提升水稻专业合作社。短短的几年时间，专业合作社在土地集中、要素集聚和统一服务等方面发挥了作用，提高了水稻产量，但大量合作社缺乏规范化建设。三是加快发展水稻家庭农场。水稻家庭农场才刚刚起步。四是促进农业龙头企业向现代农业企业转型升级。农业龙头企业和农业产业化经营经过 10 余年发展，一些与农户有紧密型关系的农业加工企业已经发挥重要作用，开始真正成为现代稻米企业。这 4 种形式，尤其是企业化经营的水稻产业化经营主体，开始成为新生力量。

可见，在加速传统水稻产业向现代水稻产业转变过程中，培育新型、现代水稻经营主体，是未来时期水稻产业可持续发展的重要力量。

四、完善市场机制建设

从根本上看，水稻产业属于产业经济范畴，国家支持和财政补贴等政府干预虽然必要，但终究作用有限。长远地看，依靠市场之力，而非政府之手，规范水稻产业经济的运行制度，让经济机制调节水稻产业投入要素并让市场形成稻米价格形成机制，水稻产业可持续发展必须依靠健全的市场机制和科学的法律法规等制度保障。因此，走法制建设和市场机制之路，是水稻产业可持续发展的重要方面，需要有长期的战略意识。

（1）法制建设是基础。客观地看，过去水稻产业发展虽然在总体上走上了依法发展的路子，但水稻产业规制建设还很不完善，依法治理水稻产业发展的保障作用还不明显。加强法制建设，应重点放在粮食安全立法、农地用地保障细则、农田生态与环境保护性立法、水稻耕作与环境保护立法、稻作文化与优良传统遗产保护立法、稻田土壤保护与休耕等恢复性保护立法（黄英金等，2007）。法制建设很重要，未来还有很长的路要走，但作为水稻产业可持续发展的制度性保障的基础，应有重点地循序推进，逐步完善。

（2）健全市场机制。市场这只看不见的手，无疑应该在产业经济领域发挥基础性作用。近年来，在水稻生产领域，无论是水稻生产用地，还是劳动投入水稻生产，或是在水稻生产农机化、信息化、稻谷储藏、物流过程，尤其是稻谷收购价格形成过程中，政府财政支持都发挥了重要作用。除了考虑财政全方位支持水稻产业的可持续发展以外，水稻生产投入品财政补贴已经较高，政府托底的保护性收购稻谷价格也已经很高，稻米价格"扭曲"似乎已与国际市场价格体系脱离。在此情况下，如何考虑恢复到市场机制在水稻产业发展中真正发挥基础性作用，显得十分迫切。必须考虑从水稻产前到产后的整个产业链，尤其是稻谷和大米价格形成机制，要由市场来引导，尽管完善市场机制还有大量事情要做，但必须给予重视。如何形成政府干预和市场机制相结合，将是水稻产业可持续发展长期关注的重大战略思想。

第四节　战略选择

现行保增长的产业发展战略仍然具有重要意义，但未来长期战略需要在生产发展中加强内外结合基础上加速市场定价机制前提下，加快实施现代水稻产业发展战略。实施现代水稻产业发展战略，必须立足于全产业链视角，必须重视依靠科技进步提升产业竞争力，必须依靠企业化经营管理，必须利用国内外两个资源和两个市场，面临多方面的战略选择。

一、实施稳定增产的现代化生产战略

稳定生产，就稳定了水稻产业。改造传统生产方式，就促进了现代水稻产业发展。持续发展水稻产业，就需要实施稳定增加产量的现代化生产战略。以发展生产为抓手的现代水稻产业发展战略，包括了丰富的内涵。

（一）北方稻区稳定发展水稻种植面积

近年来，北方稻区水稻生产规模不断扩大，尤其是东北稻区水稻生产发展很快。但总体来看，北方地区主要是受水资源条件限制，一些地区没有种植水稻或不稳定，北方稻区稳定增加水稻种植面积最有潜力，但要改善水利条件和发展现代化水稻种植地区。

（1）改善北方稻区水利条件。从省域来看，北方稻区除青海无法种植水稻以外，包括东北稻区3个省，黄淮稻区8个省份和西北稻区3个省份，共有14个省份有水稻种植。北方稻区除黑龙江以外，其他13个省份水稻生产都不同程度地面临水源和水利条件限制，水稻种植面积和水稻产量年度间波动较大。如何增强蓄水能力、改善灌溉条件需要集国家之力增加投入是关键，这也是北方稻区多数地区扩大水稻种植面积、增加水稻产量、提高北方稻区现代化水稻产业发展的重点。

（2）发展现代化水稻种植地区。从近年来的现实情况看，一些企业，尤其是南方地区的企业，特别是水稻主销区纷纷到东北地区建水稻生产基地，提高了东北地区水稻生产基地建设水平，但许多企业在国内"走出去"地方战略指导下，仅将之视为稻米来源，没有从企业化经营、产业化管理角度出发，影响到本地企业现代化水平。要改变只向这些地区要原料，不重视企业现代化建设的问题，要有建设管理的政策，推进北方水稻产地的企业化发展和现代化水平。

（二）南方稻区积极推进双季稻种植

南方稻区是我国水稻主产区，是中国现代水稻产业可持续发展最重要的地区，如果南方稻区水稻种植面积出现问题，将严重影响全国水稻产业可持续发展。南方稻区大部分地区水热条件良好，适合种植双季稻，南方稻区双季稻种植状况是影响南方稻区水稻可持续发展的重要方面。

（1）双季稻种植面积变化的历史观。南方稻区16个省份，除西藏不能种植双季稻以外，西南地区四川、重庆、贵州等3省份曾经也是双季稻种植地区，但按照"三三见九不如二五一十"的种植制度安排下，自20世纪80年中期以后双季稻种植越来越少，几乎退出了双季稻种植，只能算作是南方稻区单季稻种植地区。处在"长三角"的上海和江苏，与西南地区类似，也只能算作南方稻区单季稻种植地区。因此，南方16个省份中，已有7个省份成为单季稻种植区，只有9个省份是双季稻种植地区。

（2）抓好南方双季稻生产。在9个现行双季稻种植区域中，安徽、浙江和福建3个省的双季稻种植面积在波动中迅速下降，广东、广西、海南、湖北、湖南、江西等6个省份的双季稻种植面积也明显下降。近年南方稻区水稻生产还能有所恢复，主要表现在双季稻的适当恢复，虽然恢复力度不大，但已显现出对水稻生产持续稳定增长的重要作用。在未来时期，保持稳定的双季稻种植面积，将是南方稻区水稻产业可持续发展无法替代的重要战略思想。

(三) 严禁粮田抛荒

在过去不同时期和不同地方,因不同的原因,都或多或少地存在土地撂荒、粮田抛荒和"广种薄收"等人为的土地资源浪费问题。近年来,这种土地资源浪费现象在东部沿海地区有所下降,主要是经济诱因。在水稻生产形势很紧迫的情况下,除继续采取经济措施外,必须要有相应法律和行政规定加以制约,通过政策激励方式维持充分利用。

二、全面实施科教进步提升产业竞争力战略

建设现代水稻产业体系,必须走依靠科技进步的发展道路。现代水稻产业的竞争能力,必须主要来自科技教育的竞争。实施科教进步的产业竞争力战略,比之于完全市场化的现代农业产业,更为困难,更加复杂,短期效果不会立即显现,需要有长期发展的战略意识。依靠科教进步的现代水稻产业竞争力发展战略,需要着力抓好以下几个方面:

(一) 依靠科技和教育促进水稻生产现代化

水稻生产最终要靠科技和教育,科教兴国是国家战略,用科技和教育改造传统水稻生产,转变水稻产业发展方式,走内涵式和科教内生性发展道路,是水稻产业可持续发展战略的首要选择。①现代品种是水稻生产现代化最重要的生产力。②提升农机与农艺技术相结合是现代水稻生产持续发展的重要举措。③向管理要效益是水稻生产现代化的首要任务。

(二) 依靠科技进步推进稻米产后现代化发展

过去广泛分布于乡镇农村的传统碾米厂的问题已经开始有所解决,但仍然存在着虽然相对集中但碾米技术较低的中小规模的碾米厂,总体上不适合大米加工厂后续要求和大米最终消费市场,需要依靠科技进步推进稻米产后现代化发展(林毅夫,2012)。①调整稻米加工格局,科学布局加工企业分布。②提升加工技术,提高加工效率和增加加工经济效益。

三、实施现代水稻产业新型主体培育战略

建设现代水稻产业体系的能动力量是从事水稻产业的行为主体,是各个产业环节的经营主体,由各个主体实行经营化管理,推行产业化经营。水稻产业企业化管理的产业化经营战略,需要从各主要环节入手。

（一）推进种植大户向家庭农场转型升级

水稻生产企业化发展，是现代水稻产业发展的必然趋势，是工业化发展的必然结果。过去水稻种植大户在推进规模化经营过程中发挥了重要作用。随着经济社会现代化进入中后期阶段，农业企业化经营已成必然之势，种植大户由于不是企业经营制度，尤其是异地（跨省跨地区）经营，多数难以适应地方化的规模经营要求，在实施现代水稻产业新型主体培育战略过程中，需要加速推进水稻种植大户向家庭农场转变。

自 2013 年中央 1 号文件明确指出发展家庭农场的顶层政策发布以来，水稻家庭农场如雨后春笋般发展，应顺势推进现代水稻家庭农场快速发展，关键是培育现代水稻农场主，提升他们的经营技能与管理水平。水稻家庭农场不同于非粮作物、畜牧、水产、林业等经济产业的家庭农场，它是粮食类，具有特殊性，水稻农场盈利不能预期太高，需要有长远和战略意识，因此，需要制定长期发展政策，促进水稻农场主能在长期发展中获益。

（二）提升水稻专业合作社规范发展

农民专业合作社是农户合作经营的群众性生产专业合作组织，社员分享合作社经营成果。自 1978 年开始实行农户承包责任制以来，为农民生产的专业服务一直是一个大问题。自 1997 年中央政策鼓励建立农民专业合作社以来，由于市场需求大，经济效益好，非粮生产合作快速发展。相对于非粮生产合作社，水稻生产合作社在国家政策支持下，也有很大发展，但大量合作社运行不规范，一些城郊粮食专业合作社深受城市化挤压影响，如何保障粮食专业合作稳定健康发展，在一定程度上影响到水稻产业可持续发展，需要更强有力的政策支持。

支持粮食类水稻专业合作社升级关键在于培育懂经营的新型管理者。改变合作社社长培训以技术为主的培训支持政策，重点放在经营与管理培训上面，合作社培训增强合作社要素管理、用工管理、技术配置、法规政策、政策应用、信息收集、产业化经营、社员管理、风险管理、融资管理、订单管理、产品销售、市场信息等。通过提升专业合作社经营管理水平，培养成现代农业和农业现代化的新型主体。

四、推进公益性支持发展的产业保护战略

中国水稻产业的功能，整体上定位于公益性产业。公益性产业发展，不能完全按照市场化机制决定其发展的路子，市场规律很难在水稻产业发展中发挥决定性作用。近年来，我国进行了有益的探索，走过弯路，有过教训，更是积累了经验和得到了有益的启示。发展现代水稻产业，实施公益性支持发展的产业保护战略，需要把握以下几个重要环节：

（一）改革生产补贴方式，增强政策支持力度

自 2004 年实施农户粮食生产直接补贴制度以来，以土地承包户为生产直接补贴对象的政策对农户转包发挥了积极作用，但随着转包土地的快速增长，承接土地的规模种植大户、合作社或农业企业的积极性开始受到影响。改革粮食生产补贴方式，继续增强政策支持力度，是新时期水稻产业可持续发展的政策方向。

（1）粮食生产直接补贴直接补给经营者。调整转包土地和土地租金的补贴承接者，改变以前土地转让农户获得土地出租的生产者补贴又受社会影响不断提高租金，不仅可以稳定土地租金，又有利于承租方提高生产积极性，感受到政策的直接支持，有利于推进土地规模化经营。

（2）增强水稻生产经营和产业化经营者政策支持力度。鉴于水稻产业整体公益的性质，除水稻生产直接补贴和原有补贴增加补贴力度外，可以增加环境保护补贴等有利于安全和生态化生产的新型补贴种类。同时，鉴于迅速成长的经营者虽然是合作社、家庭农场等以生产为主的经营体，不断拓展稻米加工和自有品牌直销，甚至延伸到体验和观光农业等多功能领域，应享受加工和农业旅游等补贴和优惠政策，以鼓励和支持水稻生产经营体向一体化经营和多功能农业发展。

（二）集中科技研发支持，增强农技推广力度

水稻科研与技术扩散，是水稻产业持续发展的根本，但这也是一个老话题，现实问题较多，矛盾也比较突出，围绕如何整合水稻产业科学研究与水稻产业技术推广，提高科技进步率，虽然是一个长远问题，但近期仍然可以在政策方面进一步改革体制机制和制定相应政策。

（1）集中研发支持。总体来看，水稻科研是我国农业科研力量最强大的一支研究力量，主要集中在国家、省（自治区、直辖市）和一些地区农业科研单位和农业院校，由国家研发支持为主，省市支持为辅。随着水稻生产重心转移和在地方农业经济中的地位变化，一些地区水稻科研重要性相应变化，水稻科研任务越来越由国家和省级科研单位承担。农业部联合国家和省级科研单位水稻科研专家，在财政部支持下，于 2007 年开始探索建立现代农业产业技术体系，由国家和省级水稻专家组成专家团队，有条件的地区农科所（院）水稻研究单位组建水稻综合性试验站，按照水稻科研与示范相结合，成效显著。尽管还有其他诸如国家 863 研究项目、973 研究项目和农业行业研究项目等，也发挥了一些作用，但仍显研究力量和财政支持分散，应以现代农业技术体系为主加以集中和重点支持，成为水稻产业可持续发展的科学研究和技术示范主力军，加大政策支持力度和研究认可度。

（2）建立多元化技术推广体系。水稻科技推广，面临着日益突出的国家农技推广的行政事业推广体系和市场化技术推广机制的双重影响。虽然同为农作物，但水稻技术研发与推广不同于经济作物和果蔬类作物，农业企业可以由市场运行机制决定，目

前水稻技术推广仍主要由政府部门主导的事业单位性质的农机推广机构发挥主要作用，从国家农技推广中心到乡镇农技推广服务中心再到驻村农技人员，发挥着水稻技术推广的主渠道作用，作用突出，但问题也客观存在，主要是与农户技术需求结合不够紧密，也存在与水稻技术供给的研发方结合不够紧密，效率不高。对此，需要将行政推广机制与国家（地方）现代农业技术体系相结合，进一步完善基层农技推广机构改革，使二者更好融合，并建立专业性基层农技推广机构与队伍，这也是"十二五"时期仍需深入研究的一项课题。同时，一些新的农技推广机制初显成效，需要在政策上加大扶持力度。例如，浙江省创新的"1＋1＋N"农技联盟，浙江大学与湖州市政府联合进行大学为主的农业科技研发与地方推动农业技术应用。调查证明，这种新型"农技联盟"，使农业科技研发有的放矢，农业企业可以直接应用技术，与现行的技术推广体系融合，需要政策上给予更大强度的扶持。

（三）整合粮食企业实力，增强行业支持力度

水稻产业产后稻谷收购、流通、加工等环节存在的问题，使水稻产业可持续发展受到影响。针对目前主要存在的问题，进一步整合粮食企业实力，增强粮食行业合理运行改革与支持力度，是未来时期产业发展政策应予关注的一个突出的现实问题。

（1）整合粮食企业实力。现行体制是所有粮食企业按照市场价收购，而国有粮食收储（国有粮库）单位（包括国有粮食企业）按照粮食局确定的价格（一般高于市场价格）收购规定的储备数量用于储备，但在低于市场价时启动国家收购预案按最低保护价收购。收储机制没有问题，问题出在国有稻谷收储库容量大，设施条件好，而民营稻米企业往往库容有限，可以改革国企和民企共用国储设施，改变国企和民企两条线封闭运行的稻谷收储机制，出台相应政策，鼓励在不影响国储粮条件下，充分利用空闲设施，支持民企发展，大米短期储备也是一样，从而共同推进水稻产业的稻米企业实力水平。

（2）加强稻米行业管理和支持力度。中国稻米行业管理，民企是一个弱小势力，国家稻米行业管理较大程度上依靠传统管理机制和管理方法仍较突出。数十家米业民企普遍认为，沿用几十年的计划体制没有大的变化，在稻米企业国强民弱条件下，很难发展。为此，如何整顿稻米行业管理，建立适应市场机制要求的新行业规范，国企和民企共同担当稻米行业在加工增值、储藏流通、进出口管理、市场建设等方面，既需要整合力量，又需要加强稻米行业政策支持力度。

参考文献

柏芸,熊善柏,王欢欢,等,2009. 传统发酵食品米发糕生产工艺的革新与现代化[J]. 粮食与食品工业(16)：4-6.

班红勤,2012. 我国主要粮食作物增产增效潜力及其实现策略[D]. 保定：河北农业大学.

保罗·罗伯茨,2008. 食品恐慌(The End of Food)[M]. 北京：中信出版有限公司.

蔡明,邢岩,赵铁成,等,2000.2000 年稻水象甲大发生原因及控制对策[J]. 辽宁农业科学(5)：36-37.

陈柏槐,2004. 湖北省优质水稻现状与发展思路[J]. 中国稻米(5)：12-15.

陈烈臣,徐庆国,陈爱纯,2003. 湖南优质稻米产业化发展现状及对策[J]. 作物研究,17(4)：166-169.

陈庆根,杨万江,2010. 中国稻农生产经济效益比较及影响因素分析——基于湖南、浙江两省 565 户稻农的生产调查[J]. 中国农村经济(6)：16-24.

陈生斗,胡伯海,2003. 中国植物保护五十年[M]. 北京：中国农业出版社.

陈孙禄,王俊敏,潘佑找,等,2012. 水稻萌发耐淹性的遗传分析[J]. 植物学报,47(1)：28 - 35.

陈涛,张亚东,朱镇,等,2006. 水稻条纹叶枯病抗性遗传和育种研究进展[J]. 江苏农业科学(2)：1-4.

陈温福,2006. 东北稻区水稻生产发展策略[N]. 农民日报,08-12(3).

陈温福,潘文博,徐正进,2006. 我国粳稻生产现状及发展趋势[J]. 沈阳农业大学学报,37(6)：801-805.

陈温福,徐正进,张龙步,2005. 北方粳型超级稻育种的理论与方法[J]. 沈阳农业大学学报,36(1)：3-8.

陈文佳,2012. 中国水稻生产空间布局变迁及影响因素分析[D]. 杭州：浙江大学.

陈正行,王韧,王莉,等,2012. 稻米及其副产品深加工技术研究进展[J]. 食品与生物技术学报,31(4)：355-364.

陈志成,2009. 未来我国粮油加工科技发展的任务与目标[J]. 粮食加工,34(3)：7-10.

陈志谊,刘永锋,刘凤权,等,2009. 江苏省水稻品种细菌性条斑病抗性评价与病原菌致病力分化[J]. 植物保护学报,36(4)：315-318.

程国强,2011. 中国农业补贴制度设计与政策选择[M]. 北京：中国发展出版社.

程家安,1996. 水稻害虫[M]. 北京：中国农业出版社.

程侃声,1986. 中国稻作学[M]. 北京：北京农业出版社.

程式华,2008.2008 年中国水稻产业发展报告[M]. 北京：中国农业出版社.

程式华,2009.2009 年中国水稻产业发展报告[M]. 北京：中国农业出版社.

程式华,2010.2010 年中国水稻产业发展报告[M]. 北京：中国农业出版社.

程式华,2011.2011 年中国水稻产业发展报告[M]. 北京：中国农业出版社.

程式华,2012.2012 年中国水稻产业发展报告[M]. 北京：中国农业出版社.

程式华,李建,2007. 现代中国水稻[M]. 北京：金盾出版社.

程式华,朱德峰,方福平,等,2011.2011 年水稻产业发展报告[M]. 北京：中国农业出版社.

程式华,朱德峰,方福平,等,2012.2012 年水稻产业发展报告[M]. 北京：中国农业出版社.

程式华,庄杰云,曹立勇,等,2004. 超级杂交稻分子育种研究[J]. 中国水稻科学,18(5)：377-383.

程遐年,吴进才,马飞,2003. 褐飞虱研究与防治[M]. 北京:中国农业出版社.

程勇翔,王秀珍,郭建平,等,2012. 中国水稻生产的时空动态分析[J]. 中国农业科学,45(17):3473-3485.

崔玉军,李延生,刘立芬,等,2010. 松嫩平原南部土壤近二十年有机碳含量变化特征[J]. 黑龙江国土资源 (8):41.

邓爱娟,刘敏,万素琴,等,2012. 湖北省双季稻生长季降水及洪涝变化特征[J]. 长江流域资源与环境,21 (1):173-178.

邓根生,张先平,王晓娥,等,2013. 水稻赤霉病及除草剂危害水稻症状调查[J]. 陕西农业科学(1):137,152.

邓华凤,2008. 中国杂交粳稻[M]. 北京:中国农业出版社.

邓振镛,张强,王强,等,2010. 中国北方气候暖干化对粮食作物的影响及应对技术[C]//第27届中国气象学 会年会干旱半干旱区地气相互作用分会场论文集. 北京:中国气象学会.

丁锦华,胡春林,傅强,等,2012. 中国稻区常见飞虱原色图鉴[M]. 杭州:浙江科学技术出版社.

丁颖,1983. 丁颖稻作论文选集[M]. 北京:农业出版社.

董金皋,2007. 农业植物病理学[M]. 北京:中国农业出版社.

杜永林,王强盛,王才林,等,2011. 江苏省水稻增产潜力与高产创建技术途径[J]. 江苏农业学报,27(5): 926-932.

杜永林,王强盛,王绍华,等,2009. 江苏稻作技术应用现状与发展趋势研究[J]. 北方水稻,39(6):1-6.

佴军,张洪程,陆建飞,2012. 江苏省水稻生产30年地域格局变化及影响因素分析[J]. 中国农业科学,45 (16):3446-3452.

樊胜根,2012. 促进农业投资,强化粮食安全和经济发展[J]. 世界农业(6):162-164.

方福平,程式华,2009. 论中国水稻生产能力[J]. 中国水稻科学,23(6):559-566.

方继朝,杜正文,程遐年,等,2001. 三化螟种群的内稳定性及其生态机制[J]. 昆虫学报,44(3):336-343.

方继朝,郭慧芳,程遐年,等,2002. 不同水稻品种对三化螟抗性差异的机理[J]. 昆虫学报,45(1):91-95.

方继朝,郭慧芳,刘向东,等,1999. 乙虫脒对水稻螟虫作用方式和应用研究[J]. 农药学学报,1(3):26-32.

冯爱卿,汪文娟,曾列先,等,2013. 一种引致水稻稻叶褐条斑的病原鉴定初报[J]. 广东农业科学(12):78- 79,85.

冯成玉,2009. 水稻细菌性基腐病发生情况与研究进展[J]. 中国稻米(4):21-23.

冯涛,2007. 农业政策国际比较研究[M]. 北京:经济科学出版社.

付永明,2003. 从2002年的低温冷害看寒地水稻的安全生产[J]. 黑龙江农业科学(3):33-34.

傅强,黄世文,2005. 水稻病虫害诊断与防治原色图谱[M]. 北京:金盾出版社.

高昌海,刘新平,谢光辉,2000. 入世后长江流域农业定位及发展对策研究[J]. 热带地理,20(3):233-237.

高启杰,2009. 农业推广组织创新研究[M]. 北京:社会科学文献出版社.

高旺盛,2004. 中国区域农业协调发展战略[M]. 北京:中国农业大学出版社.

顾尧臣,2009. 世界粮食生产、流通和消费[M]. 北京:中国财政经济出版社.

广东省农业厅,2010. 2012年广东省主要农业产业发展研究报告[R]. 广州:广东省农业厅:7-37.

韩永强,侯茂林,林炜,等,2008. 北方稻区水稻害虫发生与防治[J]. 植物保护,34(3):12-17.

何玲,刘秋海,1998. 广东省水稻生态系统生产潜力与持续发展研究[J]. 中山大学研究生学刊自然科学版 19(增刊):9-54.

侯恩庆,张佩胜,王玲,等,2013. 水稻穗腐病病菌致病性、发生规律及防控技术研究[J]. 植物保护,39(1): 121-127.

胡少永,2013. 基于JAVA技术的水稻病虫害诊治专家系统研究[J]. 现代化业(3):63-65.

胡小中,2002. 米糠稳定化技术的研究进展[J]. 粮油食品科技(4):24-26.

胡忠孝,2009. 中国水稻生产形势分析[J]. 杂交水稻,24(6):1-7.

黄珊,2012. 水稻稻曲病研究进展[J]. 福建农业学报,27(4):452-456.

黄水金,刘剑青,秦文婧,等,2010. 二化螟越冬幼虫在稻株内的分布及其控制技术研究[J]. 江西农业学报,
22(11):91-93.

黄晚华,黄仁和,袁晓华,等,2011. 湖南省寒露风发生特征及气象风险区划[J]. 湖南农业科学(15):48-52.

黄英金,况慧云,郭进耀,等,2007. 对发展我国水稻生态产业经济的几点思考[J]. 中国生态农业学报,15
(1):166-169.

黄志农,刘年喜,刘二明,2009. 湖南杂交水稻病虫害发生和防治的回顾与展望[J]. 中国植保导刊(11):
12-17.

霍治国,李茂松,王丽,等,2012. 降水变化对中国农作物病虫害的影响[J]. 中国农业科学,45(10):
1935-1945.

吉健安,阚金华,2008. 江苏省水稻品质育种的进展[J]. 江苏农业科学(6):50-53.

季宏平,2000. 水稻稻曲病产量损失及药剂防治的初步研究[J]. 黑龙江农业科学(4):18-19.

简小鹰,2010. 中国现代农业的组织结构[M]. 北京:中国农业科学技术出版社.

蒋学辉,章强华,胡仕孟,等,2001. 浙江省水稻二化螟抗药性现状与治理对策[J]. 植保技术与推广,21(3):
27-29.

蒋志农,1995. 云南稻作[M]. 昆明:云南科技出版社.

金杰,李绍清,谢红卫,等,2013. 野生稻优良基因资源的发掘、种质创新及利用[J]. 武汉大学学报,59(1):
10-16.

金绍黑,2004. 方便米饭制作技术[J]. 技术与市场(11):25.

金绍黑,2009. 方便米饭新技术——保鲜米饭[J]. 技术与市场,16(11):98.

孔令聪,胡永年,孔令娟,等,2007. 安徽水稻产业现状及发展对策[C]//现代农业理论与实践——安徽现代
农业博士科技论坛论文集. 合肥:安徽人民出版社:60-63.

黎用朝,刘三雄,曾翔,等,2008. 湖南水稻生产概况、发展趋势及对策探讨[J]. 湖南农业科学(2):129-133.

李长河,2005. 米糠多糖的研究现状与发展前景[J]. 现代化农业(1):39-41.

李成贵,2007. 中国农业政策:理论框架与应用分析[M]. 北京:社会科学文献出版社.

李成荃,2008. 安徽稻作学[M]. 北京:中国农业出版社.

李春寿,叶胜海,陈炎忠,等,2005. 高产粳稻品种的产量构成因素分析[J]. 浙江农业学报,17(4):177-181.

李凤博,方福平,程式华,2011. 浙江省水稻生产能力和制约因素及对策[J]. 农业现代化研究,32(3):
261-265.

李经谋,2012. 中国粮食市场发展报告 2012[M]. 北京:中国财政经济出版社.

李琳娜,应浩,孙云娟,等,2010. 我国稻壳资源化利用的研究进展[J]. 生物质化学工程,44(1):34-38.

李伟,郭慧芳,王荣富,等,2009. 不同寄主植物上灰飞虱种群生命表的比较[J]. 昆虫学报,52(5):531-536.

李泽福,2007. 安徽省水稻育种现状及展望[C]//现代农业理论与实践——安徽现代农业博士科技论坛论文
集. 合肥:安徽人民出版社:14-17.

辽宁省水利厅. 辽宁省 2012 年水资源公报[EB/OL]. http://www.dwr.ln.gov.cn/20133/content_90851_
121.htm/2013-3-27.

林而达,许吟隆,蒋金荷,等,2006. 气候变化国家评估报告(Ⅱ):气候变化的影响与适应[J]. 气候变化研究
进展,2(2):51-56.

林世成,闵绍楷,1991. 中国水稻品种及其系谱[M]. 上海:上海科学技术出版社.

林毅夫,2012. 解读中国经济[M]. 北京:北京大学出版社.

凌启鸿,2000. 作物群体质量[M]. 上海:上海科学技术出版社.

凌启鸿,张洪程,丁艳峰,2005. 水稻丰产高效技术与理论[M]. 北京:中国农业出版社.

刘姮,李雪琴,2011. 水稻细菌性条斑病的研究概述[J]. 湖北植保(5):51-54.

刘静,王健林,宋迎波,等,2009. 宁夏水稻稻瘟病发生程度的气象等级预报[J]. 安徽农业科学,37(11):5021-5023,5039.

刘任杰,陈琛,蔡丽丽,2012. 浅析胚芽米市场推广的主要问题及应对策略[J]. 中国集体经济(7):91,109.

刘鑫,2011. 方便米线品质改良的研究及营养米线产品的开发[D]. 杭州:浙江工业大学.

刘英,2003. 我国稻米加工企业建设发展的思考[J]. 粮食与饲料工业(12):24-25.

刘占宇,祝增荣,赵敏,等,2011. 基于主成分分析和人工神经网络的稻穗健康状态的高光谱识别[J]. 浙江农业学报(3):607-616.

刘志恒,2011. 稻瘟病演替发生的原因及防控对策[J]. 新农业(7):18-20.

吕佩珂,苏慧兰,吕超,等,2009. 中国粮食作物病虫原色图鉴:上册[M]. 呼和浩特:远方出版社.

罗光华,张志春,韩光杰,等,2012. 二化螟越冬种群特点及其对三唑磷靶标抗性突变频率[J]. 中国水稻科学,26(4):481-486.

罗金燕,徐福寿,王平,等,2008. 水稻细菌性谷枯病病原菌的分离鉴定[J]. 中国水稻科学,22(1):82-86.

罗香文,张德咏,戴建平,等,2013. 区域性南方水稻黑条矮缩病发生情况预测预报模型[J]. 天津农业科学(1):87-89.

马文杰,2010. 中国粮食综合生产能力研究[M]. 北京:科学出版社.

马晓河,蓝海涛,2008. 中国粮食综合生产能力与粮食安全[M]. 北京:经济科学出版社.

梅方权,吴宪章,姚长溪,等,1988. 中国水稻种植区划[J]. 中国水稻科学,2(3):97-110.

聂振邦,2012. 2012中国粮食发展报告[M]. 北京:经济管理出版社.

农业部农业转基因生物安全管理办公室,中国农业科学院生物技术研究所,中国农业生物技术学会. 2012. 转基因30年实践[M]. 北京:中国农业科学技术出版社.

潘长虹,陶小祥,彭理,等,2013. 水稻黑条矮缩病的发生与防治[J]. 现代农业科技(2):144-145.

潘鸿,2009. 中国农业科技进步与农业发展[M]. 长春:吉林大学出版社.

潘文博,2009. 东北地区水稻生产潜力及发展战略研究[D]. 沈阳:沈阳农业大学.

裴艳艳,程曦,徐春玲,等,2012. 中国水稻干尖线虫部分群体对水稻的致病力测定[J]. 中国水稻科学,26(2):218-226.

祁春节,刘双,王亚静,等,2008. 国际农业产业化的理论与实践[M]. 北京:科学出版社.

齐藤修,2005. 食品系统研究[M]. 北京:中国农业出版社.

秦大河,罗勇,陈振林,等,2007,气候变化科学的最新进展:IPCC第四次评估综合报告解析[J]. 气候变化研究进展,3(6):311-314.

秦愚,2013. 中国农业合作社股份合作化发展道路的反思[J]. 农业经济问题(6):19-29.

青先国,黄大金,艾治勇,2008. 中国杂交水稻产业经济发展战略[J]. 湖南农业大学学报(自然科学版),34(6):617-623.

青先国,杨光立,肖小平,等,2006,论我国中部崛起中的水稻产业发展战略[J]. 农业现代化研究,27(2):81-86.

曲明静,韩召军,2005. 二化螟对三唑磷的抗性发展动态与风险评估[J]. 南京农业大学学报,28(3):38-42.

阙金华,吉健安,2010. 江苏水稻品种选育及推广利用建议[J]. 江苏农业科学(1):125-127.

阙金华,吉健安,周春和,等,2007. 江苏水稻中间试验参试品种现状及育种建议[J]. 江苏农业科学(2):31-33.

申建波,张福锁,2006. 水稻养分资源综合管理理论与实践[M]. 北京:中国农业大学出版社.

沈崇尧,彭友良,康振生,等,2009. 植物病理学[M].5 版. 北京:中国农业大学出版社.

盛承发,王红托,盛世余,等,2003. 我国稻螟灾害的现状及损失估计[J]. 昆虫知识,40(4):289-294.

舒伟军,郑文钟,余文胜,等,2012. 水稻机械化育插秧中农机农艺融合关键技术的探讨[J]. 现代农机(3):
    7-9.

宋海超,史学群,肖敏,等,2009. 海南水稻上一种新病害的病原鉴定及室内药剂毒力测定[J]. 热带作物学
    报,30(9):1359-1363.

速水佑资郎,弗农拉坦,2000. 农业发展的国际分析[M]. 修订扩充版. 北京:中国社会科学出版社.

孙建中,杜正文,1993. 三化螟、二化螟及大螟成虫的飞翔能力[J]. 昆虫学报,36(3):315-322.

汤国华,谢红军,余应弘,2012. 杂交水稻机械化制种研究的现状、问题与对策[J]. 湖南农业科学(2):
    133-136.

田春晖,孙富余,王小奇,2000. 辽宁省水稻害虫灾变规律和综合防治研究进展[J]. 辽宁农业科学(4):
    18-22.

田俊,黄淑娥,祝必琴,等,2012. 江西双季早稻气候适宜度小波分析[J]. 江西农业大学学报,34(4):646-651.

万忠,张超,方伟,2011.2010 年广东水稻产业发展回顾与展望[J]. 广东农业科学(6):179-180.

万忠,康艺之,方伟,2012.2011 年广东水稻产业发展形势及建议[J]. 广东农业科学(7):23-27.

汪智渊,杨红福,张继本,等,2003. 苏南地区水稻穗期病害及病原研究[J]. 江苏农业科学(3):34-36.

王伯伦,2002. 我国北方水稻的发展战略与措施[J]. 垦殖与稻作(2):3-5.

王才林,2006. 江苏省水稻条纹叶枯病抗性育种研究进展[J]. 江苏农业科学(3):1-5.

王才林,丁金龙,1999. 张家港东山村遗址的古稻作研究[J]. 农业考古(3):88-97.

王才林,张敏,1998. 高邮龙虬庄遗址原始稻作遗存的再研究[J]. 农业考古(1):172-181.

王才林,张亚东,朱镇,等,2007a. 抗条纹叶枯病水稻新品种南粳 44 的选育与应用[J]. 中国稻米(2):33-34.

王才林,张亚东,朱镇,等,2007b. 粳稻外观品质的选择效果[J]. 江苏农业学报,23(2):81-86.

王才林,张亚东,朱镇,等,2008a. 抗条纹叶枯病优良食味晚粳稻新品种南粳 46 的特征特性与栽培技术[J].
    江苏农业科学(2):91-92.

王才林,张亚东,朱镇,等,2008b. 水稻条纹叶枯病抗性育种研究[J]. 作物学报,34(3):530-533.

王才林,张亚东,朱镇,等,2008c. 江苏省粳稻品质改良的成就、问题与对策[J]. 江苏农业学报,24(2):
    199-203.

王才林,邹江石,汤陵华,等,2000. 太湖流域新石器时期的古稻作[J]. 江苏农业学报,16(3):129-138.

王春晗,2009. 磷酸肌酸钠技术项目[J]. 技术与市场,16(11):97-98.

王赫男,王静,2012. 糙米的综合利用[J]. 北京工商大学学报(自然科学版),30(3):49-52.

王济民,肖红波,2013. 我国粮食八年增产的性质与前景[J]. 农业经济问题(2):22-30.

王建康,李慧慧,张学才,等,2011. 中国作物分子设计育种[J]. 作物学报,37(2):191-201.

王丽,霍治国,张蕾,等,2012. 气候变化对中国农作物病害发生的影响[J]. 生态学杂志,31(7):1673-1684.

王丽颖,杨英,张建红,等,2006. 辽北稻区主要病虫害防治技术[J]. 垦殖与稻作(增刊):49.

王晾晾,杨晓强,李帅,等,2012. 东北地区水稻霜冻灾害风险评估与区划[J]. 气象与环境学报,28(5):
    40-45.

王鹏,甯佐苹,张帅,等,2013. 我国主要稻区褐飞虱对常用杀虫剂的抗性监测[J]. 中国水稻科学,27(2):
    191-197.

王秋菊,来永才,2010. 试论黑龙江省水稻生产与水资源持续利用的对策与建议[J]. 中国稻米,16(4):
    25-28.

王秋菊,张玉龙,赵宏亮,等,2012. 黑龙江不同类型土壤对水稻生长发育及产量的影响[J]. 土壤学报(3):559-562.

王薇,2011. 我国休闲食品产业发展态势[J]. 农产品加工(12):7-11.

王彦华,王强,沈晋良,等,2009. 褐飞虱抗药性研究现状[J]. 昆虫知识,46(4):518-524.

王一凡,隋国民,王友芬,等,2008. 粳稻持续快速发展的思考与对策[J]. 北方水稻(6):8-10.

王一凡,周毓珩,2000. 北方节水稻作[M]. 沈阳:辽宁科学技术出版社.

王玉山,2012. 北方水稻病虫草害防治技术大全[M]. 北京:中国农业出版社.

王园媛,刘振华,李晓菲,等,2012. 水稻细菌性基腐病的发生与防治[J]. 云南农业科技(5):54-55.

王志刚,申红芳,王磊,2010. 我国水稻生产的特点与影响因素调查分析[J]. 中国稻米,16(1):26-29.

危朝安,2010. 我国植物保护工作的形势和任务[J]. 中国植保导刊,30(5):5-7.

魏人民,2009. 发展现代农业必须突破六大传统理念[J]. 现代经济探讨(5):78-80.

吴文革,2005. 江苏省水稻大面积高产原因及关键技术探析[J]. 中国农学通报,21(7):157-161.

吴文革,2007. 水稻优质清洁生产理论与技术[M]. 合肥:安徽科学技术出版社.

奚来富,2010. 水稻生育期自然灾害的发生特点及防治措施[J]. 现代农业科技(14):87-90.

肖兴勇,2013. 安县杂交水稻制种主要病害的发生症状与防治措施[J]. 现代农业科技(1):128-129.

谢健,谢科生,2002. 我国稻米加工行业科技进步及发展态势[J]. 粮食与饲料工(8):1-3.

谢少强,2009. 南京农业循环经济的探讨与分析[J]. 经营管理者(5):148.

熊振民,蔡洪法,1992. 中国水稻[M]. 北京:中国农业科技出版社.

熊振民,等,1990. 中国水稻[M]. 北京:中国农业科技出版社.

徐德利,陆建飞,2010. 水稻可持续发展综述[J]. 作物杂志(3):1-4.

徐萌,展进涛,2010. 中国水稻生产区域布局变迁分析——基于局部调整模型的研究[J]. 江西农业学报,22(2):204-206.

徐一成,朱德峰,赵匀,等,2009. 超级稻精量条播与撒播育秧对秧苗素质及机插效果的影响[J]. 农业工程学报,25(1):99-103.

薛莉,程漱兰,任爱荣,等,2012. 台湾农业经营模式研究[M]. 北京:中国农业科学技术出版社.

薛晓巍,2013. 稻米市场乱象招致"稻强米弱"[N]. 粮油市场报,07-06(B04).

闫金萍,2007. 米糠深加工产品的开发与研究进展[J]. 食品科技(6):243-247.

严松,任传英,孟庆虹,等,2011. 碎米及米糠在食品工业中的综合利用[J]. 食品科学(S1):132-134.

杨红旗,郝仰坤,2011. 中国水稻生产制约因素及发展对策[J]. 中国农学通报,27(8):351-354.

杨健源,曾列先,陈深,等,2011. 我国稻曲病研究进展[J]. 广东农业科学(2):77-79.

杨立炯,崔继林,汤玉庚,1990. 江苏稻作科学[M]. 南京:江苏科学技术出版社.

杨仕华,廖琴,谷铁城,等,2010. 我国水稻品种审定回顾与分析[J]. 中国稻米,16(2):1-4.

杨锁华,刘伟民,杨小明,等,2006. 米糠应用研究进展[J]. 粮油加工与食品机械(4):70-75.

杨万江,2008. 国内外大米价格变化与粮食安全[J]. 浙江经济(13):18-19.

杨万江,2009a. 浙江农业发展的国际比较[J]. 浙江统计(3):8-10.

杨万江,2009b. 水稻发展对粮食安全贡献的经济学分析[J]. 中国稻米(3):1-4.

杨万江,2011a. 我国转基因水稻发展条件分析[J]. 农业经济问题(2):39-44.

杨万江,2011b. 走科技进步型的中国特色农业现代化道路[J]. 农村金融研究(9):12-18.

杨万江,2011c. 稻米产业经济发展研究(2011年)[M]. 北京:科学出版社.

杨万江,2011d. 探究粮食安全与农业现代化[J]. 中国科技财富(1):31-32.

杨万江,2013. 稻米产业经济发展研究 2013[M]. 北京:科学出版社.

杨万江,陈文佳,2011. 中国水稻生产空间布局变迁及影响因素分析[J]. 经济地理(12):2086-2093.

姚惠源,2004. 世界稻米加工业发展趋势与我国未来十年的发展战略[J]. 中国稻米(1):9-11.

叶胜海,富田桂,小林麻子,等,2008. 浙江粳稻与日本粳稻品种间遗传差异的 SSR 分析[J]. 浙江农业学报,
　　20(6):424-427.

叶新福,蒋家焕,卢礼斌,2000. 优质米产业化的精品战略[J]. 福建农业学报(S1):216-219.

叶延琼,章家恩,秦钟,等,2013. 广东省水稻产业发展规划探讨[J]. 江苏农业科学,41(3):1-5.

滕明雨,张磊,赵雪莹,2003. 粮食安全视角下的中国原生态农业发展分析[J]. 世界农业(2):123-127.

游艾青,陈亿毅,2008. 湖北省水稻生产发展战略思考[J]. 湖北农业科学,47(11):1361-1364.

于清涛,肖佳雷,龙江雨,等,2011. 黑龙江省水稻生产现状及其发展趋势[J]. 中国种业(7):12-14.

于衍霞,鲁战会,安红周,等,2011. 中国米制品加工学科发展报告[J]. 中国粮油学报,26(1):1-10.

虞国平,朱鸿英,2009. 我国水稻生产现状及发展对策研究[J]. 现代农业科技(6):122-126.

宇田津徹朗,王才林,柳泽一男,等,1994. 中国草鞋山遗址的古稻田调查Ⅰ. 用探孔法进行水田址的预备调
　　查[J]. 考古学与自然科学(30):23-36.

袁钊和,张文毅,金梅,2011. 十年规划推动水稻机械化上新台阶[J]. 农机科技推广(3):8-10.

曾建敏,林文雄,2003. 水稻细菌性条斑病及其抗性研究进展[J]. 分子植物育种,1(2):257-263 .

翟虎渠,等,2011. 中国粮食安全国家战略研究[M]. 北京:中国农业科学技术出版社 .

张超,张禄祥,万忠,等,2010. 2009 年广东水稻产业发展现状分析[J]. 广东农业科学(3):231-232.

张凤桐,卢贵敏,2008. 农业科技的跨越式发展——以科技促进稻麦产业跨越式发展[M]. 北京:中国农业出
　　版社 .

张福锁,陈新平,陈清,等,2009. 中国主要作物施肥指南[M]. 北京:中国农业大学出版社 .

张广胜,吕新业,2010. 技术创新与现代农业发展[M]. 北京:中国农业出版社 .

张鸿,姜心禄,郑家国,2012. 四川丘陵季节性干旱区水稻田间耗水量研究[J]. 杂交水稻,27(1):71 -74.

张丽华,应存山,1993. 浙江稻种资源图志[M]. 杭州:浙江科学技术出版社 .

张利国,2013,新中国成立以来我国粮食主产区粮食生产演变探析[J]. 农业经济问题(1):20-26.

张琳,吴华聪,2001. 中国水稻种植机械化的现状与发展思路[J]. 福建农机(增刊):115-118.

张培江,吴爽,孔令娟,等,2006. 安徽省粳稻发展思路与对策[J]. 中国稻米(6):52-54.

张曲,肖丽萍,蔡金平,等,2012. 我国水稻生产机械化发展现状[J]. 中国农机化(5):9-12.

张卫建,陈金,陈长青,2010. 科学认识东北气候变暖,充分发挥水稻适应潜力[J]. 北方水稻,42(1):1-4.

张文智,宋庆英,宋庆艳,2004. 我国东北地区水稻低温冷害防治中的几个关系[J]. 现代农业(4):42-43.

张小明,石春海,富田桂,2002. 粳稻米淀粉特性与食味间的相关性分析[J]. 中国水稻科学,16(2):157-161.

张依章,刘孟雨,唐常源,等,2007. 华北地区农业用水现状及可持续发展思考[J]. 节水灌溉(6):1-33.

张正球,胡曙鋆,范郁尔,等,2013. 连云港市水稻生产制约因素及发展对策[J]. 北方水稻,43(2):70-72.

章秀福,王丹英,方福平,2005. 中国粮食安全和水稻生产[J]. 农业现代化研究,26(2):85-88.

赵国臣,2011. 稻米加工业发展趋势与前景[J]. 农产食品科技(2):7-9.

赵俊晔,张峭,赵思健,等,2012. 我国水稻自然灾害风险区识别研究[C]//风险分析和危机反应的创新理论
　　和方法——中国灾害防御协会风险分析专业委员会第五届年会论文集 .

赵鹏珂,王昌贵,冯小磊,等,2012. 孕穗期水稻叶片生理性状与抗旱性相关分析[J]. 中国农业大学学报,17
　　(2):37-41.

赵文生,彭友良,2012. 图说水稻病虫害防治关键技术[M]. 北京:中国农业出版社 .

赵旭,2007. 全脂米糠酶解液的制备及在乳酸发酵饮料中的应用[D]. 沈阳:沈阳农业大学 .

赵志福,包国芳,任万军,2010. 城郊型水稻生产的限制因素及发展途径[J]. 四川农业科技(2):6-7.

郑家国,刘友林,刘代银,等,2011. 西南稻区水稻生产技术问答[M]. 成都:四川科学技术出版社.

郑家国,张洪松,熊洪,等,2008. 西南杂交稻目标产量生产技术规范[M]. 成都:四川科学技术出版社.

郑静,2012. 水稻稻曲病流行危害分析及稻曲病菌孢子田间释放规律研究[D]. 金华:浙江师范大学.

中国农业科学院农业经济与发展研究所,2007. 农业经济与科技发展研究 2006[M]. 北京:中国农业出版社.

中华人民共和国动植物检疫总所,1993. 植物检疫线虫鉴定[M]. 北京:农业出版社.

中华人民共和国农业部,2012. 2012 中国农业发展报告[M]. 北京:中国农业出版社.

周广春,孟维韧,全东兴,等,2012. 吉林省水稻生产及增产潜力研究[J]. 沈阳农业大学学报,43(6):688-692.

周慧秋,李忠旭,2010. 粮食经济学[M]. 北京:科学出版社.

周立,刘永好,2008. 粮食战争[M]. 北京:机械工业出版社.

周拾禄,1978. 稻作科学技术[M]. 北京:农业出版社.

周锡跃,徐春春,李凤博,等,2010. 世界水稻产业发展现状、趋势及对我国的启示[J]. 农业现代化研究,31(5):525-528.

周锡跃,徐春春,李凤博,等,2011. 我国粮食七连增与水稻生产发展启示[J]. 中国稻米,17(5):28-31.

朱德峰,陈惠哲,徐一成,2013. 我国双季稻生产机械化制约因子与发展对策[J]. 中国稻米(4):1-4.

朱德峰,陈惠哲,徐一成,等,2013. 水稻机插秧技术知识[M]. 北京:中国农业出版社.

朱德峰,程式华,张玉屏,等,2010. 全球水稻生产现状与制约因素分析[J]. 中国农业科学,43(3):474-479.

朱有勇,Hei Leung,陈海如,等,2004. 利用抗病基因多样性持续控制水稻病害[J]. 中国农业科学,37(6):832-839.

邹克琴,胡东维,王为民,等,2012. 水稻稻曲病的研究进展[J]. 浙江农业科学(5):704-706.

邹应斌,2011. 水稻生理生态与栽培技术研究[M]. 长沙:湖南科学技术出版社.

佐佐木泰弘,河野元信,2012. 日本水稻机械化的现状及展望[J]. 北方水稻,42(6):1-6.

Barker R,Robert W,et al,1985. The Rice Economy of Asia[M]. Washington,D. C. :Resources for the Future In cooperation with the International Rice Research Institute.

Dobermann A,Fairhurst T,2000. Rice:nutrient disorders & nutrient management[M]. Makati,Philippines:IRRI.

Dobermann A,2004. A critical assessment of the system of rice intensification(SRI)[J]. Agricultural systems,79(3):261-281.

El-zanati E M,Khedima,1991. Separation of saturated and unsaturautedacids from rice bran oil[J]. Journal of the American Oil Chemists'Society,68(6):436-439.

Fairhurst T,Witt C,Buresh R,et al. 2002. Rice:A Practical Guide to Nutrient Managemen[M]. Philippines:IRRI,IPI,IPNI:Singapore.

Fox R H,Piekielek W P,Macneal K M,et al,1994. Using a chlorophyll meter to predict nitrogen fertilizer needs of winter wheat[J]. Communications in Soil Science and Plant Analysis,25:171-181.

Johnkutty I,Palaniappan S P,1995. Use of chlorophyll meter for nitrogen management of lowland rice[J]. Nutrient Cycling in Agroecosystems,45:21-24.

Peng S,Garcia F V,Laza R C,et al,1996. Increased N-use efficiency using a chlorophgll meter on high yielding irrigated rice[J]. Field Crops Res,47:243-252.

Veluppillal S,Nithyanantharajah K,Vasantharuba S,et al,2009. Biochemical changes associated with germinating rice grains and germination improvement[J]. Rice Sci,16(3):240-242.

Wu F,Yang N,Chen H,et al,2011. Effect of germination on flavor volatiles of cooked brown rice[J]. Cereal Chem J,88(5):497-503.

Zhang Y P,Zhu D F,Xiong H,2012. Development and transition of rice planting in China[J]. Agricultural Science & Technology,13(6):1270-1276.

图书在版编目(CIP)数据

中国现代农业产业可持续发展战略研究.水稻分册/
国家水稻产业技术体系编著.—北京:中国农业出版社,
2017.5
  ISBN 978-7-109-21887-1

  Ⅰ.①中⋯ Ⅱ.①国⋯ Ⅲ.①现代农业-农业可持续
发展-发展战略-研究-中国 ②水稻栽培 Ⅳ.①F323
②S511

中国版本图书馆 CIP 数据核字(2016)第 164112 号

中国农业出版社出版
(北京市朝阳区麦子店街 18 号楼)
(邮政编码 100125)
责任编辑 郭科 宋会兵
文字编辑 刘金华

中国农业出版社印刷厂印刷   新华书店北京发行所发行
2017 年 5 月第 1 版   2017 年 5 月北京第 1 次印刷

开本:787mm×1092mm 1/16   印张:22
字数:445 千字
定价:150.00 元
(凡本版图书出现印刷、装订错误,请向出版社发行部调换)